气固两相流原理（上）

Principles of Gas-Solid Flows (Ⅰ)

〔美〕Liang-Shih Fan　Chao Zhu 著

张学旭 译

周力行 等 校

科 学 出 版 社

北 京

图字：01-2018-2942 号

内 容 简 介

本书分上下两册。上册主要涉及的是基本关系和现象，包括颗粒的尺寸和性质、固体颗粒碰撞力学、颗粒的动量传递和电荷转移、颗粒的传热学与传质学基础、气固两相流的基本方程，以及气固两相流中的本征现象。下册主要是选择了一些应用气固两相流原理的工业过程，进行系统的讨论与分析，主要包括气固分离、料斗和竖管流、密相流化床、循环流化床、固体颗粒的气力输送、流化系统的传热传质现象。

作为气固两相流原理的综合信息源，本书可广泛适用于诸多工程或应用科学领域，包括化学工程、机械工程、农业科学、土建工程、环境工程、航天工程、材料工程以及大气与环境科学。

图书在版编目（CIP）数据

气固两相流原理. 上/（美）范良士（Liang-Shih Fan），（美）朱超（Chao Zhu）著；张学旭译. —北京：科学出版社，2018.9

书名原文：Principles of Gas-Solid Flows

ISBN 978-7-03-058272-0

Ⅰ. ①气…　Ⅱ. ①范…　②朱…　③张…　Ⅲ. ①气体-固体流动　Ⅳ. ①O359

中国版本图书馆 CIP 数据核字（2018）第 159763 号

责任编辑：刘信力 / 责任校对：张凤琴
责任印制：吴兆东 / 封面设计：无极书装

科学出版社 出版
北京东黄城根北街 16 号
邮政编码：100717
http://www.sciencep.com

北京中石油彩色印刷有限责任公司 印刷
科学出版社发行　各地新华书店经销
*
2018 年 9 月第 一 版　开本：720 × 1000　1/16
2022 年 2 月第三次印刷　印张：20 1/2
字数：393 000

定价：148.00 元

(如有印装质量问题，我社负责调换)

中 译 本 序

此书原著主要作者范良士教授是世界著名的多相流反应工程专家及学者，长期从事颗粒流体系统的基础研究和工艺技术研发，他的研究工作跨越最基本的单颗粒输运及反应机理，实验室反应器设计，多相流测量技术研发，再到以化学链循环为代表的整体工艺开拓，此书是范良士先生科研团队对于气–固多相流领域工作的长期积累和系统总结。在同类著作中，独具以下几方面特色：

前沿性的专著：作者将其科研团队在颗粒流体系统领域前沿取得的成就贯穿于此书的论述之中，使得读者可以在了解该领域基本知识的同时，也能掌握相关的前沿动态，有利于读者有更加全面深入的认识。

手册型的构架：作者充分考虑各方面读者可能的需求，将基础知识贯穿于各实用条目之中，既利于工程技术人员参考，又便于科研人员了解某一方面的系统知识。这一手册型特征，大大拓展了著作的读者适用面，亦便于读者在学习基础知识的同时，注重其实际应用。

百科性的内容：作者首先从颗粒流体系统最小的颗粒单元入手，介绍了颗粒的特性及其测量手段，继而描述了颗粒之间的相互作用，然后又论述了颗粒与流体之间的相间作用，循序渐进、深入浅出地为引入系统传递特性打下基础；基于上述知识点和守恒定律，作者介绍了颗粒流体系统的运动和输运方程及推导，以及特定条件下对应的基本现象；最后具体描述了各类气固两相系统的特征。由上册基本知识，到下册各类反应器中这些知识点的应用，内容十分完整，读过此书，受益匪浅，是一本难得的百科式论著。

教学、科研与工程应用兼顾的布局：作者在每章不仅列出了相关的主流和必读的参考文献，又提供了若干知识要点，这对初学或者有一定基础的读者均有提纲挈领的帮助。非常值得一提的是，作者对课后习题的设置也煞费苦心，即便仅是顺应习题的思路加以思考，就可以大大深化读者对各章节内容的理解，这一特征是尤为难能可贵的。

原著合著作者朱超教授曾师从已故多相流大师苏绍礼先生，对多相流及颗粒技术也多有研究贡献。译者张学旭教授是粉料输运及加工领域资深的专家，此书又经著名多相流专家周力行先生校对译文，确保了中文版充分体现了英文版的原意。相信中文版的面世，对于全世界华人读者更直接且准确地了解原著的内容，以及气–固多相流原理在工程应用和学术上的发展会起到至关重要的作用。

范良士先生是华人化工及学术界的佼佼者，我本人的科研工作，也得到他多方面的帮助，他要我给中文版写一序言，我实在不敢当，就权当我学习此书的一些体会，与读者共享吧。

中国科学院院士　李静海

2017 年 4 月

译 者 前 言

Principles of Gas-Solid Flows 是由美国俄亥俄州立大学 (The Ohio State University) Liang-Shih Fan (范良士) 院士和新泽西工学院 (New Jersey Institute of Technology) Chao Zhu(朱超) 教授合写的专著。该书的第一版于 1995 年由剑桥大学出版社 (Cambridge University Press) 出版，欧美等部分大学都将其作为研究生的教材使用，由于使用中得到好评，在 2005 年发行第二版。

译者是 2012 年在美国新泽西工学院做访问学者时，看到了该书。本人所在的专业领域是粉体工程，气固两相流是粉体工程中的气体分级、气固分离、气力输送等化工单元操作过程的重要基础。在认真阅读了本书的部分章节后，本人感觉到该书是粉体工程领域一本很有价值的参考书，正如原著前言所述，本书能适应多学科读者的需求。尤其是它将有助于从事热能工程、航空和航天工程、化学和冶金工程、机械工程以及农业技术、土木工程、环境科学与工程、制药工程、矿山工程、大气和气象科学的科技工作者参考使用。而且，本书的内容既有理论深度，又注重工程实践；对涉及的各种理论、数学模型，都追根溯源、详细分析，试图为读者提供得到专门信息的各种途径。书中内容逐章按照逻辑次序进行描述，各章都列出了所涉及的交叉性参考文献，并都维持其恰当的独立性。这样，读者想要快速查找专门的主题，可直接到相关的章节中查阅。每章后都有习题，很适合作为大学的研究生教材或参考书。因此本人认为，这是一本值得推广和传播的著作，在与朱超教授沟通，并征得范良士院士的同意后，决定将该书以中文出版。本译著是 2005 年第二版的译稿。

本译著自 2013 年启动，经过大家五年的努力，今天终于可以出版。由于原著分为两部分，且内容丰富，考虑到阅读的方便，分两册出版。上册为基础篇，下册为应用篇。在编译过程中，编译组的老师认真推敲、仔细琢磨，使译著既忠于原著，又符合汉语的表达习惯，所以，历时三年，终于完稿。翻译的具体分工是：张学旭教授负责第 1 章、第 5 章、第 6 章、第 9 章 ~ 第 12 章；刘宗明教授负责第 2 章；段广彬副教授负责第 3 章；赵蔚琳教授负责第 4 章；陶珍东教授负责第 7 章；姜奉华博士负责第 8 章。张学旭教授负责全书的审定和统稿。在此, 感谢编译组的全体老师。

受原书作者范良士院士特约，由国际知名的多相流学术界前辈清华大学周力行教授对本书翻译初稿 (第 5 章和第 6 章) 进行校对, 周教授认真地审阅、校对，提出了很多修改意见，尤其是对多相流体力学方面的专业术语, 周教授给予了认真的校对和修改。周教授严谨的治学态度和执着的敬业精神，令人钦佩，在此，我们编译组对周教授表示最诚挚的谢意。另外要感谢周教授的同事、清华大学郭印诚副教授 (对翻译初稿的第 1 章和第 2 章进行了校对) 和张会强教授 (对翻译初稿的第 3 章和第 4 章进行了校对)。周教授负责校对工作的最后审定。在译著付印之际，我们再次对周教授领导的校对组表示最衷心的感谢。

下册由两相流专家南京工业大学叶旭初教授负责校对。叶教授对下册的翻译初稿进行了认真的审阅，提出了很多非常宝贵的意见，为翻译稿更忠于原著，更符合汉语的阅读习惯，更加专业奠定了良好的基础。在此，对叶教授辛勤劳动和付出表示最衷心的感谢。

本书的翻译出版工作得到原书作者范良士院士和朱超教授的鼎力支持、关心和帮助，在此，对他们的帮助表示感谢。

还要感谢范良士院士和周力行教授对本书出版的部分资助。同时，要感谢济南大学教务处、学科处对我们翻译和出版工作的支持和资助。

最后要感谢科学出版社刘信力编辑为本书出版所做的努力。

我们的翻译工作尽管做了最大的努力，包括多次的修改与校对，但由于本书内容有较强的理论深度，且涉及的专业面较宽，书中可能还会存在专业词汇、语言表达翻译不准确的地方，如有这方面的不妥，恳请相关专家和读者不吝赐教，提出批评建议。我们将利用适当的时机予以更正，同时对您表示衷心的感谢。

在此对关心本书的各位专家表示最诚挚的谢意，我们的目的是促进气固两相流及多相流的科学和技术在我国的更大发展，希望我们的译著能够起到应有的作用。

张学旭

2018 年 7 月

前　言

气固两相流动现象在许多工业过程中都能见到，在一些自然现象中也时有发生。例如, 在固体燃料的燃烧中, 煤粉的燃烧、固体废物的焚烧、火箭推进剂的燃烧等，都涉及气固两相流动。在制药、食品、燃煤和矿石粉体加工处理过程中的气力输送更是典型的气固两相流。粉体物料的流态化也是一种常见的、有许多重要应用的气固两相流动过程，譬如在生成中间性碳氢化物的催化裂化、费托 (Fischer-Tropsch) 合成化学物质以及液体燃料的生产中都有粉体流态化的应用。在气固分离过程中，旋风分离器、静电除尘器、重力沉降和过滤分离都是气固两相流动常用的实例。细粉体与气体形成的两相流动常与材料加工过程密切相关，如陶瓷及硅酸盐产品的化学蒸气沉积、等离子喷涂和静电复印技术。在换热应用中，核反应堆的冷却、太阳能传输采用的石墨悬浮流，也涉及气固两相流动。固体颗粒离散型流动常见于颜料喷雾剂、粉尘爆炸和沉积以及喷嘴流。自然现象中伴随气固两相流动的典型例子有沙尘暴、沙丘移动、空气动力磨蚀和宇宙尘埃。对前所述各工业过程中气固两相流动的优化设计、一些自然现象的精确描述控制，都需要有控制这些流动原理的全面知识为基础。

本书的目的是介绍气固两相流动的基本原理和基本现象，选定部分在工程应用的气固两相流系统, 介绍其原理及应用特性。本书涉及的气固两相流动中，其固体颗粒的尺寸范围是 1μm～10cm，本书也认为亚微米颗粒流动特性有巨大的工业价值。本书对所涉及颗粒动力学的一些重要理论或模型，以及其发展起源的流体力学都作了系统的论述，并着重论述了这些理论或模型的物理解释和应用条件。对气固两相流系统中存在的各种本征现象也做了说明。本书是为从事气固两相流研究的高年级本科生和研究生而编写的教科书。同时，也是为从事一般多相流领域的研究者和应用工作者提供的一本很好的参考书。本书可适应多学科读者的某些需求，尤其是它将有助于从事化学工程、机械工程以及其他工程学科，包括从事农业技术、土木工程、环境科学与工程、制药工程、航空工程、矿山工程、大气和气象科学的科技工作者参考使用。

本书包括两部分，每个部分由六章组成。第一部分是气固两相流基本关系和基本现象；第二部分是选择了某些工程上应用的气固两相流系统, 并详细介绍这些系统的特性。具体来说，第 1 章介绍颗粒的材料性质及几何特性 (尺寸和尺寸分布)。颗粒当量直径的各种定义、相关的颗粒尺寸测量技术也包括在这一章中。第 2 章主要介绍基于弹性形变理论的固体颗粒碰撞力学，用弹性碰撞理论讨论了颗粒触碰的接触时间、接触面积、碰撞力，这对于和固体颗粒碰撞有关的动量传递、热量传递和电荷转移过程的描述都至关重要。第 3 章论述气固两相流的动量和电荷转移，介绍了气固两相流中气体与颗粒之间、颗粒与颗粒之间的相互作用及外场的各种力。根据力的平衡分析，导出了单颗粒的运动方程。本章也介绍了气固两相流中电荷产生的基本机理，详细讨论颗粒碰撞引起的电荷转移机制。第 4 章介绍气固两相流动中传热和传质的基本概念和理论，重点包括颗粒相弹性碰撞中的热辐射和热传导。第 5 章介绍气固两相流四种基本的建模方法，即连续介质模型或多流体模型、轨道模型、碰撞支配的稠密悬浮系统动力论模型和通过颗粒填充床流动的欧根 (Ergun) 方程模型。本章中首先讨论了单相流的流体动力学方程，这里用气体分子运动论和湍流模型的基本概念讨论其基本的建模方法。和单相流动的 k-ε 湍流模型不同，对考虑气固湍流相互作用的气固两相流，介绍了连续介质方法的 k-ε-k_{p} 模型。第 6 章讨论气固两相流中的本征现象，如磨蚀和磨损、声波和激波通过气固悬浮流的传播、气固混合物的热力学性质、不稳定流动和气固湍流的相互作用。

第 7 章介绍的是气固分离。本章中介绍的基本分离方法包括旋风分离、过滤、静电分离、重力沉降和湿法收尘。第 8 章介绍的是料斗和竖管流动，这是在散粒状固体粉料的操作处理及输送过程中常用的单元操作。为了分析料斗和竖管流的基本特性，也介绍了粉体力学的一些基本概念。第 9 章介绍气体流化的一般概念，重点介绍密相流化床，这也是工业应用中最为普遍的气固两相流操作。本章讨论了各种运行工况，包括散式流化、鼓泡/节涌流化、湍流流化和喷腾现象；介绍了气泡、气体介质中弥散的颗粒、气泡尾流的基本性质和固有气泡聚集和破裂，以及颗粒的夹带现象。第 10 章介绍高速条件下的快速流态化。快速流态化形成于循环流化床系统的上升管中，其中固体颗粒形成一个循环回路。本章通过考察单独的循环回路部分给出气固流动中的相互作用关系，及其对整体的气固流动特性的影响。第 11 章主要涉及稀相输送或气固悬浮系统的管流。本章讨论了一些相关的现象，譬如减阻；介绍了充分发展的管流和在弯管的气固流动特征。第 12 章描述的是流化系统的传热和传质现象，介绍了各种传递模型和经验公式，这些关系式可应用于确定各种流态化系统的热量传递和质量传递特性的定量关系。

本书附录中给出了正文中出现的标量、矢量和张量符号的解释。在全书正文中，除非特别注明以外，相关公式中所用的单位都采用国际 (SI) 单位制。有多章中使用的常用符号，譬如表观气体速度、颗粒雷诺数等都是统一的。每章后都有部分习题，对每章习题解答感兴趣的读者可以直接和出版商联系。

本书试图为读者提供其期望得到专门信息的各种途径。书中内容逐章按照逻辑次序进行描述，各章都列出了所涉及的交叉性参考文献，但各章都维持其恰当的独立性。这样，读者想要快速查找专门的主题，可直接到相关的章节中查阅。需要特别注意的是，气固两相流是一个发展很快的研究领域，气固两相流的物理现象又极其复杂，要想全面了解这些现象，本书所涉及的内容还远远不够。本书旨在为读者提供足够多的基本概念，使之能与时俱进，随时掌握该领域的最新发展。

在本书付印之际，我们对以下诸位同事表示最诚挚的谢意，他们认真地阅读了书稿，并提出了很多富有建设性的建议，他们是：R. S. Brodkey 教授，R. Clift 教授，J. F. Davidson 教授，R. Davis 博士，N. Epstein 教授，J. R. Grace 教授，K. Im 博士，B. G. Jones 教授，D. D. Joseph 教授，C.-H. Lin 博士，P. Nelson 博士，S. L. Passman 博士，R. Pfeffer 教授，M. C. Roco 教授，S. L. Soo 教授，B. L. Tarmy 博士，U. TÜzÜn 教授，L.-X. Zhou 教授。我们非常感谢下列诸位同事为本书资料准备中做了一些技术上的帮助，他们是：E. Abou-Zeida 博士，P. Cai 博士，S. Chauk 先生，T. Hong 博士，P.-J. Jiang 博士，J. Kadambi 教授，T. M. Knowlton 博士，S. Kumar 博士，R. J. Lee 博士和 J. Zhang 博士。

还要特别感谢 R. Agnihotri 先生，D.-R. Bai 博士，H.-T. Bi 博士，A. Ghosh-Dastidar 博士，E.-S. Lee 先生，S.-C. Liang 博士，J. Lin 先生，T. Lucht 先生，X.-K. Luo 先生，S.Mahuli 博士，J. Reese 先生，S.-H. Wei 先生，J. Zhang 博士，T.-J. Zhang 先生，J.-P. Zhang 先生，他们阅读了本书的部分内容，并提供了有价值的评阅意见。感谢 T. Hong 博士和 K. M. Russ 博士对本书的编辑提供的帮助，也感谢 E. Abou-Zeida 博士和 Maysaa Barakat 女士为本书绘制了漂亮的插图。我们曾在俄亥俄州立大学化学工程系开设了 801 号课程“气固两相流”和 815.15 号课程“流态化工程”，这两门课程都曾以本书的书稿作为参考教材，选修该课的学生们对本书提供了重要的反馈意见，这些意见对本书有非常大的参考价值。俄亥俄州立大学/流态化技术和颗粒反应工程行业协会的成员，包括壳牌 (Shell) 发展有限公司、杜邦 (E. I. duPont) 有限公司、烃研究公司、埃克森 (Exxon) 美孚研究工程有限公司、德士古 (Texaco) 公司、三菱 (Mitsubishi) 化学公司，他们为本书的出版提供了资助，在此，对他们的帮助表示深深的谢意。

目　录

中译本序

译者前言

前言

第 1 章　颗粒的尺寸和性质 …… 1

1.1　引言 …… 1

1.2　颗粒尺寸及测量方法 …… 1

1.2.1　非球形颗粒的当量直径 …… 3

1.2.2　粒度测量方法 …… 7

1.3　粒度分布和平均粒径 …… 14

1.3.1　密度函数 …… 14

1.3.2　常用分布函数 …… 15

1.3.3　颗粒系统的平均粒径 …… 20

1.4　固体材料的性质 …… 21

1.4.1　物理吸附 …… 21

1.4.2　形变和断裂 …… 24

1.4.3　热学性质 …… 28

1.4.4　电特性 …… 31

1.4.5　磁学特性 …… 34

1.4.6　材料密度 …… 36

1.4.7　光学特性 …… 36

符号表 …… 37

参考文献 …… 39

习题 …… 40

第 2 章　固体颗粒碰撞力学 …… 42

2.1　引言 …… 42

2.2　刚体间的相互作用 …… 43

2.2.1　球体的共线碰撞 …… 43

2.2.2　球体的共面碰撞 …… 44

2.3　固体材料弹性接触理论 …… 46

2.3.1　平衡态固体介质的应力关系 …… 46

2.3.2 无限大固体颗粒介质中某点的合力 ········ 48
2.3.3 固体颗粒介质在半无限大边界上的力 ········ 50
2.3.4 无摩擦球体触碰的赫兹理论 ········ 55
2.3.5 摩擦球触碰理论 ········ 60
2.4 弹性球体碰撞 ········ 68
2.4.1 弹性球体的正面碰撞 ········ 68
2.4.2 摩擦弹性球体的碰撞 ········ 71
2.5 非弹性球的碰撞 ········ 75
2.5.1 塑性形变的发生 ········ 75
2.5.2 碰撞恢复系数 ········ 77
符号表 ········ 80
参考文献 ········ 81
习题 ········ 82
第 3 章 动量传递和电荷转移 ········ 84
3.1 引言 ········ 84
3.2 颗粒–流体间的相互作用 ········ 84
3.2.1 曳力 ········ 84
3.2.2 巴塞特力 ········ 85
3.2.3 萨夫曼力及其他与梯度有关的力 ········ 92
3.2.4 球体旋转引起的马格纳斯效应和马格纳斯力 ········ 94
3.3 颗粒间的相互作用力和场力 ········ 98
3.3.1 范德瓦耳斯力 ········ 98
3.3.2 静电力 ········ 101
3.3.3 碰撞力 ········ 101
3.3.4 场力 ········ 102
3.4 单个颗粒的运动 ········ 104
3.4.1 BBO 方程 ········ 104
3.4.2 通用运动方程 ········ 105
3.5 电荷的产生和转移 ········ 108
3.5.1 固体颗粒的静态带电 ········ 109
3.5.2 颗粒碰撞导致的电荷转移 ········ 116
符号表 ········ 121
参考文献 ········ 123

习题 ········ 126
第 4 章　传热与传质基础 ········ 128
4.1　引言 ········ 128
4.2　导热 ········ 128
4.2.1　静止流体中单个球形颗粒的传热 ········ 129
4.2.2　弹性球体颗粒碰撞中的导热 ········ 131
4.3　对流换热 ········ 136
4.3.1　在单相流中强迫对流的量纲分析 ········ 136
4.3.2　在均匀流动中单个球体的传热 ········ 137
4.3.3　拟单相流中的对流换热 ········ 139
4.4　热辐射 ········ 141
4.4.1　单颗粒散射 ········ 141
4.4.2　对颗粒的辐射加热 ········ 146
4.4.3　气体介质中弥散颗粒辐射的一般考虑 ········ 148
4.4.4　通过等温、漫散射介质的辐射 ········ 152
4.5　传质 ········ 153
4.5.1　扩散和对流 ········ 153
4.5.2　传质和传热的类比 ········ 155
符号表 ········ 157
参考文献 ········ 158
习题 ········ 160
第 5 章　基本方程 ········ 162
5.1　引言 ········ 162
5.1.1　欧拉连续介质方法 ········ 162
5.1.2　拉格朗日轨道法 ········ 163
5.1.3　颗粒间碰撞的动力论模型 ········ 164
5.1.4　欧根方程 ········ 164
5.1.5　小结 ········ 164
5.2　单相流动模型 ········ 165
5.2.1　通用输运定理和通用守恒律 ········ 165
5.2.2　控制方程 ········ 166
5.2.3　动力论和输运系数 ········ 168
5.2.4　湍流流动的模拟 ········ 172
5.2.5　边界条件 ········ 177

5.3　多相流的连续介质模型 ······ 180
5.3.1　平均值和平均定理 ······ 180
5.3.2　体积平均方程 ······ 188
5.3.3　体积–时间平均方程 ······ 191
5.3.4　输送系数和湍流模型 ······ 194
5.3.5　颗粒相的边界条件 ······ 203
5.4　多相流轨道模型 ······ 203
5.4.1　定轨道模型 ······ 204
5.4.2　随机轨道模型 ······ 206
5.5　碰撞支配的稠密悬浮体的动力论模型 ······ 208
5.5.1　密相输运定理 ······ 209
5.5.2　流体力学方程 ······ 212
5.5.3　成对碰撞的分布函数 ······ 213
5.5.4　本构关系 ······ 216
5.6　通过填充床的流动方程 ······ 221
5.6.1　达西定律 ······ 221
5.6.2　直管毛细管模型 ······ 222
5.6.3　欧根方程 ······ 223
5.7　量纲分析及相似性 ······ 229
5.7.1　稀疏悬浮体气力输送系统的放大关系 ······ 229
5.7.2　流化床的放大关系 ······ 230
符号表 ······ 234
参考文献 ······ 237
习题 ······ 240
第 6 章　气固两相流中的本征现象 ······ 242
6.1　概述 ······ 242
6.2　磨蚀和磨损 ······ 242
6.2.1　塑性磨蚀和脆性磨蚀 ······ 243
6.2.2　磨蚀磨损的部位 ······ 245
6.2.3　磨损机理 ······ 250
6.3　气固混合物的热力学特性 ······ 251
6.3.1　密度、压力及状态方程 ······ 252
6.3.2　内能和比热 ······ 254
6.3.3　状态的等熵变化 ······ 255
6.4　通过气固悬浮系统的压力波 ······ 257

6.4.1 声波 ············ 257
6.4.2 正激波 ············ 263
6.5 不稳态性 ············ 267
6.5.1 分层管流中的波运动 ············ 268
6.5.2 连续波和动力波 ············ 278
6.6 颗粒和湍流间的相互作用 ············ 283
符号表 ············ 286
参考文献 ············ 289
习题 ············ 291
附录　标量、向量和张量的符号意义 ············ 293
名词索引 ············ 296

第 1 章　颗粒的尺寸和性质

1.1　引　　言

气固两相流中固体颗粒的流动特性与颗粒物料的性质和几何形状密切相关。颗粒的几何特性包括颗粒尺寸、颗粒形状和粒度分布。在实际行业中，气固两相流中的固体颗粒通常是非球形的或者是不规则的，并且是由大小不同的颗粒所组成。颗粒的几何形状通过曳力影响着气固两相流中颗粒的流动状态、颗粒表面的边界层分布、颗粒尾流漩涡的产生和消散。颗粒物料的性质包括诸如：物理吸附、弹性变形、塑形变形、塑性和脆性断裂、电学特性、磁学特性、热传导、热辐射以及光学特性等。物料特性也影响着气固两相流中颗粒间的长程及短程相互作用力、颗粒的磨损和磨蚀性。颗粒物料的几何形状和物性是影响两相流流型的基础参量，譬如在流化床中。

在本章中，将介绍不规则单颗粒当量直径的基本定义以及相应的颗粒尺寸测量技术。同时，对多尺寸颗粒系统的粒度分布及典型的密度函数也做详细的介绍，并给出了一些颗粒尺寸平均方法及计算公式，还将介绍各种物料的基本特征。

1.2　颗粒尺寸及测量方法

颗粒尺寸影响着气固两相流的动力学特征 [Dallavalle, 1948]。图 1.1 给出了多相流中固体颗粒的相对数量级大小 [Soo, 1990]。由图 1.1 中可看到，可以形成气固两相流的固体颗粒尺寸大约为 1μm～10cm。颗粒的形状影响到粉体的流动性、粉体的堆积特性，而对作为颜料的粉体, 其形状将对其覆盖性能有所影响。对颗粒形状的定义见表 1.1。颗粒的形状一般可用形状因子和形状系数表示 [Allen, 1990]。

由于在工程上气固两相流中的固体颗粒通常是非球形、多尺寸的颗粒，所以，其大小都用所谓的当量直径来表示，这个当量既可以是几何参数 (譬如体积)，也可以是动力学参数。因此，对非球形颗粒的当量尺寸就不止一个，图 1.2 给出了常用的三种不同当量直径。在实际应用中可根据不同的过程选择不同的当量直径。

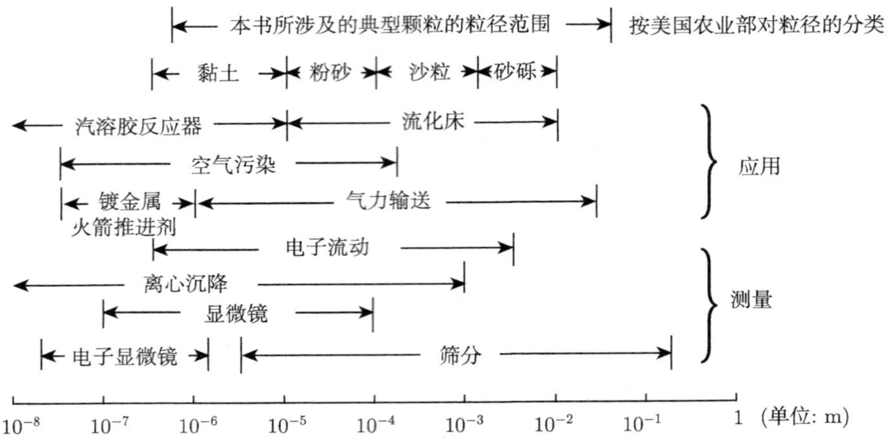

图 1.1　气固两相流系统中颗粒的分级

表 1.1　颗粒形状定义

定义	描述
针状	形状像针一样的颗粒
角状	具有锋利的角或者具有多面体形状的颗粒
水晶状	几何形状像在流体介质中自由生长的颗粒
树枝状	具有多个分支的水晶状颗粒
纤维状	规则或不规则的像线一样的颗粒
片状	像平板一样的颗粒
粒状	在多个方向上近似相等，但不规则的颗粒
不规则状	多方向上不存在任一对称性的颗粒
模状	圆形但不规则的颗粒
球状	完全像球一样的颗粒

资料来源: T. Allen's *Particle Size Measurements*, Chapman & Hall, 1990.

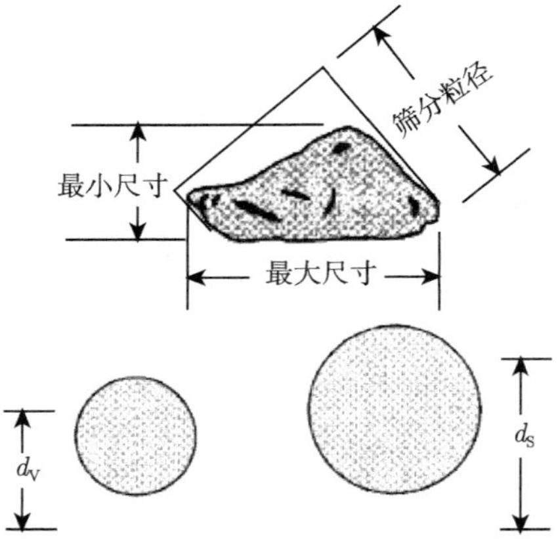

图 1.2　颗粒的等体积直径、等表面积直径和筛分粒径示意图

1.2.1 非球形颗粒的当量直径

颗粒的当量直径通常是按照一定的规则测得某一相当的量，然后通过计算得出来的颗粒粒径。下面我们要讨论的是按照球体颗粒的某一个量，来求得几个当量直径。

1.2.1.1 筛分粒径

筛分粒径是用颗粒能够通过的、最小的方孔筛的筛孔的宽度表示。常用的测量装置就是一套编织筛。应用较广泛的就是泰勒 (Tyler) 标准筛系和美国材料试验协会 (ASTM) 标准筛系，关于筛分更详细的介绍参见 §1.2.2.1。

1.2.1.2 马丁 (Martin) 直径、弗雷特 (Feret) 直径和投影面积直径

马丁直径、弗雷特直径和投影面积直径是对颗粒的投影图像依据不同的测量规则而得到的三个描述单颗粒尺寸大小的术语。马丁直径：能够把颗粒的投影面积分成相等的两部分的所有直线的平均长度；弗雷特直径：所有与颗粒外缘轮廓相切的两条相互平行线之间距离的平均值；投影面积直径：与实际颗粒具有相同的投影面积的圆的直径。图 1.3 分别示出了这三个粒径的测量规则。颗粒的投影直径 d_{A} 与颗粒的投影面积的关系可用下式表示：

$$d_{\mathrm{A}} = \left(\frac{4A}{\pi}\right)^{1/2} \tag{1.1}$$

马丁直径和弗雷特直径与颗粒测量的方向有关。欲获得一个相对准确的测量结果，需要对颗粒试样依据测量规则进行大量的、随机的、任意方向的测量。由于马丁直径、弗雷特直径和投影面积直径是对颗粒的两维平面图像的测量，所以，可用光学显微镜或电子显微镜进行测量。显微镜对颗粒尺寸的测量原理见 §1.2.2.2。

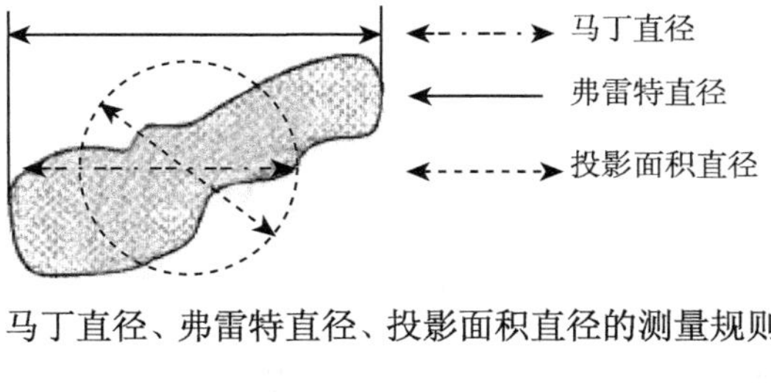

图 1.3 马丁直径、弗雷特直径、投影面积直径的测量规则示意图

1.2.1.3 表面积直径、体积直径和索特 (Sauter) 直径

表面积直径 d_{S}、体积直径 d_{V} 和索特直径 d_{32} 都能反映出单个颗粒的三维几何特征。表面积直径 d_{S} 是用与实际颗粒具有相同表面积的球体直径表示实际颗粒的尺寸。可用下式表示为

$$d_S = \sqrt{\frac{S}{\pi}} \tag{1.2}$$

式中，S 是实际颗粒的表面积。体积直径是用与实际颗粒具有相同体积的球体直径表示实际颗粒的尺寸。可用下式表示为

$$d_V = \left(\frac{6V}{\pi}\right)^{1/3} \tag{1.3}$$

式中，V 是实际颗粒的体积。索特直径是用与实际颗粒具有相同体积比表面积的球体直径表示实际颗粒的尺寸。可用下式表示为

$$d_{32} = \frac{6V}{S} = \frac{d_V^3}{d_S^2} \tag{1.4}$$

在吸附和反应工程中常用表面积直径，因为在这两个领域，暴露在介质中的颗粒的当量表面积对化工过程的影响很重要。表面积的测量也与测量方法有关。譬如，流体透过法测得比表面积就比气体吸附法测得结果要小，而后者常常包括内部空隙表面积的分布。吸附法测颗粒的比表面积将在 §1.2.2.4 中介绍。气体吸附的测量原理将在 §1.4.1 中做更详细的介绍。

体积直径主要应用在以体积为主要因素的操作中，譬如，流化床中对固体含量或颗粒浮力的计算，就须用体积直径。颗粒的体积可用称重法确定。索特直径则在气固相反应领域得到广泛的应用，譬如在煤粉燃烧中，比表面积对燃烧过程影响最大，此时的相关计算就需要用索特直径。

1.2.1.4　*动力学粒径*

气固两相流中颗粒的动力学粒径是用终端沉降速度来表征的，所谓终端沉降速度是颗粒在静止介质中以自身重力沉降时，阻力和剩余重力达到平衡时的颗粒沉降速度。动力学粒径是用在相同密度、相同黏度的流体中，与实际颗粒具有相同密度、相同沉降速度的球体的直径表示颗粒的尺寸。在牛顿流体中，颗粒的动力学粒径可用下式表示

$$\begin{aligned} V(\rho_p - \rho)g &= C_D \frac{\pi}{8}\frac{\mu^2}{\rho}\mathrm{Re}_t^2 \\ d_t &= \frac{\mathrm{Re}_t \mu}{\rho U_{pt}} \end{aligned} \tag{1.5}$$

式中，Re_t 是用终端沉降速度计算的颗粒雷诺数；C_D 是阻力系数，它是雷诺数的函数；μ 是流体的黏度；ρ_p 和 ρ 分别是颗粒的密度和流体的密度；U_{pt} 是颗粒的终端沉降速度；g 是重力加速度；d_t 是颗粒的当量动力学粒径。

对于球体颗粒，C_D 和 Re_t 的关系如图 1.4 所示 [Schlichting, 1979]，其数学表达式为

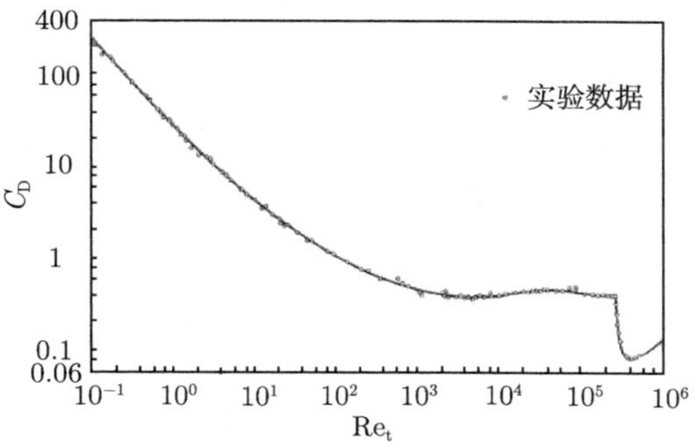

图 1.4 阻力系数和颗粒雷诺数的关系 [Schlichting，1979]

$$
\begin{aligned}
C_{\mathrm{D}} &= \frac{24}{\mathrm{Re_t}}, \qquad \mathrm{Re_t} < 2 \\
C_{\mathrm{D}} &= \frac{18.5}{\mathrm{Re_t^{0.6}}}, \quad 2 < \mathrm{Re_t} < 500 \\
C_{\mathrm{D}} &= 0.44, \qquad 500 < \mathrm{Re_t} < 2 \times 10^5
\end{aligned} \tag{1.6}
$$

式 (1.6) 中的三个阻力系数关系式，从上到下分别是著名的斯托克斯 (Stokes) 公式、艾伦 (Allen) 公式和牛顿 (Newton) 公式。结合式 (1.5) 则可分别得到球体颗粒的终端沉降速度

$$
\begin{aligned}
U_{\mathrm{pt}} &= \frac{d_{\mathrm{t}}^2(\rho_{\mathrm{p}} - \rho)g}{18\mu}, \qquad \mathrm{Re_t} < 2 \\
U_{\mathrm{pt}}^{1.4} &= \frac{d_{\mathrm{t}}^{1.6}(\rho_{\mathrm{p}} - \rho)g}{\rho^{0.4}\mu^{0.6}}, \quad 2 < \mathrm{Re_t} < 500 \\
U_{\mathrm{pt}}^2 &= 3.03\frac{d_{\mathrm{t}}(\rho_{\mathrm{p}} - \rho)g}{\rho}, \quad 500 < \mathrm{Re_t} < 2 \times 10^5
\end{aligned} \tag{1.7}
$$

需要注意的是，在层流区内，颗粒运动的取向是随机的。在非层流区，颗粒运动的取向却是受到最大阻力的面。因此在过渡区域内不规则颗粒的动力学粒径要比层流区内的动力学粒径大。

例 1.1 Sedigraph 粒度分析仪是用斯托克斯定律来确定颗粒尺寸的。表 E1.1 是某个粉体试样的各粒级累计重量百分数以及与之对应的颗粒终端沉降速度。颗粒的密度为 2200kg/m^3，分散液体的密度为 745 kg/m^3，分散液体的黏度为 1.156×10^{-3}kg/m·s, 试计算各质量分布对应的当量动力学粒径。

解 根据式 (1.7)，当 $\mathrm{Re_t} < 2$ 时，当量动力学粒径为

$$
d_{\mathrm{t}} = \sqrt{\frac{18\mu}{(\rho_{\mathrm{p}} - \rho)g}U_{\mathrm{pt}}} \tag{E1.1}
$$

由式 (E1.1) 可根据各终端沉降速度计算出相应的动力学粒径，列于表 E1.2。相邻

两动力学粒径间所对应部分重力百分数也列于表 E1.2 中，由此可得到动力学粒径–质量百分数分布图 (见图 E1.1)。

表 E1.1　各终端沉降速度对应的累计重量百分数

$U_{pt}/(m/s)$	质量累积百分数/%	$U_{pt}/(m/s)$	质量累积百分数/%
4.4×10^{-3}	99.9	1.1×10^{-5}	65.6
2.5×10^{-3}	99.3	6.2×10^{-6}	47.2
1.7×10^{-3}	99.2	2.7×10^{-6}	21.2
6.2×10^{-4}	98.5	6.9×10^{-7}	1.2
1.5×10^{-4}	96.0	4.4×10^{-7}	1.0
6.9×10^{-5}	93.0	2.5×10^{-7}	0.8
4.4×10^{-5}	90.1	1.7×10^{-7}	0.4
2.5×10^{-5}	83.5	1.1×10^{-7}	0.2
1.7×10^{-5}	76.8	2.8×10^{-8}	0.1

表 E1.2　动力学粒径–质量百分数

$U_{pt}/(m/s)$	$d_t/\mu m$	$f_M/wt\%$
4.4×10^{-3}	80	0.6
2.5×10^{-3}	60	
1.7×10^{-3}	50	0.1
6.2×10^{-4}	30	0.7
1.5×10^{-4}	15	2.5
6.9×10^{-5}	10	3.0
4.4×10^{-5}	8	2.9
2.5×10^{-5}	6	6.6
1.7×10^{-5}	5	6.7
1.1×10^{-5}	4	11.2
6.2×10^{-6}	3	18.4
2.7×10^{-6}	2	26.0
6.9×10^{-7}	1	20.0
4.4×10^{-7}	0.8	0.2
2.5×10^{-7}	0.6	0.2
1.7×10^{-7}	0.5	0.4
1.1×10^{-7}	0.4	0.2
2.8×10^{-8}	0.2	0.1

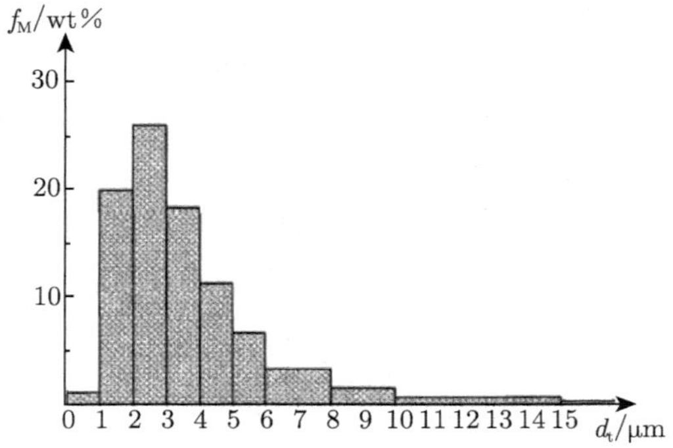

图 E1.1　按表 E1.2 数据所作的质量分数分布图

1.2.2 粒度测量方法

粒度分布测量方法可按物理原理分为传统测量和现代仪器测量两大类，常用的测量方法是按测量设备来分类的，譬如筛分、光学显微镜、激光多普勒 (Dopler) 相移法、夫琅禾费 (Fraunhofer) 激光衍射法、透射电子显微镜 (TEM)、扫描电子显微镜 (SEM)、沉降原理、气体吸附法等。一些常见的粒度测量方法及其测量范围见表 1.2。更详尽的测量方法见瓦洛夫斯基的专著 [Svarovsky，1990]。

表 1.2 常见的一些粒度分析方法及测量范围

粒度测量方法	粒度测量范围/μm
筛分法	
编织筛	37～5660
电成型筛	5～120
孔板筛	50～125000
显微镜法	
光学显微镜	0.8～150
电子显微镜	0.001～5
沉降法	
重力沉降	5～100
离心沉降	0.001～1000
夫琅禾费衍射法	0.1～1000
多普勒相漂移法	1～10000

1.2.2.1 筛分法

筛分法是最简单也是应用最为广泛的粉体分级方法。筛分法仅与颗粒的大小有关而与颗粒的性质 (如密度、光学性质、表面粗糙度等) 无关。

常用的分析筛是做成方孔的编织筛，筛孔的大小都具有一定的标准，目前在美国有两个筛系，一个是泰勒 (Tyler) 标准筛系，一个是美国材料试验协会 (ASTM) 的标准筛系。筛子的目数定义为每英寸长度 ① 上筛孔的个数，目数越大的筛子，则筛孔就越小。泰勒筛系和美国材料试验协会 ASTM 筛系的筛号、筛孔尺寸以及筛丝直径见表 1.3 所示标准筛系，其筛孔尺寸是 37～5660 μm。电成型微孔筛可小到 5μm 甚至更小，而孔板筛的筛孔则可做得更大。

应当指出，适当延长筛分时间可能会使筛分结果更加真实，但筛分过程中颗粒间的相互摩擦和机械磨损会导致颗粒的破碎。对粒度分布中处于两端的颗粒，这个影响尤为明显。但到目前为止，对一定粉体的试样，如何确定合理的筛分时间，以保证筛分结果更加接近真实值，既没有可靠的理论也没有可靠的实验方法。

① 原著中为每平方英寸。

表 1.3　泰勒筛系和美国 ASTM 筛系

泰勒标准筛			美国 ASTM 标准筛		
筛号/目	筛孔尺寸/μm	筛网丝直径/μm	筛号/目	筛孔尺寸/μm	筛网丝直径/μm
$3\frac{1}{2}$	5660	1280～1900	$3\frac{1}{2}$	5613	1650
4	4760	1140～1680	4	4699	1650
5	4000	1000～1470	5	3962	1120
6	3360	870～1320	6	3327	914
7	2830	800～1200	7	2794	833
8	2380	740～1100	8	2362	813
10	2000	680～1000	9	1981	838
12	1680	620～900	10	1651	889
14	1410	560～800	12	1397	711
16	1190	500～700	14	1168	635
18	1000	430～620	16	991	597
20	840	380～550	20	833	437
25	710	330～480	24	701	358
30	590	290～420	28	589	318
35	500	260～370	32	500	300
40	420	230～330	35	417	310
45	350	200～290	42	351	254
50	297	170～253	48	295	234
60	250	149～220	60	246	179
70	210	130～187	65	208	183
80	177	114～154	80	175	142
100	149	96～125	100	147	107
120	125	79～103	115	124	97
140	105	63～87	150	104	66
170	88	54～73	170	88	61
200	74	45～61	200	74	53
230	62	39～52	250	61	41
270	53	35～46	270	53	41
325	44	31～40	325	43	36
400	37	23～35	400	38	25

1.2.2.2　显微镜法

由于显微镜可以直接观察到颗粒形貌并且可直接测量单颗粒尺寸，所以该方法常常被认为是确定小颗粒的尺寸和粒度分布最准确的方法。常用的显微镜为光学显微镜、透射电子显微镜和扫描电子显微镜。对于 0.8～150 μm 的粉体粒度的测量，光学显微镜是最基本的测量仪器之一。由于在显微镜中观察的颗粒图像，会受到衍射的影响，所以，光学显微镜的测量有一个下限值。这个下限值可由式 (1.8)[Yamate and Stocham，1977] 计算得出

$$\delta = \frac{1.22\lambda}{2N_A} \tag{1.8}$$

式中，δ 是测量下限，λ 是自然光的波长，N_A 是物镜数值孔径。例如，可见光的波长为 4500Å，数值孔径为 1.25，由式 (1.8) 计算的测量下限为 0.2μm。用光学显微镜测量粉体粒度，选择合适的放大倍数是非常重要的。显微镜的放大是由物镜–目镜共同作用的结果。一般来说，光学显微镜的最大放大倍数为 1000 乘以数值孔径。表 1.4 列出了常用的放大倍数所用的目镜及所需要的物镜。

表 1.4 最大放大倍数物镜及所用目镜

物镜		数值孔径	聚焦深度/μm	最大使用放大倍数	所需目镜
放大倍数	焦距/mm				
2.5	56	0.08	50	80	30
10	16	0.25	8	250	15
20	8	0.50	2	500	25
43	4	0.66	1	660	15
97	2	1.25	0.4	1250	10

资料来源: A. G. Guy's *Essentials of Materials Science*, McGraw-Hill, 1976.

透射电子显微镜和扫描电子显微镜是用电子束直接确定颗粒尺寸和表面积的先进的测试技术。它们可用来测量尺寸在 0.001~5 μm 的粉体颗粒。透射电子显微镜是通过电子束在样品上的穿透性，在底片上产生颗粒的图像。扫描电子显微镜是利用介质能量为 5~10 keV 的电子束平行扫描整个试样，这些扫描在样品上的电子束产生可探测到二次电子发射、背散射电子、可见光、X 射线等。透射电子显微镜和扫描电子显微镜广泛应用于测量粉体的孔结构、颗粒形状以及颗粒的表面积。扫描电子显微镜在观测颗粒的三维形貌上比透射电子显微镜更快。关于透射电子显微镜和扫描电子显微镜的更详细介绍可分别见凯 [Kay, 1965] 和海 [Hay, 1965] 和桑德伯格 [Sandberg, 1967] 的论述。

1.2.2.3 沉降法

沉降法是利用在重力场或离心力场中固体颗粒的终端沉降速度与颗粒的大小有关而实现测量的。重力沉降法由于受到颗粒浓度、扩散、布朗运动以及沉降时间等的影响，其测量最小粒径大约为 5μm，而在离心沉降中由于加速沉降，上述的影响可基本消除，其测量范围几乎可达 0.001μm~1mm。

沉降法常常用液体作为沉降介质，因为液体与气体相比，液体有较高的黏度。虽然在液体中的颗粒可能会被溶解，导致颗粒体积和重量的增加，但同时，溶剂化的颗粒也会使周围介质的浮力增加。而沉降过程由总沉降力所确定，因此，这两个

影响可相互抵消。所以，用液体作为沉降介质，颗粒的溶剂化对颗粒大小的测定结果影响很小。类似的，离心力场中的动力学粒径的确定，可用 $\omega^2 r$ 代替式 (1.5) 中重力加速度 g 而得到

$$V(\rho_{\mathrm{p}}-\rho)\omega^2 r = C_{\mathrm{D}}\frac{\pi}{8}\frac{\mu^2}{\rho}\mathrm{Re}_{\mathrm{t}}^2$$
$$d_{\mathrm{t}} = \frac{\mathrm{Re}_{\mathrm{t}}\mu}{\rho U_{\mathrm{pt}}} \tag{1.9}$$

式中，ω 是角速度，r 是离心力场的回转半径。

1.2.2.4　气体吸附法

如前所述，多孔颗粒表面积是物理化学过程中的重要变量。在催化剂和反应工程中常有多孔颗粒的应用，如活性炭、活性氧化铝、硅胶、沸石分子筛等。对于一定的多孔颗粒，有效表面积的定义是根据单元操作过程所关注的传递现象，譬如热辐射现象中，其影响传递热量的主要因素可能是颗粒的外表面积、外露面积和裂缝的表面积。另一方面，对于大多数化学反应和吸附过程，颗粒空隙的内表面积有可能会影响到过程的反应速度。按照孔的宽度可将其分为三类：第一类是小于 20Å的孔，称为微孔；第二类是介于 20~500 Å的孔，称为中孔；第三类是超过 500Å的孔，称为大孔。由无裂纹也无缺陷的细颗粒组成的分散气溶胶具有大比表面积的表面特性是个例外 [Gregg and Sing, 1982]。

测定粉体比表面积和孔分布的最常用方法就是物理吸附 (参见 §1.4.1)。氮、氪、氩是常使用的一些吸附剂。气体吸附的总量一般用体积表示。如果需要同时确定吸附质量的变化，可用重量计法确定。吸附过程的性质和等温吸附曲线的形状取决于固体的性质及其内部结构。BET (Brunauer-Emmett-Teller) 吸附法常用于对单层覆盖表面积的测定分析，开尔文 (Kelvin) 方程也可计算微孔尺寸的分布。

需要注意，在该方法中所用的粒径是表面积直径或者索特直径，这两个概念已在 §1.2.1.3 中进行了讨论。

1.2.2.5　夫琅禾费衍射法

利用光的散射和衍射测定颗粒的尺寸有很多优点，与机械法比较，利用光测定粒度既没有外在的干扰，测定速度又快，既不像沉降法那样需要沉降介质，也不像筛分法那样有一个会使颗粒得以破碎的剪力。基于米氏 (Mie) 理论的夫琅禾费衍射和侧向散射测定粒度尺寸，其范围为 0.1~1000 μm [Plantz, 1984]。

根据比尔–朗伯 (Beer-Lambert) 定律，当一束光通过颗粒时，透光率可由下式给出

$$\frac{I_{\mathrm{t}}}{I_{\mathrm{i}}} = \exp(-nA_{\mathrm{e}}l) \tag{1.10}$$

式中，I_t 是透射光强；I_i 是入射光强；n 是颗粒数；A_e 是消光总截面积，包括反射、折射、衍射和吸收等而导致的消光；l 是光学厚度。消光截面积可根据洛伦兹–米氏(Lorenz-Mie) 理论计算得出。一束光照射到单颗粒上产生散射，其散射角度的分布见图 1.5，可以看到，大部分散射光是向前方的。尽管洛伦兹–米氏理论是精确的，但它却不能确定透光率和颗粒尺寸之间的关系。然而，在一定的条件下，却有更加简单的理论来解决这个问题。这个条件就是，当颗粒尺寸远小于光波的波长时，可以利用瑞利 (Rayleigh) 散射理论，当颗粒尺寸远大于光波波长时，可用夫琅禾费衍射理论，1981 年范德赫斯特 (van de Hulst) 给出了判断标准如下：

$$\begin{aligned} &k < 0.3, && \text{瑞利 (Rayleigh) 散射} \\ &k \approx 1, && \text{洛伦兹–米氏 (Lorenz-Mie) 理论} \\ &k \gg 30, && \text{夫琅禾费 (Fraunhofer) 衍射} \end{aligned} \tag{1.11}$$

参数 k 的定义由下式给出

$$k = \frac{2\pi d|n_i - 1|}{\lambda} \tag{1.12}$$

式中，n_i 是相对颗粒折射率。

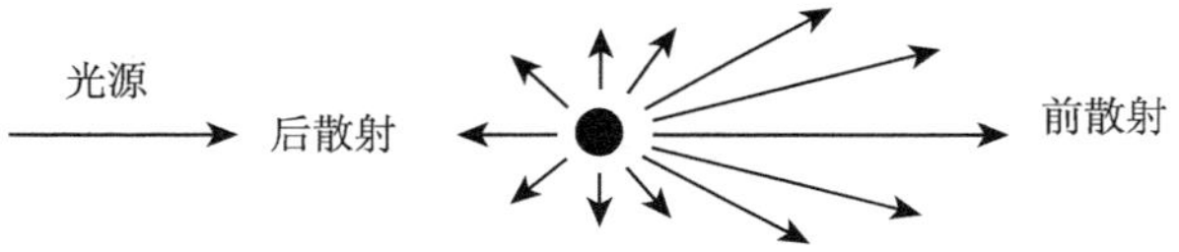

图 1.5 一个单颗粒对光的散射光强分布及散射角

在本书中所研究的固体颗粒都大于 1μm，夫琅禾费衍射法可计算大于 2~3 μm 的颗粒，因此本书中利用激光测定颗粒的大小，可用夫琅禾费衍射法。夫琅禾费衍射理论来源于光学基本原理，但不涉及光的散射问题，为了获得夫琅禾费衍射，必须满足两个条件：第一，颗粒或者孔径的面积要远小于所用光的光波波长以及从光源到颗粒或孔的距离。第二，该面积也必须小于所用光的波长以及颗粒或孔到观察面之间的距离。因此夫琅禾费衍射称为远场衍射。单颗粒夫琅禾费衍射流程如图 1.6(a) 所示，在气固悬浮系统中用激光作为光源，用于测定颗粒尺寸的夫琅禾费衍射仪光路如图1.6(b) 所示。对圆孔或球体颗粒，夫琅禾费衍射的透光率和直径的关系可由下式表示

$$\frac{I_t}{I_i} = \left(\frac{2J_1(x)}{x}\right)^2 \tag{1.13}$$

其中，J_1 是球面坐标系下的一阶贝塞尔 (Bessel) 函数。x 可由下式给出

$$x = \frac{\pi d r}{\lambda F} \tag{1.14}$$

式中，r 是从光轴到观察面的径向距离；F 是透镜的焦距。对球体颗粒或者圆孔，其夫琅禾费衍射图案可由图 1.7 来确定。因此，通过测量和分析探测器所接收到的一束光强的分布，可获得颗粒的当量粒径。关于夫琅禾费衍射更详细地介绍可见 Weiner 的文章 [Weiner, 1984]。

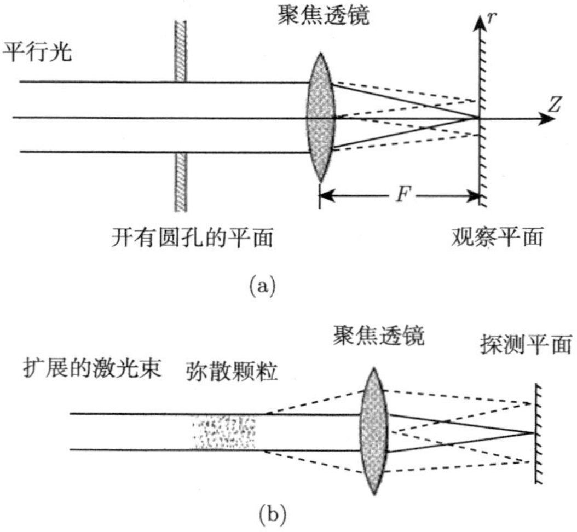

图 1.6　用于粒度分析的夫琅禾费衍射系统示意图

(a) 圆孔平面衍射；(b) 弥散颗粒衍射

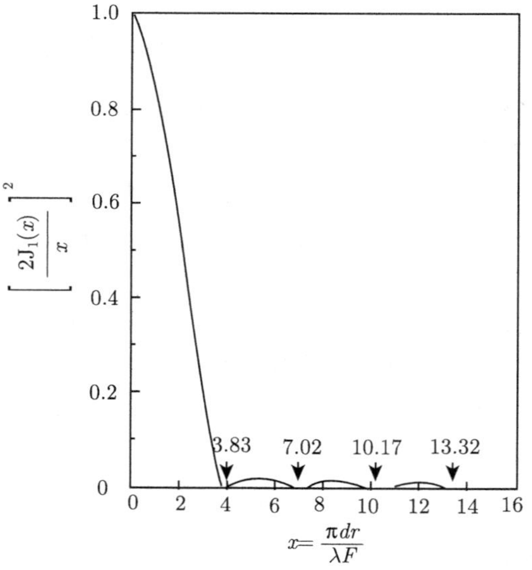

图 1.7　带孔圆板或不透明圆盘的夫琅禾费衍射图谱

1.2.2.6 激光多普勒相移

当球体颗粒进入两束激光交叉的位置时，便会发生多普勒效应，此时不仅会发生频移，也会发生散射光的相移。频移可用于测量球体速度，而相移则可用于测量颗粒的直径。相位多普勒原理已经用于测量球体颗粒的大小、粒度分布及颗粒的速度。第一个提出多普勒测量原理的是道斯特和扎尔 [Durst and Zare 1975]，而使其真正成为一个测量仪器却是在十年后由巴克拉和侯瑟 [Bachalo and Houser，1984] 完成。

相位多普勒测量原理可作如下描述：当运动的球体颗粒穿过已知体积的激光并使光产生散射时，便产生一个频率信号，根据该频率信号，可测得该颗粒的运动速度。该频率信号就是可以在各个方向上获得的多普勒频移。两个独立空间位置的散射信号表现出的相移大小取决于诸多因素，包括散射角、球体颗粒材料的折射率、光波的波长、光束的交叉角等。当反射是以散射为主时，相移就与折射率无关。从两个紧靠的探测器对相同的颗粒上获得的多普勒相移信号与球形颗粒的直径呈线性关系，这样就为我们提供了一种确定球形颗粒尺寸大小的手段。尽管从每个探测器的位置所获得的信号来评估相移之间的关系是复杂的，但仍可用米氏理论来加以确定。从原理上讲，测量颗粒尺寸要求进入测量区的颗粒是球形的，对于形状不规则的颗粒无法用多普勒相移法测量。

通常，相位多普勒的测粒范围是 1μm～10mm，一台仪器上有 40 个可调的参数。一般来说，颗粒测定的最大浓度是每立方毫米 1000 个。目前市场上应用相位多普勒法的仪器有：相位多普勒粒度分析仪 (PDPA)、颗粒动力分析仪 (DPDA)。

1.2.2.7 库尔特 (Coulter) 原理

库尔特原理测量颗粒的大小和粒度分布是应用电气传感技术，其仪器是根据著名的库尔特计数。测量时，颗粒悬浮于某电解质内然后通过一个小孔，悬浮液的浓度必须足够地低，以使颗粒能在一定的时间内通过。在小孔壁上安装有一对电极，当颗粒通过小孔时，颗粒取代小孔内的电解质，结果使小孔电极间的阻抗发生改变，导致与颗粒体积成比例关系的电压脉冲的振幅也发生变化。通过对电压脉冲的转换计算，可得到颗粒的大小和个数以及粒度分布。通常库尔特计数器的测量范围是 1～50 μm。

1.2.2.8 串级冲击法

当颗粒很小时，用沉降法测量就会需要很长的时间，这会使沉降法的应用变得效率极低。为解决这个问题，常用的方法就是利用惯性技术原理的串级冲击仪，该仪器从取样到颗粒分级都是利用惯性原理。串级冲击仪是由一系列的收尘板所组成，该收尘板以连续喷口的形式逐渐增加。由于惯性作用，气流发生偏转，固体颗粒则被逐级收集在收尘板上。沉积在每个收尘板上的颗粒尺寸大小，与气流的冲击速度有关。入口气体速度不应太大，以免损害收尘板。但也不能太小，以保证固体颗粒有足够的惯性力。最早的串级冲击仪是由买 [May, 1945] 所开发。买串级冲击仪用至少四块玻璃盘作为收尘板，它可以从大气中取样，测量范围为 0.1~50 μm。现在常用的串级冲击仪测量范围是 0.1~100 μm。

1.3　粒度分布和平均粒径

对一个多级颗粒的分散系统，使用什么样的平均粒径应根据各工艺过程的不同需要而确定。平均粒径的计算不仅与粒度分布有关，而且也与所选择的权重系数有关。颗粒尺寸的密度函数既可以用颗粒个数分布表示，也可以用在给定范围内的颗粒重量分布表示。颗粒个数密度函数和质量密度函数可以相互转换。对一个多粒级的分散系统，不同的权重系数和不同的物理意义可计算出不同的平均粒径。

1.3.1　密度函数

个数密度函数为 $f_{\mathrm{N}}(b)$，$f_{\mathrm{N}}(b)\mathrm{d}b$ 代表从 b 到 $b+\mathrm{d}b$ 颗粒个数占总颗粒数的分数，则

$$\frac{\mathrm{d}N}{N_0}=f_{\mathrm{N}}(b)\mathrm{d}b \tag{1.15}$$

式中，$\mathrm{d}N$ 是粒径从 b 到 $b+\mathrm{d}b$ 的颗粒个数，N_0 是颗粒总数。显然，个数密度函数的归一化条件是

$$\int_0^{\infty} f_{\mathrm{N}}(b)\mathrm{d}b=1 \tag{1.16}$$

因此，粒径范围从 d_1 到 d_2 部分的颗粒个数为 N_{12}，总颗粒数为 N_0，则

$$\frac{N_{12}}{N_0}=\int_{d_1}^{d_2} f_{\mathrm{N}}(b)\mathrm{d}b \tag{1.17}$$

颗粒密度函数也可用质量分布表示。$f_{\mathrm{M}}(b)$ 表示颗粒的质量分数，则

$$\frac{\mathrm{d}M}{M_0}=f_{\mathrm{M}}(b)\mathrm{d}b \tag{1.18}$$

$\mathrm{d}M$ 是颗粒从 b 到 $b+\mathrm{d}b$ 的质量数，M_0 是总质量数。质量密度函数的归一化条件是

$$\int_0^{\infty} f_{\mathrm{M}}(b)\mathrm{d}b=1 \tag{1.19}$$

因此，粒径范围从 d_1 到 d_2 部分的质量为 M_{12}，颗粒总质量为 M_0，则

$$\frac{M_{12}}{M_0}=\int_{d_1}^{d_2} f_{\mathrm{M}}(b)\mathrm{d}b \tag{1.20}$$

颗粒的质量可以用相同尺寸的颗粒个数表示

$$\mathrm{d}M=m\mathrm{d}N \tag{1.21}$$

式中，m 是粒径为 b 的颗粒质量，对球形颗粒可以表示为

$$m=\frac{\pi}{6}\rho_{\mathrm{p}}b^3 \tag{1.22}$$

从式 (1.15)、式 (1.18) 和式 (1.21)，得到个数密度函数和质量密度函数的关系可表示为

$$f_{\mathrm{M}}(b)=\frac{N_0 m}{M_0}f_{\mathrm{N}}(b) \tag{1.23}$$

个数密度函数可通过显微镜或其他光学方法 (如夫琅禾费衍射法) 获得。质量密度函数可由筛分方法或其他容易称量给定范围内试样重量的方法获得。

1.3.2 常用分布函数

在气固两相流研究中，有三个常用的粒度分布函数，分别是高斯 (Gauss) 分布或正态分布、对数正态分布、罗辛–兰姆勒 (Rosin-Rammler) 分布。这三个分布函数常用于实验数据的曲线拟合。

1.3.2.1 高斯分布

高斯分布就是众所周知的正态分布，用作粒度分布的密度函数可表示为

$$f_{\mathrm{N}}(d)=A_{\mathrm{N}}\exp\left(-\frac{(d-d_0)^2}{2\sigma_{\mathrm{d}}^2}\right) \tag{1.24}$$

式中，A_{N} 是正态分布常数；d_0 是 d 的算数平均径；σ_{d} 是 d 的标准偏差。高斯分布如图 1.8 所示，在曲线上横坐标两点间距离 $2\sqrt{2}\sigma_{\mathrm{d}}$ 所对应的纵坐标为 1/e, 可表示为

$$\frac{f_{\mathrm{N}}(d)}{f_{\mathrm{N}}(d_0)}=\frac{1}{\mathrm{e}} \tag{1.25}$$

对一定的试样，如图 1.8 所示粒径范围从 d_1 到 d_2，则根据式 (1.16) 可得到

$$\int_{d_1}^{d_2} A_{\mathrm{N}}\exp\left(-\frac{(b-d_0)^2}{2\sigma_{\mathrm{d}}^2}\right)\mathrm{d}b=1 \tag{1.26}$$

则 A_{N} 可由下式给出：

$$A_{\mathrm{N}}=\frac{1}{\sigma_{\mathrm{d}}}\sqrt{\frac{2}{\pi}}\left[\operatorname{erf}\left(\frac{d-d_0}{\sqrt{2}\sigma_{\mathrm{d}}}\right)+\operatorname{erf}\left(\frac{d-d_1}{\sqrt{2}\sigma_{\mathrm{d}}}\right)\right]^{-1} \tag{1.27}$$

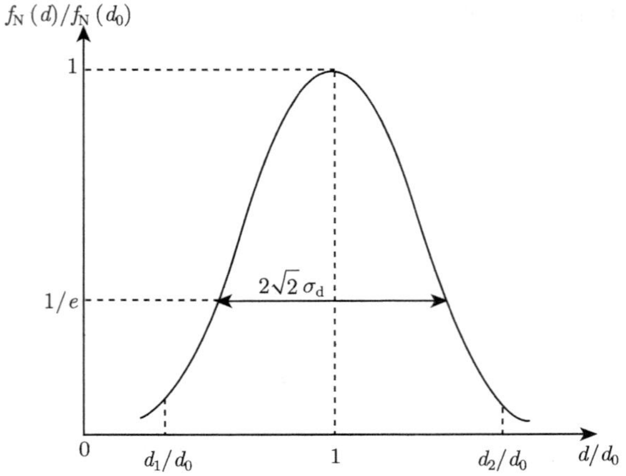

图 1.8　高斯分布函数

由式 (1.24)，个数密度函数转换为质量密度函数为

$$f_{\mathrm{M}}(d)=A_{\mathrm{M}}\frac{\pi}{6}\rho_{\mathrm{p}}d^3\exp\left(-\frac{(d-d_0)^2}{2\sigma_{\mathrm{d}}^2}\right) \tag{1.28}$$

则常数 A_{M} 可由式 (1.29) 计算得到

$$\int_{d_1}^{d_2}A_{\mathrm{M}}\frac{\pi}{6}\rho_{\mathrm{p}}b^3\exp\left(-\frac{(b-d_0)^2}{2\sigma_{\mathrm{d}}^2}\right)\mathrm{d}b=1 \tag{1.29}$$

对于 A_{M} 没有一个精准、明确而且简单的表达式，但在分布范围很窄的情况下，如 $\sigma_{\mathrm{d}}/d_0\ll 1$，$A_{\mathrm{N}}$ 和 A_{M} 可由式 (1.30) 和式 (1.31) 各得到一个近似式

$$A_{\mathrm{N}}\approx\frac{1}{\sqrt{2\pi}\sigma_{\mathrm{d}}} \tag{1.30}$$

和

$$\frac{1}{A_{\mathrm{M}}}\approx\frac{(2\pi)^{3/2}}{6}\rho_{\mathrm{p}}\frac{d_0}{\sigma_{\mathrm{d}}}\left(\frac{3}{2}+\frac{d_0^2}{2\sigma_{\mathrm{d}}^2}\right)\sigma_{\mathrm{d}}^4 \tag{1.31}$$

对于粒度分布服从高斯分布，如式 (1.24) 和式 (1.30) 所描述的物料，95%的颗粒尺寸应该落在 $(-2\sigma_{\mathrm{d}}+d_0)$ 和 $(2\sigma_{\mathrm{d}}+d_0)$ 范围内。

1.3.2.2 对数正态分布

对含有大量细颗粒的粉体，其粒度分布函数可用对数正态分布表示，也即对颗粒尺寸取对数，则对于粒度分布服从高斯分布的颗粒系统就用半对数坐标。对数正态分布可用式 (1.32) 表示

$$f_{\mathrm{N}}(d)=\frac{1}{\sqrt{2\pi}\sigma_{\mathrm{dl}}d}\exp\left[-\frac{1}{2}\left(\frac{\ln d-\ln d_{01}}{\sigma_{\mathrm{dl}}}\right)^2\right] \tag{1.32a}$$

或者

$$f_{\mathrm{N}}(\ln d)=\frac{1}{\sqrt{2\pi}\sigma_{\mathrm{dl}}}\exp\left[-\frac{1}{2}\left(\frac{\ln d-\ln d_{01}}{\sigma_{\mathrm{dl}}}\right)^2\right] \tag{1.32b}$$

式中，d_{01} 和 σ_{dl} 都是为对数正态分布而定义的参数。d_{01} 是中位径，σ_{dl} 是在累计分布曲线上 0.841 所对应的颗粒粒径 $d_{84.1}$ 与中位径 d_{01} 比值的自然对数值。在对数正态分布中 d_{01} 和 σ_{dl} 并不是 ln$d$ 的算数平均值和标准偏差。在对数正态分布中，粒径从 b 到 b+db 的个数占总颗粒的分数用 $f_{\mathrm{N}}(b)\mathrm{d}b$ 表示，或者粒径从 ln$b$ 到 ln$b$+dln$b$ 的个数占总颗粒的分数用 $f_{\mathrm{N}}(\ln b)\mathrm{d}\ln b$ 表示。

1.3.2.3 R-R 分布

对于粉煤灰、月亮尘埃以及很多形状不规则的颗粒，人们发现其质量粒度分布服从 R-R 分布。其密度分布函数为

$$f_{\mathrm{M}}(d)=\alpha\beta d^{\alpha-1}\exp(-\beta d^{\alpha}) \tag{1.33}$$

式中，α 和 β 都是常数。对式 (1.33) 积分可得到累积分布函数 F

$$F=\int_0^d f_{\mathrm{M}}(b)\mathrm{d}b=1-\exp(-\beta d^{\alpha}) \tag{1.34}$$

在实际应用中，R-R 分布常用 R 表示

$$R=\int_0^{\infty} f_{\mathrm{M}}(b)\mathrm{d}b=\exp(-\beta d^{\alpha}) \tag{1.35a}$$

或者

$$\ln\left(\ln\frac{1}{R}\right)=\ln\beta+\alpha\ln d \tag{1.35b}$$

从式 (1.35b) 可看出，$\ln[\ln(1/R)]$ 与 ln$d$ 是线性关系，即用 $\ln[\ln(1/R)]$ 对 ln$d$ 描点可得到一条直线。从该直线上可求得 α 和 β 值。常用筛分析得到粒度分布的

数据，然后描点求得 α 和 β 值。表 1.5 所列是一些服从 R-R 密度分布的粉体的 α 和 β 值，表中常数 α 和 β 值适用于 R-R 分布中的粒径 d，粒径单位为 μm。

表 1.5　某些常用材料的 α 和 β 值

材料	α	$\beta\times10^3/\mu m^{-\alpha}$
(a) 细磨物料		
泥灰岩	0.675	33
片状泥灰岩	0.839	33
褐煤	0.900	33
长石	0.900	71
水泥	1.000	29
玻璃粉	1.111	25
煤	1.192	21
(b) 粗磨物料		
黏土	0.727	0.40
煤 1	0.781	0.067
煤 2	0.781	0.15
含 7%沥青的石灰石	0.781	0.13
中等硬度石灰石	0.933	0.083
硬质石灰石	1.000	0.40
熟料	1.036	0.50
长石	1.111	0.50

资料来源：G. Herdan's *Small particle Statistics*, Butterworths, London, 1960.

例 1.2　玉米粒经粗磨后得到粒度分布如表 E1.3，用表中数据描点，并分别用正态分布、对数正态分布和 R-R 分布比较，问实验数据更符合哪一个密度函数。

解　根据表 E1.3 的数据，转换成单位颗粒长度的频率分布列于表 E1.4，然后作出频率分布直方图 E1.2。直方图所覆盖的面积为 1 个单位，用式 (1.24) 和式 (1.30) 的正态分布密度函数作图于直方图的上方。用表 E1.3 中数据得到的正态分布参数 d_0 和 $\sigma_{\rm d}$ 分别为 0.342 和 0.181。同样的，也用对数正态分布密度函数作图，对数正态分布的常数 $\ln d_{01}$ 和 $\ln\sigma^*_{\rm dl}$ 分别为 -1.209 和 0.531。而对于 R-R 分布密度函数，由于其常数 α 和 β 是基于质量分布的，因此须将表 E1.3 的数据转换为质量分布，转换方法可根据式 (1.23)。根据转换的数据用最小二乘法求得常数 α 和 β，其数值分别为 α=3.71 和 β=4.88mm^{-1}。须注意，在式 (1.33) 中，α 和 β 作为常数时，d 的单位是 mm。根据式 (1.33)，可求得质量密度的 R-R 分布的各数据，再将质量密度转换成个数密度，然后根据这些数据作图于直方图的上方，见图 E1.2。对比图 E1.2 的三条曲线，可看出对数正态分布与直方图吻合得更好，也即对粗磨的玉米粉，其粒度分布符合对数正态分布。

表 E1.3 粒度分布数据

粒级/mm	颗粒个数	粒级/mm	颗粒个数
0.05~0.10	1	0.50~0.55	3
0.10~0.15	5	0.55~0.60	1
0.15~0.20	6	0.60~0.65	2
0.20~0.25	7	0.65~0.70	0
0.25~0.30	8	0.70~0.75	1
0.30~0.35	6	0.75~0.80	0
0.35~0.40	4	0.80~0.85	1
0.40~0.45	4	0.85~0.90	0
0.45~0.50	4	0.90~0.95	1

表 E1.4 单位长度频率分布

颗粒平均尺寸/mm	颗粒个数	频率	单位长度频率
0.075	1	0.019	0.370
0.125	5	0.093	1.852
0.175	6	0.111	2.222
0.225	7	0.130	2.593
0.275	8	0.148	2.963
0.325	6	0.111	2.222
0.375	4	0.074	1.481
0.425	4	0.074	1.481
0.475	4	0.074	1.481
0.525	3	0.056	1.111
0.575	1	0.019	0.370
0.625	2	0.037	0.741
0.675	0	0.000	0.000
0.725	1	0.019	0.370
0.775	0	0.000	0.000
0.825	1	0.019	0.370
0.875	0	0.000	0.000
0.925	1	0.019	0.370
合计	54	1.000	20.00

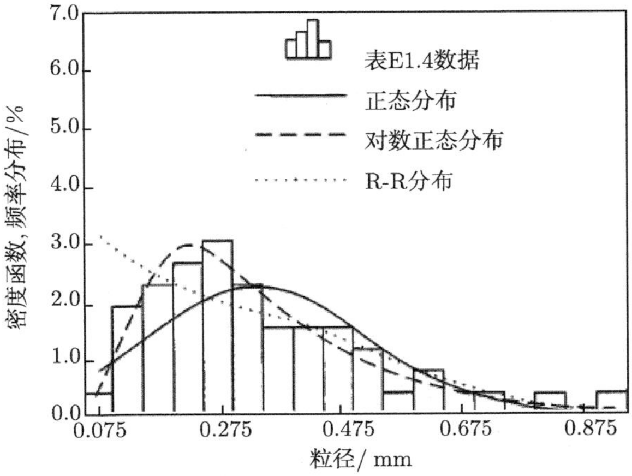

图 E1.2 三种密度函数频率分布图曲线的比较

1.3.3　颗粒系统的平均粒径

对于一个颗粒系统，根据权重系数，可以计算各种平均粒径。在工程中应根据实际情况选择合适的平均粒径。譬如，对于煤粉，燃烧过程对比表面积要求很重要，此时，就应选择索特直径。

1.3.3.1　算数平均直径

算数平均直径 d_1 是根据样品的个数密度函数分布计算得到的。d_1 由下式给出

$$d_1 = \frac{\int_0^\infty b f_N(b)\mathrm{d}b}{\int_0^\infty f_N(b)\mathrm{d}b} \tag{1.36}$$

1.3.3.2　表面积平均直径

表面积平均直径 d_S 是假想样品的所有颗粒具有相同的表面积而计算得到的。d_S 由下式给出

$$d_S^2 = \frac{\int_0^\infty b^2 f_N(b)\mathrm{d}b}{\int_0^\infty f_N(b)\mathrm{d}b} \tag{1.37}$$

1.3.3.3　体积平均直径

体积平均直径 d_V 是假想样品的所有颗粒具有相同的体积而计算得到的。d_V 由下式给出

$$d_V^3 = \frac{\int_0^\infty b^3 f_N(b)\mathrm{d}b}{\int_0^\infty f_N(b)\mathrm{d}b} \tag{1.38}$$

1.3.3.4　索特平均直径

索特平均直径 d_{32} 是假想样品的所有颗粒具有相同的比表面积而计算得到

的。d_{32} 由下式给出

$$d_{32}=\frac{\int\limits_0^\infty b^3 f_{\rm N}(b){\rm d}b}{\int\limits_0^\infty b^2 f_{\rm N}(b){\rm d}b} \tag{1.39}$$

注意，式 (1.39) 的索特直径与式 (1.4) 的索特直径是不同的，前者是对颗粒群平均尺寸的表征，而后者是对单颗粒而言。

1.3.3.5 迪布鲁克 (DeBroucker) 平均直径

迪布鲁克平均直径 d_{43} 是根据样品的质量密度函数而计算得到的平均粒径。d_{43} 由下式给出

$$d_{43}=\frac{\int\limits_0^\infty b^4 f_{\rm N}(b){\rm d}b}{\int\limits_0^\infty b^3 f_{\rm N}(b){\rm d}b}=\frac{\int\limits_0^\infty b f_{\rm M}(b){\rm d}b}{\int\limits_0^\infty f_{\rm M}(b){\rm d}b} \tag{1.40}$$

1.4 固体材料的性质

固体材料的性质受许多复杂因素的影响。在气固两相流中所涉及的有吸附、电感效应、形变 (弹性、塑形、弹塑性、断裂等)、热传导、辐射、气固相互作用产生的剪应力、固体间的相互碰撞等。另外，对颗粒本身也有各种影响，如磁场、电场、重力场等不同的力场，再如范德瓦耳斯 (van der Waals) 力这样的短程力也可能影响到颗粒的运动。

在本节中，我们将简要讨论与气固两相流相关的几个性质，它们是物理吸附、形变和断裂、热特性、电特性、磁特性及光学特性。

1.4.1 物理吸附

第一个描述物理吸附现象 (参见 §1.2.2.4) 的是索苏尔 (Saussure) 于 1814 年 [Bikerman，1970]。在实验中，索苏尔将活性炭颗粒放进一个装有氯气的长颈瓶内，气体的绿色迅速消失，加热长颈瓶，绿色又重新出现。这个现象就是所谓的吸附，也即在固体表面形成气体的积聚。

表面上最外层的固体分子仅有一个面在原子力或分子力的作用下由内层分子所吸引。这就使得表面的分子处于不平衡状态，为了补偿这个不平衡，就会吸引周

围的气体、蒸气或者液体分子。这个吸附是物理作用还是化学作用，要看温度情况以及固体与其周围流体间的相互作用如何。

物理吸附或者范德瓦耳斯力吸附，固体与气体间的相互作用力较弱。吸附的力就是分散力 (见 §3.3.1) 或者静电力 (见 §3.3.2)(如果气体和固体在性质上都具有极性)。物理吸附是可逆的，因此在相同温度下由物理吸附引起的吸附都是能解吸的。而化学吸附在气体与固体间的相互作用力要远大于物理吸附。要解吸化学吸附，需要在真空中升温，既使如此，也不一定能解吸成功。在气固两相流中，我们更关心的是物理吸附，因此，本节将讨论物理吸附。

1.4.1.1　弗罗因德利希 (Freundlich) 等温线

表达吸附数据最常用的方法就是吸附等温线。在恒温状态下，吸附总量是吸附质分压 p 的函数，可据此绘制成图。第一条等温吸附线是由弗罗因德利希 [Freundlich，1926] 在 1906 年作出的，自此以后，大量的吸附等温线相继报道，弗罗因德利希等温线的形式为

$$V_{\mathrm{a}} = \alpha p^{\beta} \tag{1.41}$$

式中，V_{a} 为被吸附的气体总量；α 和 β 是实验常数；$\log V_{\mathrm{a}}$ 与 $\log p$ 呈线性关系。

1.4.1.2　朗缪尔 (Langmuir) 等温线

朗缪尔奠定了吸附等温线理论并使之系统化，这就是著名的朗缪尔吸附等温线，这也成为许多后来者研究等温吸附的基础，譬如本书 §1.4.1.3 中的 BET 等温线也是以此为基础的。朗缪尔吸附模型的一个基本假设就是单层吸附、局部吸附 (既存在特定的吸附点以及特定分子和吸附点之间有相互作用) 和均质材料。另外，吸附热与覆盖层无关。他提出吸附速率与吸附质的无量纲数 $p/p_0(=p^*)$ 成比例关系，p_0 是饱和蒸气压，未发生吸附部分用 $(1-\zeta)$ 表示。ζ 是在固体表面发生吸附部分占应吸附总表面的分数。在平衡时，吸附速率和解吸速率应该相等

$$K_{\mathrm{a}} p^*(1-\zeta) = K_{\mathrm{d}}\zeta \tag{1.42}$$

式中，K_{a} 是吸附速率常数；K_{d} 是解吸速率常数。当忽略熵变时，平衡常数 $K_{\mathrm{e}}(=K_{\mathrm{a}}/K_{\mathrm{d}})$ 可由下式给出

$$K_{\mathrm{e}} = \frac{\zeta}{p^*(1-\zeta)} = \exp\left(-\frac{\Delta H^{\circ}}{R_{\mathrm{M}}^{\circ} T}\right) \tag{1.43}$$

式中，ΔH° 是在标准状态 (STP) 下的单位摩尔吸附热；R_{M}° 是气体普适常数，其数值为 $82.06\times10^{-3}\mathrm{m^3\cdot atm/kg\cdot mol\cdot K}$。则朗缪尔等温线可整理成下式

$$\zeta^{-1} = 1 + (K_{\mathrm{e}} p^*)^{-1} \tag{1.44}$$

以 ζ^{-1}-p^{*-1} 作图可得到一直线，既可求得 K_{e}。

1.4.1.3 布鲁诺–爱米特–泰勒 (Brunauer-Emmett-Teller, BET) 等温线

在朗缪尔模型中假设为单层吸附，这在大多数情况下是与实际不符的，因此应修改为多层吸附。1938 年，布鲁诺 (Brunauer)、爱米特 (Emmett)、泰勒 (Teller) 对朗缪尔模型进行了修正 [Brunauer *et al.*, 1938]，这就是著名的 BET 法。BET 等温线假设第一层吸附有一个特征吸附热 ΔH_a，同时，第一层的吸附和解析速率受吸附质液化热 ΔH_c 所控制。BET 方程的导出不在本书的讨论范围之内，在此，只给出 BET 方程式如下

$$\frac{p}{V_a(p_0-p)}=\frac{1}{V_mC}+\frac{(C-1)p}{V_mCp_0} \tag{1.45}$$

式中，V_m 是在标准状况 (STP) 下的单层吸附容量。C 由下式给出

$$C=\exp\left(\frac{\Delta H_a-\Delta H_c}{R_M^\circ T}\right) \tag{1.46}$$

目前大部分比表面积或孔结构测定仪的测量原理都来自 BET 等温线。在式 (1.45) 中的单层吸附容量 V_m 可用于计算已吸附气体分子部分的表面积。按式 (1.45) 用 $\frac{p}{V_a(p_0-p)}$ 对 $\frac{p}{p_0}$ 作图为一直线。从该直线的斜率和截距可求得 V_m，则比表面积 S_V 可由下式求得

$$S_V=\frac{V_m n_A s_m}{V_{gm}m} \tag{1.47}$$

式中，n_A 是阿伏伽德罗 (Avogadro) 常数 (6.02×10^{23})；s_m 是吸附质气体每个分子的表面积；V_{gm} 是吸附质的摩尔体积；m 是固体吸附剂的质量。

例 1.3 按表 E1.5 的数据，计算 22.5mg 氢氧化钙粉体的比表面积。表中数据是在 −198.5℃ 下对液氮的吸附测定结果，吸附剂的表面积为 $S_V=4.35V_m/m$ (m^2/g)。

表 E1.5

p/p_0	0.1	0.2	0.3	0.35
V_a/cm^3	0.1855	0.2113	0.2472	0.2652

解 根据所给数据按 BET 方程，即式 (1.45) 描点作图，见图 E1.3，由图纵坐标的截距得到 $I=0.0122\text{cm}^{-3}$，由曲线的斜率得到 $s=5.77\text{cm}^{-3}$，则 V_m 可由下式得到

$$V_m=\frac{1}{s+I}=0.173\text{cm}^3 \tag{E1.2}$$

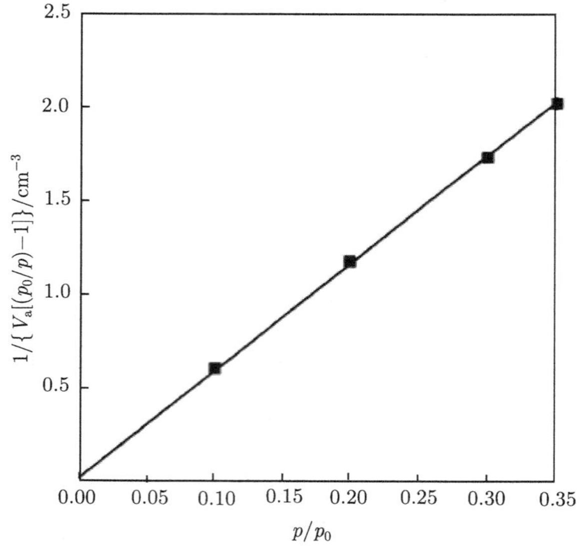

图 E1.3　按表 E1.5 中的数据作 BET 曲线图

则氢氧化钙的比表面积为

$$S_V = 4.35 \times \frac{0.173}{0.0225} = 33.4(m^2/g) \tag{E1.3}$$

1.4.2　形变和断裂

当材料受到外力作用时，都会发生形变，这个形变也可能是明显的也可能是不易察觉的。形变可能是弹性形变、塑性形变、弹塑性形变或黏塑性形变。当外力施加到物体上时，受力点相对于相邻点所产生的位移就是应变，所施加的力与受力点面积的比就是所谓的应力。弹性形变是当应力或外力撤去时，就会恢复原来的形状，譬如拉伸橡皮筋。塑性形变是当施加的外力撤去时，仍保持撤去外力之前的形状，譬如金属车体上的凹痕。

1.4.2.1　*应力和应变*

由应力引起的形变，既是外力作用的结果，也是因物体内力不平衡所引起。施加在样品上的应力等于所施加的力除以受力面积。由于力是一个三维向量，通常其中一个应力分量称为正应力。正应力可根据施力的方向引起材料的拉伸或者压缩。由两个切向分力产生的应力分量称为剪应力，剪应力所产生的形变为剪切变形。

从材料内部取一个各个面相互垂直的微元体并放在一个正交的坐标系内 (如直角坐标)。在相交的任意平面内，都有相邻的材料施加一个力，这样在相互垂直的三个面内，总共有九个应力分量。一旦这个小的微元体缩成一点，这九个应力就形成应力张量，由此可获得材料内部某个点上的内应力情况。一个对称应力张量 (譬如均质材料)，独立的应力分量减少到六个，分别是三个正应力和三个剪应力。应力张量，类似于向量，它与正交坐标系的选择无关。

尽管应力和应变同时发生，但两者是完全不同的两个概念。应力与所施加的力密切相关，而应变则与材料的形状和尺寸发生的变化有关。因此，对于刚性材料，在应力作用下，材料内部没有相对位移发生，所以，其应变总是为零。类似的，在受力点九个位移就会产生九个独立的应变，即三个正应变和六个剪应变。

应变 ε 等于由应力引起的位移 ΔL 与材料的总长度 L 之比。常用的应变大小计算方法有两种，第一种方法是当应变较小时，其基准轴维持不变，所以，L 基本上保持原先的长度 L_0。因此应变就是众所周知的名义应变，用下式表示

$$\varepsilon = \frac{\Delta L}{L_0} \tag{1.48}$$

当材料总长度较原长发生明显变化时，就是第二种计算方法，既用真应变代替名义应变，真应变的计算见下式

$$\varepsilon = \int_{L_0}^{L} \frac{\mathrm{d}l}{l} = \ln\left(\frac{L}{L_0}\right) \tag{1.49}$$

1.4.2.2 胡克定律和弹性常数

应力和应变之间的数学关系与材料的性质、温度以及形变有直接的关系。许多材料诸如金属、陶瓷、结晶聚合物以及木材等在应力很小的情况下，都表现出弹性行为。对于拉伸弹性形变，胡克 (Hook) 给出了应力和应变之间的线性关系如下

$$\varepsilon = \frac{\sigma}{E} \tag{1.50}$$

式中，E 是与材料性质有关的杨氏弹性模量。如果材料的应变值取决于实验过程中的材料的受力方向，则这个材料就是各向异性的。各向异性的典型材料如蓝宝石水晶，其原子的分布随实验的方向而变化，再如木头，其沿长度方向的施力较径向或横向施力有更高的比刚度 (杨氏弹性模量与材料密度的比值)。多晶材料如铜等一般都是各向同性的，其晶体的方向都是随机排列的。

对于各向同性材料，其应力应变关系中有三个正应力，其关系为

$$\varepsilon_1 = \frac{\sigma_1}{E} - (\sigma_2 + \sigma_3)\frac{\nu}{E} \tag{1.51}$$

式中，ε_1 是在 σ_1 方向上的拉伸应变；σ_2 和 σ_3 是横向应力。应变随纵向应力的增加而增加，随横向应力的增加和泊松收缩而减小。泊松收缩的程度与泊松比有关，

也即在施加应力方向上收缩量 (横向变形量) 与伸展量 (纵向变形量) 的比。杨氏弹性模量和泊松比是反映固体材料弹性的两个非常重要的性质。常用材料的杨氏弹性模量和泊松比见表 1.6。

表 1.6　一些固体材料的弹性常数

材料	杨氏弹性模量 $E/(10^{10}\mathrm{N/m^2})$	泊松比 ν
石墨	100	—
氧化铝晶体 [1010]	230	—
氧化铝晶体 [1120]	125	—
氧化铝晶体 [0001]	48	—
硼	45	0.21
烧结硬质合金 WC	65	0.20
玻璃–陶瓷	10	0.25
硅玻璃	8	0.24
铝合金	7	0.33
钢铁	20	0.28
钨	41	0.28
纵向木材	1	0.04
径向木材	0.07	0.3
横向木材	0.06	0.5
铜合金	12	0.35
尼龙	0.3	0.48
聚乙烯	0.04	0.3

1.4.2.3　塑性变形

大部分固体材料在受到应力作用并超过一定界限后就会发生永久性的形变，因此，大部分固体颗粒可分为两大类，即弹塑性颗粒和弹脆性颗粒。常见的弹塑性颗粒有如金属颗粒、聚合物颗粒，而常见的弹脆性颗粒有如煤、活性炭、陶瓷等。有些材料在室温下为弹性材料，但在低温下可能就是脆性材料；有的材料在室温下是脆性材料，而在高温下可能变为塑性材料。

有些塑性材料具有不同的抗拉和抗压特性，譬如聚苯乙烯在压缩时就显得很有韧性，但在拉伸时就会非常脆。然而，大部分弹塑性材料，压缩和拉伸试验的应力应变曲线都是相似的。因此，对这类材料的拉伸试验应力应变曲线，也适用于压缩过程，固体材料的这一特性是气固两相流所特别关注的。

对于弹塑性材料，需要重点考虑的是两个代表性的应力，即屈服强度和拉伸强度。屈服强度是材料开始发生塑性形变时的应力，而拉伸强度是实验材料发生断裂前的最大应力。屈服强度是指偏移 0.2%的屈服应力，即在应力应变曲线上，沿应变坐标轴移动到 0.2%的点，过该点作平行于曲线上直线部分的平行线，该平行线与应变曲线的焦点所对应的屈服应力，就是屈服强度，见图 1.9。一些材料的屈服强度值见表 1.7。

与弹性变形相反，塑性变形的发生是多变的。图 1.9 是两种典型的弹塑性材料

(金属和聚合物) 的应力应变曲线。在弹性变形阶段，两种材料的应力应变曲线都是类似的直线关系，但在断裂破坏前的屈服变形阶段，两者表现出很不同的相关性。

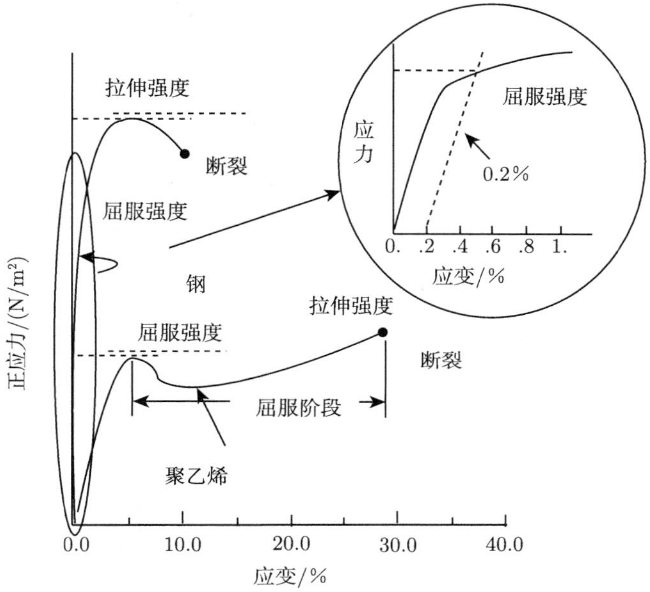

图 1.9 弹塑性材料的应力应变曲线

表 1.7 一些常用材料的屈服强度

材料	屈服强度/MPa	拉伸强度/MPa
(a) 金属材料		
碳钢	177～571	320～830
ASTM钢	204～340	306～680
不锈钢	204～1800	544～1900
铸铝合金	55～435	35～70
锻铝合金	27～618	68～666
青铜	68～410	230～660
黄铜	68～440	265～680
(b) 聚合物		
尼龙	58～86	65～86
PVC-丙烯酸合金	37～44	38～74
缩醛	60～68	60～68
聚苯乙烯	34～69	34～69
(c) 无机材料	(抗弯强度)	
矾土	272～320	136～272
电瓷	34～82	14～48
聚晶玻璃	102～170	—
云母	82～88	34～41
石墨和碳	4～27	5～108

1.4.2.4　断裂和疲劳试验

除了形变，断裂是材料在应力作用下另一个重要现象。断裂是应力导致材料的破坏，有两种类型。一类是脆性断裂，这类断裂是材料的受力点没有发生面积变化而突然发生的破坏。另一类断裂为塑性断裂，这类断裂是材料在断裂之前，先发生塑性变形并逐步在局部发生面积缩小 (缩颈) 而最终导致材料的破坏。脆性断裂和塑性断裂如图 1.10 所示。

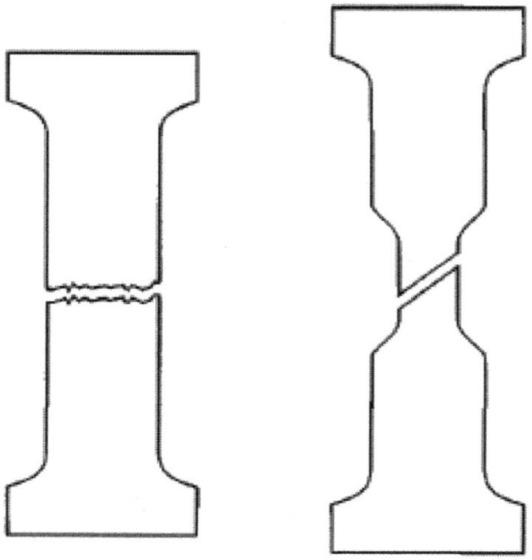

图 1.10　脆性断裂和塑性断裂

对于脆性材料，其抗压强度要比拉伸强度大一个数量级，断裂是由剪切过程引起。对于塑性材料，其破坏强度要比脆性材料大得多。

通常所说的破坏实验，既可用压缩试验，也可用拉伸试验来完成。材料的破坏强度常要由重复试验确定，这种破坏试验常称为疲劳试验。对一个塑性材料，其疲劳试验过程包括裂纹的产生、裂纹的扩展和裂纹达到临界状态时的断裂三个过程。产生裂纹是由于塑性材料在加载过程中其形变不是完全可逆的。对许多工程材料来说，其疲劳试验结果可能远低于理论预测，这是因为材料内部结构存在杂质以及材料本身的非均质性，使得塑性变形在局部薄弱的位置发生所致。

1.4.3　热学性质

当一个固体材料处在一定的环境时，也可能会吸热，也可能会放热。热能的传递可通过导热、对流或辐射的形式完成。固体材料的热学特性主要包括比热 (或者热容)、导热率、热膨胀和热辐射。

1.4.3.1 比热和热膨胀系数

恒压比热 c_p 的定义为：在常压下，使 1kg 材料每增加 1K 所需要的热量。c_p 可用下式表示

$$c_\mathrm{p} = \frac{\Delta Q}{m\Delta T} \tag{1.52}$$

式中，ΔQ 是增加温度 ΔT 时所吸收的热量；m 是材料的质量。吸收的热量是增加晶格的振动的主要能源。由于大部分材料在室温下的晶格振动都是类似的，所以有类似的比热。这个类似的比热可用下式表示

$$c_\mathrm{p} \approx 3R_\mathrm{M} \tag{1.53}$$

式中，R_M 为气体常数 (见式 (6.37))。当温度降低时，比热 c_p 逐渐减小，当温度趋近 0K 时，迅速接近 0。

当对一个物体加热或冷却时，该物体就会因其热膨胀性，沿长度方向延长或缩短。热膨胀系数也会改变材料的应力，在某些情况下，因热应力太大甚至会引起材料的破坏。线性热膨胀最简单的形式如下

$$\frac{\Delta L}{L} = \alpha_\mathrm{T}\Delta T \tag{1.54}$$

式中，α_T 是热膨胀系数；ΔL 是在长度方向上的变化量。

1.4.3.2 导热系数

当材料周围存在温度梯度时，热量就会通过内部分子或原子的相互碰撞、晶格振动或电子迁移从高温区域向低温区传递。这种类型的热量传递称为热传导。由热传导引起的热流与温度间的关系可由傅里叶 (Fourier) 定律给出

$$\boldsymbol{J}_\mathrm{q} = -K\nabla T \tag{1.55}$$

式中，$\boldsymbol{J}_\mathrm{q}$ 是由温度梯度 ΔT 引起的热流，是一个向量；比例系数 K 称为导热系数。

导热系数因材料种类不同而不同，且主要随温度而变化。对于固体材料，其晶格振动能的量子就是所谓的一个声子。固体材料的热传导可用电子和声子的运动来解释。电子从高能声子处获得能量并向低温区移动，然后再传递能量给低能声子。对于导热性能良好的金属，电子导热机理产生的导热系数明显要高于声子机理。这就很好地解释了为什么导热性能好的金属同时也具有良好导电性，譬如铜和银就是如此。对于导热性能差的金属，譬如高性能的合金，其导热机理既有电子运

动也有声子运动。在环境或高温的影响下，对具有良好导热性和良好导电性的金属导体，可用维德曼–弗兰兹 (Wiedemann-Franz) 定律来描述，此时，声子机理可忽略，由下式描述

$$K = \mathrm{Lo}\sigma T \tag{1.56}$$

式中，Lo中是洛伦兹 (Lorentz) 常数，$\mathrm{Lo} = 2.45 \times 10^{-8}\mathrm{W} \cdot \Omega/\mathrm{K}^2$；$\sigma$ 是导电率，参见 §1.4.4.1。

1.4.3.3　热辐射

固体热辐射包括两方面，即接收辐射能和发射辐射能。在气固两相流中的固体大部分都是不透明的，当辐射热发射到固体表面时，入射能量一部分被固体材料反射回来，另一部分则被吸收，吸收的部分占总入射能量的分数被定义为固体的热吸收率，而反射的部分占总入射能量的分数则称为固体的反射率。吸收率和反射率的关系由下式给出

$$\alpha_{\mathrm{R}} + \rho_{\mathrm{R}} = 1 \tag{1.57}$$

式中，α_{R} 是吸收率；ρ_{R} 是反射率。

固体材料的发射功率是固体材料在单位面积、单位时间内辐射的能量。在一定温度下，固体材料如果具有理论上的最大发射功率，则该材料就称为黑体。一定温度下固体材料的发射功率小于相同温度下的黑体，所以，固体材料的发射率定义为在相同温度下固体材料的发射功率与黑体的发射功率之比，发射率由下式给出

$$\varepsilon_{\mathrm{R}} = \frac{E_{\mathrm{R}}}{E_{\mathrm{Rb}}} \tag{1.58}$$

对于黑体，E_{Rb} 由斯特藩–玻尔兹曼 (Stefan-Boltzmann) 定律给出

$$E_{\mathrm{Rb}} = \sigma_{\mathrm{b}} T^4 \tag{1.59}$$

式中，σ_{b} 是斯特藩–玻尔兹曼常数，$\sigma_{\mathrm{b}} = 5.67 \times 10^{-8}\ \mathrm{W/m^2 \cdot K^4}$；根据基尔霍夫 (Kirchoff) 定律，有式

$$\alpha_{\mathrm{R}} = \varepsilon_{\mathrm{R}} \tag{1.60}$$

一般地，固体的辐射率受温度和辐射波的波长影响。单色发射率仅与固体在特定波长时的辐射发射有关。单色发射率 ε_λ 定义为固体材料的单色发射功率 E_λ 与相同温度、相同波长下黑体的单色发射功率 $E_{\mathrm{b}\lambda}$ 之比，单色发射率 ε_λ 由下式给出

$$\varepsilon_\lambda = \frac{E_\lambda}{E_{\mathrm{b}\lambda}} \tag{1.61}$$

另外，如果固体单色发射率 ε_λ 与波长无关，则该固体就为灰体。在特定的温度和波长下，黑体单色发射功率可由普朗克 (Planck) 公式给出

$$E_{\mathrm{b}\lambda}=\frac{C_1\lambda^{-5}}{e^{C_2/\lambda T}-1} \tag{1.62}$$

式中，λ 是波长 (μm)；T 是绝对温度 (K)；$C_1=3.743\times10^8\ \mathrm{W\cdot\mu m^4/m^2}$；$C_2=1.4387\times10^4\mathrm{\mu m\cdot K}$。另外，在一定温度下，黑体的单色辐射功率最大时的波长可由式 (1.62) 导出为

$$\lambda_{\mathrm{m}}T=C_3 \tag{1.63}$$

式中，$C_3=2898\ \mathrm{\mu m\cdot\ K}$。式 (1.63) 就是维恩 (Wien) 位移定律，则固体材料总发射率为

$$\varepsilon=\frac{E}{E_{\mathrm{b}}}=\frac{\int_0^\infty\varepsilon_\lambda E_{\mathrm{b}\lambda}\mathrm{d}\lambda}{\sigma_{\mathrm{b}}T^4} \tag{1.64}$$

表 1.8 为常见固体材料的热物性。

表 1.8　常见固体材料的热物性

材料	导热率	热膨胀系数
铜	390	18
铍 (BeO)	250	10
铝	200	25
石墨	150	2
烧结硬质合金 (WC)	80	7
钢	50	12
氮化硼 (BN)	28	8
氧化铝陶瓷	17	7
高硼硅玻璃	1.2	3
柯瓦合金	15	5
钠钙玻璃	0.8	9
聚乙烯	0.3	300
橡胶	0.1	670
聚氨酯泡沫	0.05	90
殷钢	11	1

资料来源: A. G. Guy's *Essentials of Materials Science*, McGraw-Hill, 1976.

1.4.4　电特性

当固体材料中有电势差存在时，电子就会在电场力的作用下产生运动。电子运

动的阻力称为电阻，电阻的大小与导体的横截面积、导体的长度以及电导率有关，其关系为

$$R = \frac{l}{\sigma A} \tag{1.65}$$

1.4.4.1　**电导率**

电导率就是电流密度或者说在电场强度 E 为 1 V/m 的电场内每秒钟通过单位面积的电荷总量，电导率可根据颗粒浓度 n、颗粒带电量 q 和颗粒流 μ 来确定，如下式

$$\sigma = nq\mu_3 \tag{1.66}$$

此处，颗粒流是在电场力作用下颗粒的平均速度 (因在电场力作用下颗粒间连续碰撞引起加速度，所以每个颗粒的速度实际上是不同的)(电场强度为 1 V/m)。

对于金属材料，由于大部分能带都是部分的填充，所以，电荷的流动是由电子或空穴的运动所致。对于金属的导电率可根据最常见的模型导出，这就是应用牛顿第二定律得出的晶体内电子的运动方程

$$-eE = m_{\mathrm{e}}\frac{\mathrm{d}v_{\mathrm{e}}}{\mathrm{d}t} \tag{1.67}$$

式中，m_{e} 是电子的有效质量；v_{e} 是电子的运动速度。在电场力的作用下，电子在碰到杂质或晶格缺陷之前将不断加速。假设电子在每次碰撞后其速度都会降低为零，每两次碰撞间的平均时间为 τ，则有下式成立

$$eE\tau = m_{\mathrm{e}}v_{\mathrm{em}} \tag{1.68}$$

式中，v_{em} 是电子在下一次碰撞前达到的最大速度。根据电子流的定义，电子流等于单位电场强度内电子的平均速度，用下式表示

$$\mu = \frac{v_{\mathrm{av}}}{E} = \frac{v_{\mathrm{em}}}{2E} = \frac{e\tau}{2m_{\mathrm{e}}} \tag{1.69}$$

则根据式 (1.66) 和式 (1.69)，得出电导率如下

$$\sigma = ne\mu = \frac{ne^2\tau}{2m_{\mathrm{e}}} \tag{1.70}$$

对于非金属材料，其能带都是完全填充或完全的空穴，其电子不像金属材料那样能自由的运动。因此，非金属的电导率是由另一种机理所主导，即缺陷机理而非电子传导机理。对于离子晶体，譬如盐 (NaCl)，有一个阳离子和一个阴离子，如果放在电场内，离子就会在电场力的作用下运动。离子的运动可由缺陷机理解释，

也即离子位置的变化，仅是补充相同类型离子所留下的空位。在室温下，盐的空位分数是非常小的 (数量级为 10^{-17})，所以电导率极低。虽然杂质和高温能极大地影响电导率，但非金属材料仍具有很小的电导率，所以，非金属材料广泛地应用于绝缘体。

1.4.4.2 介电常数

介电常数是反映电解质材料性质的基本参数。为了说明介电常数这个概念，先分析一下用两块平行金属板做成的平行板电容器。当在金属板电容器的两端施加一定电压时，在金属板的表面上就会产生一定的电荷，金属板表面产生的电荷量由下式给出

$$Q = \varepsilon A \frac{V}{l} = CV \tag{1.71}$$

式中，A 是金属板的面积；V 是施加的电压；l 是两金属板间的距离；ε 是介质的介电常数；C 是电容量，它与电容器的几何形状以及两板间所充填的介质有关。

当两板间是真空时，介电常数为 ε_0，其值为 $\varepsilon_0=8.854\times10^{-12}$ F/m。当两个板间填充为电解质材料时，由于电解质材料具有电极化的特点，所以，两极施加电压后，两板上的电荷就会增加，如图 1.11 所示。ε 与 ε_0 的比值就是相对介电常数，或称电解质的介电系数。

介电常数通常有比较复杂的形式，可用下式表示

$$\varepsilon = \varepsilon' - \mathrm{i}\varepsilon'' \tag{1.72}$$

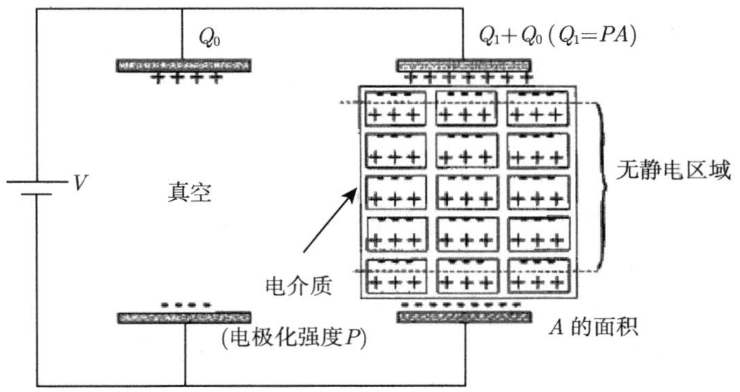

图 1.11 通过电介质充电流程示意图 [Guy，1976]

式中，虚部 ε'' 是电功率损失的量或者加热电解质所需的热量 (一般称为损耗因子)；实部 ε' 是等效介电常数。两者都随频率而变化，固体电解质材料有多个电极化机制所控制。

与普通电解质相比较，铁电材料的介电常数大约是 10^3 数量级的倍数。铁电材料在一个强大的磁场内加热到居里温度然后冷却，就会变成压电材料。压电材料一旦受力发生应变，就会发生宏观极化。结果在电场力作用下产生机械形变，机械形变的结果产生一个电脉冲。目前压电材料广泛应用于压力传感器，普通介电材料和铁电材料的介电常数见表 1.9。

表 1.9　介电材料和铁电材料的性质

材料	介电系数 ε_r (10^6Hz, 25°C)	居里温度/°C
(a) 介电材料		
聚乙烯	2.3	
聚氯乙烯	2.8	
尼龙	3.6	
瓷器	5	
云母	7	
氧化铝陶瓷	9.6	
(b) 铁电材料		
钛酸钡 (陶瓷)	1700	120
PZT-5A(陶瓷)	1700	365
PZT-5H(陶瓷)	3400	193

1.4.5　磁学特性

有些材料在磁场的作用下可能会被磁化而具有磁力。磁性材料包括铁磁材料和亚铁磁材料，但是大部分固体材料都是非磁性材料。非磁性材料可分为抗磁性的和顺磁性的两类。

固体材料的磁场效应源于电子在原子轨道上的运动或电子的自旋所引起的微小电流。对于抗磁性材料，原子内部的微小电流相互抵消，所以没有净磁矩产生；对于顺磁性材料，虽然每个原子都会有净磁矩产生，但由于一组原子的随机取向，所以在其小区域内表现出的也是净磁矩为零。

在铁磁材料内，所有类型的磁矩都在单个小区域内整齐的排列。在亚铁磁材料内，各类型的磁矩在各自的区域内整齐排列。在没有外部磁场的情况下，净磁矩的取向是随机的，所以，固体材料就不会被磁化。在有外部磁场的作用下，不管是铁磁材料还是亚铁磁材料都会被磁化，这是因为材料的磁畴内净磁矩都是整齐排列或几乎是整齐排列的。一旦外部磁场撤去，热运动就会引起大部分区域磁矩的排列变成随机性的，但仍有部分区域维持磁矩的整齐排列，而保持部分磁性的存在。图 1.12 可说明常见材料的各类磁特性。

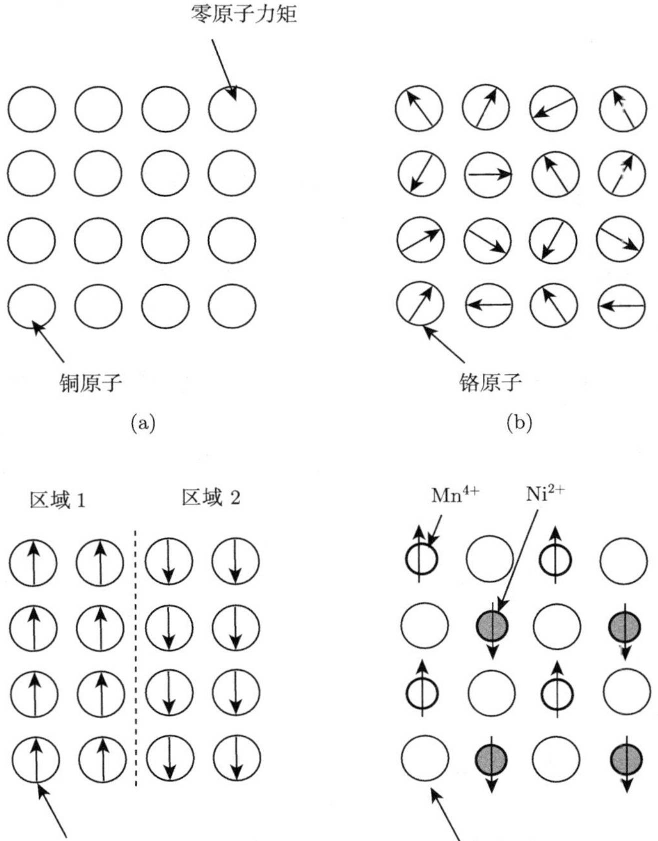

图 1.12 在无处加磁场作用时四种典型原子的磁特性说明示意图

(a) 抗磁性 (铜)；(b) 顺磁性 (铬)；(c) 铁氧体磁性 (铁)；(d) 铁磁性 ($NiMnO_2$)

与电场中的电场力类似，磁场中的磁场力可用下式表示

$$F_{\mathrm{m}} = m\mu_{\mathrm{r}}B_0 \tag{1.73}$$

式中，B_0 是真空中的磁通密度，即磁通量；m 是北磁极数；μ_{r} 是相对磁导率，由

下式给出

$$\mu_r = \frac{\mu}{\mu_0} \tag{1.74}$$

μ_0 是材料在真空中的磁导率；μ 是材料的磁导率。

对于抗磁性材料和顺磁性材料，其 μ_r 是一致的。对于铁磁性材料，μ_r 的范围是 $10^4 \sim 10^5$，常见的铁磁性材料有铁、镍、钴以及六种稀土元素以及它们的合金。

1.4.6　材料密度

密度是材料的最重要性质之一，通常表征密度的术语有堆积密度、颗粒密度和骨架密度。堆积密度是固体材料的总密度，它包括材料各颗粒间的间隙。其定义是单位体积材料所具有的总重量，可将颗粒试样倒入一个量筒中并称重，然后计算得到。材料放置一定时间可能会变得更密实，其堆积密度可能会达到一个极限值，振动盛放材料的容器会使材料堆积密度变大。

颗粒密度包括单个颗粒内的空隙在内，其定义是颗粒的质量除以全部颗粒所占据的体积。颗粒密度有时称作材料的表观密度。颗粒密度可将已知量的颗粒物质浸没在不润湿的流体中来确定，譬如汞，该流体不能穿透颗粒层渗透到空隙内。流体体积的变化量就是颗粒的体积。

骨架密度，又叫真密度，是不包括颗粒内空隙的单颗粒密度。也就是说，如果颗粒是多孔的，真密度就是只计算颗粒的骨架的密度。对于无孔材料，骨架密度和颗粒密度是相等的。对于多孔材料，真密度要大于颗粒密度。对真密度的测定需要用液体或气体比重瓶。

1.4.7　光学特性

固体材料最重要的光学性质就是光的透射率。透射率定义为一束光穿过厚 10mm 的材料后的光强与入射光强的比值。材料的透射率与光波的波长有关。图 1.13 是一些常用材料的紫外线、可见光和红外线的谱线。

固体材料的另一个重要性质就是折射率。其定义为光在真空中的速度 U_v 与在材料中的光速 U_m 之比。反射率由下式给出

$$n_i = \frac{U_v}{U_m} \tag{1.75}$$

对于各种玻璃和丙烯酸树脂 (有机玻璃) 玻璃，n_i 的值在 1.3~1.5。

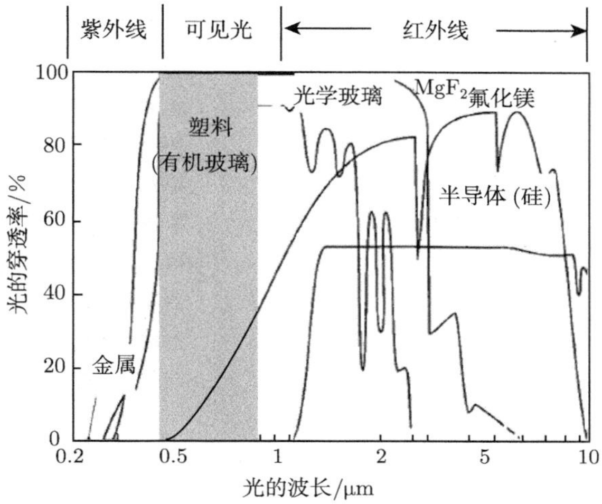

图 1.13　三种典型材料的光穿透率 [Guy，1976]

符　号　表

A	横截面积
A	投影面积
A_e	消光总截面
A_M	颗粒质量分布归一化常数
A_N	颗粒个数分布归一化常数
B	磁通量密度
B_0	真空中的磁通量密度
b	颗粒直径变量
C	电容量
C	式 (1.46) 定义的系数
C_D	阻力系数
c_p	定压比热
d	颗粒直径
d_0	正态分布中颗粒算数平均直径
d_{01}	对数正态分布中参数
d_{32}	索特 (Sauter) 直径
d_{43}	德布鲁克 (DeBroucke) 直径
d_A	等投影面积直径
d_1	算数平均直径
d_M	马丁 (Martin) 直径
d_S	表面积直径
d_t	动力学直径
d_V	等体积球当量直径
E	杨氏弹性模量
E	电场强度
E	辐射发射总功率
E_b	黑体辐射发射总功率
E_R	热辐射或者辐射发射引起的能通量
E_{Rb}	黑体热辐射引起的能通量
E_λ	辐射的单色辐射功率
$E_{b\lambda}$	黑体辐射的单色辐射功率
e	一个电子的电量
F	作用力
F	焦距
F	累积分布函数
F_m	磁力

f_M　质量密度函数
f_N　个数密度函数
g　重力加速度
I　截距
I_i　入射光强度
I_t　透射光强度
J_1　球面坐标系下一阶贝塞尔函数
$\boldsymbol{J}_q$　热流矢量
K　导热系数
K_a　吸附速度常数
K_d　解吸速度常数
K_e　平衡常数
L　长度
L_0　初始长度
Lo　洛伦兹 (Lorentz) 常数
l　光路长度
M　固体颗粒质量
M_0　试样中固体颗粒总质量
m　单颗粒质量
m　实验材料质量
m_e　北磁极数
N　颗粒个数
N_0　试样中颗粒总个数
N_A　数值孔径
n　个数密度，或者单位体积内固体颗粒个数
n_A　阿伏伽德罗 (Avogadro) 数
n_i　相对折射率
P　极化
p　吸附质的分压
p^*　吸附质的无量纲压力
p_0　饱和蒸气压
Q　总电荷
ΔQ　固体吸收的热量
q　颗粒携带的电荷
R　阻力
R　R-R 分布函数
Re_t　颗粒终端沉降速度对应的颗粒雷诺数
R_M　气体常数
r　径向距离
S　表面积
s　斜率
s_m　每个气体吸附分子的面积
T　绝对温度
U_m　在材料中的光速
U_{pt}　颗粒终端沉降速度
U_v　真空中的光速
V　颗粒体积
V_a　在吸附质相对压力 p/p_0 下吸附气体的体积
V_{gm}　吸附气体的摩尔体积
V_m　单层容量
v_e　电子的速度
v_{em}　触碰电子间的最大速度
x　由式 (1.14) 定义的参数

希腊字母

α　式 (1.33) 和式 (1.41) 定义的参数
α_R　热辐射吸收率
α_T　热膨胀系数
β　式 (1.33) 和式 (1.41) 定义的参数
ΔH°　吸附热
ΔH_a　吸附特征热
ΔH_c　蒸气冷凝特征热
δ　光学显微镜的极限分辨率
ε　正应变
ε　介电常数
ε　总发射率
ε_0　真空中的介电常数
ε_R　热辐射发射率
ε_r　介电系数
ε_λ　热辐射单色发射率
ζ　固体表面发生吸附部分占应吸附总表面的分数
k　式 (1.12) 定义的参数

λ	波长	ρ_{p}	颗粒密度
λ_{m}	黑体单色辐射率最大时的波长	ρ_{R}	热辐射反射率
μ	颗粒流动性	σ	电导率
μ	磁导率	σ	正应力
μ	流体的动力黏度	σ_{b}	斯特藩–玻尔兹曼 (Stefan-Boltzmann) 常数
μ_{r}	相对磁导率	σ_{d}	正态分布中的均方根
ν	泊松比	σ_{dl}	对数正态分布中的参数
v_{av}	电子平均速度	τ	触碰平均时间
v_{e}	电子速度	ω	角频率
v_{em}	下次触碰前电子具有的最大速度		
ρ	流体密度		

参考文献

Allen, T. (1990). *Particle Size Measurement,* 4th ed. New York: Chapman & Hall.

Bachalo, W. D. and Houser, M. J. (1984). Phase/Doppler Spray Analyzer for Simultaneous Measurements of Drop Size and Velocity Distributions. *Optical Engineering,* 23, 583.

Bikerman, J. J. (1970). *Physical Surfaces.* New York: Academic Press.

Brunauer, S., Emmett, P. H. and Teller, E. (1938). Adsorption of Gases in Multimolecular Layers. *J. Am. Chem. Soc.,* 60, 309.

Cadle, R. D. (1965). *Particle Size.* New York: Reinhold.

Dallavalle, J. M. (1948). *Micrometrics: The Technology of Fine Particles, 2nd* ed. New York: Pitman.

Durst, F. and Zare, M. (1975). Laser Doppler Measurements in Two-Phase Rows. *Proceedings of LDA Symposium,* Copenhagen.

Freundlich, H. (1926). *Colloid and Capillary Chemistry.* Ed. Trans. H. S. Hatfleld. London: Methuen.

Ghadiri, M., Farhadpour, F. A., Clift, R. and Seville, J. P. K. (1991). Particle Characterization: Size and Morphology. In *Powder Metallurgy: An Overview.* Ed. Jenkins and Wood. London: Institute of Metals.

Gregg, S. J. and Sing, K. S. W. (1982). *Adsorption, Surface Area and Porosity, 2nd* ed. London: Academic Press.

Guy, A. G. (1976). *Essentials of Materials Science.* New York: McGraw-Hill.

Hay, W. and Sandberg, P. (1967). The Scanning Electron Microscope, a Major Breakthrough for Micropaleontology. *Micropaleontology,* 13, 407.

Herdan, G. (1960). *Small Particle Statistics.* London: Butterworths.

Kay, D. H. (1965). *Techniques for Electron Microscopy,* 2nd ed. Oxford: Blackwell Scientific.

Langmuir, I. (1918). The Adsorption of Gases on Plane Surfaces of Glass, Mica, and Platinum. *J. Am. Chem. Soc.*, 40, 1361.

May, K. R. (1945). The Cascade Impactor: An Instrument for Sampling Coarse Aerosols. *J. Sci. Instrum.*, 22, 187.

Parker, E. R. (1967). *Material Data Book.* New York: McGraw-Hill.

Plantz, P. E. (1984). Particle Size Measurements from 0.1 to 1000 μm,Based on Light Scattering and Diffraction. In *Modern Methods of Particle Size Analysis.* Ed. H. G. Barth. New York: John Wiley & Sons.

Schlichting, H. (1979). *Boundary Layer Theory,* 7th ed. New York: McGraw-Hill.

Shackelford, J. F. and Alexander, W. (1992). *The CRC Materials Science and Engineering Handbook.* Boca Raton, Fla.: CRC Press.

Soo, S. L. (1990). *Multiphase Fluid Dynamics.* Beijing: Science Press; Brookfield USA: Gower Technical.

Svarovsky, L. (1990). Characterization of Powders. In *Principles of Powder Technology.* Ed. M. Rhodes. New York: John Wiley & Sons.

van de Hulst, H. C. (1981). *Light Scattering by Small Particles.* New York: Dover.

Weiner, B. B. (1984). Particle and Droplet Sizing Using Fraunhofer Diffraction. In *Modem Methods of Particle Size Analysis.* Ed. H. G. Barth. New York: John Wiley & Sons.

Yamate G. and Stockham, J. D. (1977). Sizing Particles Using the Microscope. In *Particle Size Analysis.* Ed. Stockham and Fochtman. Ann Arbor, Mich.: Ann Arbor Science Publishers.

习　　题

1.1　两个具有相同密度 (2000kg/m^3) 的颗粒，20°C 的温度下，浓度为 80%的甘油水溶液中自由沉降，其沉降速度分别为 0.007m/s 和 0.114m/s，那么这两个颗粒的当量动力学粒径各为多少? 溶液的黏度和密度分别为 6.2×10^{-2}kg/m·s 和 1208.5kg/m^3。

1.2　由燃煤流化床上取得的粉煤灰试样，经粒度分析得到粒度分布数据表 P1.1, 表中数据是用图像分析所得到的投影面积当量直径 d_A, 以及用电臭氧技术获得的体积直径 d_V[Ghadiri *et al.*, 1991]。该密度分布指定用 d_A 和 d_V，那么与用 d_t 有什么不同?

表 P1.1　用 d_A 和 d_V 表征的粉煤灰粒度分布数据

筛下百分数/%	d_A/μm	d_V/μm	d_t/μm
2	0.8	0.50	—
6	1.2	0.75	—
10	1.6	0.90	—
20	2.0	1.05	1.00
30	2.2	1.40	—
40	2.8	1.80	—

续表

筛下百分数/%	$d_A/\mu m$	$d_V/\mu m$	$d_t/\mu m$
50	3.0	2.00	2.10
60	3.5	2.20	3.00
70	4.0	2.80	—
80	4.2	3.20	4.05
90	5.0	4.05	5.20

1.3　一个粉体试样服从对数正态分布，$\sigma_{dl} = 0.411$，d_{01} =0.445mm。试计算 (a) 算术平均直径；(b) 表面积平均直径；(c) 体积平均直径；(d) 索特平均直径；(e)DeBroucker 平均直径。

1.4　根据表 P1.2 所给出的数据，计算 11.32mg 氧化钙粉体的比表面积。表中数据是在液氮温度为 −195.8℃ 时所测出的吸附数据，$S_V = 4.35V_m/m(m^2/g)$。

表 P1.2　氧化钙粉体 BET 比表面积测定数据

p/p_0	0.1	0.2	0.3	0.35
V_a/cm^3	0.080	0.086	0.105	0.115

由于开尔文 (Kelvin) 效应, 在细毛细管或毛细孔中的液体平衡蒸气压会有所降低。事实上, 如果毛细孔足够小，其液体会在远远低于正常压力下发生冷凝。在相对压力为 P/P_0=0.99 时, 根据所测氮的吸附体积以及所给出的比表面积, 就可计算出孔的平均直径。

在相对压力为 0.99 时, 用所给出的氧化钙粉体做实验, 所吸附的氮气体积为 1.13 cm^3, 假设氧化钙粉体内的孔形是圆柱形。试计算该氧化钙粉体内部孔的平均直径。孔内所吸附的气体氮和液体氮之间的体积转换可用式 (P1.1)

$$V_{liq} = \frac{P_a V_a V_{mol}}{R_M^o T} \tag{P1.1}$$

式中，P_a 是环境压力 (1atm)；V_a 是每克吸附剂所吸附的氮气体积；V_{mol} 是液体氮的摩尔体积，V_{mol}=34.7cm^3/mol。

1.5　在一个拉伸试验中，铝合金被弹性地拉长了 0.18mm，如果试样原长为 25cm，试确定施加在试样上的应力。

1.6　试证明斯特藩–玻尔兹曼定律 (式 (1.59)) 能由普朗克公式 (式 (1.62)) 导出，即

$$\sigma = \left(\frac{\pi}{C_2}\right)^4 \frac{C_1}{15} \tag{P1.2}$$

提示

$$\int_0^\infty \frac{x^3}{\exp(x)-1}dx = \frac{\pi^4}{15} \tag{P1.3}$$

第 2 章　固体颗粒碰撞力学

2.1　引　　言

在颗粒多相流动中，会发生颗粒之间或颗粒和壁面之间的碰撞。在气固两相流动中，虽然流动模式和系统配置也对碰撞有一定影响，但颗粒碰撞频率主要取决于颗粒浓度和粒径。颗粒在碰撞过程中可能会以摩擦生热、壁表面磨蚀、颗粒破损(磨损)、颗粒形变、颗粒聚并或固体荷电等形式产生能量损失。碰撞颗粒的总动量遵守动量守恒定律，既在碰撞前的总动量等于碰撞后的总动量。然而，碰撞的结果是每个单独的颗粒都会发生动量的变化。

一个没有永久形变或热量产生的碰撞被称为弹性碰撞，反之，称为非弹性碰撞。非弹性碰撞的能量损失主要以永久形变的形式耗散掉，譬如颗粒破碎和摩擦热损失等。一般地, 在碰撞过程中由碰撞颗粒所传递的力称为冲量，冲量被定义为作用力和持续时间的乘积。从牛顿定律得知，冲量等于在碰撞过程中颗粒的动量变化。因此，对于相同的动量变化，越短的作用时间需要越大的冲击力。这种冲击力，使一个颗粒的动量转移到其他颗粒，使颗粒发生形变或破裂、摩擦生热等。

最简单的冲击理论就是众所周知的刚体碰撞力学模型，该模型用冲量–动量定理来分析刚性体之间的碰撞问题。这种方法可以快速估算碰撞后的速度和相应的动能损失，但并不能计算碰撞中产生的瞬时应力、碰撞力、碰撞时间，或碰撞物体的碰撞形变。由于其简单性，刚体碰撞力学理论已被广泛用于气固两相流动中的颗粒碰撞动量方程和颗粒速度数值计算时的边界条件。

在本章中，我们将分析球形颗粒空间碰撞的两个常用理论。一个是固体接触力学，另一个是弹性碰撞力学。引入固体接触力学是为了说明固体的碰撞力和颗粒形变之间的相互关系。具体地说，就是讨论在外力作用下颗粒介质的应力、应变的一般理论，以及碰撞颗粒的碰撞力和相应弹性形变之间的本质联系。在分析中，我们假设形变是发生在冲击速度无限小和接触时间无限长的情况下。弹性体正面碰撞模型是由赫兹所建立的 [Hertz，1881]，而斜向碰撞模型是由米德林所建立 [Mindlin，1949]。为将接触理论和碰撞力学建立联系，我们假设两个固体颗粒间的动态碰撞过程为准静态。当冲击速度远远小于弹性波的速度时，准静态方法是有效的。最后，将讨论非弹性固体颗粒碰撞的情况：从概念、条件和模型等方面介绍非弹性碰撞的塑性形变和恢复系数，并解释碰撞颗粒的反弹速度。应当指出，在气固两相间的相互作用中，像重力场和静电力场等的作用对碰撞过程的影响通常是微不足道的，在本章讨论中不予考虑。

2.2 刚体间的相互作用

本节讨论的是刚性球体颗粒间的碰撞，具体描述共线碰撞和共面碰撞这两种情况。而对不规则形状的刚性球体在任意运动中的刚体间的碰撞理论，读者可以参考金斯密斯 [Goldsmith，1960] 的论述。

2.2.1 球体的共线碰撞

对于两个无摩擦、非旋转刚性球体的共线碰撞理论模型如图 2.1 所示。在此碰撞体系中两球体在切向上都没有动量分量，因此，两球体在法向上动量分量守恒可用下式表示

$$m_1U_1 + m_2U_2 = m_1U_1' + m_2U_2' = U(m_1 + m_2) \tag{2.1}$$

其中，上标一撇 ($'$) 表示碰撞后的状态，U 是系统质量中心的法向速度。碰撞前的冲量 J 和碰撞后的冲量 J' 分别由下式给出

$$\begin{aligned} J &= m_1(U_1 - U) = m_2(U - U_2) \\ J' &= m_1(U - U_1') = m_2(U_2' - U) \end{aligned} \tag{2.2}$$

这里我们定义 e 为碰撞恢复系数，可表示为

$$e = \frac{U_2' - U_1'}{U_1 - U_2} \tag{2.3}$$

把式 (2.1) 和式 (2.2) 代入式 (2.3)，可得到下式

$$e = \frac{J'}{J} \tag{2.4}$$

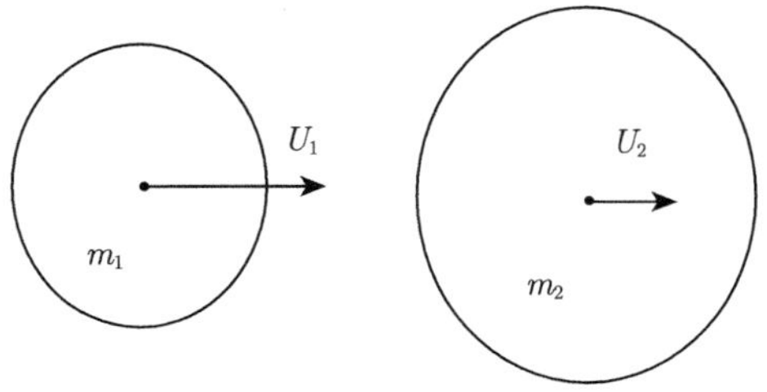

图 2.1 光滑刚性球体的正碰撞

碰撞球的反弹速度可由含碰撞恢复系数的方程组来表示

$$\begin{aligned} U_1' &= U_1 - \frac{(1+e)m_2}{m_1+m_2}(U_1-U_2) \\ U_2' &= U_2 - \frac{(1+e)m_1}{m_1+m_2}(U_1-U_2) \end{aligned} \tag{2.5}$$

因此，系统的动能损失由下式给出

$$\Delta E = \frac{1}{2}\frac{m_1 m_2}{m_1+m_2}(1-e^2)(U_1-U_2)^2 \tag{2.6}$$

很明显，完全弹性球体的正面碰撞时 e 的值为 1，而完全塑性球体正面碰撞时 e 的值为 0。

式 (2.3) 还提供了一个实验测定碰撞恢复系数的基本方法。考虑一个球处于静止状态从高度 h 下落到一个水平固定的硬质表面，反弹高度为 h'，如果我们标记该球下标为 1，下落处的平面下标为 2，则式 (2.3) 可以重新整理为下式

$$e^2 = \frac{h'}{h} \tag{2.7}$$

碰撞恢复系数不仅与碰撞对象的材料性质有关，而且也与它们的相对冲击速度有关。我们将在 §2.5.2 中就碰撞恢复系数给出更多的讨论。

2.2.2　球体的共面碰撞

假设一个质量为 m_1、半径为 a_1 的小球和一个初始状态静止的质量为 m_2、半径为 a_2 的小球发生共面碰撞。在笛卡儿坐标系下，x 轴设在两球接触面的法向上，y 轴设在两球接触面的切向上，如图 2.2 所示，其线性动量守恒可用下式表示

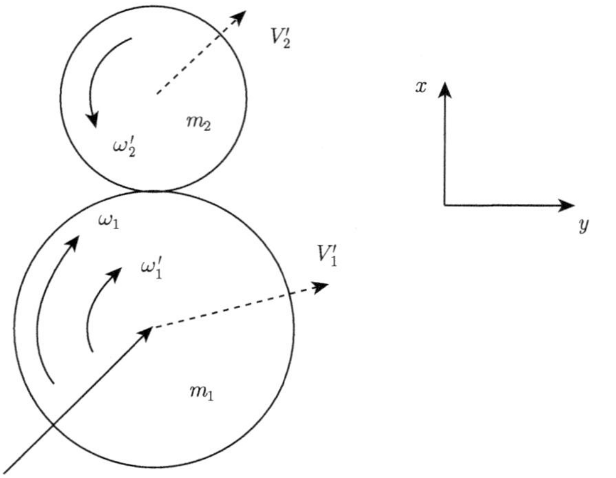

图 2.2　刚性球体的二维碰撞

$$m_1(U_1' - U_1) + m_2 U_2' = 0$$
$$m_1(V_1' - V_1) + m_2 V_2' = 0 \tag{2.8}$$

两球接触点的角动量守恒用下式表示

$$k_1^2(\omega_1' - \omega_1) - a_1(V_1' - V_1) = 0$$
$$k_2^2\omega_2' - a_2 V_2' = 0 \tag{2.9}$$

其中，k 是旋转半径，对于球体来说，k 的值可由下式计算

$$k^2 = \frac{I}{m} = \frac{2}{5}a^2 \tag{2.10}$$

其中，I 代表惯性力矩。

为了确定一次碰撞后的未知速度，需要具体规定两种以上的冲击速度关系。如已知摩擦系数和碰撞恢复系数的值，则可以得到冲击速度的简明表达式。譬如，两个表面完全粗糙的且非弹性的球体，其摩擦系数 f 可以达到无穷大，并且碰撞恢复系数 e 几乎等于零，此时，相对速度会消失。因此，我们得到

$$U_1' = U_2'$$
$$V_1' + \omega_1' a_1 = V_2' + \omega_2' a_2 \tag{2.11}$$

当两个表面完全光滑但非全无弹性的球体碰撞，既 $f = 0$，$0 < e < 1$, 每次碰撞的切线速度并没有变化。因此，我们得到下式

$$V_1' = V_1$$
$$e = \frac{U_2' - U_1'}{U_1} \tag{2.12}$$

当 $V_2' = V_2 = 0$ 时，满足式 (2.12) 和式 (2.8)。从两个具有光滑表面、完全弹性的球体碰撞中，我们得到下式

$$V_1' = V_1$$
$$m_1\left(U_1'^2 + k_1^2\omega_1'^2\right) + m_2\left(U_2'^2 + k_2^2\omega_2'^2\right) = m_1\left(U_1^2 + k_1^2\omega_1^2\right) \tag{2.13}$$

显然，当 $e = 1$ 时，式 (2.12) 和式 (2.13) 是相同的。

碰撞的冲量可以通过冲量–动量方程 [Goldsmith，1960] 得到。然而，这种刚体力学的方法不能得出瞬态应力、碰撞力、碰撞持续时间和碰撞物体的碰撞形变等。这些数据的获得需要通过对固体受到的应力和产生的应变分析来获得，关于这些我们将在下面进行讨论。

2.3　固体材料弹性接触理论

在碰撞过程中，碰撞的固体会发生弹性和非弹性 (塑性) 形变。这些形变是由应力应变的变化产生的，其形变的大小取决于固体材料的性质和所施加外力的大小。相关文献中对两个弹性体发生触碰而引起弹性形变理论有两个, 一个是无摩擦接触时的赫兹理论，另一个是摩擦接触时的米德林方法。对于非弹性形变，关于这方面的理论很少，可采纳的研究理论大多也是基于弹性接触的基础理论。因此，对固体弹性接触理论的介绍是必要的。

本部分将对在无限大固体控制体中的应力平衡的通用关系进行阐述。这个关系的建立是假设所有的力都集中于固体内部一个作用点上。本章同样也给出了力作用在半无限大的固体介质的情况，这对两个固体的接触作用是很重要的。作为边界压缩的结果，在接触区域由应力应变的变化引起的偏移可通过无摩擦接触的赫兹理论及摩擦接触的米德林理论与接触力联系起来。

对于赫兹理论关于接触的更深层次的研究，感兴趣的读者可参阅关于弹性的书籍 [Goldsmith，1960；Timoshenko and Goodier, 1970；Landau and Lifshitz，1970]。

2.3.1　平衡态固体介质的应力关系

1831 年，拉米 (Lame) 和克拉贝隆 (Clapeyron)，假设一个单元体处于平衡状态，在不考虑单元体自身重力的情况下，建立其平衡方程。图 2.3 给出的是在应力作用下处于平衡状态下的立方单元体。其中，T_{ij} 表示的是应力张量 $\boldsymbol{T}$ 的分力。而 $\boldsymbol{T}$ 是指作用在一个平面上的力，它的法向方向为 $\boldsymbol{e}_{\mathrm{i}}$，合力方向为 $\boldsymbol{e}_{\mathrm{j}}$。

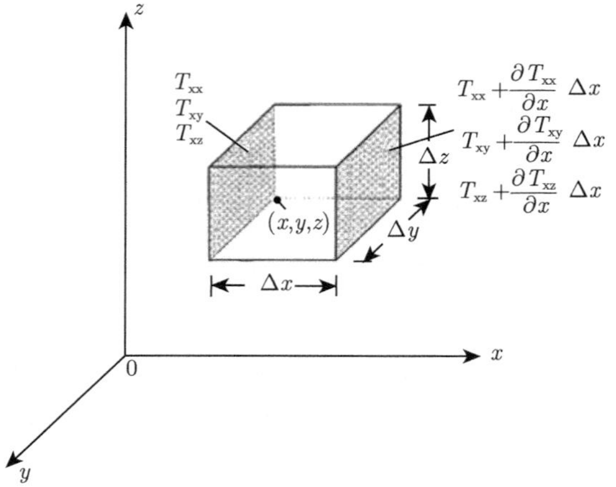

图 2.3　微元立方体中的应力关系图

在图 2.3 所示的笛卡儿坐标系中，作用于两个平行表面上的合力为 $\boldsymbol{F}_{\mathrm{x}}$，该合力是在两个平行面上的法向矢量，其值在 $\boldsymbol{e}_{\mathrm{x}}$ 方向的分量可以按下式计算

$$\boldsymbol{F}_{\mathrm{x}}=\left(\frac{\partial T_{\mathrm{xx}}}{\partial x}\boldsymbol{e}_{\mathrm{x}}+\frac{\partial T_{\mathrm{xy}}}{\partial x}\boldsymbol{e}_{\mathrm{y}}+\frac{\partial T_{\mathrm{xz}}}{\partial x}\boldsymbol{e}_{\mathrm{z}}\right)\Delta x\Delta y\Delta z \tag{2.14}$$

同样，作用在单元体其他两对表面的合力可用式 (2.15) 和式 (2.16) 求得

$$\boldsymbol{F}_{\mathrm{y}}=\left(\frac{\partial T_{\mathrm{yx}}}{\partial y}\boldsymbol{e}_{\mathrm{x}}+\frac{\partial T_{\mathrm{yy}}}{\partial y}\boldsymbol{e}_{\mathrm{y}}+\frac{\partial T_{\mathrm{yz}}}{\partial y}\boldsymbol{e}_{\mathrm{z}}\right)\Delta x\Delta y\Delta z \tag{2.15}$$

$$\boldsymbol{F}_{\mathrm{z}}=\left(\frac{\partial T_{\mathrm{zx}}}{\partial z}\boldsymbol{e}_{\mathrm{x}}+\frac{\partial T_{\mathrm{zy}}}{\partial z}\boldsymbol{e}_{\mathrm{y}}+\frac{\partial T_{\mathrm{zz}}}{\partial z}\boldsymbol{e}_{\mathrm{z}}\right)\Delta x\Delta y\Delta z \tag{2.16}$$

在平衡条件下，$\sum \boldsymbol{F}_{\mathrm{i}}=0$，此时平衡方程可写为

$$\nabla\cdot\boldsymbol{T}=0 \tag{2.17}$$

为便于讨论，式 (2.17) 可以表示为在圆柱坐标下的形式。其对称的应力张量 $\boldsymbol{T}$ 由下式给出

$$\boldsymbol{T}=\begin{bmatrix}\sigma_{\mathrm{r}} & \tau_{\mathrm{r}\theta} & \tau_{\mathrm{rz}}\\ \tau_{\mathrm{r}\theta} & \sigma_{\theta} & \tau_{\theta\mathrm{z}}\\ \tau_{\mathrm{rz}} & \tau_{\theta\mathrm{z}} & \sigma_{\mathrm{z}}\end{bmatrix} \tag{2.18}$$

其中，σ 是正应力，τ 是剪应力。因此，平衡方程式可表示为

$$\begin{aligned}&\frac{\partial\sigma_{\mathrm{r}}}{\partial r}+\frac{1}{r}\frac{\partial\tau_{\mathrm{r}\theta}}{\partial\theta}+\frac{\partial\tau_{\mathrm{rz}}}{\partial z}+\frac{\sigma_{\mathrm{r}}-\sigma_{\theta}}{r}=0\\&\frac{\partial\tau_{\mathrm{rz}}}{\partial r}+\frac{1}{r}\frac{\partial\tau_{\theta\mathrm{z}}}{\partial\theta}+\frac{\partial\sigma_{\mathrm{z}}}{\partial z}+\frac{\tau_{\mathrm{rz}}}{r}=0\\&\frac{\partial\tau_{\mathrm{r}\theta}}{\partial r}+\frac{1}{r}\frac{\partial\sigma_{\theta}}{\partial\theta}+\frac{\partial\tau_{\theta\mathrm{z}}}{\partial z}+\frac{2\tau_{\mathrm{r}\theta}}{r}=0\end{aligned} \tag{2.19}$$

根据胡克定律，应力应变关系可用下式表示

$$\begin{aligned}&\varepsilon_{\mathrm{r}}=\frac{1}{E}[\sigma_{\mathrm{r}}-\nu(\sigma_{\theta}+\sigma_{\mathrm{z}})],\quad \varepsilon_{\theta}=\frac{1}{E}[\sigma_{\theta}-\nu(\sigma_{\mathrm{r}}+\sigma_{\mathrm{z}})]\\&\varepsilon_{\mathrm{z}}=\frac{1}{E}[\sigma_{\mathrm{z}}-\nu(\sigma_{\theta}+\sigma_{\mathrm{r}})],\quad \gamma_{\mathrm{rz}}=\frac{2(1+\nu)}{E}\tau_{\mathrm{rz}}\\&\gamma_{\mathrm{r}\theta}=\frac{2(1+\nu)}{E}\tau_{\mathrm{r}\theta},\qquad\qquad \gamma_{\theta\mathrm{z}}=\frac{2(1+\nu)}{E}\tau_{\theta\mathrm{z}}\end{aligned} \tag{2.20}$$

其中，ε 为垂直应变，γ 是剪切应变，E 是拉伸压缩杨氏弹性模量，ν 是泊松比。对于大部分均质固体，E 和 ν 与材料的性质有关，其数值可通过材料手册获得。此外，位移与应变大小的关系按下式计算

$$\varepsilon_{\mathrm{r}}=\frac{\partial l_{\mathrm{r}}}{\partial r},\quad \varepsilon_{\theta}=\frac{l_{\mathrm{r}}}{r}+\frac{1}{r}\frac{\partial l_{\theta}}{\partial\theta},\quad \varepsilon_{\mathrm{z}}=\frac{\partial l_{\mathrm{z}}}{\partial z}$$

$$\gamma_{\rm rz} = \frac{\partial l_{\rm r}}{\partial z} + \frac{\partial l_{\rm z}}{\partial r}, \quad \gamma_{{\rm r}\theta} = \frac{1}{r}\frac{\partial l_{\rm r}}{\partial \theta} + \frac{\partial l_\theta}{\partial r} - \frac{l_\theta}{r}, \quad \gamma_{\theta{\rm z}} = \frac{\partial l_\theta}{\partial z} + \frac{1}{r}\frac{\partial l_{\rm z}}{\partial \theta} \tag{2.21}$$

其中，l 是相应坐标系下的位移量。

大多数球形颗粒的碰撞可以认为是轴对称、无扭曲、准静态的。因此，式 (2.19) 可简化为

$$\begin{aligned}\frac{\partial \sigma_{\rm r}}{\partial r} + \frac{\partial \tau_{\rm rz}}{\partial z} + \frac{\sigma_{\rm r} - \sigma_\theta}{r} = 0 \\ \frac{\partial \tau_{\rm rz}}{\partial r} + \frac{\partial \sigma_{\rm z}}{\partial z} + \frac{\tau_{\rm rz}}{r} = 0\end{aligned} \tag{2.22}$$

位移–应变关系变为

$$\varepsilon_{\rm r} = \frac{\partial l_{\rm r}}{\partial r}, \quad \varepsilon_\theta = \frac{l_{\rm r}}{r}, \quad \varepsilon_{\rm z} = \frac{\partial l_{\rm z}}{\partial z}, \quad \gamma_{\rm rz} = \frac{\partial l_{\rm r}}{\partial z} + \frac{\partial l_{\rm z}}{\partial r} \tag{2.23}$$

为了得到式 (2.22) 的解，我们引入拉乌 (Love) 应力函数 ψ，其定义为

$$\begin{aligned}&\sigma_{\rm r} = \frac{\partial}{\partial z}\left(\nu\nabla^2\psi - \frac{\partial^2\psi}{\partial r^2}\right), \qquad \sigma_\theta = \frac{\partial}{\partial z}\left(\nu\nabla^2\psi - \frac{1}{r}\frac{\partial\psi}{\partial r}\right) \\ &\sigma_{\rm z} = \frac{\partial}{\partial z}\left((2-\nu)\nabla^2\psi - \frac{\partial^2\psi}{\partial z^2}\right), \quad \tau_{\rm rz} = \frac{\partial}{\partial r}\left((1-\nu)\nabla^2\psi - \frac{\partial^2\psi}{\partial z^2}\right)\end{aligned} \tag{2.24}$$

可以看出，用式 (2.24) 的各量代入式 (2.22), 则式 (2.22) 可变为

$$\nabla^4\psi = 0 \tag{2.25}$$

式 (2.25) 是对轴对称、无扭曲触碰的固体颗粒间, 用拉乌应力函数 ψ 表征的平衡方程。

因此，从原则上讲，一旦建立函数 ψ，所有应力可通过式 (2.24) 直接求得。所以，相应的应变和位移量分别可通过式 (2.20) 和式 (2.23) 计算得到。

2.3.2 无限大固体颗粒介质中某点的合力

现在我们分析在一个无限大固体颗粒介质中由多个力施加到一个点上的情况。施加到一个点上的力，我们称之为合力。为了找到这个合力与合应力的关系，我们可应用拉乌 (Love) 应力函数。从式 (2.25) 解得应力函数为 [Timoshenko and Goodier, 1970]

$$\psi = A\left(r^2 + z^2\right)^{\frac{1}{2}} \tag{2.26}$$

式中，A 是待定常数。把这个应力函数代入式 (2.24)，对应的各应力为

$$\begin{aligned}\sigma_{\rm r} &= A\left[(1-2\nu)\,z\left(r^2+z^2\right)^{-\frac{3}{2}} - 3r^2 z\left(r^2+z^2\right)^{-\frac{5}{2}}\right] \\ \sigma_\theta &= A\,(1-2\nu)\,z\left(r^2+z^2\right)^{-\frac{3}{2}}\end{aligned}$$

$$\sigma_{\mathrm{z}} = -A\left[(1-2\nu)z\left(r^2+z^2\right)^{-\frac{3}{2}} + 3z^3\left(r^2+z^2\right)^{-\frac{5}{2}}\right] \tag{2.27}$$

$$\tau_{\mathrm{rz}} = -A\left[(1-2\nu)r\left(r^2+z^2\right)^{-\frac{3}{2}} + 3rz^2\left(r^2+z^2\right)^{-\frac{5}{2}}\right]$$

我们注意到在式 (2.27) 中所有的应力在所施力的原点上变成为奇异矩阵。为了避免出现这种奇异矩阵，可考虑用一个小的空心球面，将三维直角坐标系的原点置于该球面的中心，如图 2.4 所示。在该坐标系中，z 轴方向上的力作用于坐标系的原点。这样，在 z 轴方向上由应力产生的表面力的总和与固体颗粒介质中的合力保持平衡。

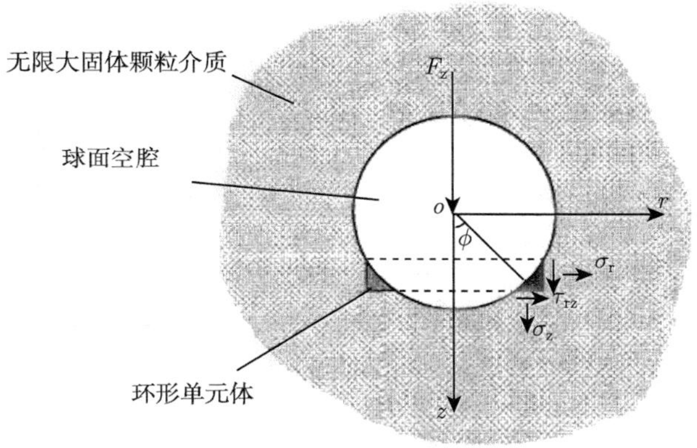

图 2.4 无限固体介质中环形空腔的表面力

现在看图 2.4 中一个环形单元体，在单元体内表面应力总和在 z 轴方向上的分量 T_{z} 可用下式表示

$$T_{\mathrm{z}} = -\tau_{\mathrm{rz}}\sin\phi - \sigma_{\mathrm{z}}\cos\phi = A\left(\frac{1-2\nu}{r^2+z^2} + \frac{3z^2}{\left(r^2+z^2\right)^2}\right) \tag{2.28}$$

因此，通过对整个表面的应力进行积分得到总表面力 F_{z}

$$F_{\mathrm{z}} = 2\int_0^{\frac{\pi}{2}} 2\pi T_{\mathrm{z}} r\sqrt{r^2+z^2}\,\mathrm{d}\phi = 8\pi A(1-\nu) \tag{2.29}$$

由于 F_{z} 和应用点力相等，常数 A 可由式 (2.29) 得到

$$A = \frac{F_{\mathrm{z}}}{8\pi(1-\nu)} \tag{2.30}$$

在 $z=0$ 平面上的剪切应力 τ_{rz} 与式 (2.27) 和式 (2.30) 中的点应力 F_{z} 的关系可由下式给出

$$\tau_{\mathrm{rz}} = -\frac{F_{\mathrm{z}}(1-2\nu)}{8\pi(1-\nu)r^2} \tag{2.31}$$

2.3.3 固体颗粒介质在半无限大边界上的力

在本书中，我们将对合力作用在半无限大固体颗粒边界上的情况进行分析。对这种情况的分析，早在 1885 年布西内斯克 (Boussinesq) 就首先提出了解决方案。需要指出的是，作用在半无限大边界上的合力与作用在无限大固体颗粒介质上的合力的唯一区别在于前者具有边界条件，而剪切应力在半无限大固体颗粒的边界上消失。在下面的讨论中，我们将引入一个称为 "压缩中心" 的概念。具有边界力的半无限大固体颗粒的应力场可以通过点应力场和一系列压缩中心的叠加获得，而所谓的压缩中心就是指三个互相垂直应力的结合点。

2.3.3.1 压缩中心

在一个无限大固体颗粒中，z 轴方向上有两个大小相等，方向相反的作用力，两力的作用点距离为 δ，如图 2.5 所示。在这个力系中，对于任意一点 M，由力 $\boldsymbol{F}$ 所产生的应力可通过式 (2.27) 得到。为了得到作用在 O_1 处的力 $\boldsymbol{F}_1(\boldsymbol{F}_1=-\boldsymbol{F})$ 所产生的应力 (图 2.5 中)，注意 $\boldsymbol{F}_1$ 的作用方向与 $\boldsymbol{F}$ 的作用方向相反，并且两力的作用点相距一个无限小的距离 δ，我们将式 (2.27) 中的各项用一个通式 $\phi(r,z)$ 来表示，则 $\boldsymbol{F}_1$ 所产生的应力通式可用 $[-\phi-(\partial\phi/\partial z)\delta]$ 来表示。则这两个力 ($\boldsymbol{F}$ 和 $\boldsymbol{F}_1$) 所产生的应力可用下式表示

$$
\begin{aligned}
\sigma_{\mathrm{r}} &= -B\frac{\partial}{\partial z}\left[(1-2\nu)\,z\left(r^2+z^2\right)^{-\frac{3}{2}}-3r^2z\left(r^2+z^2\right)^{-\frac{5}{2}}\right]\\
\sigma_{\theta} &= -B\frac{\partial}{\partial z}\left[(1-2\nu)\,z\left(r^2+z^2\right)^{-\frac{3}{2}}\right]\\
\sigma_{\mathrm{z}} &= B\frac{\partial}{\partial z}\left[(1-2\nu)\,z\left(r^2+z^2\right)^{-\frac{3}{2}}+3z^3\left(r^2+z^2\right)^{-\frac{5}{2}}\right]\\
\tau_{\mathrm{rz}} &= B\frac{\partial}{\partial z}\left[(1-2\nu)\,r\left(r^2+z^2\right)^{-\frac{3}{2}}+3rz^2\left(r^2+z^2\right)^{-\frac{5}{2}}\right]
\end{aligned}
\tag{2.32}
$$

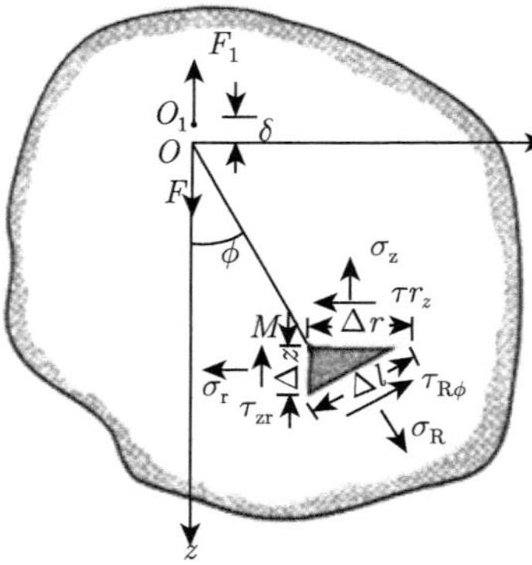

图 2.5　一对力所产生的应力

式中，$\boldsymbol{B}=A\delta$。

在平衡状态时，如图 2.5 中在点 M 处的三角形单元体上的应力关系可以用式 (2.33) 或 (2.34) 表示

$$\begin{aligned}\sigma_{\mathrm{R}}\Delta l &= \sigma_{\mathrm{r}}\Delta z\sin\phi+\sigma_{\mathrm{z}}\Delta r\cos\phi+\tau_{\mathrm{rz}}\Delta z\cos\phi+\tau_{\mathrm{rz}}\Delta r\sin\phi \\ \tau_{\mathrm{R}\phi}\Delta l &= \sigma_{\mathrm{r}}\Delta z\cos\phi-\sigma_{\mathrm{z}}\Delta r\sin\phi-\tau_{\mathrm{rz}}\Delta z\sin\phi+\tau_{\mathrm{rz}}\Delta r\cos\phi\end{aligned} \tag{2.33}$$

$$\begin{aligned}\sigma_{\mathrm{R}} &= \sigma_{\mathrm{r}}\sin^2\phi+\sigma_{\mathrm{z}}\cos^2\phi+2\tau_{\mathrm{rz}}\cos\phi\sin\phi \\ \tau_{\mathrm{R}\phi} &= (\sigma_{\mathrm{r}}-\sigma_{\mathrm{z}})\sin\phi\cos\phi-\tau_{\mathrm{rz}}\left(\sin^2\phi-\cos^2\phi\right)\end{aligned} \tag{2.34}$$

将式 (2.32) 代入式 (2.34) 可得下式

$$\begin{aligned}\sigma_{\mathrm{R}} &= -\frac{2(1+\nu)B}{R^3}\left(-\sin^2\phi+\frac{2(2-\nu)}{1+\nu}\cos^2\phi\right) \\ \tau_{\mathrm{R}\phi} &= -\frac{2(1+\nu)B}{R^3}\sin\phi\cos\phi\end{aligned} \tag{2.35}$$

因此，在沿 z 轴方向的任何点由一对力所产生的应力都可以由式 (2.35) 得出。如果对力沿 r 方向，但仍然在原点附近，则任意点 M 处所产生的应力可以通过在式 (2.35) 中用 $(\phi-\pi/2)$ 代替 ϕ 获得，如下式

$$\begin{aligned}\sigma_{\mathrm{R}} &= -\frac{2(1+\nu)B}{R^3}\left(-\cos^2\phi+\frac{2(2-\nu)}{1+\nu}\sin^2\phi\right) \\ \tau_{\mathrm{R}\phi} &= \frac{2(1+\nu)B}{R^3}\sin\phi\cos\phi\end{aligned} \tag{3.36}$$

类似地，对于原点附近 θ 方向的力，M 点的应力可以通过在式 (2.35) 中设定 $\varPhi=\pi/2$ 获得

$$\sigma_{\mathrm{R}}=\frac{2(1+\nu)B}{R^3},\quad \tau_{\mathrm{R}\phi}=0 \tag{2.37}$$

结合式 (2.35)、式 (2.36) 和式 (2.37) 可得到由三个相互垂直的对力在 M 点所产生的总应力为

$$\sigma_{\mathrm{R}}=\frac{4(2\nu-1)B}{R^3},\quad \tau_{\mathrm{R}\phi}=0 \tag{2.38}$$

这表明径向压缩应力取决于从压缩中心到该点的距离，并且与距离的三次方成反比。

为了得到垂直应力 σ_ϕ 在切线方向的表达式，如图 2.6 所示，假设从一个球面上取一个单元体，两个同心球面半径分别为 R 和 $R+\mathrm{d}R$，所对应的圆锥角为 $\mathrm{d}\phi$，则在该单元体内径向上力的平衡可用下式表示

$$2\sigma_\phi\frac{\pi}{4}(\mathrm{d}\phi)^2R\mathrm{d}R=\left(\sigma_{\mathrm{R}}+\frac{\mathrm{d}\sigma_{\mathrm{R}}}{\mathrm{d}R}\mathrm{d}R\right)(R+\mathrm{d}R)^2\frac{\pi}{4}(\mathrm{d}\phi)^2-\sigma_{\mathrm{R}}R^2\frac{\pi}{4}(\mathrm{d}\phi)^2 \tag{2.39}$$

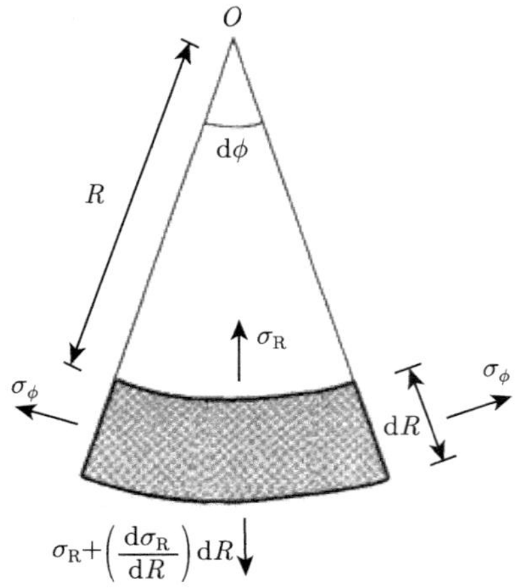

图 2.6　球面坐标系中的平衡单元

对式 (2.39) 作简化处理可得到下式

$$\sigma_{\phi}=\frac{R}{2}\frac{\mathrm{d}\sigma_{\mathrm{R}}}{\mathrm{d}R}+\sigma_{\mathrm{R}} \tag{2.40}$$

2.3.3.2　边界点力所产生的应力

如图 2.7 所示，假设一个点力作用于一个半无限大物体的边界上，边界在 $z=0$ 的平面上。则在边界上的剪应力可由式 (2.27) 得到

$$\tau_{\mathrm{rz}}=-\frac{A(1-2\nu)}{r^{2}} \tag{2.41}$$

其中，A 是一个待定系数。由于作用在边界上的合力在边界上不产生剪应力，式 (2.41) 中的剪应力就必须与前面所提到的半无限大固体颗粒的压缩应力保持平衡。

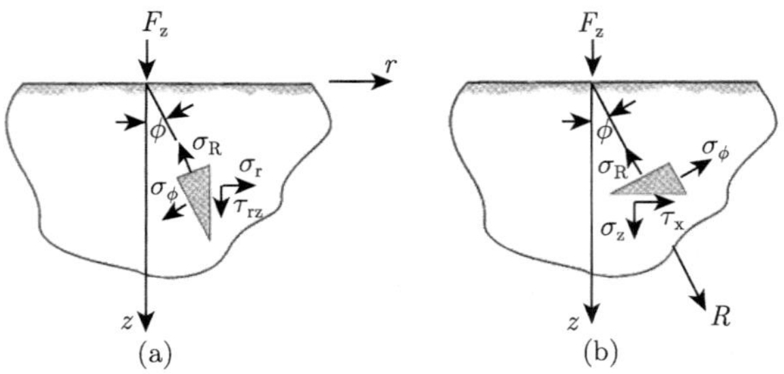

图 2.7　半无限介质边界上的点的力

(a)r-z 坐标系；(b)R-ϕ 坐标系

与压缩中心相对应的应力分布由下式给出

$$\sigma_{\mathrm{R}} = \frac{C}{R^3} \tag{2.42}$$

其中，C 是一个待定系数。根据式 (2.40) 可得到下式

$$\sigma_{\phi} = \frac{\mathrm{d}\sigma_{\mathrm{R}}}{\mathrm{d}R}\frac{R}{2} + \sigma_{\mathrm{R}} = -\frac{1}{2}\frac{C}{R^3} \tag{2.43}$$

分析图 2.7 中的平衡单元体，由式 (2.42) 和式 (2.43) 可得出下式

$$\begin{aligned} &\sigma_{\mathrm{r}} = C\left(r^2 - \frac{z^2}{2}\right)\left(r^2+z^2\right)^{-\frac{5}{2}}, \quad \sigma_{\mathrm{z}} = C\left(z^2 - \frac{r^2}{2}\right)\left(r^2+z^2\right)^{-\frac{5}{2}} \\ &\tau_{\mathrm{rz}} = \frac{3}{2}Crz\left(r^2+z^2\right)^{-\frac{5}{2}}, \qquad \sigma_{\theta} = -\frac{1}{2}C\left(r^2+z^2\right)^{-\frac{3}{2}} \end{aligned} \tag{2.44}$$

假设压力中心在 z 轴从 $z=0$ 到 $z=-\infty$ 上均匀分布，则在无限大固体颗粒介质中的应力就可以通过从 $z=0$ 到 $z=\infty$ 积分得到

$$\begin{aligned} &\sigma_{\mathrm{r}} = \frac{C}{2r^2}\left[1 - z\left(r^2+z^2\right)^{-\frac{1}{2}} - zr^2\left(r^2+z^2\right)^{-\frac{3}{2}}\right], \quad \sigma_{\mathrm{z}} = \frac{C}{2}z\left(r^2+z^2\right)^{-\frac{3}{2}} \\ &\tau_{\mathrm{rz}} = \frac{C}{2}r\left(r_2+z^2\right)^{-\frac{3}{2}}, \quad \sigma_{\theta} = -\frac{C}{2r^2}\left[1 - z\left(r^2+z^2\right)^{-\frac{1}{2}}\right] \end{aligned} \tag{2.45}$$

因此，在平面 $z=0$ 上应力可由下式给出

$$\sigma_{\mathrm{z}} = 0, \quad \tau_{\mathrm{rz}} = \frac{C}{2r^2} \tag{2.46}$$

为保证边界面上没有应力，可以通过选择式 (2.41) 和式 (2.46) 中的参数 A 和 C 来消除边界面上的剪应力，可得到

$$C = 2A\left(1-2\nu\right) \tag{2.47}$$

将式 (2.45) 和式 (2.27) 联立可得到半无限大物体中的应力为

$$\begin{aligned} &\sigma_{\mathrm{r}} = A\left\{\frac{1-2\nu}{r^2}[1 - z(r^2+z^2)^{-\frac{1}{2}}] - 3r^2z\left(r^2+z^2\right)^{-\frac{5}{2}}\right\} \\ &\sigma_{\theta} = A\frac{1-2\nu}{r^2}\left[z\left(r^2+z^2\right)^{-\frac{1}{2}} - 1 + zr^2\left(r^2+z^2\right)^{-\frac{3}{2}}\right] \\ &\sigma_{\mathrm{z}} = -3Az^3\left(r^2+z^2\right)^{-\frac{5}{2}}, \quad \tau_{\mathrm{rz}} = -3Arz^2\left(r^2+z^2\right)^{-\frac{5}{2}} \end{aligned} \tag{2.48}$$

为确定 A，需要考虑在图 2.4 所示的环状单元体在 z 方向上的平衡，该单元体在 z 轴方向上的力由下式给出

$$T_{\mathrm{z}} = -\left(\tau_{\mathrm{rz}}\sin\phi + \sigma_{\mathrm{z}}\cos\phi\right) = 3Az^2\left(r^2+z^2\right)^{-2} \tag{2.49}$$

通过平衡点力和在半球面上对 T_z 的积分可得到

$$A=\frac{F_z}{2\pi} \tag{2.50}$$

因此，将式 (2.50) 代入式 (2.48) 就可得到在半无限大固体的边界上施加力后所产生的应力，在柱面坐标系中的表达形式为

$$\begin{aligned}\sigma_r&=\frac{F_z}{2\pi}\left\{\frac{1-2\nu}{r^2}\left[1-z\left(r^2+z^2\right)^{-\frac{1}{2}}\right]-3r^2z\left(r^2+z^2\right)^{-\frac{5}{2}}\right\}\\ \sigma_\theta&=\frac{F_z}{2\pi}\frac{1-2\nu}{r^2}\left[z\left(r^2+z^2\right)^{-\frac{1}{2}}-1+zr^2\left(r^2+z^2\right)^{-\frac{3}{2}}\right]\\ \sigma_z&=-\frac{3F_z}{2\pi}z^3\left(r^2+z^2\right)^{-\frac{5}{2}},\quad \tau_{rz}=-\frac{3F_z}{2\pi}rz^2\left(r^2+z^2\right)^{-\frac{5}{2}}\end{aligned} \tag{2.51}$$

2.3.3.3 边界上的点力所引起的位移

在边界上施加一个点力，半无限大物体上会产生一个位移，这种位移可以通过胡克定律和位移–应变关系计算得出。在 r 方向的位移 l_r 可以通过式 (2.20) 和式 (2.23) 得出

$$\begin{aligned}l_r&=\varepsilon_\theta r=\frac{r}{E}\left[\sigma_\theta-\nu\left(\sigma_r+\sigma_z\right)\right]\\ &=\frac{(1-2\nu)(1+\nu)F_z}{2\pi Er}\left[z\left(r^2+z^2\right)^{-\frac{1}{2}}-1+\frac{r^2z}{1-2\nu}\left(r^2+z^2\right)^{-\frac{3}{2}}\right]\end{aligned} \tag{2.52}$$

类似地，在 z 方向上的位移 l_z 通过下式给出

$$\begin{aligned}\frac{\partial l_z}{\partial z}&=\varepsilon_z=\frac{1}{E}\left[\sigma_z-\nu\left(\sigma_r+\sigma_\theta\right)\right]\\ \frac{\partial l_z}{\partial r}&=\gamma_{rz}-\frac{\partial l_r}{\partial z}=\frac{2(1+\nu)}{E}\tau_{rz}-\frac{\partial l_r}{\partial z}\end{aligned} \tag{2.53}$$

则得出 l_z 为

$$l_z=\frac{F_z}{2\pi E}\left[(1+\nu)z^2\left(r^2+z^2\right)^{-\frac{3}{2}}+2\left(1-\nu^2\right)\left(r^2+z^2\right)^{-\frac{1}{2}}\right] \tag{2.54}$$

因为该积分常数和刚体的轴向转换有关，为简单起见，我们设为零。因此，在 $z=0$ 的边界上位移由下式给出

$$l_{r0}=-\frac{(1-2\nu)(1+\nu)F_z}{2\pi Er},\quad l_{z0}=\frac{\left(1-\nu^2\right)F_z}{\pi Er} \tag{2.55}$$

式 (2.55) 中在半无限大物体上点力带来的位移表明，当 $r=0$ 时，既施加点力的原点位置，位移是无限的。这种特性可以通过将荷载力分布在有限的区域中，而不是集中在一点来加以避免。

假设压力 p 分布在一个半径为 r_c 的圆形区域 A 上，则

$$\iint_A p\mathrm{d}A = F_z \tag{2.56}$$

压力分布对在同一边界面上的相邻面积位移的影响可通过图 2.8 加以分析。M 是距离圆形受力区域中心为 r 的任意一点，该点可以在圆形外部 (图 2.8(a)) 或内部 (图 2.8(b))。取受力区域的一个微元体 $s\,\mathrm{d}\beta\mathrm{d}s$，其中 s 是这个微元体和 M 点的距离。从半无限大物体上点力的位移 l_z，既由式 (2.55) 可以得到在上述受力的影响下点 M 在垂直方向上的位移增量

$$\mathrm{d}\,l_{z0} = \frac{1-\nu^2}{\pi E s} p s \mathrm{d}\beta \mathrm{d}s \tag{2.57}$$

因此，边界面上总的垂直位移可以通过对整个圆形区域积分得到

$$l_{z0} = \frac{1-\nu^2}{\pi E} \iint p\mathrm{d}\beta\mathrm{d}s \tag{2.58}$$

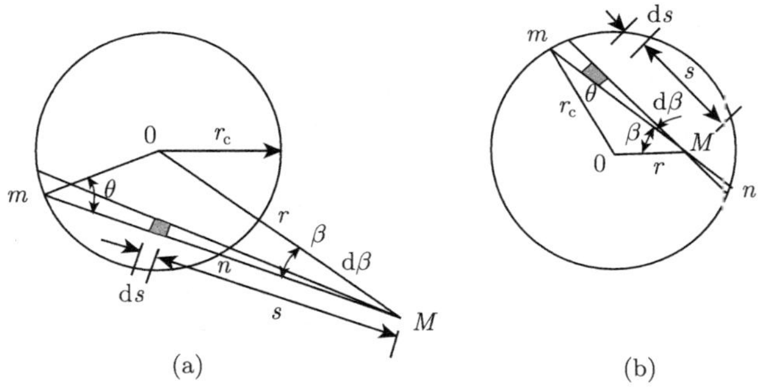

图 2.8 压缩条件下的位移

(a)M 在受压圆外部；(b)M 在受压圆内部

类似地，可得到边界面上的径向总位移

$$l_{r0} = \frac{(1-2\nu)(1+\nu)}{\pi E} \iint p\mathrm{d}\beta\mathrm{d}s \tag{2.59}$$

假设压力 p 均匀分布，就可以得出在圆形中心位置的最大位移是边缘处的 $\pi/2$ 倍。

2.3.4 无摩擦球体触碰的赫兹理论

当两个无摩擦的弹性球体在压缩力或压力的作用下发生触碰，就会产生形变。形变的最大位移和接触的面积不仅与压缩力的大小有关，还与弹性材料的性质和球体半径有关。赫兹在 1881 年首先对施加压缩力的两个无摩擦的弹性球体触碰进行了研究，其研究成果就是著名的赫兹触碰理论。

如图 2.9 所示，两个无摩擦球体的触碰，M 是球 1 表面上的一个点，与 Z_1 轴的距离为 r，N 是球 2 表面上的点，与 M 点相对，距离 Z_2 轴的距离也为 r；O 是两球的触碰点也是 Z_1 轴和 Z_2 轴的原点，N，M 和 O 在同一平面上。从 M 点和 N 点到与 Z_1 轴和 Z_2 轴垂直的共切面的距离分别为 z_1 和 z_2。图 2.9 中，三角形 O_2AO 与三角形 NBO 是相似三角形，由相似三角形定理可得到

$$\frac{2z_2}{\sqrt{z_2^2+r^2}}=\frac{\sqrt{z_2^2+r^2}}{a_2} \tag{2.60}$$

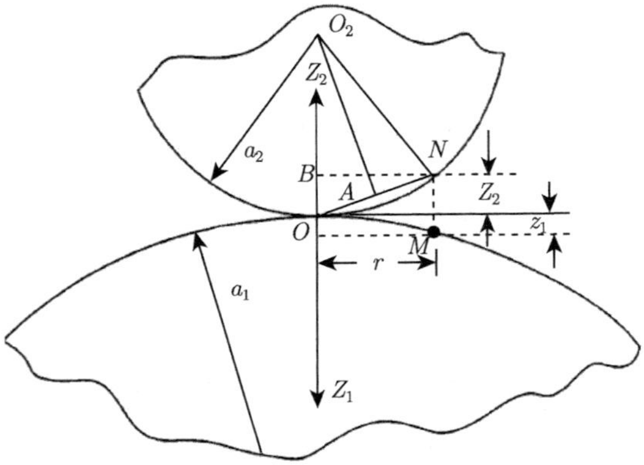

图 2.9　赫兹触碰

可得到

$$z_2=a_2\left[\frac{1}{2}\left(\frac{r^2}{a_2^2}\right)+O\left(\frac{r^4}{a_2^4}\right)\right] \tag{2.61}$$

当 r/a_1 和 r/a_2 足够小时，则

$$z_1+z_2=\frac{a_1+a_2}{2a_1a_2}r^2 \tag{2.62}$$

在触碰过程中，M 点会向 Z_1 轴方向上有一个距离为 l_{z01} 的垂直位移，类似地，N 点也会向 Z_2 轴有一个距离为 l_{z02} 的位移。当球体 1 和球体 2 的中心相向移动距离 α 时 (注意，α 是两个球心相向移动的距离，不是两个球心间的距离)，点 M 和点 N 之间的距离变化值为 $\alpha-(l_{z01}+l_{z02})$。考虑到 M 点和 N 点在两球接触面的边缘处有形变，则在接触面上的局部压力用下式表示

$$\alpha-(l_{z01}+l_{z02})=z_1+z_2 \tag{2.63}$$

其中，垂直位移可由式 (2.58) 给出，则 l_{z01} 和 l_{z02} 分别用下式表示

$$l_{z01}=\frac{1-\nu_1^2}{\pi E_1}\iint p\mathrm{d}s\,\mathrm{d}\beta,\quad l_{z02}=\frac{1-\nu_2^2}{\pi E_2}\iint p\mathrm{d}s\mathrm{d}\beta \tag{2.64}$$

进而可得到

$$\frac{1}{\pi E^*}\iint p\mathrm{d}s\mathrm{d}\beta = \alpha - \frac{r^2}{2a^*} \tag{2.65}$$

式中，E^* 是触碰系数，a^* 是相对半径，其定义分别由下式给出

$$\frac{1}{E^*} = \frac{1-\nu_1^2}{E_1} + \frac{1-\nu_2^2}{E_2};\quad \frac{1}{a^*} = \frac{1}{a_1} + \frac{1}{a_2} \tag{2.66}$$

对压力分布 p，就需要找到一个合适的表达式，以使任何的 r 都满足式 (2.65)，其中 r 与球径相比是非常小的。这样的压力分布就是赫兹压力分布，如图 2.10 所示，它表示触碰区域的任意一点的压力，可用下式表示

$$p(r) = C\left(r_{\mathrm{c}}^2 - r^2\right)^{\frac{1}{2}} \tag{2.67}$$

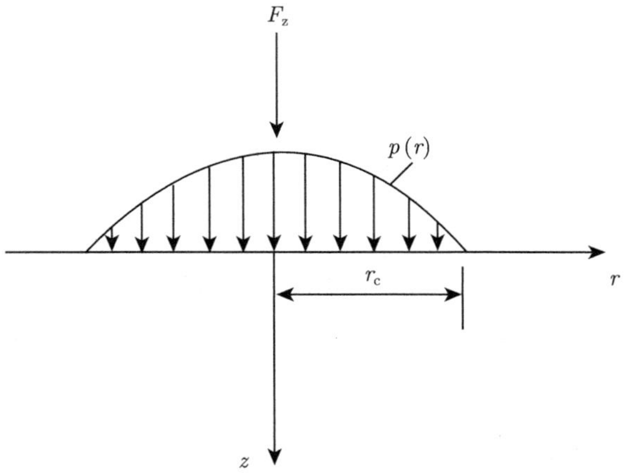

图 2.10 摩擦触碰的赫兹压力分布

值得注意的是，总的受力 F_{z} 与触碰面上压力的积分相等，所以常数 C 可用下式表示

$$C = \frac{3}{2}\frac{F_{\mathrm{z}}}{\pi r_{\mathrm{c}}^3} \tag{2.68}$$

因此，压力分布可用下式表示

$$p(r) = \frac{3}{2}\frac{F_{\mathrm{z}}}{\pi r_{\mathrm{c}}^3}\left(r_{\mathrm{c}}^2 - r^2\right)^{\frac{1}{2}} \tag{2.69}$$

如式 (2.69) 所示，最大压力 p_{o} 在触碰区域中心，由下式给出

$$p_{\mathrm{o}} = \frac{3}{2}\frac{F_{\mathrm{z}}}{\pi r_{\mathrm{c}}^2} \tag{2.70}$$

这大约是触碰表面平均压力的 1.5 倍。

应用赫兹压力分布式，沿图 2.8(b) 中 mn 线积分得到

$$\int p\mathrm{d}s = \frac{p_{\mathrm{o}}\pi}{2r_{\mathrm{c}}}\left(r_{\mathrm{c}}^2 - r^2\sin^2\beta\right) \tag{2.71}$$

把式 (2.71) 代入式 (2.65) 可得到

$$\frac{p_{\mathrm{o}}}{r_{\mathrm{c}}E^*}\int_0^{\frac{\pi}{2}}\left(r_{\mathrm{c}}^2 - r^2\sin^2\beta\right)\mathrm{d}\beta = \alpha - \frac{r^2}{2a^*} \tag{2.72}$$

因此，可得到

$$\frac{3F_{\mathrm{z}}}{8E^*r_{\mathrm{c}}^3}\left(2r_{\mathrm{c}}^2 - r^2\right) = \alpha - \frac{r^2}{2a^*} \tag{2.73}$$

因为式 (2.73) 对任意小的 r 都是有效的，所以方程两侧对应的项应该相等，则有

$$\alpha = \frac{3F_{\mathrm{z}}}{4E^*r_{\mathrm{c}}},\quad \frac{3F_{\mathrm{z}}}{4E^*r_{\mathrm{c}}^3} = \frac{1}{a^*} \tag{2.74}$$

通过对上述两个关系式移项代换，可以得到两球体的触碰面半径 r_{c} 和两球心彼此接近的距离 α 与总的力 F_{z} 的关系，则触碰面半径和与球体材料性质相关的球心距离为

$$r_{\mathrm{c}} = \sqrt[3]{\frac{3}{4}F_{\mathrm{z}}\frac{a^*}{E^*}},\quad \alpha = \sqrt[3]{\left(\frac{3}{4}\frac{F_{\mathrm{z}}}{E^*}\right)^2\frac{1}{a^*}} \tag{2.75}$$

触碰面中心的最大压力 p_{o} 可以通过将式 (2.75) 代入式 (2.70) 得到

$$p_{\mathrm{o}} = \frac{3}{2\pi}\left(\frac{16}{9}F_{\mathrm{z}}\frac{E^{*2}}{a^{*2}}\right)^{\frac{1}{3}} \tag{2.76}$$

因此，在赫兹触碰中，只要知道了总的受力、球体材料的特性和球体的半径，就可以通过将式 (2.75) 代入式 (2.76) 中算出最大接触半径 r_{c}、两球心最大彼此接近距离 α 和相应的最大压力。

例 2.1　如图 E2.1(a) 所示，在一个大的容器中有一个用玻璃珠 (石英玻璃) 填充的高度为 1m 的填充床，试估算出填充床底部颗粒的弹性位移和触碰面积 (玻璃珠的密度是 $2500\mathrm{kg/m^3}$，颗粒直径为 1cm)。

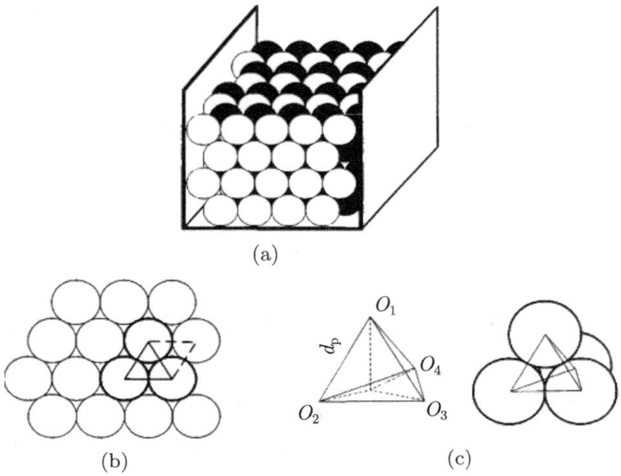

图 E2.1 填充床上的颗粒分布

(a) 单分散球体的填充床；(b) 水平面内单分散球体的俯视图；(c) 球体颗粒的局部触碰模型

解 对一个在大容器中用单分散球体填充的填充床来说，它的固体体积分数大约是 0.45。因此，对于填充床底部 1m 处的球体所受到的重力产生的平均压力为

$$p = \alpha_{\mathrm{p}}\rho_{\mathrm{p}}gH = 0.45 \times 2500 \times 9.8 \times 1 = 1.1 \times 10^4 \mathrm{N/m^2} \tag{E2.1}$$

如图 E2.1(b) 所示，一个水平面上单个球体颗粒的有效面积和边长为一个颗粒直径 d_{p} 的等边三角形的面积相等。因此，在填充床底部 1m 处的一个球体颗粒所受到的垂直应力为

$$F = \frac{\sqrt{3}}{4}d_{\mathrm{p}}^2 p = \frac{\sqrt{3}}{4} \times 10^{-4} \times 1.1 \times 10^4 = 0.48\mathrm{N} \tag{E2.2}$$

如图 E2.1(c) 所示，如果球体颗粒不在填充床最底层，而是在中间位置，则两个相邻球体颗粒之间的压缩力为

$$F_{\mathrm{z}} = \frac{F}{\sqrt{6}} = \frac{0.48}{\sqrt{6}} = 0.20\mathrm{N} \tag{E2.3}$$

石英玻璃的杨氏模量和泊松比由表 1.6 可知，分别为

$$E = 8 \times 10^{10}\mathrm{N/m^2}, \quad \nu = 0.24 \tag{E2.4}$$

因此，由式 (2.75) 得两个触碰的玻璃珠的触碰圆的半径为

$$r_{\mathrm{c}} = \left(\frac{3}{8}\frac{F_{\mathrm{z}}d_{\mathrm{p}}}{E}\left(1-\nu^2\right)\right)^{\frac{1}{3}} = \left(\frac{3}{8}\frac{0.2 \times 0.01}{8 \times 10^{10}}\left(1-0.24^2\right)\right)^{\frac{1}{3}} = 2 \times 10^{-5}\mathrm{m} \tag{E2.5}$$

需要注意的是，一个单一球体的弹性位移是两个球体颗粒相向位移的一半。因此，由式 (2.74) 得到

$$l_{\rm z} = \frac{\alpha}{2} = \frac{3}{4}\frac{F_{\rm z}\left(1-\nu^2\right)}{Er_{\rm c}} = \frac{3}{4}\frac{0.2\times\left(1-0.24^2\right)}{8\times10^{10}\times2\times10^{-5}} = 8.8\times10^{-8}{\rm m} \tag{E2.6}$$

2.3.5　摩擦球触碰理论

在前面的讨论中，我们只介绍了两个表面光滑的弹性球体的正面触碰 (没有切应力)，接下来我们讨论两个摩擦球间倾斜触碰的情况。摩擦球间倾斜触碰，就会有切应力，这时候就应该考虑切向位移。对于两个摩擦弹性体触碰中切向摩擦力、法向摩擦力或压力与切向位移的关系，米德林 [Mindlin, 1949] 首先对它进行了研究，并从此得到了广泛的应用。因此，在本节中将介绍基于米德林触碰的倾斜触碰。

在倾斜触碰中，切应力是由正压力和摩擦面的切向滑移或旋转产生的，因此这些切应力和位移都应该和触碰面的摩擦性质有关。一旦两个触碰体切向发生相对滑动，触碰面上的摩擦力就要遵循阿蒙东 (Amontons) 摩擦定律 (滑动摩擦)。这个定律说明了，当两个触碰物体发生稳定的相对滑动时，摩擦力的大小与触碰面上的法向应力成正比。这个比例系数叫做动摩擦系数，其值取决于物体和触碰面的性质 (譬如粗糙程度)。如果没有发生切向的相对滑动，这个切向力叫做静摩擦力，静摩擦力的大小远小于极限摩擦力。触碰面上的最大静摩擦力等于两触碰物体恰好要发生相对滑动时的静摩擦系数乘以法向上的应力。动摩擦系数一般小于静摩擦系数。需要注意的是，尽管静摩擦力没有导致相对滑动，但是还是使两触碰面之间产生了摩擦阻力或者微小的滑动 [Johnson, 1985]。

2.3.5.1　球体的滑动触碰

假设阿蒙东滑动摩擦定律适用于界面上的每一个小区域，根据阿蒙东定律，可得到

$$\frac{q\left(x,y\right)}{p\left(x,y\right)} = f_{\rm k} \tag{2.77}$$

其中，q 是切向摩擦力；p 是法向压力；$f_{\rm k}$ 是动摩擦系数，$f_{\rm k}$ 只与触碰物的性质和触碰面的物理条件有关。因此，总切向力 $F_{\rm t}$ 为可写成

$$F_{\rm t} = f_{\rm k}F_{\rm z} \tag{2.78}$$

假设法向压力和位移不受切向力和位移的影响，那么法向压力和触碰面积可以通过赫兹理论得到。对于球体的滑动触碰，可以把式 (2.69) 代入式 (2.79) 得出切向摩擦力

$$q\left(r\right) = \frac{3}{2}\frac{f_{\rm k}F_{\rm z}}{\pi r_{\rm c}^2}\left(1-\frac{r^2}{r_{\rm c}^2}\right)^{\frac{1}{2}} \tag{2.79}$$

如使切应力平行于 x 轴，则触碰面上由于切应力产生的位移可由下式给出

$$
\begin{aligned}
l_{\mathrm{x}} &= \frac{1}{2\pi G}\iint\limits_{A} q(\xi,\eta)\frac{(\xi-x)^2+(1+\nu)(\eta-y)^2}{s^3}\mathrm{d}\xi\,\mathrm{d}\eta \\
l_{\mathrm{y}} &= \frac{1}{2\pi G}\iint\limits_{A} q(\xi,\eta)\frac{\nu(\xi-x)(\eta-y)}{s^3}\mathrm{d}\xi\,\mathrm{d}\eta
\end{aligned}
\tag{2.80}
$$

式中，$s^2=(\xi-x)^2+(\eta-y)^2$；G 是剪切模量，其定义为 $G=E/2(1+\nu)$。相应表面的剪切应力 τ_{xy} 可由下式给出

$$
\tau_{\mathrm{xy}}=\frac{1}{2\pi}\iint\limits_{A} q(\xi,\eta)\left(\frac{(1-2\nu)(\eta-y)}{s^3}+\frac{6\nu(\xi-x)^2(\eta-y)}{s^5}\right)\mathrm{d}\xi\,\mathrm{d}\eta \tag{2.81}
$$

式 (2.80) 和式 (2.81) 的详细推导在此省略。有兴趣的读者可以参考约翰逊 [Johnson，1985] 的专著。

如图 2.11 所示，将坐标从 (ξ,η) 转换成 (s,β) 会使式 (2.80) 和式 (2.81) 中的积分更为方便。现在，我们分析当单元体的切向摩擦力施加到点 $C(\xi,\eta)$ 时，在点 $M(x,y)$ 产生位移和应力的情况。坐标转换后可得到下式

$$
\begin{aligned}
\xi &= x+s\cos\beta \\
\eta &= y+s\sin\beta
\end{aligned}
\tag{2.82}
$$

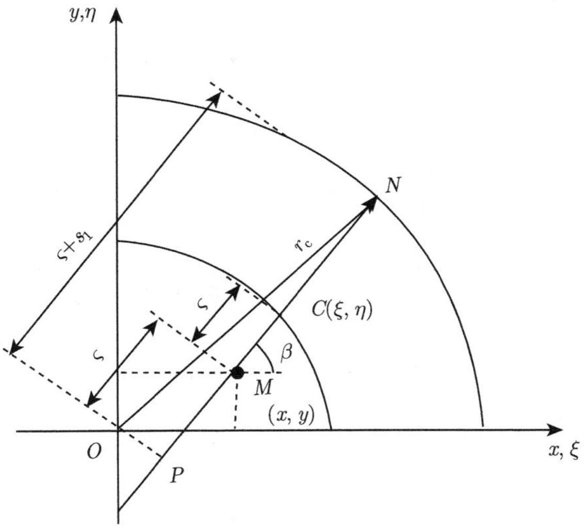

图 2.11 在 (ξ,η) 和 (s,β) 之间的坐标转换

由于只考虑在半径为 r_c 的荷载圆内面积上的位移情况，所以 s 的极限则应该在这个圆的边缘位置。对于固定的 β，图 2.11 中的 N 就是这个极限点。令 s_1 为 M 到 N 间 s 的极限长度，ς 为 P 到 M 的极限距离，则可得到式 (2.83) 和式 (2.84)

$$\varsigma = x\cos\beta + y\sin\beta \tag{2.83}$$

$$r_c^2 - (s_1+\varsigma)^2 = x^2 + y^2 - \varsigma^2 \tag{2.84}$$

由此可解得 s_1 为

$$s_1 = -\varsigma + \sqrt{\alpha^2+\varsigma^2} \tag{2.85}$$

式中，α 由下式给出

$$\alpha = \sqrt{r_c^2 - (x^2+y^2)} \tag{2.86}$$

则式 (2.80) 和式 (2.81) 变为式 (2.87) 和式 (2.88)

$$\begin{aligned} l_x &= \frac{1}{2\pi G}\int_0^{2\pi}\int_0^{s_1} q(s,\beta)\left(1-\nu\sin^2\beta\right)\mathrm{d}\beta\,\mathrm{d}s \\ l_y &= \frac{\nu}{2\pi G}\int_0^{2\pi}\int_0^{s_1} q(s,\beta)\cos\beta\ \sin\beta\,\mathrm{d}\beta\,\mathrm{d}s \end{aligned} \tag{2.87}$$

$$\tau_{xy} = \frac{1}{2\pi}\int_0^{2\pi}\int_0^{s_1}\frac{q(s,\beta)}{s}\left((1-2\nu)\sin\beta + 6\nu\cos^2\beta\sin\beta\right)\mathrm{d}\beta\,\mathrm{d}s \tag{2.88}$$

对于球体的滑动触碰，在 x 方向上的位移，可以通过式 (2.89) 代入式 (2.87) 得到

$$\begin{aligned} \int_0^{s_1} q(s,\beta)\,\mathrm{d}s &= \frac{3}{2}\frac{f_k F_z}{\pi r_c^3}\int_0^{s_1}\left(\alpha^2 - 2\varsigma s - s^2\right)^{\frac{1}{2}}\mathrm{d}s \\ &= \frac{3}{2}\frac{f_k F_z}{\pi r_c^3}\left[\frac{\left(\alpha^2+\varsigma^2\right)}{2}\left(\frac{\pi}{2} - \tan^{-1}\left(\frac{\varsigma}{\alpha}\right)\right) - \frac{1}{2}\alpha\varsigma\right] \end{aligned} \tag{2.89}$$

需要注意的是，式 (2.83) 中 $\varsigma(\beta) = -\varsigma(\beta+\pi)$。把式 (2.89) 代入式 (2.87) 可得到在 x 方向上的位移

$$\begin{aligned} l_x &= \frac{3}{16\pi}\frac{f_k F_z}{r_c^3 G}\int_0^{2\pi}\left(\alpha^2+\varsigma^2\right)\left(1-\nu\sin^2\beta\right)\,\mathrm{d}\beta \\ &= \frac{3}{64}\frac{f_k F_z}{r_c^3 G}\left(4(2-\nu)r_c^2 - (4-3\nu)x^2 - (4-\nu)y^2\right) \end{aligned} \tag{2.90}$$

类似的，把式 (2.89) 代入式 (2.87) 可得到在 y 方向上的位移

$$l_{\mathrm{y}}=\frac{3}{32}\frac{f_{\mathrm{k}}F_{\mathrm{z}}}{r_{\mathrm{c}}^{3}G}\nu\,x\,y \tag{2.91}$$

应当指出的是，由于切向力的作用，在界面处 z 轴方向上的位移通常不为零。因此，切向力所在的实际界面和由于法向应力产生的平面是不匹配的 [Johnson, 1985]。本书中是忽略了法向上这种不匹配的位移的，这种忽略对于大多数情况来说都是可行的。

2.3.5.2 球体的无滑动触碰

如果切向力小于静摩擦力的极限切向力，就不会产生相对滑动。但是，还会有切向摩擦力。图 2.12 就介绍了这种情况，点 A_1、A_2 在没有施加切向力时是重合的。相对于两个球体颗粒的非形变区中的点 B_1 和 B_2 来说，施加切向力 F_{t} 以后，点 A_1 和 A_2 会发生一个切向位移，分别是 l_{x1} 和 l_{x2}，B_1 和 B_2 会在切向上产生一个刚性位移，分别为 δ_{x1} 和 δ_{x2}。

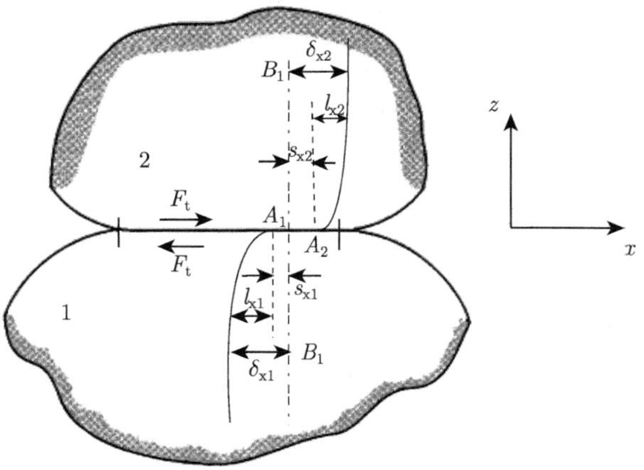

图 2.12 无滑动接触中的切向牵引

如果分别用 s_{x1} 和 s_{x2} 表示 A_1 和 A_2 两点切向上的绝对位移，则 A_1 和 A_2 两点之间的相对切向位移 s_{x} 可由下式给出

$$s_{\mathrm{x}}=s_{\mathrm{x1}}-s_{\mathrm{x2}}=(l_{\mathrm{x1}}-l_{\mathrm{x2}})-(\delta_{\mathrm{x1}}-\delta_{\mathrm{x2}}) \tag{2.92}$$

类似的，y 轴方向上的位移关系也是这样。对于无滑移区，$s_{\mathrm{x}}=0$，可得到下式

$$\begin{aligned} l_{\mathrm{x1}}-l_{\mathrm{x2}}&=\delta_{\mathrm{x1}}-\delta_{\mathrm{x2}}=\delta_{\mathrm{x}}\\ l_{\mathrm{y1}}-l_{\mathrm{y2}}&=\delta_{\mathrm{y1}}-\delta_{\mathrm{y2}}=\delta_{\mathrm{y}} \end{aligned} \tag{2.93}$$

式中，δ_x 和 δ_y 表示两球体颗粒之间的刚性相对切向位移，因此 δ_x 和 δ_y 与 A_1 和 A_2 两点的位置无关。因此，由式 (2.93) 可得知所有的“无滑移”区表面上切向刚性位移都是相同的。

切向摩擦力的分布可用下式表示

$$q = q_o r_c \left(r_c^2 - r^2\right)^{-\frac{1}{2}} \tag{2.94}$$

这样的分布使得触碰表面的切向位移是均匀的。q_o 是触碰面的中心处的最大切向摩擦力。将式 (2.94) 在接触面上积分，可得到

$$q_o = \frac{F_t}{2\pi r_c^2} \tag{2.95}$$

将式 (2.94) 代入式 (2.87) 可得到

$$\int_0^{s_1} q(s,\beta)\,\mathrm{d}s = q_o r_c \int_0^{s_1} \left(\alpha^2 - 2\varsigma s - s^2\right)^{-\frac{1}{2}} \mathrm{d}s = q_o r_c \left[\frac{\pi}{2} - \tan^{-1}\left(\frac{\varsigma}{\alpha}\right)\right] \tag{2.96}$$

根据对称的条件 $\zeta(\beta) = -\zeta(\beta + \pi)$，可得到下式

$$l_x = \frac{q_o r_c}{4G} \int_0^{2\pi} \left(1 - \nu \sin^2 \beta\right) \mathrm{d}\beta = \frac{\pi (2-\nu)}{4G} q_o r_c \tag{2.97}$$

类似的，得到

$$l_y = 0 \tag{2.98}$$

所以，两球间无滑动触碰时，其切向位移恒为

$$\delta_x = l_{x1} - l_{x2} = \frac{F_t}{8r_c}\left(\frac{2-\nu_1}{G_1} + \frac{2-\nu_2}{G_2}\right) \tag{2.99}$$

式 (2.94) 反映出了两球间无滑动触碰时的切向摩擦力分布情况，但是从式 (2.94) 中可以看出在触碰圆面的边缘处的切向摩擦力是无穷大的，因此，在触碰区的很小的边缘带内一定有滑动发生。这就表明触碰区域是由无相对滑动的中心区 $r \leqslant c$ 和有细微滑动的环形区域 $c \leqslant r \leqslant r_c$ 所组成。

“微滑移”区域的切向摩擦力分布和滑动区域的类似，可用下式表示

$$q'(r) = \frac{f_s p_o}{r_c} \sqrt{r_c^2 - r^2} \tag{2.100}$$

其中，f_s 是静摩擦系数。为了适应中心区域的无滑移条件，须给出另一种形式的摩擦力分布，以使得边缘小区域内的摩擦力 (即式 (2.100)) 与核心区域的摩擦力能够

叠加，然后求得“无滑移”区的恒定位移。为此，可给出切向摩擦力分布的另一形式

$$q''(r) = -\frac{f_\mathrm{s}p_\mathrm{o}}{r_\mathrm{c}}\sqrt{c^2-r^2} \tag{2.101}$$

与式 (2.90) 和式 (2.91) 类似，式 (2.100) 和式 (2.101) 所给出的由切向摩擦力带来的切向位移可分别表示为式 (2.102)~式 (2.105)

$$l'_\mathrm{x} = \frac{\pi f_\mathrm{s}p_\mathrm{o}}{32r_\mathrm{c}G}\left[4(2-\nu)r_\mathrm{c}^2-(4-3\nu)x^2-(4-\nu)y^2\right] \tag{2.102}$$

$$l'_\mathrm{y} = \frac{\pi f_\mathrm{s}p_\mathrm{o}}{16r_\mathrm{c}G}\nu x y \tag{2.103}$$

$$l''_\mathrm{x} = -\frac{\pi f_\mathrm{s}p_\mathrm{o}}{32r_\mathrm{c}G}\left[4(2-\nu)c^2-(4-3\nu)x^2-(4-\nu)y^2\right] \tag{2.104}$$

$$l''_\mathrm{y} = -\frac{\pi f_\mathrm{s}p_\mathrm{o}}{16r_\mathrm{c}G}\nu x y \tag{2.105}$$

则中心区域的切向位移与由式 (2.100) 和式 (2.101) 所得到的切向位移相加可得到

$$l_\mathrm{x} = l'_\mathrm{x}+l''_\mathrm{x} = \frac{\pi f_\mathrm{s}p_\mathrm{o}}{8r_\mathrm{c}G}(2-\nu)\left(r_\mathrm{c}^2-c^2\right) \tag{2.106}$$

和下式

$$l_\mathrm{y} = l'_\mathrm{y}+l''_\mathrm{y} = 0 \tag{2.107}$$

该位移满足中心区域内的无滑移条件，则得到

$$\delta_\mathrm{x} = \frac{3f_\mathrm{s}F_\mathrm{z}}{16}\left(\frac{2-\nu_1}{G_1}+\frac{2-\nu_2}{G_2}\right)\frac{r_\mathrm{c}^2-c^2}{r_\mathrm{c}^3} \tag{2.108}$$

中心区域的半径可以由式 (2.109) 和式 (2.110) 中的切向力 F_t 得到

$$F_\mathrm{t} = \int_c^{r_\mathrm{c}} q' 2\pi r\,\mathrm{d}r + \int_0^c (q'+q'')\,2\pi r\,\mathrm{d}r = f_\mathrm{s}F_\mathrm{z}\left(1-\frac{c^3}{r_\mathrm{c}^3}\right) \tag{2.109}$$

或者

$$\frac{c}{r_\mathrm{c}} = \left(1-\frac{F_\mathrm{t}}{f_\mathrm{s}F_\mathrm{z}}\right)^{\frac{1}{3}} \tag{2.110}$$

因此，在正压力维持不变的情况下，中心区域的面积随着切向力的增加而变小，一旦切向力达到静摩擦力的极限 ($F_\mathrm{t} = f_\mathrm{s}F_\mathrm{z}$)，中心区域就会迅速收缩到一点，则滑动摩擦开始。

2.3.5.3　弹性球体在触碰中的扭矩

除了倾斜触碰，两个弹性球之间的压缩扭力也会产生切向位移，如图 2.13 所示。因为扭转力偶并不能增加 z 轴方向上的位移，所以这种扭力不会影响压力分布，这也与赫兹触碰理论相吻合。

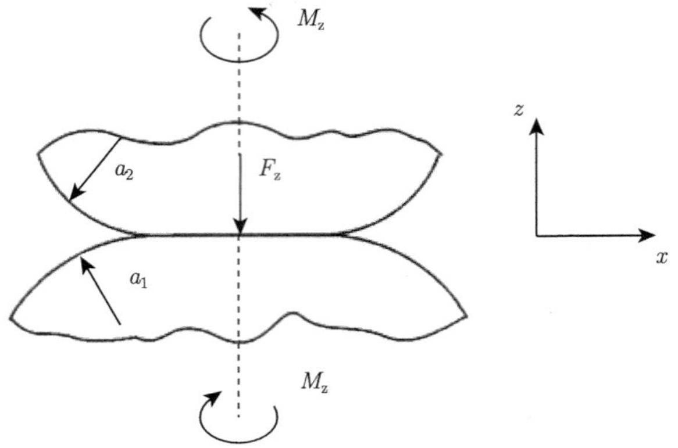

图 2.13　正触碰时的压缩和扭曲

如果将扭转力偶或者 M_z 施加在两个触碰的球体颗粒上，如果在界面处没有相对滑动，则在触碰面上相对触碰中心有一定距离的点就会出现刚性旋转。此时，切向位移可由下式给出

$$l_{\theta 1}=\beta_1 r,\quad l_{\theta 2}=\beta_2 r \tag{2.111}$$

其中，β 是每个球体的旋转角。为了得到触碰区域均匀的旋转角，切向摩擦力的形式可用下式表示 [Johnson，1985]

$$q=\frac{3M_z r}{4\pi r_c^3}\left(r_c^2-r^2\right)^{-\frac{1}{2}} \tag{2.112}$$

式 (2.112) 计算结果会在触碰圆的边缘处得到切向摩擦力无限大，这类似于无滑动的倾斜触碰，在环形区域 ($c\leqslant r\leqslant r_c$) 有微滑移而中心区域 ($r\leqslant c$) 无滑移的情况。

对于圆周方向上的微滑移运动以及环形区域上的切向摩擦力分布，其摩擦力的极限值都可由阿蒙东定律计算得出

$$q(r)=\frac{3}{2}\frac{f_s F_z}{\pi r_c^3}\sqrt{r_c^2-r^2} \tag{2.113}$$

卢根 (Lubkin) 曾在 1951 年提出了几个计算无滑移中心区半径和切向摩擦力分布的方法，在此仅介绍卢根的研究结果。

卢根认为球体 1 的旋转角和微滑移渗透率之间的关系由下式给出

$$\frac{G_1 r_c^2}{f_s F_z}\beta_1=\frac{3}{4\pi}\left[K(\chi)-E(\chi)\right] \tag{2.114}$$

其中，χ 由下式给出

$$\chi^2=1-(c/r_c)^2 \tag{2.115}$$

$K(\chi)$ 是模量 χ 的第一类完全椭圆积分，$E(\chi)$ 是模量 χ 的第二类完全椭圆积分，分别由式 (2.116) 和式 (2.117) 给出

$$K(\chi)=\int_0^{\frac{\pi}{2}}\left(1-\chi^2\sin^2\theta\right)^{-\frac{1}{2}}\mathrm{d}\theta \tag{2.116}$$

$$E(\chi)=\int_0^{\frac{\pi}{2}}\left(1-\chi^2\sin^2\theta\right)^{\frac{1}{2}}\mathrm{d}\theta \tag{2.117}$$

因此，总的扭转角与 c 的关系可由下式给出

$$\beta=\beta_1+\beta_2=\frac{3f_sF_z}{4\pi r_c^2}\left(\frac{1}{G_1}+\frac{1}{G_2}\right)\left[K(\chi)-E(\chi)\right] \tag{2.118}$$

切向摩擦力分布由下式给出

$$q=\frac{3f_sF_z}{\pi^2 r_c^2}\sqrt{1-\frac{r^2}{r_c^2}}\left(\frac{\pi}{2}+\left[K(\chi)-E(\chi)\right]K(\lambda)-K(\chi)E(\lambda)\right) \tag{2.119}$$

式中，λ 由下式给出

$$\lambda=\frac{c}{r_c}=\sqrt{1-\chi^2} \tag{2.120}$$

可以看出，式 (2.120) 中的边界值与式 (2.112) 给出的值相匹配。则扭矩可由下式给出

$$M_z=2\pi\int_0^{r_c}qr^2\mathrm{d}r \tag{2.121}$$

其中，当 $c\leqslant r\leqslant r_c$ 时，$q(r)$ 由式 (2.112) 给出；当 $r\leqslant c$ 时，$q(r)$ 由式 (2.119) 给出。则 M_z 和 c 之间的关系可用下式表示

$$\frac{M_z}{f_sF_zr_c}=\frac{3\pi}{16}+\frac{3\chi^2K(\chi)}{4\pi}\left(2\lambda-\frac{\sin^{-1}\lambda}{\chi}+\int_0^{\frac{\pi}{2}}\frac{\sin^{-1}(\lambda\sin\alpha)\,\mathrm{d}\alpha}{\left(1-\lambda^2\sin^2\alpha\right)^{\frac{3}{2}}}\right)$$

$$+\frac{K(\chi)-E(\chi)}{4\pi}\left[\lambda\left(4\lambda^2-3\right)-3\int_0^{\frac{\pi}{2}}\frac{\sin^{-1}(\lambda\sin\alpha)}{\sqrt{1-\lambda^2\sin^2\alpha}}\mathrm{d}\alpha\right] \tag{2.122}$$

对式 (2.122) 进行数值积分可得到扭矩 M_z 和总旋转角度 β 之间的关系，如图 2.14(a) 所示。由式 (2.112) 和式 (2.119) 可以得到典型的切向摩擦力的分布情况，如图 2.14(b) 所示。

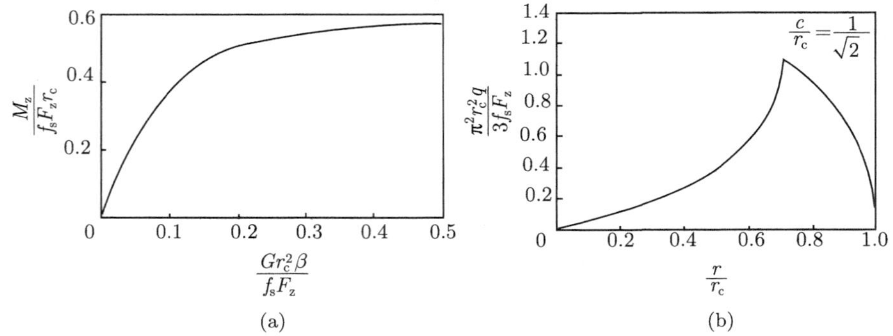

图 2.14　扭转角和扭转产生的切向力 [Lubkin，1951]

(a) 扭矩 M_z-总扭转角 β；(b) 典型的切向力分布

2.4　弹性球体碰撞

上一节介绍了在静态触碰条件下，弹性形变与不同的触碰力之间关系的基本理论。如果把两个球体冲击碰撞的过程看成是准静止的，那么在冲击力作用下的动力学形变就可以用 §2.3 中的理论加以解释。在这一节，我们将介绍弹性球体的碰撞行为。

2.4.1　弹性球体的正面碰撞

表面光滑颗粒之间的碰撞可以近似地看成无摩擦球体的弹性碰撞。假设碰撞过程中的形变过程是准静态的，那么就可以用赫兹接触理论建立冲击速度、材料性质、冲击持续时间、弹性形变和冲击力之间的关系。

现考虑两个无摩擦的弹性球之间的碰撞，我们只讨论碰撞面上的法向力和法向速度，也就是说，不考虑切向力和切向速度。如图 2.15 所示，具有不同尺寸、不同速度，材料性质也不相同的两个球体彼此碰撞，如果我们只分析碰撞力，则由牛顿定律可得到

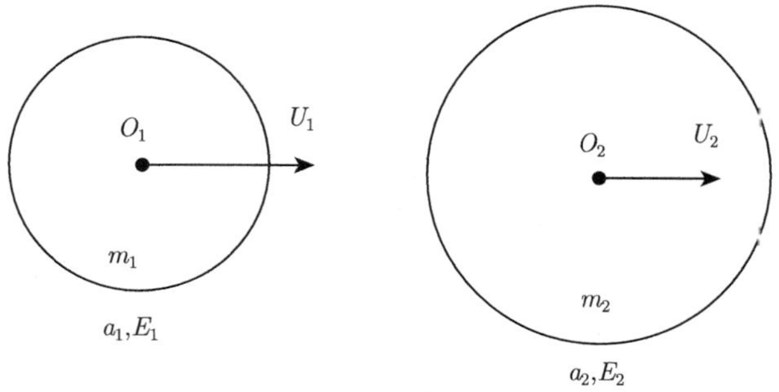

图 2.15 弹性球的正面碰撞

$$m_1\frac{\mathrm{d}U_1}{\mathrm{d}t}=-f_{12},\quad m_2\frac{\mathrm{d}U_2}{\mathrm{d}t}=f_{12}\tag{2.123}$$

其中，m_1 和 m_2 分别表示颗粒 1 和颗粒 2 的质量，U_1 和 U_2 表示相应的碰撞速度，f_{12} 表示碰撞力。α 表示在碰撞过程中两个颗粒中心 O_1 和 O_2 的彼此靠近的距离，则可得到

$$\frac{\mathrm{d}\alpha}{\mathrm{d}t}=U_1-U_2\tag{2.124}$$

把式 (2.123) 代入式 (2.124) 可得到

$$\frac{\mathrm{d}^2\alpha}{\mathrm{d}t^2}=-f_{12}\frac{m_1+m_2}{m_1m_2}\tag{2.125}$$

注意，f_{12} 与 α 的关系可以由式 (2.75) 得到，即

$$f_{12}=\frac{4}{3}E^*\sqrt{a^*}\alpha^{\frac{3}{2}}\tag{2.126}$$

将式 (2.126) 代入式 (2.125) 可得到

$$\frac{\mathrm{d}^2\alpha}{\mathrm{d}t^2}=-\frac{4}{3}\frac{E^*}{m^*}\sqrt{a^*}\alpha^{\frac{3}{2}}\tag{2.127}$$

其中，m^* 是相对质量，由下式给出

$$\frac{1}{m^*}=\frac{1}{m_1}+\frac{1}{m_2}\tag{2.128}$$

初始条件可由下式给出

$$\left(\frac{\mathrm{d}\alpha}{\mathrm{d}t}\right)_{\mathrm{t=0}}=U_{10}-U_{20}=U_{12},\quad \alpha_{\mathrm{t=0}}=0\tag{2.129}$$

式 (2.127) 两边同时乘以 $\mathrm{d}\alpha/\mathrm{d}t$ 可得到

$$\frac{\mathrm{d}\alpha}{\mathrm{d}\,t}=\left(U_{12}^2-\frac{16}{15}\frac{E^*}{M^*}a^{*\frac{1}{2}}\alpha^{\frac{5}{2}}\right)^{\frac{1}{2}}\tag{2.130}$$

由于最大形变发生在 $\mathrm{d}\alpha/\mathrm{d}t=0$ 处，则由式 (2.130) 得到

$$\alpha_{\mathrm{m}}=\left(\frac{15}{16}\frac{m^*U_{12}^2}{E^*\sqrt{a^*}}\right)^{\frac{2}{5}} \tag{2.131}$$

将式 (2.131) 代入式 (2.126) 可知，最大的碰撞力 f_{m} 为

$$f_{\mathrm{m}}=(f_{12})_{\max}=\frac{4}{3}E^*\sqrt{a^*}\left(\frac{15}{16}\frac{m^*U_{12}^2}{E^*\sqrt{a^*}}\right)^{\frac{3}{5}} \tag{2.132}$$

将式 (2.131) 代入式 (2.70) 式可知，碰撞接触面积的最大半径为

$$r_{\mathrm{cm}}=\sqrt{a^*}\left(\frac{15}{16}\frac{m^*U_{12}^2}{E^*\sqrt{a^*}}\right)^{\frac{1}{5}} \tag{2.133}$$

将式 (2.131) 代入式 (2.70) 可知，碰撞中的最大压力为

$$p_{\mathrm{om}}=\frac{3}{2}\left(\frac{f_{12}}{\pi r_{\mathrm{c}}^2}\right)_{\max}=\frac{2}{\pi}\frac{E^*}{a^*}r_{\mathrm{cm}} \tag{2.134}$$

碰撞接触持续时间可由式 (2.130) 的变形得到

$$\mathrm{d}t=\left(U_{12}^2-\frac{15}{16}\frac{E^*}{m^*}\sqrt{a^*}\alpha^{\frac{5}{2}}\right)^{-\frac{1}{2}}\mathrm{d}\alpha=\frac{\alpha_{\mathrm{m}}}{U_{12}}\left(1-\zeta^{\frac{5}{2}}\right)^{-\frac{1}{2}}\mathrm{d}\zeta \tag{2.135}$$

其中，ζ 定义为 $\alpha/\alpha_{\mathrm{m}}$。因此，总的碰撞时间 t_{c} 可由下式给出

$$t_{\mathrm{c}}=2\frac{\alpha_{\mathrm{m}}}{U_{12}}\int_0^1\left(1-\zeta^{\frac{5}{2}}\right)^{-\frac{1}{2}}\mathrm{d}\zeta=\frac{2.94}{U_{12}}\left(\frac{15}{16}\frac{m^*U_{12}^2}{E^*\sqrt{a^*}}\right)^{\frac{2}{5}} \tag{2.136}$$

由式 (2.130) 和式 (2.75) 可得，碰撞接触面积 A_{c} 随压缩过程持续时间的变化为

$$\frac{\mathrm{d}A_{\mathrm{c}}}{\mathrm{d}t}=\left((\pi U_{12}a^*)^2-\frac{16}{15\sqrt{\pi}}\frac{E^*}{m^*}A_{\mathrm{c}}^{\frac{5}{2}}\right)^{\frac{1}{2}} \tag{2.137}$$

由于反弹过程和压缩过程是相同的，在反弹过程中两球的接触面积随时间的变化也与压缩过程类似，如图 2.16 所示。在该图中的无量纲面积 A^* 和无量纲时间 τ 可由下式给出

$$\begin{aligned}A^*&=\frac{A_{\mathrm{c}}}{A_{\mathrm{cm}}}=\frac{r_{\mathrm{c}}^2}{r_{\mathrm{cm}}^2}\\ \tau&=\left(\frac{16E^*}{15m^*}\right)^{\frac{2}{5}}(a^*U_{12})^{\frac{1}{5}}\,t\end{aligned} \tag{2.138}$$

由图 2.16 可看出，该曲线近似于正弦曲线的一部分，所以我们可以将在碰撞过程中 A^* 随 τ 的关系近似地看成正弦变化关系，则其关系可用下式表示

$$A^* = \sin\left(\frac{\pi}{2.943}\tau\right) \tag{2.139}$$

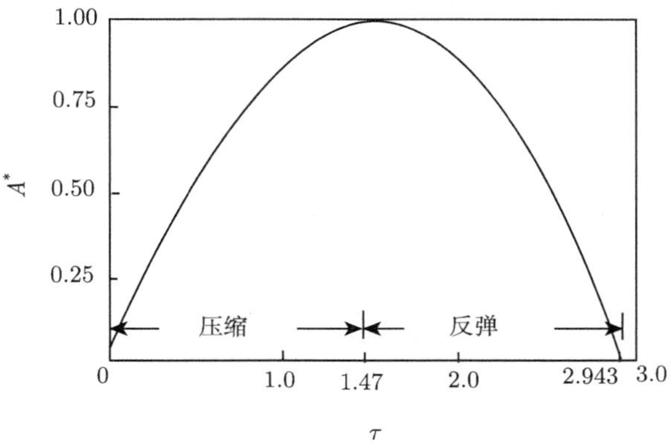

图 2.16 接触面积随时间的变化

2.4.2 摩擦弹性球体的碰撞

正如前面提到的，由赫兹接触理论可知对于由正压力引起的颗粒碰撞或动力学触碰而言，是没有切向摩擦力的。同样，可以用米德林的接触理论分析有摩擦力的碰撞。为简化分析，可忽略扭转力的影响。如图 2.17 所示是两共面球的碰撞，f_{t} 是摩擦力，V_1 和 V_2 是切向速度，ω_1 和 ω_2 表示角速度，切线方向上的动量方程可用下式表示

$$m_1\frac{\mathrm{d}}{\mathrm{d}t}(V_1+\omega_1 a_1) = f_{\mathrm{t}}, \quad m_2\frac{\mathrm{d}}{\mathrm{d}t}(V_2-\omega_2 a_2) = -f_{\mathrm{t}} \tag{2.140}$$

对于每一个球来说，只要触碰面积很小，而且不存在外部转矩，则关于触碰中心 O 的角动量就是守恒的，因此

$$\begin{aligned} &\frac{\mathrm{d}}{\mathrm{d}t}\left[m_1V_1a_1+m_1\omega_1\left(a_1^2+k_1^2\right)\right]=0 \\ &-\frac{\mathrm{d}}{\mathrm{d}t}\left[m_2V_2a_2+m_2\omega_2\left(a_2^2+k_2^2\right)\right]=0 \end{aligned} \tag{2.141}$$

其中，k_1 和 k_2 是相对于两球质量中心的回转半径，由此则给出下式

$$\frac{\mathrm{d}\omega_1}{\mathrm{d}t} = -\frac{a_1}{a_1^2+k_1^2}\frac{\mathrm{d}V_1}{\mathrm{d}t}, \quad \frac{\mathrm{d}\omega_2}{\mathrm{d}t} = \frac{a_2}{a_2^2+k_2^2}\frac{\mathrm{d}V_2}{\mathrm{d}t} \tag{2.142}$$

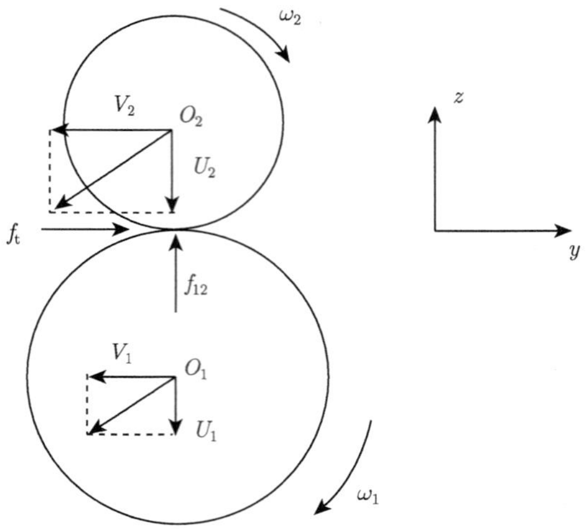

图 2.17　在切向摩擦力和扭力作用下的二维碰撞

把式 (2.142) 代入式 (2.140) 可得到

$$f_t = \frac{m_1}{1+a_1^2/k_1^2}\frac{\mathrm{d}V_1}{\mathrm{d}t} = -\frac{m_2}{1+a_2^2/k_2^2}\frac{\mathrm{d}V_2}{\mathrm{d}t} \tag{2.143}$$

为表达方便，令

$$\hat{m}_1 = \frac{m_1}{1+a_1^2/k_1^2},\quad \hat{m}_2 = \frac{m_2}{1+a_2^2/k_2^2},\quad \frac{1}{\hat{m}^*} = \frac{1}{\hat{m}_1}+\frac{1}{\hat{m}_2} \tag{2.144}$$

则可得到下式

$$\frac{\mathrm{d}}{\mathrm{d}t}(V_2 - V_1) = \frac{f_t}{\hat{m}^*} \tag{2.145}$$

或者

$$\frac{\mathrm{d}^2\delta}{\mathrm{d}t^2} = \frac{f_t}{\hat{m}^*} \tag{2.146}$$

式中，δ 是在触碰表面上的相对切向位移。切向形变会受微滑移、法向压缩力 f_{12} 的大小 (无论 f_{12} 是否恒定)、摩擦系数和加载历史 (既加载，卸载和重新加载) 的影响 [Johnson，1985]。

如图 2.17 所示，碰撞球体的切向速度与碰撞之前相比，发生了变化，因此在两球的触碰表面会有滑动。现在我们考虑碰撞的两个球体没有相对转动的情况。为分析这种情况，需要假设摩擦系数为常数。为此，我们进一步假设：①相对于球体半径来说，弹性形变很小，因此在碰撞过程中切向的相对滑移不会影响法向的速度分量的变化；②切向速度不是很大也不是很小，这样在碰撞过程中，由法向速度分量所带来的压缩力就可达到最大，而在碰撞中的滑移仍然还存在。由式 (2.140) 和

阿蒙东定律可得到下式

$$\frac{\mathrm{d}V_{12}}{\mathrm{d}t}=-\frac{f_{\mathrm{k}}f_{12}}{\hat{m}^*} \tag{2.147}$$

其中，V_{12} 是相对切向速度 (V_2-V_1)。用赫兹理论的纵向形变关系，并将式 (2.126) 代入式 (2.126) 得到

$$\frac{\mathrm{d}V_{12}}{\mathrm{d}t}=-\frac{4E^*f_{\mathrm{k}}\sqrt{a^*}}{3\hat{m}^*}\alpha^{\frac{3}{2}} \tag{2.148}$$

α 和 t 之间的关系，可由式 (2.135)(其中 $\zeta=\alpha/\alpha_{\mathrm{m}}$) 得到。对于压缩过程得到下式

$$t=\frac{\alpha_{\mathrm{m}}}{U_{12}}\int_0^{\zeta}\left(1-\zeta^{\frac{5}{2}}\right)^{-\frac{1}{2}}\mathrm{d}\zeta \tag{2.149}$$

对于反弹过程得到下式

$$t_{\mathrm{c}}-t=\frac{\alpha_{\mathrm{m}}}{U_{12}}\int_0^{\zeta}\left(1-\zeta^{\frac{5}{2}}\right)^{-\frac{1}{2}}\mathrm{d}\zeta \tag{2.150}$$

碰撞后相对切向速度的变化为

$$\Delta V_{12}=\frac{4E^*f_{\mathrm{k}}\sqrt{a^*}}{3m^*}\alpha_{\mathrm{m}}^{\frac{3}{2}}\int_0^{t_{\mathrm{c}}}\zeta^{\frac{3}{2}}\mathrm{d}t \tag{2.151}$$

将式 (2.131)、式 (2.149)、式 (2.150) 代入式 (2.150) 可得到

$$\Delta V_{12}=2f_{\mathrm{k}}U_{12} \tag{2.152}$$

这表明切向速度的变化仅与表面摩擦系数和速度的法向分量有关，而和材料的性质无关。式 (2.152) 也表明为了确保两球之间发生滑动的假设成立，相对的入射冲击角应大于 $\tan^{-1}(2f_{\mathrm{k}})$。

显然，两个存在摩擦的弹性球体之间，会因为两球体之间不可避免的摩擦作用所带来的动能损失使得两球没有弹性行为。此外，赫兹碰撞和摩擦碰撞的分析也可以用在颗粒–壁面之间的碰撞 (假设壁面的半径为无限大)。

例 2.2 假设一个聚乙烯颗粒 (d_{p}=1cm) 和一个铜质壁面之间发生冲击碰撞，入射冲击速度为 2m/s，入射冲击角为 30°，界面的摩擦系数为 0.2。聚乙烯和铜的密度分别为 950kg/m^3 和 8900kg/m^3，试问两球碰撞接触时间是多少？颗粒的回弹速度是多少？然后再计算铜颗粒与聚乙烯壁面碰撞的情况。

解 如图 E2.2 所示，碰撞面的法向速度为

$$U_{12}=U\cos\theta=2\cos 30^\circ=1.73\mathrm{m/s} \tag{E2.7}$$

壁面可以视为一个半径无限大的球，则由式 (2.66) 和式 (2.128) 得到

$$a^* = \frac{d_p}{2}, \quad m^* = m = \frac{\pi}{6} d_p \rho_p \tag{E2.8}$$

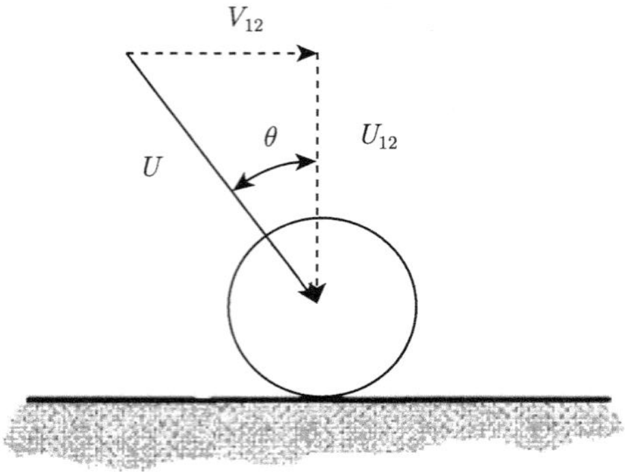

图 E2.2　球体与壁面的碰撞

由表 1.6 查得聚乙烯的参数

$$E_1 = 0.04 \times 10^{10} \text{N/m}^2, \quad \nu_1 = 0.3 \tag{E2.9}$$

铜的参数为

$$E_2 = 12 \times 10^{10} \text{N/m}^2, \quad \nu_2 = 0.35 \tag{E2.10}$$

因此，由式 (2.66) 可得到

$$E^* = \left(\frac{1-\nu_1^2}{E_1} + \frac{1-\nu_2^2}{E_2} \right)^{-1} = \left(\frac{1-0.3^2}{0.04 \times 10^{10}} + \frac{1-0.35^2}{12 \times 10^{10}} \right)^{-1} = 4.38 \times 10^8 \text{N/m}^2 \tag{E2.11}$$

聚乙烯颗粒碰撞铜壁时，由式 (E2.9) 代入数据计算得到

$$a^* = \frac{d_p}{2} = 0.005\text{m}, \quad m^* = \frac{\pi}{6} d_p \rho_p = \frac{\pi}{6} \times 10^{-6} \times 0.95 \times 10^3 = 0.5 \times 10^{-3} \text{kg} \tag{E2.12}$$

由式 (2.136) 代入数据计算得到碰撞持续时间

$$t_c = \frac{2.94}{U_{12}} \left(\frac{15}{16} \frac{m^* U_{12}^2}{E^* \sqrt{a^*}} \right)^{\frac{2}{5}} = \frac{2.94}{1.73} \left(\frac{15}{16} \frac{0.5 \times 10^{-3} \times 1.73^2}{4.38 \times 10^8 \times \sqrt{0.005}} \right)^{\frac{2}{5}} = 1.2 \times 10^{-4} \text{s} \tag{E2.13}$$

由式 (2.152) 代入数据计算得到切向速度的变化量

$$\Delta V_{12} = 2 f_k U_{12} = 2 \times 0.2 \times 1.75 = 0.7 \text{m/s} \tag{E2.14}$$

则反弹速度为

$$U' = \left[U_{12} + (U \sin\theta - \Delta V_{12})^2 \right]^{\frac{1}{2}} = \left[1.73^2 + (2 \sin 30^\circ - 0.7)^2 \right]^{\frac{1}{2}} = 1.76 \text{m/s} \tag{E2.15}$$

类似的，对于铜颗粒碰撞聚乙烯壁面的情况，得到

$$a^*=\frac{d_\mathrm{p}}{2}=0.005\mathrm{m},\quad m^*=\frac{\pi}{6}d_\mathrm{p}\rho_\mathrm{p}=\frac{\pi}{6}\times10^{-6}\times8.9\times10^{3}=4.66\times10^{-3}\mathrm{kg}\quad(\mathrm{E}2.16)$$

因此，由式 (2.136) 代入数据计算得到碰撞持续时间

$$t_\mathrm{c}=\frac{2.94}{U_{12}}\left(\frac{15}{16}\frac{m^*U_{12}^2}{E^*\sqrt{a^*}}\right)^{\frac{2}{3}}=\frac{2.94}{1.73}\left(\frac{15}{16}\frac{4.66\times10^{-3}\times1.73^2}{4.38\times10^{8}\times\sqrt{0.005}}\right)^{\frac{2}{3}}=3.0\times10^{-4}\mathrm{s}\quad(\mathrm{E}2.17)$$

因为切向速度差的变化只与摩擦系数和法向速度有关，所以回弹速度保持与前面的情况相同。

2.5 非弹性球的碰撞

对于固体材料，既在法向上有一个弹性形变上限，也在切向有一个弹性形变的上限。应力一旦超过这个上限，就会发生塑性形变。本节将介绍非弹性球的碰撞，非弹性形变的程度由碰撞恢复系数表征。

2.5.1 塑性形变的发生

为了获得材料发生屈服应力的相关数据，在此，介绍三种常见的材料屈服准则。第一个“屈服准则”是特雷斯卡 (Tresca) 准则，该准则是根据最大剪应力确定其屈服开始点，可用下式表示

$$\max\left(|\sigma_1-\sigma_2|,|\sigma_2-\sigma_3|,|\sigma_3-\sigma_1|\right)=2n=Y\tag{2.153}$$

其中，σ_1、σ_2 和 σ_3 是主应力；n 是单剪实验中的屈服应力；Y 是压缩实验或拉伸实验中的屈服应力。第二个屈服准则是冯 · 米泽斯 (von Mises) 准则，该准则考虑的是剪切应变能，可用下式表示

$$(\sigma_1-\sigma_2)^2+(\sigma_2-\sigma_3)^2+(\sigma_3-\sigma_1)^2=6n^2=2Y^2\tag{2.154}$$

第三个准则是根据最大减少应力得到，其表达式用下式表示

$$\max\left(|\sigma_1-\sigma|,|\sigma_2-\sigma|,|\sigma_3-\sigma|\right)=n=\frac{2}{3}Y\tag{2.155}$$

式中，$\sigma=(\sigma_1+\sigma_2+\sigma_3)/3$。

这三个准则对屈服应力的计算并没有明显的不同，但是特雷斯卡准则因为简单应用比其他两种方法更广泛。对于两个固体球体颗粒的接触，法向主应力可以通过赫兹触碰理论得到 [Johnson, 1985]

$$a_\mathrm{r}=\sigma_\theta=-p_\mathrm{o}\left\{(1+\nu)\left[1-\frac{z}{r_\mathrm{c}}\tan^{-1}\left(\frac{r_\mathrm{c}^2}{z}\right)\right]-\frac{r_\mathrm{c}^2}{2(r_\mathrm{c}^2+z^2)}\right\}$$

$$a_{\mathrm{z}} = -\frac{p_{\mathrm{o}} r_{\mathrm{c}}^2}{r_{\mathrm{c}}^2 + z^2} \tag{2.156}$$

其中，z 表示球体内部沿着对称轴方向的深度; r_{c} 为接触区域的半径; p_{o} 是在接触表面上的最大压力。

由式 (2.156) 可知，泊松比为 0.3 (大多数固体材料的泊松比) 的材料，当 $z/r_{\mathrm{c}} = 0.48$ 时剪应力最大，为 $|\sigma_{\mathrm{z}} - \sigma_{\mathrm{r}}|$。因此，根据特雷斯卡准则可知，压缩屈服应力 Y 是 0.62 p_{o}。所以，当颗粒材料的硬度或屈服应力 Y 小于最大触碰压力的 0.62 倍时，球体将很可能会发生塑性形变。在两个实心球发生弹性碰撞时，式 (2.134) 给出了最大触碰压力。因此，临界法向碰撞速度 $U_{12\mathrm{Y}}$ 和屈服应力之间的关系可由下式给出

$$U_{12\mathrm{Y}} = 10.3\sqrt{\frac{a^{*3}Y^5}{m^* E^{*4}}} \tag{2.157}$$

此外，从式 (2.156) 可知，固体材料泊松比的变化对最大剪切应力 $|\sigma_{\mathrm{z}} - \sigma_{\mathrm{r}}|$ 的影响不大，当泊松比从 0.27 变化至 0.36 时，最大剪切应力的偏差也只有 5%(见习题 2.4)。因此，式 (2.157) 可以应用于泊松比在 0.27~0.36 的范围内的固体材料。

例 2.3　如果聚乙烯颗粒 (d_{p}=1cm) 和铜壁之间发生正面碰撞，则在碰撞面上发生塑性形变的法向临界速度是多少？聚乙烯的屈服强度是 $2\times10^7\ \mathrm{N/m^2}$，铜的屈服强度是 $2.5\times10^8\ \mathrm{N/m^2}$。如果换成同样大小的铜球，则铜球与铜壁发生碰撞时的法向临界碰撞速度又是多少？

解　由于聚乙烯的屈服强度低于铜，聚乙烯颗粒在碰撞过程中会比铜壁先发生塑性形变。根据例 2.2 可知式 (E2.18) 所列各数据

$$m^* = 0.5\times10^{-3}\mathrm{kg},\quad a^* = 0.005\mathrm{m},\quad E^* = 4.38\times10^8\mathrm{N/m^2} \tag{E2.18}$$

由式 (2.157)，法向临界碰撞速度计算结果为

$$U_{12\mathrm{Y}} = 10.3\sqrt{\frac{a^{*3}Y^5}{m^* E^{*4}}} = 10.3\sqrt{\frac{0.005^3\times(2\times10^7)^5}{0.5\times10^{-3}\times(4.38\times10^8)^4}} = 1.5\mathrm{m/s} \tag{E2.19}$$

如果颗粒换作同样尺寸的铜球，则式 (E2.18) 中的各数据变为

$$m^* = 4.66\times10^{-3}\mathrm{kg},\quad a^* = 0.005\mathrm{m} \tag{E2.20}$$

$$E^* = \frac{E}{2(1-\nu^2)} = \frac{12\times10^{10}}{2(1-0.35^2)} = 6.8\times10^{10}\mathrm{N/m^2} \tag{E2.21}$$

则法向临界碰撞速度计算结果为

$$U_{12\mathrm{Y}} = 10.3\sqrt{\frac{a^{*3}Y^5}{m^* E{*4}}} = 10.3\sqrt{\frac{0.005^3\times(2.5\times10^8)^5}{4.66\times10^{-3}\times(6.8\times10^{10})^4}} = 0.01\mathrm{m/s} \tag{E2.22}$$

这个例子说明，金属材料 (或硬的固体材料) 之间既使是很小的冲击速度也会带来塑性形变，或碰撞处的破损。

2.5.2 碰撞恢复系数

两球之间的冲击速度高于临界屈服速度时，就会发生塑性形变，这个过程往往会伴随热损失，这种碰撞也被称为非弹性碰撞。非弹性碰撞中塑性形变带来的能量转换和热损失都是动能损失。

两球体碰撞后，动能的恢复能力可以通过式 (2.3) 定义的碰撞恢复系数表征，需要注意的是，除非碰撞只有法向的速度，否则碰撞恢复系数不能作为判断碰撞是否是弹性碰撞的依据。例如，两个弹性球碰撞时发生了滑动，虽然恢复系数是 1，它仍被认为是非弹性碰撞。

一个完整的碰撞应包括压缩和回弹两个过程。在压缩过程中没有热损失时，则该过程做的总功可由下式给出

$$\frac{1}{2}m^*U_{12}^2 = \int_0^{\alpha_{\mathrm{m}}} f_{12}\mathrm{d}\alpha \tag{2.158}$$

反弹过程中没有热损失时，其总功可由下式给出

$$\frac{1}{2}m^*U_{12}'^2 = \int_0^{\alpha_{\mathrm{m}}'} f_{12}'\mathrm{d}\alpha' \tag{2.159}$$

当塑性形变和弹性形变的比值小到可以忽略时，$\alpha_{\mathrm{m}}' = \alpha_{\mathrm{m}}$。

几十年来，碰撞恢复系数的预测一直是一个具有挑战性的研究课题，目前还没有可靠和准确的预测方法。但一些在一定范围内很实用的简单模型已有文献报道，弹塑性冲击模型就是其中之一。该模型认为，在压缩过程中是塑性形变，同时为反弹过程存储部分动能，而反弹过程则是完全弹性的 [Johnson，1985]。在此模型中，假定①塑性压缩过程中，$\alpha = r_{\mathrm{c}}^2/2a^*$；②在压缩过程中，平均接触压力 p_{m} 是恒定的，而且等于 $3Y$；③达到最大形变时，弹性反弹过程开始。因此，压缩力可由下式给出

$$f_{12} = \pi r_{\mathrm{c}}^2 p_{\mathrm{m}} \tag{2.160}$$

在压缩过程中，总功可由下式给出

$$\frac{1}{2}m^*U_{12}^2 = \int_0^{\alpha_{\mathrm{m}}} f_{12}\mathrm{d}\alpha = \frac{\pi r_{\mathrm{cm}}^4 p_{\mathrm{m}}}{4a^*} \tag{2.161}$$

与压缩过程中总功的简单计算相反，反弹功的计算却是很难的，这是因为要给出反弹力的公式本身就很困难。在恢复过程中，排斥力和发生弹性形变时的触碰面积的半径有关。但是，对于相同程度的压缩 (比如都是 α)，一个完全塑性形变的触碰面积是只发生弹性形变情况的两倍。由于实际的斥力从塑性形变开始，所以，排斥力和回弹过程触碰面半径的变化既与弹性形变无关也与塑性形变无关。因此，

必须给出一个斥力的近似表达式，既斥力与触碰面半径 r_c 或相向移动距离 α 的关系式。

首先，对于弹性和塑性形变，下式成立

$$\frac{f_{12}}{f_\mathrm{m}}=\frac{r_\mathrm{c}^3}{r_\mathrm{cm}^3} \tag{2.162}$$

此外，如果应用赫兹触碰理论，则触碰面的实际半径可采用式 (2.74) 中触碰面半径 r_c，则可得到

$$f_{12}=\frac{4r_\mathrm{c}E^*}{3}\alpha \tag{2.163}$$

结合式 (2.162) 可以得到回弹过程中 α 与 r_c 的关系

$$\alpha=\frac{3r_\mathrm{c}^2}{4E^*r_\mathrm{cm}^2}f_\mathrm{m} \tag{2.164}$$

则回弹速度可以由式 (2.159) 积分而得到

$$\frac{1}{2}m^*U_{12}'^2=\int_0^{\alpha_\mathrm{m}}f_{12}\mathrm{d}\alpha=\frac{3}{10}\frac{f_\mathrm{m}^2}{E^*r_\mathrm{cm}}=\frac{3\pi^2}{10}\frac{r_\mathrm{cm}^3p_\mathrm{m}^2}{E^*} \tag{2.165}$$

式 (2.165) 与式 (2.161) 相比，并消去 r_cm 得到碰撞恢复系数为

$$e=\left|\frac{U'_{12}}{U_{12}}\right|=4.08\left(\frac{a^{*3}Y^5}{E^{*4}m^*U_{12}^2}\right)^{\frac{1}{8}} \tag{2.166}$$

弹塑性模型表明，碰撞恢复系数不仅与材料的性质有关，也和相对碰撞速度有关。式 (2.166) 也表明，碰撞恢复系数与冲击速度的 1/4 方成反比，由实验结果所做出的图形也证明了这个结论是正确的 (见图 2.18)。对于相对高的冲击速度，该模

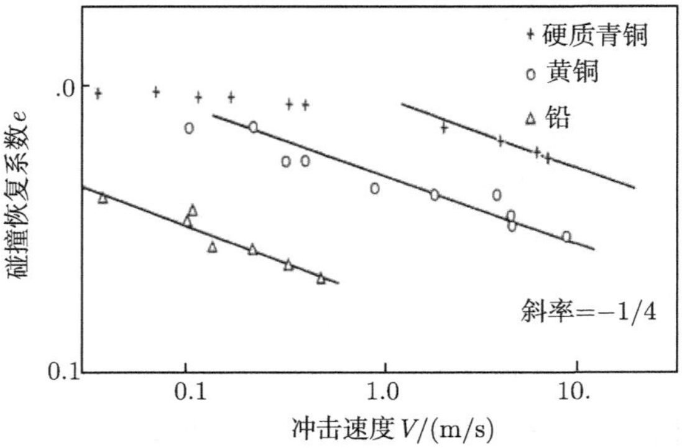

图 2.18　钢球在不同材料上撞击时的碰撞恢复系数的测量 [Goldsmith，1960]

型的预测与实验数据吻合得更好。但相对低的冲击速度，因为形变不完全在预定的塑性形变范围内，所以预测效果较差。

由式 (2.157) 中的临界屈服速度 $U_{12\text{Y}}$ 消去式 (2.166) 中的临界屈服应力，则碰撞恢复系数可变成下式

$$e = 2.29\left(\frac{U_{12\text{Y}}}{U_{12}}\right)^{\frac{1}{4}} \tag{2.167}$$

式 (2.167) 得到的碰撞恢复系数只适用于一定范围内的冲击速度。碰撞速度的下限可由碰撞恢复系数小于 1 得到，由式 (2.167)，当 $e < 1$ 时，可得

$$U_{12} > 27.5U_{12\text{Y}} \tag{2.168}$$

碰撞速度的上限可根据 $r_{\text{cm}} < \min(a_1,a_2)$ 导出。对于两个具有相同直径 d_{p} 的球体，由式 (2.161) 可得到

$$U_{12} < 1.09\sqrt{\frac{Yd_{\text{p}}^3}{m^*}} \tag{2.169}$$

类似地，球体与固体壁的碰撞，可得到

$$U_{12} < 0.53\sqrt{\frac{Y}{\rho_{\text{p}}}} \tag{2.170}$$

其中，$Y = \min(Y_1, Y_2)$，ρ_{p} 是球体的密度。

例 2.4 一个直径为 1cm 的铜球与不锈钢壁面发生正面碰撞，冲击速度为 0.5m/s。试用弹–塑性模型计算碰撞恢复系数及铜球的反弹速度。铜的屈服强度是 $2.5\times10^8\text{N/m}^2$，可以假定不锈钢的屈服强度高于铜。

解 首先，计算铜球与不锈钢壁碰撞的屈服速度。假设不锈钢壁面的半径无限大，则由式 (2.66) 和式 (2.128) 得到式 (E2.23)

$$a^* = \frac{d_{\text{p}}}{2} = 0.005\text{m}, \quad m^* = \frac{\pi}{6}d_{\text{p}}^3\rho_{\text{p}} = \frac{\pi}{6}\times10^{-6}\times8.9\times10^3 = 4.66\times10^{-3}\text{kg} \tag{E2.23}$$

铜的各参数为

$$E_1 = 12\times10^{10}\text{N/m}^2, \quad \nu_1 = 0.35 \tag{E2.24}$$

不锈钢各参数为

$$E_2 = 20\times10^{10}\text{N/m}^2, \quad \nu_2 = 0.28 \tag{E2.25}$$

因此，由式 (2.66) 得到

$$E^* = \left(\frac{1-\nu_1^2}{E_1}+\frac{1-\nu_2^2}{E_2}\right)^{-1} = \left(\frac{1-0.35^2}{12\times10^{10}}+\frac{1-0.28^2}{20\times10^{10}}\right)^{-1} = 8.4\times10^{10}\text{N/m}^2 \tag{E2.26}$$

由式 (2.157) 得到式 (E2.26)，既临界法向碰撞速度

$$U_{12\mathrm{Y}}=10.3\sqrt{\frac{a^{*3}Y^5}{m^*E^{*4}}}=10.3\sqrt{\frac{0.005^3\times(2.5\times10^8)^5}{4.66\times10^{-3}\times(8.4\times10^{10})^4}}=7.5\times10^{-3}\mathrm{m/s} \tag{E2.27}$$

检验是否在弹–塑性模型的速度范围内，由式 (2.168) 得到

$$U_{12}>27.5U_{12\mathrm{Y}}=27.5\times0.0075=0.21\mathrm{m/s} \tag{E2.28}$$

由式 (2.170) 得到

$$U_{12}<0.53\sqrt{\frac{Y}{\rho_\mathrm{p}}}=0.53\times\sqrt{\frac{2.5\times10^8}{8.9\times10^3}}=88.8\mathrm{m/s} \tag{E2.29}$$

而根据已知条件，$U_{12}=0.5\mathrm{m/s}$，大于下限速度，小于上限速度，所以，该速度适合弹–塑性模型，从式 (2.167) 可得碰撞恢复系数计算结果为

$$e=2.29\left(\frac{U_{12\mathrm{Y}}}{U_{12}}\right)^{\frac{1}{4}}=2.29\left(\frac{0.0075}{0.5}\right)^{\frac{1}{4}}=0.80 \tag{E2.30}$$

由式 (2.166) 得反弹速度计算结果

$$U'_{12}=eU_{12}=0.80\times0.5=0.40\mathrm{m/s} \tag{E2.31}$$

符　号　表

A	式 (2.26) 定义的常数	e	碰撞恢复系数
A_c	接触面积	F	作用力
a	颗粒半径	F_t	切向作用力
a^*	式 (2.66) 定义的相对半径	F_z	垂直冲击力
B	式 (2.32) 定义的常数	f	摩擦系数
C	式 (2.42) 定义的常数	f_{12}	颗粒 1 和颗粒 2 之间的冲击力
C	式 (2.67) 定义的常数	f_k	动摩擦系数
c	无滑移接触圆半径	f_m	垂直冲击时的最大碰撞力
d_p	颗粒直径	f_s	静摩擦系数
E	总动能	G	剪切模数
E	杨氏弹性模量	h	高度
E	式 (2.117) 定义的第二类完全椭圆积分	I	惯性动量
E^*	式 (2.66) 定义的接触模数	J	压缩过程中的垂直脉动

J'	反弹过程中的垂直脉动
K	式 (2.116) 定义的第一类完全椭圆积分
k	旋转半径
l	位移
M	扭转力矩
m	颗粒质量
m^*	颗粒相对质量
n	单剪屈服应力
p	压力
p_{m}	平均接触压力
q	切向摩擦力
R	球面坐标
r	圆柱坐标
r_{c}	接触圆半径
s	任意坐标
$\boldsymbol{T}$	总应力矢量
t	时间
t_{c}	持续接触时间
U	两颗粒碰撞的垂直速度分量
$U_{12\mathrm{Y}}$	临界垂直碰撞速度
U_1	两颗粒碰撞时颗粒 1 的垂直碰撞速度分量
U_1'	两颗粒碰撞时颗粒 1 的垂直反弹速度分量
U_2	两颗粒碰撞时颗粒 2 的垂直碰撞速度分量
U_2'	两颗粒碰撞时颗粒 2 的垂直反弹速度分量
V	两颗粒碰撞的切向速度分量
x	笛卡儿坐标
Y	单拉伸或压缩屈服应力
y	笛卡儿坐标
z	圆柱坐标

希腊字母

α	中心接近距离
α_{m}	产生最大形变时中心接近距离
β	图 2.8 定义的任意角
β	扭转角
γ	剪切应变
ε	压应变
θ	圆柱面坐标
θ	球面坐标
δ	相互作用的两个力作用点之间的距离
δ_{x}	刚体位移
ζ	中心接近距离无因次量
λ	由式 (2.120) 定义的微滑移渗透参数
ν	泊松比
ρ_{p}	颗粒密度
σ	正应力
τ	剪应力
ς	式 (2.83) 定义的长度
φ	球面坐标
χ	由式 (2.115) 定义的微滑移渗透参数
ψ	拉乌应力函数
ω	角速度

参 考 文 献

Boussinesq, J. (1885). *Application des Potentiels a VEtude de VEqulibre et du Mouvement des Solids Elastiques.* Paris: Gauthier-Villars.

Goldsmith, W. (1960). *Impact: The Theory and Physical Behavior of Colliding Solids.* London: Edward Arnold.

Hertz, H. (1881). Über die Berührung fester elastischer Köorper. *J. Reine Angew. Math.* (*Crelle*), 92, 155.

Johnson, K. L. (1985). *Contact Mechanics.* Cambridge: Cambridge University Press.

Lamé, G. and Clapeyron, B. P. E. (1831). Mémore sur Íéquilibre intérieur des corps solides homogénes. *J. F. Math.* (*Crelle*), 7.

Landau, L. D. and Lifshitz, E. M. (1970). *Theory of Elasticity,* 2nd ed. New York: Pergamon Press.

Love, A. E. H. (1944). *A Treatise on the Mathematical Theory of Elasticity,* 4th ed. New York: Dover.

Lubkin, J. L. (1951). The Torsion of Elastic Sphere in Contact. *Trans. ASME, J. of Appl. Mech.,* 18, 183.

Mindlin, R. D. (1949). Compliance of Elastic Bodies in Contact. *Trans. ASME, J. of Appl. Mech.*, 16, 259.

Timoshenko, S. P. and Goodier, J. N. (1970). *Theory of Elasticity.* New York: McGraw-Hill.

习　题

2.1　证明用拉乌应力函数表示的一组应力满足固体的轴对称、无扭形变平衡方程。

2.2　一个实心球体与球面底座发生正接触，如图 P2.1 所示，请导出触碰面的半径 r_c 和两触碰体中心距离的变化 α 的表达式。其中，球面底座的半径为 R_1，实心球体的半径为 R_2。

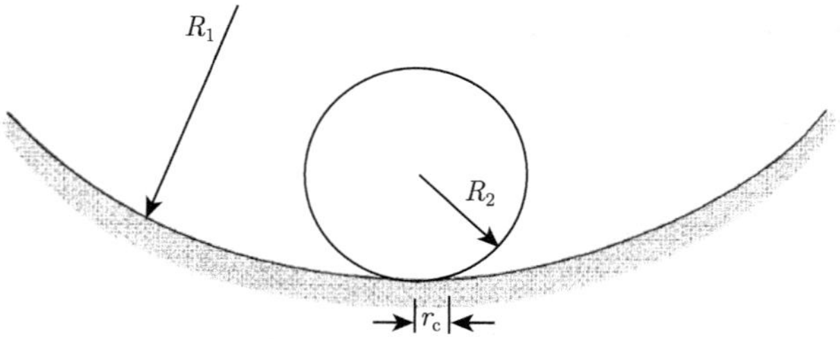

图 P2.1　实心球体与球面底座发生正接触

2.3　一个实心球体与球面底座发生碰撞，如图 P2.2 所示，试导出最大碰撞力和碰撞时间，碰撞速度为 U，假定球面底座是固定不动的。

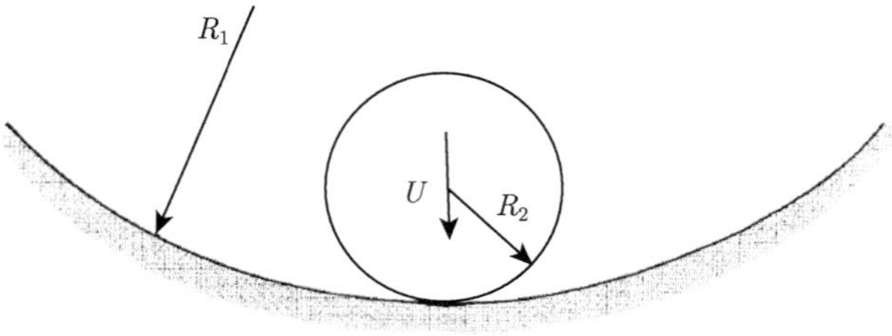

图 P2.2　实心球体与球面底座的碰撞

2.4　用式 (2.156) 给出的应力方程，证明在材料的泊松比为 0.27～0.36 时，单轴压缩试验的屈服应力变化范围是材料最大压应力的 0.59～0.63 倍。

2.5　一个轴承不锈钢球和一个铜球发生碰撞，试计算其撞击所产生的冲击速度。两个球的直径都是 3mm。

2.6　试证明，两个无摩擦、无旋转的刚性球体发生共线碰撞时，其总能量损失可用式 (2.6) 表示。

第 3 章　动量传递和电荷转移

3.1　引　　言

在气固流动中，两相流的流态不仅与系统的初始条件和系统的物理边界有关，也与动量的传递机制或两相间的相互作用力有关。决定颗粒运动的力分为三种：① 流体和颗粒界面之间的作用力; ② 颗粒间的相互作用力; ③ 由外场施加的作用力。尽管颗粒间的相互作用力和场力并不直接改变流体运动的过程，但它们可能通过颗粒–流体间的相互作用间接影响流体的运动。

颗粒间的碰撞和颗粒–壁面间的碰撞引起的颗粒间的电荷转移和电荷积累是气固两相流的重要特征。这些由颗粒携带的电子可以通过静电力直接影响颗粒在流体中的运动和浓度分布，尤其是有外电场存在时。即使没有外电场，颗粒电荷的积累也可能引起像弧光放电或粉尘爆炸这样的有害效应。

本章将介绍影响气固两相流运动的各种力和决定颗粒运动的动量方程。同时，也对由颗粒碰撞引起的电荷产生及电荷转移机制作出讨论。

3.2　颗粒–流体间的相互作用

在非均相流中，当无外场力作用时，对两相流中单颗粒运动的描述，如果不考虑短程相互作用力，譬如范德瓦耳斯 (van der Waals) 力和碰撞力，可以用非球形颗粒的加速和旋转来描述。假定颗粒为没有相互作用的球体或当量球体，颗粒的复杂运动从逻辑上可以看成由以下四种简单运动所构成：① 颗粒在均匀流场中匀速运动; ② 颗粒在均匀流场中加速运动; ③ 颗粒在非均匀流场中匀速运动; ④ 颗粒在均匀流场中以恒定角速度旋转的旋转运动。有四种不同的力分别可以描述上述的四种运动类型，它们分别是曳力、巴塞特 (Basset) 力、萨夫曼 (Saffman) 力和马格纳斯 (Magnus) 升力。

3.2.1　曳力

在颗粒流体两相流动中，颗粒的速度 $\boldsymbol{U}_{\mathrm{p}}$ 一般与流体速度 $\boldsymbol{U}$ 不同。滑移速度, $\boldsymbol{U}-\boldsymbol{U}_{\mathrm{p}}$, 导致了颗粒表面压力分布不平衡及其颗粒表面的黏性应力，从而产生了合力，即所谓的曳力。单颗粒在均匀流场中的曳力可以用下式表示

$$\boldsymbol{F}_{\mathrm{D}}=C_{\mathrm{D}}A\frac{\rho}{2}|\boldsymbol{U}-\boldsymbol{U}_{\mathrm{p}}|(\boldsymbol{U}+\boldsymbol{U}_{\mathrm{p}}) \tag{3.1}$$

其中，A 为颗粒迎流面积；C_{D} 为曳力系数，它是颗粒雷诺数 $\mathrm{Re_p}$ 的函数，曳力系数也反映了流体局部湍流强度。$\mathrm{Re_p}$ 的定义可由下式给出

$$\mathrm{Re_p} = \rho d_{\mathrm{p}} \frac{|\boldsymbol{U} - \boldsymbol{U}_{\mathrm{p}}|}{\mu} \tag{3.2}$$

在两种极端情况下，即 $\mathrm{Re_p} \gg 1$ 但还没有高到超过转捩点的临界值，$\mathrm{Re_p} \ll 1$ 时的蠕流区，C_{D} 在实验和分析中都能得到很好的描述。在 1710 年，牛顿 (Newton) 的实验确定了在高雷诺数区时，$C_{\mathrm{D}}=0.44$。牛顿公式涵盖了 $\mathrm{Re_p}$ 为 $700\sim10^5$ 的范围，在此范围，惯性力起主导作用。在蠕动流区，黏性力起主导作用而惯性力可忽略，斯托克斯 (Stokes) 在 1850 年给出了曳力系数与颗粒雷诺数的关系式，即 $C_{\mathrm{D}}=24/\mathrm{Re_p}$。

1979 年，斯利希廷 (Schlichting) 在收集了大量实验数据的基础上，做出了单个球形颗粒的曳力系数 C_{D}-$\mathrm{Re_p}$ 的标准曲线 [Schlichting, 1979]，即图 1.4。正如图中所示，在高 $\mathrm{Re_p}$ 时 (大约 3×10^5)，曳力系数急剧下降，这与颗粒边界层从层流到湍流的转捩相一致。这是由在颗粒湍流边界层中颗粒后面的尾流结构变化引起颗粒表面压力分布变化造成的。而标准曲线是在均匀稳态流条件下得到的。然而，在大多数气–固两相流中，即使颗粒的相对速度和与之有关的雷诺数很小，流动也是湍流。局部湍流强度造成了 C_{D} 与标准曲线的偏差。而现阶段还没有得出局部湍流强度与 C_{D} 关系的一般性结论。多相系统中颗粒曳力系数可能会进一步受相邻颗粒的存在及运动的影响。对多相流相互作用的颗粒曳力的研究 [Rowe and Henwood，1961；Lee；1979；Tsuji *et al.*, 1982；Zhu *et al.*, 1994] 表明受相邻颗粒影响的单个颗粒的曳力系数可用下式表示

$$\frac{C_{\mathrm{D}}}{C_{\mathrm{D0}}} = 1 - (1 - A)\exp\left(-B\frac{l}{d_{\mathrm{p}}}\right) \tag{3.3}$$

其中，曳力系数 C_{D0} 可从图 1.4 的标准曲线中查得；l 为两个相互作用颗粒间距离；A 和 B 是实验系数，该系数是 $\mathrm{Re_p}$ 及相对速度方向和相互作用的两颗粒中心的连线之间的偏转角的函数。

3.2.2 巴塞特力

一旦颗粒在流体中加速或减速，巴塞特力将变得非常重要，单个球体颗粒在静止流体中加速运动时，巴塞特力可严格地按斯托克斯流域导出。当颗粒雷诺数超出斯托克斯流域范围时，需要对该巴塞特力引入一个修正系数 [Odar and Hamilton，1964；Clift *et al.*，1978]。本节将介绍巴塞特力最初的形式 [Basset，1888]，并简单论述它在斯托克斯曳力中的重要性。

3.2.2.1　线性运动球体颗粒的流函数

为分析简单起见，我们先采用柱面坐标，然后将方程转换为极坐标下的形式，得到最终形式的巴塞特力。

假设半径为 a 的球体在一个无限大滞止介质中以速度 V 沿直线运动。球体运动方向在圆柱坐标的 z 轴方向，选球体运动路径中的任意一点作为坐标原点。假设流体为不可压缩的，且其流动是轴对称的，则流函数 ψ 可用下式表示

$$u_{\mathrm{r}} = -\frac{1}{r}\frac{\partial \psi}{\partial z}, \quad u_{\mathrm{z}} = \frac{1}{r}\frac{\partial \psi}{\partial z} \tag{3.4}$$

其中，u_{r} 和 u_{z} 分别为流体径向和轴向的速度分量。假设球体颗粒的运动在斯托克斯流域，这样惯性力的影响可以忽略不计。则纳维—斯托克斯 (Navier-Stokes) 方程可简化为

$$\frac{\partial u_{\mathrm{r}}}{\partial t} = -\frac{1}{\rho}\frac{\partial p}{\partial r} + \nu\left(\nabla^2 u_{\mathrm{r}} - \frac{u_{\mathrm{r}}}{r^2}\right) \tag{3.5}$$

$$\frac{\partial u_{\mathrm{z}}}{\partial t} = -\frac{1}{\rho}\frac{\partial p}{\partial r} + \nu\nabla^2 u_{\mathrm{z}} \tag{3.6}$$

其中，ν 为运动黏度，定义算子 D 为

$$D = \frac{\partial^2}{\partial z^2} + \frac{\partial^2}{\partial r^2} - \frac{1}{r}\frac{\partial}{\partial r} \tag{3.7}$$

将式 (3.4) 代入式 (3.5) 和式 (3.6) 中，并化简得到

$$\begin{aligned} -\frac{1}{\rho}\frac{\partial p}{\partial z} &= \frac{1}{r}\frac{\partial}{\partial r}\left(\frac{\partial \psi}{\partial t} - \nu D\psi\right) \\ \frac{1}{\rho}\frac{\partial p}{\partial z} &= \frac{1}{r}\frac{\partial}{\partial z}\left(\frac{\partial \psi}{\partial t} - \nu D\psi\right) \end{aligned} \tag{3.8}$$

将式 (3.8) 中消去压力项得到

$$D\left(D - \frac{1}{\nu}\frac{\partial}{\partial t}\right)\psi = 0 \tag{3.9}$$

式 (3.9) 的解可用下式表示

$$\psi = \psi_1' + \psi_2' \tag{3.10}$$

其中，ψ_1' 和 ψ_2' 分别满足下式

$$D\psi_1' = 0, \quad \left(D - \frac{1}{\nu}\frac{\partial}{\partial t}\right)\psi_2' = 0 \tag{3.11}$$

所以，压力场由下式给出

$$\mathrm{d}p = \frac{\rho}{r}\frac{\partial}{\partial t}\left(\frac{\partial \psi_1'}{\partial z}\mathrm{d}r - \frac{\partial \psi_1'}{\partial r}\mathrm{d}z\right) \tag{3.12}$$

前述各式是在原点相对固定的坐标系中得到的。现在，假设一个以球体颗粒的球心为原点的坐标系，与原点的距离用 ξ 表示。轴向速度 u_{z} 可用下式表示

$$u_{\mathrm{z}} = f(z+\xi, r, t) \tag{3.13}$$

所以

$$\frac{\mathrm{d}u_{\mathrm{z}}}{\mathrm{d}t} = \frac{\partial f}{\partial t} + V\frac{\partial f}{\partial \xi} \tag{3.14}$$

式 (3.14) 右边第二项与速度的平方是同数量级，代表惯性项。因此，这一项在斯托克斯流中可以忽略。因而，无论原点固定还是运动，式 (3.5) 和式 (3.6) 都是有效的。

下面，我们将控制方程由圆柱坐标转换为极坐标。因为运动是轴对称的，如图 3.1 所示，在二维空间中从 (r,z) 到 (R,θ) 的转换和从笛卡儿坐标 (x,y) 向圆柱坐标 (r,z) 的转换相似。极坐标下的流函数和速度分量的关系可用下式表示

$$u_{\mathrm{R}} = \frac{1}{R^2\sin\theta}\frac{\partial\psi}{\partial\theta}, \quad u_{\theta} = -\frac{1}{R\sin\theta}\frac{\partial\psi}{\partial\theta} \tag{3.15}$$

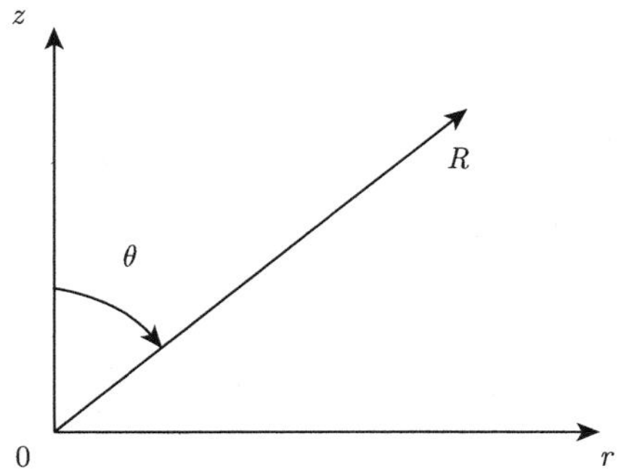

图 3.1 坐标转换 [从 (r,z) 到 (R,θ) 的转化]

同样，式 (3.7) 的算子 D 通过坐标转换可用下式表示

$$D = \frac{\partial^2}{\partial R^2} + \frac{1}{R}\frac{\partial}{\partial R} + \frac{1}{R^2}\frac{\partial^2}{\partial\theta^2} - \frac{1}{R\sin\theta}\left(\frac{\partial}{\partial r}\right)_{\mathrm{z}} \tag{3.16}$$

其中

$$\left(\frac{\partial}{\partial r}\right)_{\mathrm{z}} = \left(\frac{\partial R}{\partial r}\right)_{\mathrm{z}}\frac{\partial}{\partial R} + \left(\frac{\partial\theta}{\partial r}\right)_{\mathrm{z}}\frac{\partial}{\partial\theta} = \sin\theta\frac{\partial R}{\partial r} + \frac{\cos\theta}{R}\frac{\partial}{\partial\theta} \tag{3.17}$$

则式 (3.16) 变为

$$D = \frac{\partial^2}{\partial R^2} + \frac{1}{R^2} - \frac{\cot\theta}{R^2}\frac{\partial}{\partial\theta} \tag{3.18}$$

同样，式 (3.12) 在极坐标系下可用下式表示

$$\mathrm{d}p = \frac{\rho}{\sin\theta}\frac{\partial}{\partial t}\left(\frac{\partial \psi_1'}{\partial R}\mathrm{d}\theta - \frac{1}{R^2}\frac{\partial \psi_1'}{\partial \theta}\mathrm{d}R\right) \tag{3.19}$$

球体颗粒表面的边界条件由下式给出

$$\begin{aligned} u_{\mathrm{R}}|_{R=a} &= V\cos\theta = \frac{1}{a^2\sin\theta}\left.\frac{\partial\psi}{\partial\theta}\right|_{R=a} \\ u_{\theta}|_{R=a} &= -V\sin\theta = \frac{1}{a\sin\theta}\left.\frac{\partial\psi}{\partial R}\right|_{R=a} \end{aligned} \tag{3.20}$$

3.2.2.2　流函数方程的解

式 (3.9) 在极坐标下的解可用下式表示

$$\psi = (\psi_1 + \psi_2)\sin^2\theta \tag{3.21}$$

其中, ψ_1 和 ψ_2 是 R 和 t 的函数，它们分别满足下式

$$\frac{\partial^2\psi_1}{\partial R^2} - \frac{2\psi_1}{R^2} = 0 \tag{3.22}$$

$$\frac{\partial^2\psi_2}{\partial R^2} - \frac{2\psi_2}{R^2} = \frac{1}{\nu}\frac{\partial\psi_2}{\partial t} \tag{3.23}$$

式 (3.22) 和式 (3.23) 的解为

$$\psi_1 = \frac{1}{2R}\sqrt{\frac{\pi}{\nu t}}\int_0^{\infty}\chi(\zeta)\exp\left(-\frac{\zeta^2}{4\nu t}\right)\mathrm{d}\zeta \tag{3.24}$$

$$\psi_2 = \frac{R}{2}\sqrt{\frac{\pi}{\nu t}}\frac{\partial}{\partial R}\int_0^{\infty}\frac{\phi(\xi)}{R}\exp\left(-\frac{(R-a+\xi)^2}{4\nu t}\right)\mathrm{d}\xi \tag{3.25}$$

其中，$\chi(\zeta)$ 和 $\phi(\xi)$ 是由式 (3.20) 中给出的边界条件确定的函数。

在式 (3.20) 中，假设 $\phi(0)=\phi'(0)=0$，当 $\xi\to\infty$，$\phi(\xi)$、$\phi'(\xi)$ 是有限的，χ 和 ϕ 可分别用式 (3.26) 和式 (3.27) 确定 [Basset，1888]

$$\chi(\zeta) = \frac{Va}{\pi}\left(\frac{3}{2}\zeta^2 + 3a\zeta + a^2\right) \tag{3.26}$$

$$\phi(\xi) = \frac{3}{2\pi}Va\xi^2 \tag{3.27}$$

因此，可得到 ψ_1 和 ψ_2 如下

$$\psi_1 = \frac{Va}{2R}\left(3\nu t + 6a\sqrt{\frac{\nu t}{\pi}} + a^2\right) \tag{3.28}$$

$$\psi_2 = -\frac{3aV}{\sqrt{\pi}} \int_{\frac{R-a}{2\sqrt{\upsilon t}}}^{\infty} \left(\frac{1}{2R}(2\eta\sqrt{\nu t} - R + a)^2 + 2\sqrt{\nu t} - R + a \right) e^{-\eta^2} \mathrm{d}\eta = -Vf(t) \quad (3.29)$$

前述各方程的解是在颗粒以恒定速度 V 运动条件下得到的。为了得到在颗粒有加速度的情况下的流函数，我们首先引进一个定理。令 $v_{\mathrm{s}}(t,R)$ 是方程 (3.30) 的一个解

$$\varPhi\left(\frac{\partial}{\partial R}\right) v_{\mathrm{s}} = \frac{\partial v_{\mathrm{s}}}{\partial t} \quad (3.30)$$

式中，$\varPhi$ 是一个运算符。对于初速度 $v_{\mathrm{s}}(0,R)=0$，w 也是方程 (3.30) 的一个解，并由下式给出

$$\omega = \int_0^t G(t-\tau) v_{\mathrm{s}}(\tau, R)\,\mathrm{d}\tau \quad (3.31)$$

其中，$G(\tau)$ 是与 R、t 无关的任意函数，在该条件下是有限函数。因此，以 $F'(\tau)$ ($=\mathrm{d}F/\mathrm{d}\tau$) 替换式 (3.31) 中的 $G(\tau)$，并注意到 $f(0)=0$，$f(t)$ 为方程 (3.23) 的一个解，则 ψ_2 可由下式给出

$$\psi_2 = -\int_0^t F'(t-\tau) f(\tau)\,\mathrm{d}\tau \quad (3.32)$$

其中，$F'(\tau)$ 是待定函数；ψ_2 仍是方程 (3.23) 的一个解。同样的步骤将式 (3.28) 和 (3.29) 的 t 变为 τ，V 变为 $F'(t-\tau)\mathrm{d}\tau$，从 t 到 0 的积分可得到 ψ

$$\psi = \sin^2\theta \int_t^0 F'(t-\tau)\left[\frac{a}{2R}\left(3\nu\tau + 6a\sqrt{\frac{\nu\tau}{\pi}} + a^2\right) - f(\tau)\right]\mathrm{d}\tau \quad (3.33)$$

式 (3.33) 也是方程 (3.9) 的一个解。令 $F(0)=0$，将上式的 ψ 代入式 (3.20) 中就得到 $F(t)$，即球体颗粒由静止开始的速度，式 (3.33) 即是颗粒加速运动时的流函数。

3.2.2.3 巴塞特力和裹挟质量

估算颗粒在流体中相对运动的阻力，可先以恒速估算，然后再按变速估算。假设球体颗粒在重力场中运动并且运动方向与重力加速度的方向一致。F_{z} 表示阻力，因为总的阻力由表面剪切力和表面压力所产生，而且流体是轴对称的，则 F_{z} 可由下式给出

$$F_{\mathrm{z}} = 2\pi a \int_0^{\pi} \left(pa\cos\theta - \rho\frac{\partial\psi_2}{\partial t}\sin^2\theta \right)_{\mathrm{a}} \sin\theta\,\mathrm{d}\theta \quad (3.34)$$

由式 (3.19) 并考虑重力的影响，可得到

$$\frac{\partial p}{\partial\theta} = \rho\sin\theta\frac{\partial^2\psi_1}{\partial t\partial R} - g\rho a\sin\theta \quad (3.35)$$

将式 (3.28)、式 (3.29) 和式 (3.35) 代入式 (3.34) 可得到

$$F_z = \frac{M_a}{a^2}\frac{\partial}{\partial t}\left[V\left(\frac{9}{2}\nu t + 9a\sqrt{\frac{\nu t}{\pi} + \frac{a^2}{2}}\right)\right] + M_a g \tag{3.36}$$

其中，M_a 为被排挤的流体质量。将 t 换成 τ，V 换成 $F'(t-\tau)\mathrm{d}\tau$，对式 (3.36) 方括号项进行从 t 到 0 的积分，则式 (3.36) 变为 (习题 3.3)

$$F_z = \frac{1}{2}M_a\frac{\partial v}{\partial t} + M_a g + \frac{9M_a}{2a^2}\nu v + \frac{9M_a}{2a}\sqrt{\frac{\nu}{V}}\int_0^t \frac{\frac{\partial v}{\partial t}}{\sqrt{t-\tau}}\mathrm{d}\tau \tag{3.37}$$

其中，v 是 $F(0)=0$ 时的 $F(t)$。式 (3.37) 右边第一项和最后一项分别是由裹挟质量的加速度引起的力和巴塞特力，第二项是浮力，第三项是斯托克斯曳力。裹挟质量也称为附加质量或虚质量，其增加了颗粒的运动阻力。由于伴随颗粒的加速，同时伴随的流体也随之加速，与颗粒有相同加速度的裹挟流体的质量称为裹挟质量。裹挟质量的体积主要取决于颗粒的几何形状，当颗粒为球体时，它的体积等于颗粒体积的一半。巴塞特力或巴塞特力对时间历程的积分即为颗粒所经历的加速过程对阻力的影响，因此 $(t-\tau)$ 代表加速度从 0 到 t 所用的时间。

当颗粒以很高的速率加速时巴塞特力将会很大。颗粒在加速时的受力是稳定状态时的很多倍 [Hughes and Gilliland, 1952]。在有恒定加速度的简单模型下，可推导 [Wallis, 1969] 并整理 [Rudinger, 1980] 出巴塞特力和斯托克斯曳力的比值 R_{BS}

$$R_{BS} = \sqrt{\frac{18}{\pi}\frac{\rho}{\rho_p}\frac{\tau_S}{t}} \tag{3.38}$$

其中，τ_S 是斯托克斯弛豫时间，其定义为

$$\tau_S = \frac{\rho_p d_p^2}{18\mu} \tag{3.39}$$

当流体与颗粒的密度比很小时，巴塞特力可以忽略，例如，大多数气–固悬浮体系，颗粒速度变化的时间远远大于斯托克斯弛豫时间，或者说颗粒加速度较低。

例 3.1　两个颗粒由于尾流吸引而发生碰撞，如图 E3.1 所示，对碰撞过程做如下假设：

(1) 主导颗粒的运动不受尾随颗粒靠近的影响。

(2) 颗粒是等尺寸的刚性球体。

(3) 开始时，两个颗粒的速度相差很小并与各自终端速度接近。颗粒间的距离为特征长度 l_0，该距离在尾流作用力能够影响的范围以内。

(4) 颗粒加速度与相对速度成比例。

试建立一个模型来估算由于尾流作用引起的颗粒碰撞的相对速度。

解 对尾随颗粒的动量方程可用下式表示

$$\left(\rho_{\mathrm{p}}+\frac{1}{2}\rho\right)V\frac{\mathrm{d}U}{\mathrm{d}t}=(\rho_{\mathrm{p}}-\rho)\,Vg-F_{\mathrm{D}}-F_{\mathrm{B}} \tag{E3.1}$$

其中，V 是颗粒体积；U 是尾随颗粒与前导颗粒的相对速度；F_{B} 是巴塞特力。假设式 (E3.2) 给出的巴塞特力表达式可在斯托克斯流域以外应用

$$F_{\mathrm{B}}=\frac{3}{2}d_{\mathrm{p}}^{2}\sqrt{\pi\rho\mu}\int_{0}^{t}\frac{\frac{\mathrm{d}U}{\mathrm{d}\tau}}{\sqrt{t-\tau}}\mathrm{d}\tau \tag{E3.2}$$

按照假设 (3)，没有相互作用的单个颗粒的曳力 F_{D0} 可写成

$$F_{\mathrm{D0}}=(\rho_{\mathrm{p}}-\rho)\,Vg \tag{E3.3}$$

尾随颗粒的曳力系数可由式 (3.3) 给出。将式 (E3.2)、式 (E3.3)、式 (3.1) 、式 (3.3) 代入式 (E3.1) 可得到

$$\frac{\mathrm{d}U}{\mathrm{d}t}=\frac{2\,(\rho_{\mathrm{p}}-\rho)}{2\rho_{\mathrm{p}}+\rho}g\,(1-A)\exp\left\{\frac{B}{d_{\mathrm{p}}}\int_{t}^{t_{\mathrm{c}}}U\mathrm{d}t\right\}-\frac{18\sqrt{\pi\rho\mu}}{(2\rho_{\mathrm{p}}+\rho)\,\pi d_{\mathrm{p}}}\int_{0}^{t}\frac{\frac{\mathrm{d}U}{\mathrm{d}\tau}}{\sqrt{t-\tau}}\mathrm{d}\tau \tag{E3.4}$$

其中，t_{c} 是颗粒碰撞经历时间。根据假设 (4)，我们得到

$$\frac{\mathrm{d}U}{\mathrm{d}t}=CU \tag{E3.5}$$

对式 (E3.5) 积分即可得到

$$U=U_{\mathrm{c}}\exp\left[-C\,(t_{\mathrm{c}}-t)\right] \tag{E3.6}$$

其中，U_{c} 是碰撞速度；C 是常数。在式 (E3.6) 中，$t=0$ 时的速度即初始速度

$$U_{0}=U_{\mathrm{c}}\exp\left(-Ct_{\mathrm{c}}\right) \tag{E3.7}$$

将式 (E3.5)、式 (E3.6) 代入式 (E3.4) 中，可得到

$$CU=\frac{2\,(\rho_{\mathrm{p}}-\rho)}{2\rho_{\mathrm{p}}+\rho}g\,(1-A)\exp\left\{\frac{B}{d_{\mathrm{p}}}\int_{0}^{t}U\right\}-\frac{18U}{(2\rho_{\mathrm{p}}+\rho)\,d_{\mathrm{p}}}\sqrt{C\rho\mu}\mathrm{erf}\left(\sqrt{Ct}\right) \tag{E3.8}$$

其中，erf(x) 是 x 的误差函数。在碰撞的瞬间，式 (E3.8) 可简化为

$$\frac{(U_{\mathrm{c}}-U_{0})}{l_{0}}U_{\mathrm{c}}=\frac{2\,(\rho_{\mathrm{p}}-\rho)}{2\rho_{\mathrm{p}}+\rho}g\,(1-A)-\frac{18U}{(2\rho_{\mathrm{p}}+\rho)\,d_{\mathrm{p}}}\sqrt{C\rho\mu}\mathrm{erf}\left(\sqrt{Ct}\right) \tag{E3.9}$$

式 (E3.9) 表示碰撞速度是给定的流动环境及流体和颗粒性质的隐函数。

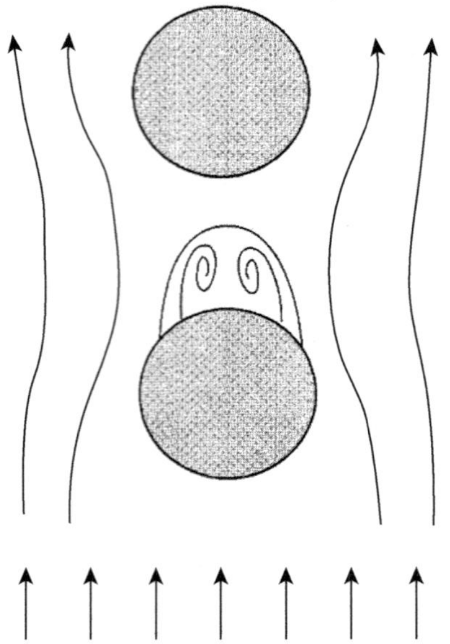

图 E3.1　存在尾流作用的两球体颗粒流动模型示意图

3.2.3　萨夫曼力及其他与梯度有关的力

当一个球体颗粒在存在速度梯度、压力梯度或温度梯度的流体中运动时，与这些梯度相关的附加力就与曳力有同样的重要性。

3.2.3.1　萨夫曼 (Saffman) 力

在一个存在速度梯度的区域，例如，在管壁附近或者高剪切区域，以恒定速度运动的球体受到由速度梯度的作用而产生升力。这个升力定义为萨夫曼力。萨夫曼力最初是由恒速球体在低雷诺数 $\mathrm{Re_p}$ 的简单剪切流动中运动而推导出的 [Saffman，1965；1968]。用速度场的渐近展开式及傅里叶 (Fourie) 变换，萨夫曼推导出升力可用下式表示

$$F_{\mathrm{S}} = \frac{K\mu}{4}|U - U_{\mathrm{p}}|d_{\mathrm{p}}^2\sqrt{\frac{1}{\nu}\left|\frac{\partial\left(U - U_{\mathrm{p}}\right)}{\partial y}\right|} \tag{3.40}$$

基于低剪切蠕动流的数值积分结果，常数 K 的值为 6.46；萨夫曼力与斯托克斯曳力的比值 R_{SS} 可由下式给出

$$R_{\mathrm{SS}} = \frac{Kd_{\mathrm{p}}}{12\pi}\sqrt{\frac{1}{\nu}\left|\frac{\partial\left(U - U_{\mathrm{p}}\right)}{\partial y}\right|} \tag{3.41}$$

在有恒定剪切速率的剪切流中，R_{SS} 可近似为

$$R_{\mathrm{SS}} = \frac{K}{12\pi}\sqrt{\mathrm{Re_p}} \tag{3.42}$$

这就表明在切变速率很小或者 $\mathrm{Re_p}$ 很小的情况下萨夫曼力可以忽略。

3.2.3.2 压力梯度产生的力

除了曳力、巴塞特力、萨夫曼力，还有由于流体中的压力梯度而产生的作用在颗粒上的另一个力，这个力就是压力梯度力。在轴对称情况下，图 3.2 所示的压力梯度场中，作用在球体颗粒微元体上的压力梯度力可以用下式表示

$$\mathrm{d}F_{\mathrm{p}} = -2\pi a^3 \frac{\partial p}{\partial z}\sin\theta\cos^2\theta\mathrm{d}\theta \tag{3.43}$$

由式 (3.43) 积分可得到

$$F_{\mathrm{p}} = -2\pi a^3 \int_0^{\pi} \frac{\partial p}{\partial z}\sin\theta\cos^2\theta\mathrm{d}\theta = -\frac{\partial p}{\partial z}\frac{\pi d_{\mathrm{p}}^3}{6} \tag{3.44}$$

式中，负号表示力与压力梯度方向相反 [Tchen, 1947]。这种力的作用在有些场合会十分明显，例如，在激波穿过气固两相悬浮体系的传播时，该力的作用就十分重要。

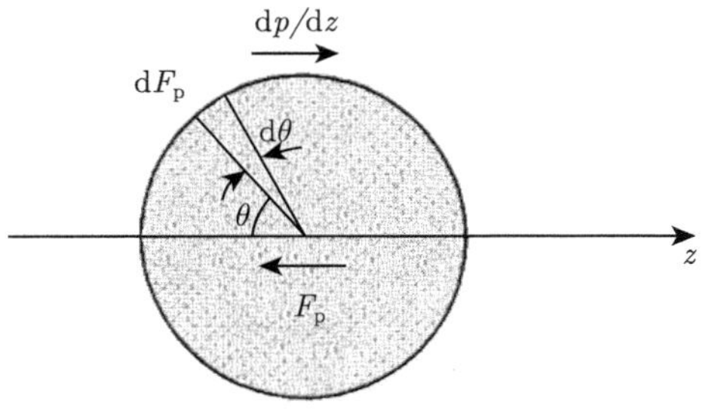

图 3.2 球体上由于压力梯度产生的力

3.2.3.3 辐射力

气体中的温度梯度 (热泳) 或不均匀的辐射 (光泳) 会导致作用在颗粒上一个力，这个力被称为辐射力。对于直径比气体平均自由程大很多的颗粒，由温度梯度产生的力可用下式表示 [Hettner，1926]

$$F_{\mathrm{T}} = -\frac{3\pi}{2}\mu^2 d_{\mathrm{p}}\frac{R_{\mathrm{M}}}{p}\ \nabla T_{\mathrm{p}} \tag{3.45}$$

其中，R_M 是气体常数，球体颗粒内部的温度梯度 ∇T_p 可用下式表示

$$\nabla T_p = \frac{3K}{2K + K_p} \nabla T \tag{3.46}$$

其中，K 和 K_p 分别是气体和固体的热导系数。式 (3.45) 表明力的方向指向低温区。

在室温及大气中，热辐射力对亚微米级颗粒十分重要。而在高温及大温度梯度情况下，如等离子体涂层，热泳对大颗粒的影响也是显著的。

3.2.4　球体旋转引起的马格纳斯效应和马格纳斯力

颗粒的旋转可能是由于其与固体壁面或其他颗粒的碰撞，或是不均匀流场的速度梯度引起。在雷诺数很小的流体中，颗粒旋转引起流体被卷吸，导致颗粒一边的速度增加而另一边速度降低，因此产生一个推动颗粒向高速度区运动的升力。这种现象称为马格纳斯效应 [Magnus，1852]，这个升力称为马格纳斯力。

对于在低雷诺数的均匀流体中的旋转颗粒，升力可通过匹配渐近展开法求得纳维—斯托克斯方程的解而获得 [Reinow and Keller, 1961]。但解题过程一定要注意方程解的独特性，因为它不仅产生旋转颗粒的升力，而且还有斯托克斯曳力和旋转球体的奥森 (Oseen) 曳力。因为旋转球体周围流体的不对称性，斯托克斯流函数方法不适用于这种情况。

如图 3.3 所示，半径为 a 的球体颗粒在不可压缩的静止流体中稳定运动，速度为 U_p，角速度为 Ω 。将该球体置于笛卡儿坐标系中，球体的中心为原点，以 U_p 方向的相反方向为 x 轴，则在 x-y 平面包含 Ω ，则可得到下列各式

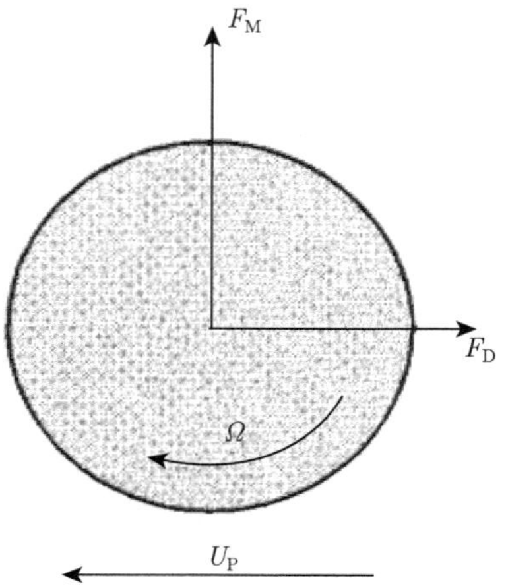

图 3.3　在无尾流且做旋转运动球体颗粒上的作用力

$$\nabla \cdot \boldsymbol{U} = 0 \tag{3.47}$$

$$\boldsymbol{U} \cdot \nabla \boldsymbol{U} = -\frac{1}{\rho}\nabla p + \nu \nabla^2 \boldsymbol{U} \tag{3.48}$$

$$\boldsymbol{U}\left|_{r'=\mathrm{a}}\right. = \boldsymbol{\Omega} \times \boldsymbol{r}'; \quad \boldsymbol{U}\left|_{r'=\infty}\right. = (U_{\mathrm{p}}, 0, 0), \quad p\left|_{r'=\infty}\right. = 0 \tag{3.49}$$

其中，r' 是球面坐标辐射距离。现定义无因次量 $\bar{u}$、$\bar{p}$、ω 和 r 如下

$$\bar{\boldsymbol{u}} = \frac{\boldsymbol{U}}{U_{\mathrm{p}}}, \quad \bar{p} = \frac{ap}{\mu U_{\mathrm{p}}}, \quad \boldsymbol{\omega} = \frac{a}{U_{\mathrm{p}}}\boldsymbol{\Omega}, \quad r = \frac{\boldsymbol{r}'}{a} \tag{3.50}$$

则式 (3.47)、式 (3.48) 和式 (3.49) 变为下列各式

$$\nabla \cdot \bar{\boldsymbol{u}} = 0 \tag{3.51}$$

$$\bar{\boldsymbol{u}} \cdot \nabla \bar{\boldsymbol{u}} = \frac{1}{\mathrm{Re_a}}(-\nabla \bar{p} + \nabla^2 \bar{\boldsymbol{u}}) \tag{3.52}$$

$$\bar{\boldsymbol{u}}|_{r=1} = \boldsymbol{\omega} \times \boldsymbol{r}; \quad \bar{\boldsymbol{u}}|_{r=\infty} = (1, 0, 0), \quad \bar{p}|_{r=\infty} = 0 \tag{3.53}$$

其中，$\mathrm{Re_a}$ 由下式给出

$$\mathrm{Re_a} = \frac{U_{\mathrm{p}} a}{\nu} \tag{3.54}$$

假设 $\bar{\boldsymbol{u}}$ 和 $\bar{p}$ 的解可用斯托克斯展开式，则可得到

$$\bar{\boldsymbol{u}} = \bar{\boldsymbol{u}}_0 + \mathrm{Re_a}\bar{\boldsymbol{u}}_1 + o(\mathrm{Re_a}), \quad \bar{p} = \bar{p}_0 + \mathrm{Re_a}\bar{p}_1 + o(\mathrm{Re_a}) \tag{3.55}$$

则零级斯托克斯近似值可用式 (3.56)、式 (3.57) 和式 (3.58) 表示

$$\nabla \cdot \bar{\boldsymbol{u}}_0 = 0 \tag{3.56}$$

$$\nabla^2 \bar{\boldsymbol{u}}_0 - \nabla \bar{p}_0 = 0 \tag{3.57}$$

$$\bar{\boldsymbol{u}}_0|_{r=1} = \boldsymbol{\omega} \times \boldsymbol{r} \tag{3.58}$$

一级斯托克斯近似值可用式 (3.59)、式 (3.60) 和式 (3.61) 表示

$$\nabla \cdot \bar{\boldsymbol{u}}_1 = 0 \tag{3.59}$$

$$\nabla^2 \bar{\boldsymbol{u}}_1 - \nabla \bar{p}_1 = \bar{\boldsymbol{u}}_0 \cdot \nabla \bar{\boldsymbol{u}}_0 \tag{3.60}$$

$$\bar{\boldsymbol{u}}_1|_{r=1} = 0 \tag{3.61}$$

应当指出斯托克斯展开法在接近无限远边界时不是全部有效。因此，为了满足无限远边界条件引入另一个展开式，例如，奥森展开式。由匹配渐近展开法可得到方程的解。

在拉伸坐标下方程 (3.51)～(3.53) 的奥森近似解可由下列各式给出

$$\nabla\cdot\boldsymbol{u}^*=0 \tag{3.62}$$

$$\boldsymbol{u}^*\cdot\nabla\boldsymbol{u}^*=\nabla p^*+\nabla^2\boldsymbol{u}^* \tag{3.63}$$

$$\boldsymbol{u}^*|_{s=\mathrm{Re_a}}=\frac{1}{\mathrm{Re_a}}\boldsymbol{\omega}\times\boldsymbol{s};\quad \boldsymbol{u}^*|_{s=\infty}=(1,0,0),\quad p^*|_{s=\infty}=0 \tag{3.64}$$

其中

$$\boldsymbol{u}^*=\bar{\boldsymbol{u}},\quad p^*=\frac{\bar{p}}{\mathrm{Re_a}},\quad \boldsymbol{s}=\mathrm{Re_a}\boldsymbol{r} \tag{3.65}$$

与斯托克斯展开法类似，奥森展开式也可得到

$$\boldsymbol{u}^*=\boldsymbol{u}_0^*+\mathrm{Re_a}\boldsymbol{u}_1^*+o(\mathrm{Re_a}),\quad p^*=p_0^*+\mathrm{Re_a}p_1^*+o(\mathrm{Re_a}) \tag{3.66}$$

则零级奥森近似值可用下列各式表示

$$\nabla\cdot\boldsymbol{u}_0^*=0 \tag{3.67}$$

$$\nabla^2\boldsymbol{u}_0^*-\nabla p^*=\boldsymbol{u}_0^*\cdot\nabla\boldsymbol{u}_0^* \tag{3.68}$$

$$\boldsymbol{u}_0^*|_{s=\infty}=(1,0,0),\quad p_0^*|_{s=\infty}=0 \tag{3.69}$$

一级奥森近似值可用下列各式表示

$$\nabla\cdot\boldsymbol{u}_1^*=0 \tag{3.70}$$

$$\nabla^2\boldsymbol{u}_1^*-\nabla p_1^*=\boldsymbol{u}_1^*\cdot\nabla\boldsymbol{u}_1^* \tag{3.71}$$

$$\boldsymbol{u}_1^*|_{s=\infty}=0,\quad p_1^*|_{s=\infty}=0 \tag{3.72}$$

匹配原理要求斯托克斯展开式和奥森展开式必须在它们的共同有效区域近似相等，斯托克斯展开式从颗粒到很远的距离有效，奥森展开式是从无限远到拉伸坐标系中很小的半径均有效。因此，它们的共同区域是在一个球形壳体内，在球壳内未拉伸的半径很大，拉伸的半径很小。在这个区域内，由匹配原理可得到

$$\boldsymbol{u}_0^*|_{r=\infty}=\boldsymbol{u}_0^*+o(1),\quad \bar{p}_0|_{r=\infty}=o(1) \tag{3.73}$$

选择 $\boldsymbol{u}_0^*$ 和 p_0^* 的特解由下式给出

$$\boldsymbol{u}_0^*=(1,0,0),\quad p_0^*=0 \tag{3.74}$$

根据方程 (3.74)，可得出 $\boldsymbol{u}_1^*$ 和 p_1^* 的解为 [Rubinow and Keller, 1961]

$$\boldsymbol{u}_1^*=\frac{3\boldsymbol{s}}{2s^3}-\frac{3}{4s}e^{\frac{1}{2}(X-s)}\left(\boldsymbol{i}+\frac{\boldsymbol{s}}{s}-\frac{2\boldsymbol{s}}{s^2}\right),\quad p_1^*=-\frac{3X}{2s^3} \tag{3.75}$$

其中，X 是 $\boldsymbol{s}$ 的 x 轴上的分量，$\boldsymbol{i}$ 是 x 方向的单位矢量。

利用方程 (3.73) 可得到 $\bar{\boldsymbol{u}}_0$ 和 $\bar{p}_0$ 的表达式

$$\bar{\boldsymbol{u}}_0 = \left(1 - \frac{3}{4r} - \frac{1}{4r^3}\right)\boldsymbol{i} - \frac{3x}{4}\left(\frac{1}{r^3} - \frac{1}{r^5}\right)\boldsymbol{r} + \frac{1}{r^3}\boldsymbol{\omega} \times \boldsymbol{r}, \quad \bar{p}_0 = -\frac{3x}{2r^3} \tag{3.76}$$

则 $\bar{\boldsymbol{u}}_1$ 和 $\bar{p}_1$ 由下列各式给出

$$\begin{aligned}
\bar{\boldsymbol{u}}_1 = & \frac{3}{32}\left[4 - \frac{3}{r} - \frac{1}{r^3} - x\left(\frac{4}{r} - \frac{3}{r^2} + \frac{1}{r^4} - \frac{2}{r^5}\right)\right]\boldsymbol{i} + \frac{x}{4}(\boldsymbol{\omega} \times \boldsymbol{r})\left(\frac{2}{r^3} - \frac{3}{r^4} + \frac{1}{r^5}\right) \\
& + \frac{3}{32}\left[\frac{2}{r} - \frac{3}{r^2} + \frac{1}{r^3} - \frac{1}{r^4} + \frac{1}{r^5} - 3x\left(\frac{1}{r^3} - \frac{1}{r^5}\right)\right. \\
& \left. + x^2\left(-\frac{2}{x^3} + \frac{6}{r^4} - \frac{3}{r^5} + \frac{4}{r^6} - \frac{5}{r^7}\right)\right]\boldsymbol{r} \\
& + \frac{\omega \sin\beta}{16}\left(\frac{6}{r} - \frac{6}{r^2} - \frac{1}{r^3} + \frac{1}{r^4}\right)\boldsymbol{k} - \frac{\omega z \sin\beta}{16}\left(\frac{2}{r^3} + \frac{3}{r^4} - \frac{7}{r^5} + \frac{2}{r^6}\right)\boldsymbol{r} \\
& + \frac{\boldsymbol{\omega} \times (\boldsymbol{\omega} \times \boldsymbol{r})}{4}\left(-\frac{1}{r^4} + \frac{1}{r^5}\right) + \frac{\omega^2}{8}\left(\frac{1}{r^3} - \frac{4}{r^4} + \frac{3}{r^5}\right)\boldsymbol{r} \\
& - \frac{(\boldsymbol{\omega} \cdot \boldsymbol{r})^2}{8}\left(\frac{3}{r^5} - \frac{8}{r^6} + \frac{5}{r^7}\right)\boldsymbol{r}
\end{aligned} \tag{3.77}$$

$$\begin{aligned}
\bar{\boldsymbol{p}}_1 = & \frac{1}{16}\left[-\frac{3}{r^2} + \frac{7}{r^3} - \frac{3}{r^4} - \frac{1}{2r^6} - \frac{9x}{r^3} + x^2\left(\frac{18}{r^4} - \frac{21}{r^5} + \frac{18}{r^6} - \frac{3}{2r^8}\right)\right] \\
& - \frac{\omega z \sin\beta}{8}\left(\frac{2}{r^3} + \frac{3}{r^4} - \frac{2}{r^6}\right) + \frac{\omega^2}{4}\left(\frac{1}{r^3} - \frac{2}{r^4}\right) - \frac{(\boldsymbol{\omega} \cdot \boldsymbol{r})^2}{4}\left(\frac{3}{r^5} - \frac{4}{r^6}\right)
\end{aligned} \tag{3.78}$$

其中，x 和 z 是在笛卡儿坐标系中两个轴上的分量; β 是 $\boldsymbol{\Omega}$ 和 $\boldsymbol{u}_0^*$ 之间的夹角。流体作用在球体颗粒表面单位面积上的力可根据 $\bar{p}$ 和 $\bar{\boldsymbol{u}}$ 得到 [Lamb, 1945]。

$$f = \frac{U_{\rm p}\mu}{a}\left[-\frac{\boldsymbol{r}}{r}\bar{p} + \left(\frac{\partial}{\partial r} - \frac{1}{r}\right)\bar{\boldsymbol{u}} + \frac{1}{r}\nabla(\boldsymbol{r} \cdot \bar{\boldsymbol{u}})\right] \tag{3.79}$$

因此，将式 (3.79) 在整个球体表面积分，可得到球体表面的力

$$F = -6\pi a\mu \boldsymbol{U}_{\rm p}\left(1 + \frac{3}{8}{\rm Re_a}\right) + \pi a\mu {\rm Re_a}\boldsymbol{\omega} \times \boldsymbol{U}_{\rm p} + o(a\mu \boldsymbol{U}_{\rm p}{\rm Re_a}) \tag{3.80}$$

式 (3.80) 右边第一项是与 $\boldsymbol{U}_{\rm p}$ 方向相反的总阻力，包括斯托克斯曳力和奥森曳力。第二项代表垂直于 $U_{\rm p}$ 的升力。因此，在低雷诺数的均相流体中，旋转颗粒的升力或马格纳斯力可用下式表示

$$F_{\rm M} = \frac{\pi}{8}d_{\rm p}^3\rho\boldsymbol{\Omega} \times \boldsymbol{U}_{\rm p} \tag{3.81}$$

上式表明 F_{M} 与黏度 μ 无关，与库塔–茹可夫斯基 (Kutta–Joukowsky) 二维机翼升力理论相似。马格纳斯力和斯托克斯力的比值可用下式表示

$$R_{\mathrm{MS}}=\frac{d_{\mathrm{p}}^{2}}{24}\frac{\rho}{\mu}\Omega \tag{3.82}$$

因此，当颗粒非常小或者旋转速度很低时，由于颗粒旋转产生的升力与产生的曳力相比非常小，可以忽略不计。

在雷诺数很大时，球体的旋转会产生不对称的尾流，如图 3.4 所示。在这种情况下，由于很难得到球体表面压力和速度分布的表达式，马格纳斯力和曳力的理论分析变得相当复杂。因此，升力和曳力的测量主要依赖实验方法。

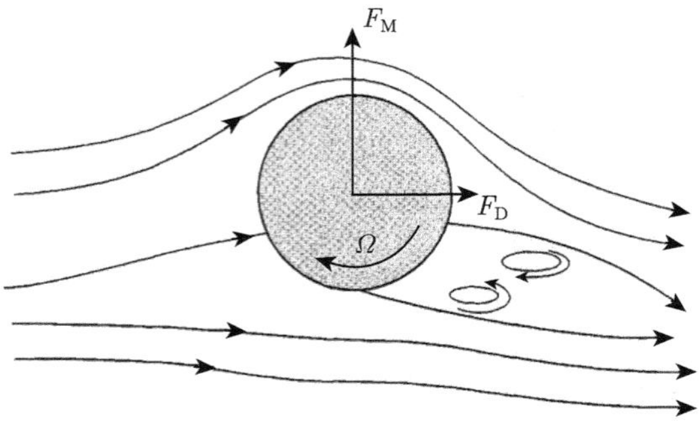

图 3.4　带尾流并做旋转运动球体颗粒上的作用力

3.3　颗粒间的相互作用力和场力

颗粒的运动受颗粒间短程力如范德瓦耳斯力、静电力及碰撞力的影响，也受长程场力如重力、电场力及磁场力的影响。这一部分将讨论量化这些颗粒间的相互作用力和场力的基本关系。

3.3.1　范德瓦耳斯力

1873 年范德瓦耳斯报道了气体的非理想性，并将它们归于由于偶极子的相互作用而在分子或原子间存在相互作用力。范德瓦耳斯力与色散效应有关，色散效应是指原子内部由于在轨道上运行的电子瞬间形成的偶极子的相互作用 [London, 1937]。原子中偶极子的快速变换产生电场，这个电场又会使相邻原子发生极化。相邻原子中诱导的偶极子就有与原来偶极子一起运动的趋势，这就产生了原子间相互吸引的作用力，这个力就是所谓的范德瓦耳斯力。范德瓦耳斯 F_{v} 可用下式表示

$$F_{\mathrm{v}}=\frac{\partial E}{\partial s} \tag{3.83}$$

其中，E 表示相互作用的能量; s 表示原子间的距离。

3.3.1.1 范德瓦耳斯力：微观方法

对于在真空中的原子，邻近原子的诱导偶极子与原有偶极子协同运动，因此相距 s 的两原子 i 和 j 相互作用的能量可表示为 [London, 1937]

$$E = -\frac{\lambda_{\mathrm{i,j}}}{s^6} \tag{3.84}$$

其中，$\lambda_{\mathrm{i,j}}$ 是伦敦 (London) 常数，它是相互作用原子的函数。这种相互作用的能量会使原子相互吸引，这个吸引力也只能在诸如真空或气体这样的不会成为光密介质的媒介中起作用。式 (3.84) 中两原子的距离只有小于波长时才有效，相当于基态原子和激发态原子之间的跃迁距离，例如，吸收波长。在两原子的间距大于吸收波长时，延迟效应就显得重要，相吸的相互作用能量与 s^7 成反比。延迟效应就是当两原子间距更大时, 电磁场作用必须传播得更远引起的。当电磁场到达邻近的原子之前，原子的偶极子已经改变原来的方向。这就会导致相互作用的两个原子有稍微的不一致，相互作用能会降低但仍有吸引力。

范德瓦耳斯力不仅存在于单个原子或分子之间，也存在于固体间。固体间范德瓦耳斯力的表达式通过相加性原理推导出，也就是范德瓦耳斯力是根据固体中原子的相互作用计算得出 [Hamaker，1937]。对于体积分别为 V_1 和 V_2，原子密度分别为 q_1 和 q_2 的颗粒 1 和颗粒 2，两颗粒之间无延迟效应的相互作用能可用下式表示

$$E = -\int_{V_1}\int_{V_2} \frac{q_1 q_2 \lambda_{1,2}}{s^6} \mathrm{d}V_1 \mathrm{d}V_2 \tag{3.85}$$

将式 (3.85) 代入式 (3.83) 可得两固体颗粒间的范德瓦耳斯力。对于两个半径分别为 a_1 和 a_2 的球体颗粒间，F_{v} 可用下式表示

$$F_{\mathrm{v}} = \frac{A_{12} a^*}{6s^2} \tag{3.86}$$

这里, s 是指两个相互作用颗粒间表面的距离。式 (3.86) 中，a^* 是由式 (2.66) 定义的相对半径; A_{12} 是哈梅克 (Harmker) 常数 (或系数)，由下式给出

$$A_{12} = \pi^2 q_1 q_2 \lambda_{1,2} \tag{3.87}$$

对于半径为 a_1 的球体颗粒和平板 (a_2 为无穷大) 间的作用力，式 (3.86) 可简化为

$$F_{\mathrm{v}} = \frac{A_{12} a_1}{6s^2} \tag{3.88}$$

对于两个平板表面，由式 (3.83) 和式 (3.85) 可得出范德瓦耳斯压力 P_{v}，或单位接触面积上的范德瓦耳斯力为

$$P_{\mathrm{v}} = \frac{A_{12}}{6\pi s^3} \tag{3.89}$$

式 (3.86) 和式 (3.88) 给出的是一些理想几何形状体相互作用时，计算无延迟效应范德瓦耳斯力的例子。对于具有延迟效应的相互作用，两接触体离开距离的指数应作出相应的变化，即指数的数字系数增加 1。在以上所述理论中是假设两单个原子间的力有完全可加性，这就是众所周知的范德瓦耳斯力微观分析法。

3.3.1.2　范德瓦耳斯力：宏观近似

可加性概念不能应用到凝缩物体中紧密堆积的原子中。在这种情况下，需要开发一种新的方法以计算两接触体间的相互作用能，或者对哈梅克常数加以修正。

根据麦克斯韦方程，自发电磁波动改变周围区域的波动场，这就是所谓的屏蔽。利弗西兹 [Lifshitz，1956] 开发了关于介质内部热力学波动不可加性的范德瓦耳斯力宏观理论。这一宏观理论把固体看作是连续体，从而可不考虑相加性的问题，得出的力是源于固体材料的整体性能，譬如介电常数、折射率等。

对于一种材料，哈梅克常数可用下式表示

$$A=\frac{3}{4\pi}h\varpi \tag{3.90}$$

其中, $h\varpi$ 是利弗西兹–范德瓦耳斯 (Lifshitz-van der Waals) 常数，该常数仅取决于材料本身，而与几何形状无关。因此，式 (3.86)、式 (3.88) 和式 (3.89) 与式 (3.90) 结合可用于不同几何形状固体颗粒的范德瓦耳斯力或压力的估算。

对于固体材料 1 和固体材料 2，中间由介质 3 隔开，固体材料 1 和固体材料 2 有相互作用时，利弗西兹–范德瓦耳斯常数可由下式给出

$$h\varpi_{132}=h\int_0^{\infty}\left(\frac{\varepsilon_1-\varepsilon_2}{\varepsilon_1+\varepsilon_2}\right)\left(\frac{\varepsilon_2-\varepsilon_3}{\varepsilon_2+\varepsilon_3}\right)\mathrm{d}\zeta \tag{3.91}$$

其中，h 是普朗克 (Planck) 常数; ε_i 是材料 i 沿虚频率轴 ζ 上的介电常数。这个积分是个实函数并且随静态介电常数 ε_0 单调递减，当 ζ=0 时是静态介电常数，当 $\zeta=\infty$ 时 ε=1。式 (3.91) 中 ε_3 取值为 1 时，适用于两种在真空中或大气中的材料。

为在式 (3.91) 中得到利弗西兹–范德瓦耳斯常数，应给出与电介质响应有关的函数 $\varepsilon(\zeta)$。材料的介电响应由完整的介电频谱或复磁导率表示，即 $\varepsilon(\omega)$ 对应 ω。复磁导率的实数部分测量频率为 ω 的电磁波辐射到物体上穿过该物体的辐射量，虚数部分表征频率为 ω 的电磁波辐射到同一物质时所吸收的辐射量。这种对电磁辐射的吸收决定了电磁波在介质中传播时的能量损耗。因此，由范德瓦耳斯作用强度所确定的对电磁辐射的吸收量是物体间相互作用的宏观特性。

通过式 (3.91) 求解利弗西兹–范德瓦耳斯常数或哈梅克常数并不是一件易事。针这个常数的计算，许多研究者已经对不同的情况提出了许多不同的近似计算方法 [Landau and Lifshitz, 1960; Hough and White，1980; Visser，1989; Israelachvili，1992]。

对于通过物质 3 隔离的物体 1 和物体 2，当两个物体相互作用时，哈梅克常数可由下式给出

$$A_{132} = c\left(A_{12} + A_{33} - A_{13} - A_{23}\right) \tag{3.92}$$

其中，c 是两物体相互作用的函数，取平均值约为 1.7。

3.3.1.3　范德瓦耳斯力：表面影响

由于表面的形变会增加接触面积，从而物体间的范德瓦耳斯力增大 [Krupp，1967；Dahneke, 1972]。由于范德瓦耳斯力方程适用于刚性材料，对于易变形的材料，应对接触面积增加的影响进行修正。表面吸收也影响范德瓦耳斯力，吸收层的厚度会增加相互作用物质的距离，因此减小范德瓦耳斯力 [Krupp，1967]。如果吸收层的厚度比两物体间的距离大，吸收层的介电性能将主导两物体间的范德瓦耳斯力 [Langbein，1969]。

3.3.2　静电力

气固两相流中重要的性质之一是它的静电作用。颗粒的荷电会有多种原因，譬如颗粒在碰撞中的表面接触、在电离气体中的电晕荷电和带电粒子的散射、在高温环境中的热辐射、在强电场下介电材料的胶态推进等都会使颗粒荷电 [Soo，1900]。带电颗粒在气固两相流中的运动受临近带电颗粒强加的静电力影响。

尽管静态带电的起因和基本机制并不完全清楚，但定量计算静电力的著名的库仑定律早在两个世纪之前就已问世。库仑定律阐述了其尺寸远比它们之间的距离要小的带电物体, 其相互作用力与它们所带的电荷量成正比，与它们之间的距离的平方成反比。这个力的作用方向沿直线从一个带电体指向另一个带电体。库仑给出的静电力用下式表示

$$F_{\mathrm{e}} = \frac{1}{4\pi\varepsilon}\frac{q_1 q_2}{r^2} \tag{3.93}$$

其中，q_{i} 是指物体 i 的带电量；r 是两带电体之间的距离；ε 是周围介质的介电常数。

在气固悬浮系统中，用 n_{q} 代表电荷密度，V 代表有效区域，带电量为 q 的颗粒在 $\boldsymbol{n}$ 方向上受到的静电力可用下式表示

$$F_{\mathrm{en}} = \frac{q}{4\pi\varepsilon}\int_V \frac{n_{\mathrm{q}}}{r^3}\left(\boldsymbol{r}\cdot\boldsymbol{n}\right)\mathrm{d}V \tag{3.94}$$

固体静电力的起因及电荷转移的机制将在 §3.5 中详细阐述。

3.3.3　碰撞力

除了很稀疏的气固两相流动，在考虑颗粒运动时，应该考虑因颗粒碰撞引起的碰撞力的作用。两颗粒间或一个颗粒与壁面间的碰撞的基本机制在第 2 章中讨论

过。一个颗粒与一群相邻颗粒在切变悬浮流中的碰撞力将在 §5.3.4.3 中讨论。在颗粒碰撞主导流动特征的稠密颗粒系统中，碰撞力可用动力论来描述，这将在 §5.5 中详述。现从其他章节中推导出的与碰撞力有关的重要关系式简述如下。

对于弹性球体，在同一直线上的两颗粒的最大碰撞力 F_c (即式 (2.132) 中的 f_m) 为

$$F_\mathrm{c} = \frac{4}{3}E^*\sqrt{a^*}\left(\frac{15}{16}\frac{m^*U^2}{E^*\sqrt{a^*}}\right)^{\frac{3}{5}} \tag{2.132}$$

其中，U (式 (2.132) 中的 U_{12}) 是相对速度; m^* 是指由式 (2.128) 定义的相对质量; a^* 是指相对半径; E^* 是指由式 (2.66) 定义的接触模量。

在切变流中颗粒和一群具有相同尺寸的相邻颗粒的平均碰撞应力可表示为 $-(\mu_\mathrm{p}\Delta_\mathrm{p})$, 其中 μ_p 由下式给出

$$\mu_\mathrm{p} = \frac{1}{3}\alpha_\mathrm{p}^2\rho_\mathrm{p}d_\mathrm{p}^2\left(\Delta_\mathrm{p} : \Delta_\mathrm{p}\right)^{\frac{1}{2}} \tag{5.220}$$

Δ_p 用式 (5.217) 估算。

对以碰撞占主导的稠密颗粒悬浮体系，碰撞应力张量 $\boldsymbol{P}_\mathrm{c}$ 为

$$\boldsymbol{P}_\mathrm{c} = \left(\frac{k}{d_\mathrm{p}}\sqrt{\pi T_\mathrm{c}} - \frac{3k}{5}\mathrm{tr}\boldsymbol{D}\right)\boldsymbol{I} - \frac{6k}{5}\boldsymbol{D} \tag{5.310}$$

其中，k 是有波动能量的碰撞流体的导热系数，由式 (5.309) 中给出；$\boldsymbol{D}$ 是由式 (5.311) 定义的张量；T_c 是颗粒温度；符号 tr 代表迹线。

3.3.4　场力

场力，也称之为体积力，是由流体系统外不同场引起的长程作用力。在气固体系中典型的场力包括重力场、电场和磁场。

当有外加电场施加到气固两相流中时，带电颗粒就会受到电场力 $\boldsymbol{F}_\mathrm{E}$ 的作用，该电场力可用下式表示

$$\boldsymbol{F}_\mathrm{E} = q\boldsymbol{E} \tag{3.95}$$

其中，q 是颗粒携带的电荷量; $\boldsymbol{E}$ 是电场强度。在这个力的作用下，带正电荷的颗粒就向阴极运动，带负电荷的颗粒就向阳极运动。静电除尘就是电场力应用的例子。

如果颗粒是磁敏感的，当有电磁场作用于气固两相流中时，颗粒还会受到磁场力 F_m 的作用。该磁力 F_m 可由下式给出

$$F_\mathrm{m} = m\mu_\mathrm{r}B_0 \tag{1.73}$$

其中，B_0 是真空中的磁通密度；m 是北磁极数；μ_r 是材料的相对透磁率。大多数磁性材料有很好的导电性，因此，磁性材料的静电作用可以忽略。磁流化就是磁力应用的例子 (习题 9.2)。

一般来说，在电磁场中，作用在带电颗粒上的力和力矩由那些在电场中的净电荷、电偶极子 (永久偶极子或诱导偶极子) 及在感应磁场中的磁偶极子所产生。当忽略磁偶极子的作用时，在磁场中使带电颗粒产生运动的力，就是洛伦兹 (Lorentz) 力，可用下式表示

$$\boldsymbol{F}_{\mathrm{em}} = q(\boldsymbol{E} + \boldsymbol{U}_{\mathrm{p}} \times \boldsymbol{B}) + \nabla(\boldsymbol{p}_{\mathrm{d}} \cdot \boldsymbol{E}) \tag{3.96}$$

其中，$\boldsymbol{p}_{\mathrm{d}}$ 是偶极距，与介质材料的性质有关，可由下式给出

$$\boldsymbol{p}_{\mathrm{d}} = \frac{\pi}{2}\frac{(\varepsilon_{\mathrm{r}} - 1)}{(\varepsilon_{\mathrm{r}} + 2)} d_{\mathrm{p}}^3 \varepsilon \boldsymbol{E} \tag{3.97}$$

其中，ε 是材料的介电常数，ε_{r} 是材料的相对介电常数或介电系数。下述例题就是将式 (3.97) 用于稀疏带电悬浮颗粒中的例子 [Soo, 1964]。

例 3.2 设想大量均匀带电的固体颗粒最初在半径为 R_0 的球面屏障内对称分布。在突然除去屏障时，颗粒开始从球体区域散开。如果忽略气体中的黏性曳力，请给出由偶极子引起的力和静电排斥引起的力之比，并在稀疏颗粒悬浮体系中证明由固有场引起的偶极子作用可以忽略，并讨论这种简单对称系统中固体颗粒的散开情形。

解 这是个一维问题。单个颗粒在 R 方向的运动可由式 (3.96) 描述，即

$$m\frac{\mathrm{d}U_{\mathrm{p}}}{\mathrm{d}t} = qE + \frac{\mathrm{d}}{\mathrm{d}R}(p_{\mathrm{d}}E) \tag{E3.10}$$

其中，m 是颗粒的质量。由式 (3.94) 给出，E 由下式给出

$$E = \frac{1}{4\pi\varepsilon R^2}\int_0^R 4\pi r^2 n_{\mathrm{q}} q \mathrm{d}r = \frac{(q/m)}{4\pi\varepsilon R^2} M_{\mathrm{R}} \tag{E3.11}$$

其中，M_{R} 为

$$M_{\mathrm{R}} = \int_0^R 4\pi r^2 \rho_{\mathrm{p}} \alpha_{\mathrm{p}} \mathrm{d}r \tag{E3.12}$$

式中, U_{p} 为颗粒的运动速度，由下式给出

$$U_{\mathrm{p}} = \frac{\mathrm{d}R}{\mathrm{d}t} \tag{E3.13}$$

将式 (3.97) 代入式 (E3.10) 得到

$$U_{\mathrm{p}}\frac{\mathrm{d}U_{\mathrm{p}}}{\mathrm{d}R} = \frac{1}{\varepsilon}\left(\frac{q}{m}\right)^2 \frac{M_0}{4\pi R^2} - \frac{12}{\rho_{\mathrm{p}}\varepsilon}\frac{(\varepsilon_{\mathrm{r}} - 1)}{(\varepsilon_{\mathrm{r}} + 2)}\left(\frac{q}{m}\right)^2 \frac{M_0^2}{(4\pi)^2 R^5} \tag{E3.14}$$

式中，当 $t = 0$ 时 $M_0 = M_{\mathrm{R}}(R_0)$, $U_{\mathrm{p}} = 0$。可以看出，偶极子的作用是由于电场强度梯度造成，在这种情况下出现减速。因此可得到由偶极子产生的力 F_{di} 与静电排斥产生的力 F_{er} 的比值用下式表示

$$\frac{F_{\mathrm{di}}}{F_{\mathrm{er}}} = \frac{12}{\rho_{\mathrm{p}}}\frac{(\varepsilon_{\mathrm{r}} - 1)}{(\varepsilon_{\mathrm{r}} + 2)}\frac{M_0}{4\pi R^3} \tag{E3.15}$$

对在 $R=R_0$ 内的均匀分布的固体颗粒，式 (E3.15) 可简化为

$$\frac{F_{\mathrm{di}}}{F_{\mathrm{er}}}=4\frac{(\varepsilon_{\mathrm{r}}-1)}{(\varepsilon_{\mathrm{r}}+2)}\alpha_{\mathrm{p}} \tag{E3.16}$$

因此，对于稀相悬浮带电颗粒，与静电斥引力相比，由固有场引起的偶极子的作用可以忽略。

在忽略偶极子力的情况下，直接对式 (E3.14) 积分，可得到颗粒的速度分布

$$\frac{2\pi\varepsilon R_0}{M_0(q/m)^2}U_{\mathrm{p}}^2=1-\frac{R_0}{R} \tag{E3.17}$$

将式 (E3.13) 代入式 (E3.17) 并积分，按初始条件 $t=0$ 时 $R=R_0$，可得到

$$t\sqrt{\frac{M_0(q/m)^2}{2\pi\varepsilon R_0^3}}=\sqrt{\frac{R}{R_0}\left(\frac{R}{R_0}-1\right)}+\ln\left(\sqrt{\frac{R}{R_0}}+\sqrt{\frac{R}{R_0}-1}\right) \tag{E3.18}$$

所以，式 (E3.17) 和 (E3.18) 确定了每个最初在半径 R_0 处的颗粒在给定时间的位置和速度。另外，当 R 值趋向无穷时，颗粒的速度也趋向于一个定值。

3.4　单个颗粒的运动

颗粒在流场中运动的最方便的数学描述可由拉格朗日坐标系给出，坐标系是以运动颗粒中心为原点。对于直线运动的颗粒，在雷诺数很低时，颗粒的运动由 BBO 方程控制，该方程由巴塞特 [Basset, 1888]，布西内斯克 [Boussinesq, 1903]、奥森 [Oseen, 1927] 推导得出。为描述颗粒在各种力作用下的运动情况，控制方程可表示为所有力的叠加。对于气固两相流，这种描述颗粒运动的通用公式形成了拉格朗日轨道模型的基础，在本章将对此模型作出详细介绍，同时也给出应用拉格朗日轨道模型描述颗粒在旋转和脉动流场中运动的例子。

3.4.1　BBO 方程

巴塞特、布西内斯克、欧森 (BBO) 方程描述的是低雷诺数球体颗粒做直线运动的情况。对于球形颗粒，BBO 方程是根据式 (3.37) 导出的，将式 (3.37) 的浮力换成压力梯度力可得到 [Soo，1900]

$$\begin{aligned}\frac{\pi}{6}d_{\mathrm{p}}^3\rho_{\mathrm{p}}\frac{\mathrm{d}\boldsymbol{U}_{\mathrm{p}}}{\mathrm{d}t}=&\ 3\pi d_{\mathrm{p}}(\boldsymbol{U}-\boldsymbol{U}_{\mathrm{p}})-\frac{\pi}{6}d_{\mathrm{p}}^3\nabla p+\frac{\pi}{12}d_{\mathrm{p}}^3\rho\frac{\mathrm{d}}{\mathrm{d}t}(\boldsymbol{U}-\boldsymbol{U}_{\mathrm{p}})\\&+\frac{3}{2}d_{\mathrm{p}}^2\sqrt{\pi\rho\mu}\int_{t_0}^{t}\frac{\frac{\mathrm{d}}{\mathrm{d}\tau}(\boldsymbol{U}-\boldsymbol{U}_{\mathrm{p}})}{\sqrt{t-\tau}}\mathrm{d}\tau+\sum_i\boldsymbol{f}_i\end{aligned} \tag{3.98}$$

其中，d/dt 是沿颗粒流向的物质导数。式 (3.98) 等号右边的五项，从左向右依次是斯托克斯曳力、压力梯度力、附加质量、巴塞特力积分项、其他外力如重力、静电场力等。

单相流体的压力梯度可由纳维–斯托克斯方程估算 [Corrin and Lumer，1956]

$$-\nabla p=\rho\frac{\mathrm{D}\boldsymbol{U}}{\mathrm{D}t}-\mu\nabla^2\boldsymbol{U}\tag{3.99}$$

其中，D/Dt 是沿气流方向的物质导数 (见式 (5.7))。将式 (3.99) 代入式 (3.98) 得到

$$\begin{aligned}\frac{\mathrm{d}\boldsymbol{U}_\mathrm{p}}{\mathrm{d}t}=&\frac{3\rho}{2\rho_\mathrm{p}+\rho}\left(\frac{\mathrm{d}\boldsymbol{U}}{\mathrm{d}t}-\frac{2}{3}\nu\nabla^2\boldsymbol{U}\right)+\frac{2}{2\rho_\mathrm{p}+\rho}\left[\frac{18\mu}{d_\mathrm{p}^2}(\boldsymbol{U}-\boldsymbol{U}_\mathrm{p})+\rho(\boldsymbol{U}-\boldsymbol{U}_\mathrm{p})\cdot\nabla\boldsymbol{U}\right]\\&+\frac{18}{(2\rho_\mathrm{p}+\rho)d_\mathrm{p}}\sqrt{\frac{\rho\mu}{\pi}}\int_{t_0}^{t}\frac{\frac{\mathrm{d}}{\mathrm{d}\tau}(\boldsymbol{U}-\boldsymbol{U}_\mathrm{p})}{\sqrt{t-\tau}}\mathrm{d}\tau+\left[\frac{12}{\pi d_\mathrm{p}^3(2\rho_\mathrm{p}+\rho)}\sum_\mathrm{i}f_\mathrm{i}\right]\end{aligned}\tag{3.100}$$

对于非斯托克斯流域的气固两相流，颗粒周围气体对流加速的影响是很重要的。为了反映这种影响，对前述方程中的斯托克斯曳力、裹挟质量及巴塞特力进行了必要的修正 [Odar and Hamilton, 1964]。修正后的 BBO 方程为 [Hansell et al., 1992]

$$\begin{aligned}\frac{\mathrm{d}\boldsymbol{U}_\mathrm{p}}{\mathrm{d}t}=&\frac{3C_\mathrm{D}}{4d_\mathrm{p}}\frac{\rho}{\rho_\mathrm{p}}\left|\boldsymbol{U}-\boldsymbol{U}_\mathrm{p}\right|(\boldsymbol{U}-\boldsymbol{U}_\mathrm{p})+\frac{1}{2}\frac{\rho}{\rho_\mathrm{p}}C_\mathrm{I}\frac{\mathrm{d}}{\mathrm{d}t}(U-U_\mathrm{p})+\frac{\rho}{\rho_\mathrm{p}}\frac{D\boldsymbol{U}}{\mathrm{D}t}\\&+\frac{9}{d_\mathrm{p}}\frac{\rho}{\rho_\mathrm{p}}\left(\frac{\nu}{\pi}\right)^{\frac{1}{2}}C_\mathrm{B}\int_{t_0}^{t}\frac{\frac{\mathrm{d}}{\mathrm{d}t}(\boldsymbol{U}-\boldsymbol{U}_\mathrm{p})}{\sqrt{t-\tau}}\mathrm{d}\tau+\left(\frac{\rho}{\rho_\mathrm{p}}-1\right)\boldsymbol{g}\end{aligned}\tag{3.101}$$

其中，C_D、C_I、C_B 分别是曳力系数、裹挟质量系数和巴塞特力修正系数。一般来说，C_B、C_I 是颗粒雷诺数的函数，$\mathrm{Re_p}$ 由式 (3.2) 定义给出，An 为加速度数，其定义由下式给出 [Faeth，1983]

$$\mathrm{An}=\frac{\left|\dfrac{\mathrm{d}(\boldsymbol{U}-\boldsymbol{U}_\mathrm{p})}{\mathrm{d}t}\right|}{\left|\boldsymbol{U}-\boldsymbol{U}_\mathrm{p}\right|^2}\mathrm{d_p}\tag{3.102}$$

对于 $\mathrm{Re_p}<62$ 的简谐运动，C_I、C_B 分别由式 (3.103) 给出 [Odar and Hamilton，1964]

$$C_\mathrm{I}=2.1-\frac{0.132\mathrm{An}^2}{(1+0.12\mathrm{An}^2)},\quad C_\mathrm{B}=0.48+\frac{0.52\mathrm{An}^3}{(1+\mathrm{An})^3}\tag{3.103}$$

3.4.2 通用运动方程

对通用的颗粒运动方程，附加力如塞夫曼力，马格努斯力和静电力是应该考虑在内的。假设作用在运动颗粒上的所有的力都具有可加性，颗粒在任意流场中的运

动方程可用下式表示

$$m\frac{\mathrm{d}\boldsymbol{U}_\mathrm{p}}{\mathrm{d}t}=\boldsymbol{F}_\mathrm{D}+\boldsymbol{F}_\mathrm{A}+\boldsymbol{F}_\mathrm{B}+\boldsymbol{F}_\mathrm{S}+\boldsymbol{F}_\mathrm{M}+\boldsymbol{F}_\mathrm{c}+\cdots \tag{3.104}$$

其中，$\boldsymbol{F}_\mathrm{D}$ 是曳力，$\boldsymbol{F}_\mathrm{A}$ 是附加或裹挟的质量力，$\boldsymbol{F}_\mathrm{B}$ 是巴塞特力，$\boldsymbol{F}_\mathrm{S}$ 是塞夫曼力，$\boldsymbol{F}_\mathrm{M}$ 是马格纳斯力，$\boldsymbol{F}_\mathrm{c}$ 是碰撞引起的力，“· · ·” 代表其他力如静电场力、范德瓦耳斯力、重力、磁力及由各种现象引起的各类场的梯度变化力，譬如激波的传播、电泳、热泳和光泳等现象。

应当注意，式 (3.104) 中的力并不总是线性相加的。曳力、巴塞特力、塞夫曼力、马格纳斯力都取决于相同的流场。而纳维-斯托克斯方程中的惯性项 $\nabla\cdot(\boldsymbol{UU})$ 一般是不能忽略的，因此，该方程是高度非线性的。因为方程是非线性的，所以不同流场模型的线性叠加就是不合理的。但是，当流体的控制方程是线性时，固体颗粒上的力是可叠加的, 这个关系已经由帕斯曼 (Passsman) 在 1986 年应用于分离相的混合理论部分证实了。

例 3.3　在一个圆筒空间里的旋转气流中喷入一个很小的颗粒。假设气体像刚体一样以恒定角速度 ω 旋转，并只考虑斯托克斯力 [Kriebel，1961]。颗粒刚一喷入气流中时，其相对速度与气流旋转方向垂直。试给出颗粒在该旋转流体中的轨迹方程，并讨论颗粒尺寸对轨迹的影响。

解　首先建立一个笛卡儿坐标系, 原点设在流体旋转的轴线上, 以连接原点和颗粒最初位置的直线为 x 轴，如图 E3.2 所示。则用下式给出气体的速度

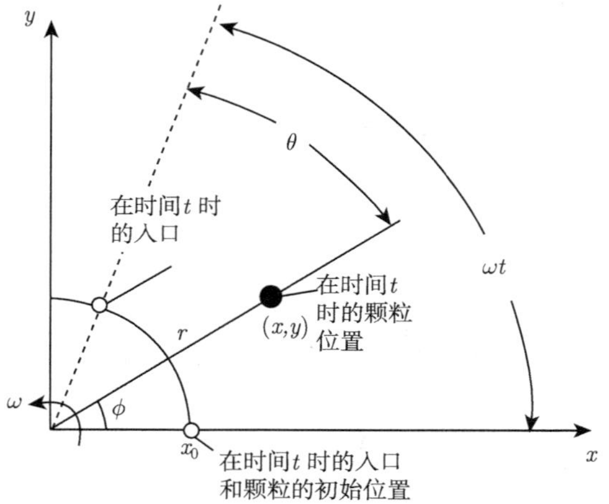

图 E3.2　旋转气体中颗粒在直角坐标下的运动

$$\begin{aligned}U&=-\omega r\sin\phi=-\omega y\\V&=\omega r\cos\phi=\omega x\end{aligned} \tag{E3.19}$$

根据式 (3.98) 可得到

$$\begin{aligned}\frac{\mathrm{d}U_\mathrm{p}}{\mathrm{d}t}&=\frac{\mathrm{d}^2x}{\mathrm{d}t^2}=-\frac{1}{\tau_\mathrm{s}}\left(\frac{\mathrm{d}x}{\mathrm{d}t}+\omega y\right)\\ \frac{\mathrm{d}V_\mathrm{p}}{\mathrm{d}t}&=\frac{\mathrm{d}^2y}{\mathrm{d}t^2}=\frac{1}{\tau_\mathrm{s}}\left(\omega x-\frac{\mathrm{d}y}{\mathrm{d}t}\right)\end{aligned}\tag{E3.20}$$

其中，τ_s 是由式 (3.39) 给出的斯托克斯弛豫时间。用 $\omega(\mathrm{d}/\mathrm{d}\phi)$ 代替式 (E3.20) 中的 $\mathrm{d}/\mathrm{d}t$，则式 (E3.20) 变为

$$\begin{aligned}\frac{\mathrm{d}^2x}{\mathrm{d}\phi^2}+\frac{1}{A}\frac{\mathrm{d}x}{\mathrm{d}\phi}+\frac{y}{A}=0\\ \frac{\mathrm{d}^2y}{\mathrm{d}\phi^2}+\frac{1}{A}\frac{\mathrm{d}y}{\mathrm{d}\phi}-\frac{x}{A}=0\end{aligned}\tag{E3.21}$$

其中，A 定义由下式给出

$$A\equiv\omega\tau_\mathrm{s}\tag{E3.22}$$

初始条件可由下式给出

$$\begin{aligned}&x|_{\phi=0}=x_0,\quad y|_{\phi=0}=0\\ &\left.\frac{\mathrm{d}x}{\mathrm{d}\phi}\right|_{\phi=0}=\frac{\dot{x}_0}{\omega},\quad \left.\frac{\mathrm{d}y}{\mathrm{d}\phi}\right|_{\phi=0}=x_0\end{aligned}\tag{E3.23}$$

结合式 (E3.23) 给出的初始条件，用拉普拉斯转换求得 (E3.21) 的解，于是颗粒轨迹方程为

$$\begin{aligned}x=x_0e^{-\psi}&\left[\left(\cosh(a\psi)+\frac{a(1+AB)+2Ab}{c^2}\sin(a\psi)\right)\cos(b\psi)\right.\\ &\left.+\left(\frac{b(1+2AB)-2Aa}{c^2}\cosh(a\psi)\right)\sin(b\psi)\right]\end{aligned}\tag{E3.24}$$

$$\begin{aligned}y=x_0e^{-\psi}&\left[\left(\frac{a}{2}+\frac{a}{2c^2}(1+4AB)\right)\sin(b\psi)\cosh(a\psi)+\sinh(a\psi)\right.\\ &\left.\times\sin(b\psi)+\left(\frac{b}{2}-\frac{b}{2c^2}(1+4AB)\right)\sinh(a\psi)\cos(b\psi)\right]\end{aligned}\tag{E3.25}$$

其中, 各常数由下式给出

$$\begin{aligned}&\psi=\frac{\phi}{2A},\quad B=\frac{\dot{x}_0}{\omega x_0},\quad a^2=\sqrt{\frac{1}{4}+4A^2}+\frac{1}{2}\\ &b^2=\sqrt{\frac{1}{4}+4A^2}-\frac{1}{2},\quad c^2=a^2+b^2=\sqrt{1+16A^2}\end{aligned}\tag{E3.26}$$

对于 A 和 B 取不同值时的颗粒轨迹在图 E3.3 中示出。正如预期那样，颗粒的这些轨迹从注入位置开始一直运行到圆筒壁结束，呈螺旋形运动。颗粒的角位置要滞后旋转气体一个 θ 角，θ 角由下式给出

$$\theta = \omega t - \tan^{-1}\left(\frac{y}{x}\right) \tag{E3.27}$$

对于非常小的颗粒，$A \ll 1$。式 (E3.24) 和式 (E3.25) 可简化为

$$\begin{aligned} x &\approx x_0(1+AB)e^{A\phi}\cos(1-2A^2)\phi \\ y &\approx x_0(1+AB)e^{A\phi}\sin(1-2A^2)\phi \end{aligned} \tag{E3.28}$$

对于较大颗粒，$A \gg 1$，颗粒的轨迹方程为

$$\begin{aligned} x &\approx x_0 + Bx_0\phi \\ y &\approx x_0\phi \end{aligned} \tag{E3.29}$$

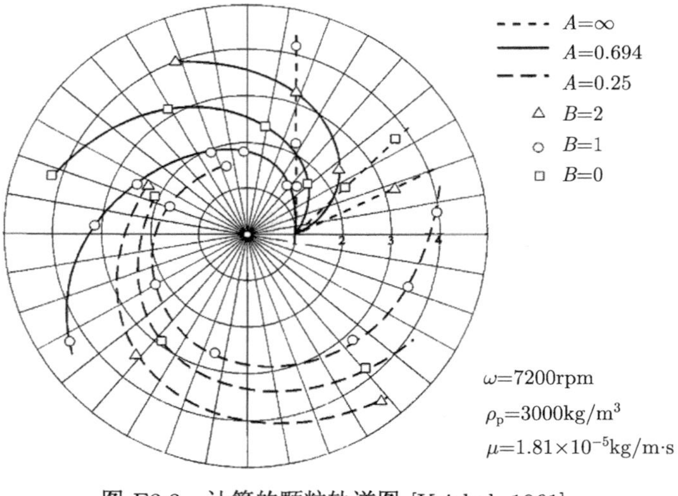

图 E3.3　计算的颗粒轨道图 [Kriebel, 1961]

3.5　电荷的产生和转移

颗粒间的碰撞或颗粒与固体表面的碰撞可能会引起电荷的转移。气固两相流流场会受到由颗粒携带的电荷产生的静电力的显著影响。本节将讨论包括表面接触和电场等引起的颗粒带电，以及两颗粒碰撞时的电荷转移机制。与此机制相关，本节还将介绍静电球探针理论，这是一个能说明气固两相流中质量流量和球探针充电电流之间相互关系的理论。

3.5.1 固体颗粒的静态带电

固体颗粒的带电现象是很复杂的，在气固两相流中，碰撞引起的表面接触、离子聚集和热离子发射是颗粒荷电的三个主要模式。下面将详细讨论这三种荷电模式。

3.5.1.1 表面接触荷电

两物体接触时的电荷平衡, 也就是两接触物体的费米能级处于同一水平。当不同材料的表面开始接触时，由于最初费米能级的不同而通过接触表面发生电荷转移。因此，颗粒从接触状态分离后就会带上静电，一个颗粒在失去电子后带正电而另一个颗粒由于得到电子而带负电。

这种静电荷电一般称为摩擦带电。单词 “tribo” 源于希腊语，意思就是摩擦。实际上，摩擦带电除了表面接触外并不需要摩擦过程。通常由于接触面积的增加，摩擦会导致电荷转移速度的增加。

根据在单纯的接触和分离过程中荷电的极性，大多数固体材料可列入摩擦起电序列。表 3.1 列出了一些常用材料的摩擦起电序列。尽管 “摩擦电序” 可以精确地预测荷电极性，但由于很多不确定因素的影响, 这种预测不是十分的准确，例如, 材料的表面光洁度、材料的预处理和材料的污染等。图 3.5 中给出了一个由玻璃、金属锌和丝绸三种材料之间呈环形的相互充放电关系图，这是若干个特例中的一例 [McAteer, 1990]。

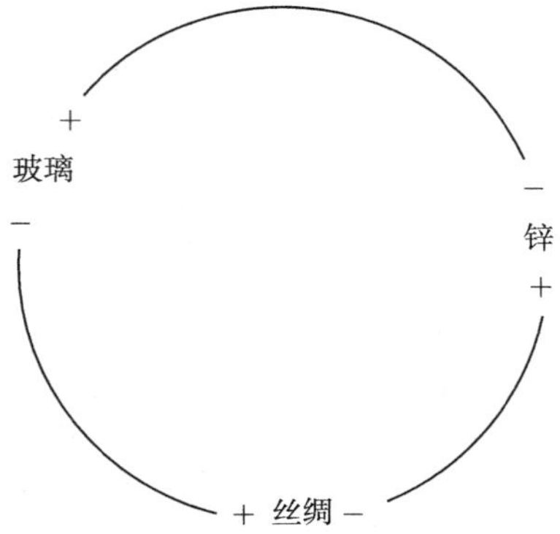

图 3.5 玻璃、金属锌、丝绸循环放电关系图

估算在单纯的接触和分离中固体表面参与电荷转移原子所占的百分数是非常有意义的 [Cross, 1987]。表面上电荷的最大积累量受到周围环境击穿电场强度的限制。在通常大气压下，空气作为介质的击穿强度大约为 3×10^6V/m。根据高斯 (Gauss) 定律可以估算由电荷聚集所引起的电场强度大小。

高斯定律指出，在一个假想的闭合面积为 S 的曲面内，包围着密度均匀的电

荷，垂直于该曲面的表面上电场的分量与所封闭包围的电荷总量成正比。高斯定律可用下式表示

$$E=\frac{\sum Q_{\mathrm{i}}}{S\varepsilon} \tag{3.105}$$

其中，$\sum Q_{\mathrm{i}}$ 是曲面所包围的所有电荷总量。在气体介质中，最大电场强度或者击穿电场强度所对应的表面最大电荷密度可由下式给出

$$q_{\max}=\frac{\sum Q_{\mathrm{i}}}{S}=E_{\max}\varepsilon_0=2.6\times10^{-5}\frac{\mathrm{C}}{\mathrm{m}^2} \tag{3.106}$$

表 3.1　材料的摩擦起电序列

	材料	聚合物类型	来源
(a) 蒙哥马利 [Montgomery, 1959]	羊毛		
+ ↑	尼龙		
	黏胶纤维	纤维素	
	棉花		
	真丝		
	醋酸纤维	纤维素	
	璐彩特或有机玻璃	聚甲基丙烯酸甲酯	
	聚乙烯醇 (PVA)		
	达克罗	乙烯共聚乙二醇和对苯二甲酸	
	奥伦	聚丙烯腈	
	PVC		
	迪尼尔	丙烯腈/氯乙烯共聚物	
	维纶	二氯乙烯/氯乙烯共聚物	
	聚乙烯		
− ↓	特氟龙	聚四氟乙烯 (PTFE)	
(b) 韦伯 [Webers, 1963]	宝丽奥克斯	聚氧化乙烯	联合碳化
+ ↑	聚乙烯胺		凯米拉
	明胶		
	威纳卡	聚乙酸乙烯酯	克林顿
	璐彩特 44	聚甲基丙烯酸丁酯	杜邦
	璐彩特 42	聚甲基丙烯酸甲酯	杜邦
	胺科瑞劳伊 A101	聚甲基丙烯酸甲酯	罗汗姆/汉斯
	泽来克 DX	聚阳离子	杜邦
	聚丙烯酰胺		雅娜米
	纤维素		易士曼
	茨索	聚丙烯酸	罗汗姆/汉斯
	卡波姆	酸	BF 古德里奇
	聚乙烯	二氯乙烯/氯乙烯共聚物	
	聚乙烯醇缩丁醛		
− ↓	聚乙烯	聚四氟乙烯 (PTFE)	杜邦

续表

	材料	聚合物类型	来源
(c) 威廉姆斯 [Willianams, 1976]	璐彩特 2041	甲基丙烯酸甲酯	杜邦
+ ↑	达邦	邻苯二甲酸酯	
	利贤 105	聚双酚 A 碳酸酯	GE
	福尔瓦	聚乙烯醇缩甲醛	孟山都
	易斯汤	聚氨酯	古德里奇
	杜邦 49000	聚酯纤维	杜邦
	杜勒斯	酚醛	杜勒斯
	艾皂赛尔 10	乙基纤维素	大力神
	聚苯乙烯 8X	聚苯乙烯	科伯
	艾破伦 C	聚乙烯	伊士曼
	聚砜 P3500	二苯砜	联合碳化物
	海帕伦 30	脉络膜磺化聚乙烯	杜邦
	茨克拉克 H-1000	丙烯腈–丁二烯–苯乙烯三元共聚物	博格华纳
	无涂层的铁		
	乙酸丁酸纤维素		
	艾邦 828/V125	环氧按固化剂	歇尔/通用
	聚砜 P-1700		联合碳化物
− ↓	硝酸纤维素		
	聚偏二氟乙烯	聚偏二氟乙烯	奔瓦特

资料来源：J. A. Cross' *Electrostatics: Principles, Problems and Applications*, Adam Hilger, 1987.

由于单个电子所带的电量为 1.6×10^{-19}C，则带电表面的最大电荷密度为 $1.6\times10^{14}\text{m}^{-2}$。固体表面原子密度大约为 $2\times10^{19}\text{m}^{-2}$。因此估计固体表面每百万原子有不到 10 个原子会发生电荷转移。表面原子中如此小百分比的原子参与电荷转移表明电荷转移对于表面不纯及电荷转移过程污染的敏感性。

为了理解电荷转移的基本机制，下面对固体中各种电子能带做简单的介绍。在单个孤立的原子中，每个电子都会沿固定轨道环绕原子核运动，每条轨道代表一个特定的电子能级。电子可以通过获得或失去能量跃迁到另一个能级。在固体颗粒中，原子之间相互作用、原子的能级也受到邻近原子的影响。鉴于这种相互作用，原子中的能级也被定义为所谓的能带。内层电子在很窄的能带中，即所谓的核能带；所有的价位电子在价带中；自由电子在导电带中；禁能带是能带之间的区域。费米 (Fermi) 能级 E_f，定义为绝对零度时最高填满的能级。在高于绝对零度时，热能使一些电子在费米能级以上。在金属中电子能级的概率可用费米–狄拉克 (Fermi-Dirrac) 分布函数描述

$$f(E)=\left[1+\exp\left(\frac{E-E_\text{f}}{kT}\right)\right]^{-1} \tag{3.107}$$

其中，E 是能级；k 是玻尔兹曼 (Boltzmann) 常数；T 是绝对温度。除了温度很高以外，费米能级可用于大多数环境中自由电子能量的合理近似。

功函数 W，定义为将金属材料的电子从最高能级分布移除所需要的功。功函数与称为热离子功函数的势函数 ϕ 的关系式为

$$W = e\phi \tag{3.108}$$

其中，e 是电子带电量。

不同的干金属材料在接触时存在固有的电势差。这种电势差，称为伏特电势或接触电势，该电势差与两种不同材料 A 和 B 的功函数关系可用下式表示

$$V_{\mathrm{A}} - V_{\mathrm{B}} = \frac{W_{\mathrm{A}} - W_{\mathrm{B}}}{e} = \phi_{\mathrm{A}} - \phi_{\mathrm{B}} \tag{3.109}$$

接触电势反映了电子从一个固体到另一个固体所需要的功。因此，当两固体开始接触时，由于费米能级不同导致的电势差会带来电荷的转移。在两固体分离时，尽管由于隧道效应有些电子会逃回，但仍然会有静电荷成功转移。

表面接触带电的真正机制是很复杂的，许多原因还没认识清楚。但是有一点是很清楚的，就是电子或离子转移是接触带电的主要因素。有关电子转移的更详细的介绍可参阅蒙哥马利 [Montgmery, 1959]、哈伯 [Harper, 1967]、克鲁斯 [Cross, 1987] 等的论述。

3.5.1.2 离子聚集荷电

在多相流中出现的各种电效应已在 1990 年由苏 (Soo) 做过总结概括。按照苏的观点，颗粒在电场中可通过三个不同的机制荷电：场荷电、扩散荷电、电晕荷电。对大于 1μm 的颗粒，离子的随机运动很少，场荷电占主导地位，扩散荷电则可忽略。对于小于 0.2μm 的颗粒，则须考虑扩散荷电，而外电场的影响则可忽略。当电场强度超过某一临界值时，周围气体介质就会发生电离。通过离子和电子的轰击则固体就会荷电，这个荷电过程称为电晕荷电。

在下面对这些荷电机制的讨论中，有三个基本假设：① 所有颗粒为球体；② 相同尺寸的颗粒带电量相同；③ 忽略颗粒间的相互作用。

A. 场荷电

在空气介质或真空中，一个半径为 d_{p} 的导电颗粒暴露在电荷密度为 q_0、电场强度为 E_0 的均匀电场中，则电势 V 由泊松 (Poisson) 方程给出

$$\nabla^2 V = -\frac{q_0}{\varepsilon_0} \tag{3.110}$$

其中，ε_0 是颗粒在真空中的介电常数。电场强度 E 和电势之间的关系由下式给出

$$\boldsymbol{E} = -\nabla V \tag{3.111}$$

如果颗粒表面的电量为 Q_s，则带电球体颗粒上任意点的电场强度 E_s 可由下式给出

$$E_\mathrm{s} = 3E_0 \cos\theta - \frac{Q_\mathrm{s}}{\pi d_\mathrm{p}^2 \varepsilon_0} \tag{3.112}$$

其中，θ 是带电球体上一点和电场方向之间的夹角。式 (3.112) 中等号右边第二项表示根据高斯定律计算的颗粒表面电荷对电场强度的影响。因此，进入颗粒的全部荷电电流 i，可用下式表示 [Oglesby and Nichols, 1978]

$$i = \frac{\mathrm{d}Q_\mathrm{s}}{\mathrm{d}t} = \int_0^{\theta_\mathrm{m}} q_0 K E_\mathrm{s} 2\pi a^2 \sin\theta \mathrm{d}\theta \tag{3.113}$$

其中，K 是离子迁移率；θ_m 是颗粒荷电电流的极限角度。θ_m可根据式 (3.112)，当 $E_\mathrm{s} = 0$ 时得到

$$\cos\theta_\mathrm{m} = \frac{Q_\mathrm{s}}{3\pi\varepsilon_0 d_\mathrm{p}^2 E_0} \tag{3.114}$$

因此，由式 (3.112)~ 式 (3.114)，可得到单个颗粒在单极离子密度电场中的荷电率

$$\frac{\mathrm{d}Q_\mathrm{s}}{\mathrm{d}t} = \frac{3\pi}{4} d_\mathrm{p}^2 E_0 q_0 K \left(1 - \frac{Q_\mathrm{s}}{Q_\mathrm{sm}}\right)^2 \tag{3.115}$$

其中，Q_sm 是指饱和电荷，由下式给出

$$Q_\mathrm{sm} = 3\pi\varepsilon_0 E_0 d_\mathrm{p}^2 \tag{3.116}$$

则一个中性颗粒在荷电时间 t 内得到的总电荷量为

$$Q_\mathrm{s} = Q_\mathrm{sm}\left(\frac{t}{t+\tau}\right) \tag{3.117}$$

其中，τ 是指饱和荷电的时间常数，由下式给出

$$\tau = \frac{4\varepsilon_0}{q_0 K} \tag{3.118}$$

对于电介质颗粒，饱和电荷可由下式给出

$$Q_\mathrm{sm} = \frac{9\pi\varepsilon_0\varepsilon_\mathrm{r}}{\varepsilon_\mathrm{r}+2} E_0 d_\mathrm{p}^2 \tag{3.119}$$

其中，ε_r 是介电材料的相对介电常数。

B. 扩散荷电

在一个电荷密度为 q_0、电场强度为 E_0 的单极离子电场中，放置一个中性的颗粒，该颗粒会通过随机运动离子与其撞击而荷电。颗粒扩散荷电率可根据气体分子

运动论推导出。假设每个撞击颗粒的离子均被颗粒的表面所捕获，则颗粒在无外加电场时的荷电率为 [White, 1963]

$$\frac{\mathrm{d}Q_\mathrm{s}}{\mathrm{d}t}=\frac{\pi}{4}d_\mathrm{p}^2vq_0\exp\left(-\frac{Q_\mathrm{s}e}{2\pi\varepsilon_0d_\mathrm{p}kT}\right) \tag{3.120}$$

其中，k 是玻尔兹曼常数；T 是绝对温度；v 是离子的平均热运动速率，可由下式给出

$$v=\sqrt{\frac{8kT}{\pi m}} \tag{3.121}$$

其中，m 是离子的质量。因此，最初的中性颗粒在时间 t 内得到的电荷量为

$$Q_\mathrm{s}=\frac{2\pi\varepsilon_0d_\mathrm{p}kT}{e}\ln\left(1+\frac{t}{\tau_\mathrm{d}}\right) \tag{3.122}$$

其中，τ_d 是扩散荷电时间常数，可用下式表示

$$\tau_\mathrm{d}=\frac{8\varepsilon_0kT}{d_\mathrm{p}vq_0e} \tag{3.123}$$

在有外加电场时颗粒的扩散荷电可参见摩菲 [Murphy，1956] 以及刘和叶 [Liu and Yeh, 1968] 的论述。

C. 电离气体中的荷电

如果理想情况下大量颗粒均匀地悬浮在已电离的气体中，假设所有离子或电子携带的电荷到达颗粒表面后完全被颗粒表面所吸附。由于与离子相比，电子质量较小，所以电子与离子相比有更大的随机速度，这就使得颗粒会带负电荷。由于颗粒之间电子相互作用的复杂性，所以我们只考虑颗粒间距大于德拜 (Debye) 屏蔽距离 λ_D 的情况，λ_D 由下式给出

$$\lambda_\mathrm{D}=\sqrt{\frac{\varepsilon_0kT}{q_{\mathrm{e}0}e}} \tag{3.124}$$

其中，$q_{\mathrm{e}0}$ 是电子电荷密度。这就使得只有在颗粒数密度 n 小于 $(2\lambda_\mathrm{D})^{-3}$ 条件下才适用，这就限制了接下来的进一步分析。

根据分子运动论，电子荷电率可由下式估算 [Soo, 1990]

$$\frac{\mathrm{d}Q_\mathrm{es}}{\mathrm{d}t}=\frac{\pi d_\mathrm{p}^2q_{\mathrm{e}0}}{4}\sqrt{\frac{8kT}{\pi m_\mathrm{e}}}e^{\alpha} \tag{3.125}$$

其中，α 是电子热数，定义为颗粒静电能和热能之比，由下式给出

$$\alpha=\frac{Q_\mathrm{s}e}{2\pi\varepsilon_0d_\mathrm{p}kT} \tag{3.126}$$

对于电子荷电，α 是负值；对于离子荷电，α 是正值。同理，离子的荷电率由下式给出

$$\frac{\mathrm{d}Q_{\mathrm{is}}}{\mathrm{d}t}=\frac{\pi d_{\mathrm{p}}^{2}q_{\mathrm{i0}}}{4}\sqrt{\frac{8kT}{\pi m_{\mathrm{i}}}}e^{-\alpha} \tag{3.127}$$

平衡时，离子荷电率等于电子荷电率。因此，我们得到

$$\frac{q_{\mathrm{e0}}}{q_{\mathrm{i0}}}=\sqrt{\frac{m_{\mathrm{e}}}{m_{\mathrm{i}}}}e^{-2\alpha} \tag{3.128}$$

在任意体积单元内，电荷平衡式为

$$Q_{\mathrm{s}}n=q_{\mathrm{i0}}-q_{\mathrm{e0}} \tag{3.129}$$

因此，每个颗粒表面的饱和带电量为

$$Q_{\mathrm{s}}=\frac{q_{\mathrm{i0}}}{n}\left(1-\sqrt{\frac{m_{\mathrm{e}}}{m_{\mathrm{i}}}}e^{-2\alpha}\right) \tag{3.130}$$

例 3.4 尺寸为 10μm 的颗粒以 20m/s 的速度流经一电场并在电场中荷电，该电场由单极离子形成，电晕放电距离为 5cm。假设离子可看成电子，在电晕放电区内，平均离子密度数为 $n_{\mathrm{e}}=10^{16}\mathrm{m}^{-3}$；颗粒密度为 1400kg/m^3，试计算该过程的电荷与质量的比。假设颗粒间相互作用可以忽略，另外同时发生的正离子电晕荷电也可忽略，颗粒最初是中性的，环境温度为 300K。

解 单个颗粒的电子荷电率可由式 (3.125) 和式 (3.126) 表示。在此情况下，颗粒只有电子荷电，可看成是阴离子的电子荷电，因此 $Q_{\mathrm{s}}=-Q_{\mathrm{es}}$。从式 (3.125) 和式 (3.126) 可得出

$$\frac{\mathrm{d}Q_{\mathrm{es}}}{\mathrm{d}t}=Ae^{-BQ_{\mathrm{es}}} \tag{E3.30}$$

其中，A 由下式给出

$$A=\frac{\pi d_{\mathrm{p}}^{2}n_{\mathrm{e}}e}{4}\sqrt{\frac{8kT}{\pi m_{\mathrm{e}}}} \tag{E3.31}$$

其中，B 由下式给出

$$B=\frac{e}{2\pi\varepsilon_{0}d_{\mathrm{p}}kT} \tag{E3.32}$$

初始条件为

$$Q_{\mathrm{es}}\left|_{t=0}\right.=0 \tag{E3.33}$$

由式 (E3.30) 积分可得到

$$Q_{\mathrm{es}}=\frac{1}{B}\ln(1+ABt) \tag{E3.34}$$

因此，颗粒以速度 U_p 在电晕放电区中运行了 l 的距离后，其荷电量与颗粒的质量比为

$$\frac{Q_{es}}{m}=\frac{6}{\pi\, d_p^3\rho_p B}\ln\left(1+AB\frac{l}{U_p}\right) \tag{E3.35}$$

将以上所给出的数据代入式 (E3.35)，可得到

$$\begin{aligned}\frac{Q_{es}}{m}&=\frac{12\varepsilon_0 kT}{ed_p^2\rho_p}\ln\left(1+\frac{d_p n_e e^2 l}{4\varepsilon_0 U_p}\sqrt{\frac{2}{\pi\, m_e kT}}\right)\\&=\frac{12\times 8.85\times 10^{-12}\times 1.38\times 10^{-23}\times 300}{1.6\times 10^{-19}\times (10^{-5})^2\times 1400}\\&\quad\times\ln\left(1+\frac{10^{-5}\times 10^{16}\times (1.6\times 10^{-19})^2\times 0.05}{4\times 8.85\times 10^{-12}\times 20}\right.\\&\quad\left.\times\sqrt{\frac{2}{\pi\times 9.1\times 10^{-31}\times 1.38\times 10^{-23}\times 300}}\right)=0.00029\frac{\text{C}}{\text{kg}}\end{aligned} \tag{E3.36}$$

3.5.1.3 热离子发射荷电

当固体颗粒暴露在高温环境中时，通常为 $T>1000\text{K}$ 时，热荷电就开始出现。固体颗粒内部的电子从高温区域中获得能量，并克服能量势垒或者功函数而释放出来。通过在这种热离子发射失去电子，颗粒就发生热荷电。

根据理查森–达荷曼 (Richardson-Dushman) 方程，通过热离子发射的电流密度 J_e 可由下式给出

$$J_e=A_0T^2\exp\left(-\frac{\phi}{kT}\right) \tag{3.131}$$

其中，ϕ 是固体颗粒的功函数；A_0 是由实验确定的一个系数。

应当注意，荷电速率并不是常数。一旦电子通过热离子发射从固体中逃逸的趋势确立，颗粒荷电就会开始，然后库仑力又试图重新夺回即将自由的电子。因此，固体颗粒在有限空间中就可能建立热荷电平衡，相关热离子发射荷电及荷电平衡的详细信息可参阅苏 [Soo, 1900] 的论述。

3.5.2 颗粒碰撞导致的电荷转移

当颗粒间相互碰撞或颗粒和固体壁面发生碰撞时就会发生电荷转移，对单分散的气固稀疏颗粒悬浮体系，程和苏 [Cheng and Soo, 1970] 对两个弹性颗粒之间发生单散射碰撞时电荷的转移过程，建立了一个模型。据此，他们发展了静电理论，以解释球形探针充电电流和气固稀疏悬浮流中颗粒质量流量之间的相互关系。这个静电球形探针理论，可以通过修正后来说明在稠密颗粒悬浮系统中多分散的影响 [Zhu and Soo, 1992]。

3.5.2.1 单碰撞的电荷转移

如果直径为 d_{p1} 和 d_{p2} 的两个球形颗粒间因发生碰撞而引起电荷转移，其电荷转移过程可以和对流引起的热量转移相类比。这样，由两颗粒接触面积引起的电流密度 J_{e21} 可用下式表示

$$J_{\mathrm{e21}} = h_{\mathrm{e12}}(V_2 - V_1) = \frac{\sigma_1}{d_{\mathrm{p1}}}(V_{\mathrm{c}} - V_1) = \frac{\sigma_2}{d_{\mathrm{p2}}}(V_2 - V_{\mathrm{c}}) \tag{3.132}$$

其中，h_{e12} 是在接触面积为 A_{12} 的电荷转移系数；V_1、V_2 及 V_{c} 分别是颗粒 1、2 及接触表面的电势；σ_1、σ_2 是材料的电导率。在式 (3.132) 中，可通过变换消去接触电势 V_{c}，则可得到电荷转移系数

$$h_{\mathrm{e12}} = \frac{\sigma_1\sigma_2}{\sigma_1 d_{\mathrm{p2}} + \sigma_2 d_{\mathrm{p1}}} \tag{3.133}$$

对每一个孤立的颗粒，电流与颗粒的电容有关。因此，可得到

$$C_1\frac{\mathrm{d}V_1}{\mathrm{d}t} = -C_2\frac{\mathrm{d}V_2}{\mathrm{d}t} = A_{12}h_{12}(V_2 - V_1) \tag{3.134}$$

其中，C_1 和 C_2 是颗粒的电容。对于均质的球形颗粒，电容可由下式给出

$$C = 2\pi\varepsilon d_{\mathrm{p}} \tag{3.135}$$

其中，ε 是材料的介电常数。而颗粒的电势由下式给出

$$V = \phi + \frac{q}{2\pi\varepsilon d_{\mathrm{p}}} \tag{3.136}$$

其中，ϕ 是功函数；q 是颗粒的带电量。因此，电荷转移方程可由下式给出

$$-\frac{\mathrm{d}(V_2 - V_1)}{\mathrm{d}t} = \frac{A_{12}h_{\mathrm{e12}}}{C^*}(V_2 - V_1) \tag{3.137}$$

其中，C^* 是相对电容，定义由下式给出

$$\frac{1}{C^*} = \frac{1}{C_1} + \frac{1}{C_2} \tag{3.138}$$

从式 (2.74) 可知，对于弹性碰撞的颗粒，接触半径 r_{c} 和彼此靠近距离 α 之间的关系为

$$r_{\mathrm{c}}^2 = \alpha a^* \tag{3.139}$$

因此，接触面积 A_{12} 可由下式表示

$$A_{12} = \pi r_{\mathrm{c}}^2 = \pi\alpha a^* \tag{3.140}$$

则电荷转移等式变为

$$-\frac{\mathrm{d}\left[\ln(V_2-V_1)\right]}{\mathrm{d}t}=\frac{\pi a^*}{C^*}h_{e12}\alpha \tag{3.141}$$

从式 (2.135)，我们得到接触时间 t 和接近距离 α 之间的关系为

$$\mathrm{d}t=\left(U_{12}^2-\frac{16E^*}{15m^*}\sqrt{a^*}\alpha^{\frac{5}{2}}\right)^{-\frac{1}{2}}\mathrm{d}\alpha \tag{3.142}$$

令 $x=\alpha/\alpha_{\mathrm{m}}$，定义 α_{m} 为

$$\alpha_{\mathrm{m}}=\left(\frac{15}{16}\frac{m^*U_{12}^2}{E^*\sqrt{a^*}}\right)^{\frac{2}{5}} \tag{3.143}$$

则电荷转移方程变形为

$$-\mathrm{d}\left[\ln(V_2-V_1)\right]=\frac{\alpha_{\mathrm{m}}^2\pi a^*h_{e12}}{U_{12}C^*}x(1-x^{\frac{5}{2}})^{-\frac{1}{2}}\mathrm{d}x \tag{3.144}$$

在包括压缩和反弹的整个弹性碰撞的过程中，对上式积分可得到

$$(V_{20}-V_2)-(V_{10}-V_1)=(V_{20}-V_{10})(1-e^{-B}) \tag{3.145}$$

其中，下角标 “0” 表示初始状态; B 是常数, 由下式给出

$$B=2\frac{\alpha_{\mathrm{m}}^2\pi a^*h_{e12}}{U_{12}C^*}\int_0^1 x\left(1-x^{\frac{5}{2}}\right)^{-\frac{1}{2}}\mathrm{d}x \tag{3.146}$$

则碰撞颗粒失去或得到的电荷量 Q_{12} 为

$$Q_{12}=Q_{20}-Q_2=Q_1-Q_{10} \tag{3.147}$$

因此，Q_{12} 可由下式计算

$$Q_{12}=C^*\left(\phi_2-\phi_1+\frac{Q_{20}}{C_2}-\frac{Q_{10}}{C_1}\right)(1-e^{-B}) \tag{3.148}$$

3.5.2.2　静电球形探针理论

用一个导电的球 (譬如不锈钢球) 形探针与静电计相连，当将球形探针置于两相流动系统中时，球形探针和流动的带电颗粒之间就会有电荷的转移，电荷转移就意味着有电流产生，那么与探针相连的静电计就会把这个电流测量出来。测量的电流数与颗粒速度和颗粒的质量流量有关。

我们首先考虑只有单分散颗粒时电荷转移的情况。球形探针测得的电流 i_{b} 与碰撞频率 f_{c} 和每次碰撞的平均电荷转移量 Q_{bp} 的乘积成比例，即

$$i_{\mathrm{b}}=f_{\mathrm{c}}C^*(V_{\mathrm{p0}}-V_{\mathrm{b0}})(1-e^{-B}) \tag{3.149}$$

其中，B 由下式给出

$$B = 2.03\frac{\alpha_{\mathrm{m}}^2 \pi a^* h_{\mathrm{ebp}}}{U_{\mathrm{p}} C^*} \tag{3.150}$$

在这里，下标 "b" 和 "p" 分别是指球形探针和颗粒。碰撞频率由下式给出

$$f_{\mathrm{c}} = nU_{\mathrm{p}}\frac{\pi}{4}(d_{\mathrm{p}} + d_{\mathrm{b}})^2 \tag{3.151}$$

其中，n 是颗粒个数密度；U_{p} 是颗粒速度。当 $B \ll 1$，将式 (3.151) 代入式 (3.149)，然后按泰勒级数展开，i_{b} 变为

$$i_{\mathrm{b}} = 4.76(d_{\mathrm{p}} + d_{\mathrm{b}})^2(V_{\mathrm{p0}} - V_{\mathrm{b0}})h_{\mathrm{ebp}}\left(\frac{m^*}{E^*}\right)^{\frac{4}{5}} a^{*\frac{3}{5}} a^{*\frac{3}{5}} nU_{\mathrm{p}}^{\frac{8}{5}} \tag{3.152}$$

需要注意的是，式 (3.152) 只适合理想情况，即颗粒是单分散、完全弹性、接触面干净的球体。事实上，颗粒通常是非球体并是多分散的；碰撞可能会带来一些热损失、塑性形变甚至损坏；碰撞表面可能有杂质或者污染物。在这种情况下，对于这些非理想状况，可考虑引入一个系数 η 加以修正。则流过球形探针的实际电流可由下式给出

$$i_{\mathrm{b}} = AU_{\mathrm{p}}^{3/5} J_{\mathrm{p}} \tag{3.153}$$

其中，$J_{\mathrm{p}}(= \alpha_{\mathrm{p}}\rho_{\mathrm{p}}U_{\mathrm{p}})$ 是颗粒的质量流量；A 是与球形探针性质有关的常数, 由下式给出

$$A = \frac{4.76\eta}{m}(d_{\mathrm{b}} + d_{\mathrm{p}})^2(V_{\mathrm{p0}} - V_{\mathrm{b0}})h_{\mathrm{ebp}}\left(\frac{m^*}{E^*}\right)^{\frac{4}{5}} a^{*\frac{3}{5}} \tag{3.154}$$

这一理论适用于稀疏气固悬浮流，其电荷转移是由单分散颗粒起主导作用的。当用于稠密的气固悬浮系统时，多分散相、滑移、电荷饱和的影响就突现出来，这时，在应用该理论时就该把这些因素考虑进去。

现在，我们考虑一个单分散颗粒的稠密悬浮系统。根据分子动力学的分析，颗粒与球形探针发生碰撞的次数由下式给出

$$N_{\mathrm{c}} = \frac{1}{\lambda_{\mathrm{B}} n^{1/3}} \tag{3.155}$$

其中，λ_{B} 是颗粒–球形探针碰撞的平均自由程，可由下式给出

$$\lambda_{\mathrm{B}} = \frac{4}{n\pi(d_{\mathrm{b}} + d_{\mathrm{p}})^2} \tag{3.156}$$

图 3.6 中给出了流动条件从单分散到颗粒的 "边界层流动" 颗粒的变化。注意，单分散颗粒的边界条件是 $d_{\mathrm{b}}/\lambda_{\mathrm{B}} = 1$。而在式 (3.156) 中，单分散颗粒边界是颗粒尺寸、球形探针尺寸及颗粒浓度的函数。

多分散相、滑移和电荷饱和对球形探针电流的影响，可用球形探针和每个碰撞颗粒的电势差的修正加以考虑。假设带电颗粒的初始电位对单分散相和多分散相颗粒都相同。对于球形探针，我们可得到

$$C_{\mathrm{b}}\frac{\mathrm{d}V_{\mathrm{b}}}{\mathrm{d}t}=-\sum_{\mathrm{i}}^{N_{\mathrm{e}}}C_{\mathrm{i}}\frac{\mathrm{d}V_{\mathrm{i}}}{\mathrm{d}t}=\sum_{\mathrm{i}}^{N_{\mathrm{c}}}A_{\mathrm{ib}}h_{\mathrm{eib}}(V_{\mathrm{i}}-V_{\mathrm{b}}) \tag{3.157}$$

由式 (3.157) 积分可得到

$$V_{\mathrm{b}}-V_{\mathrm{p}}=(V_{\mathrm{bs}}-V_{\mathrm{ps}})\exp\left(-\sum_{\mathrm{i}}^{N_{\mathrm{c}}}\frac{A_{\mathrm{ib}}h_{\mathrm{eib}}}{C_{\mathrm{b}}}t\right) \tag{3.158}$$

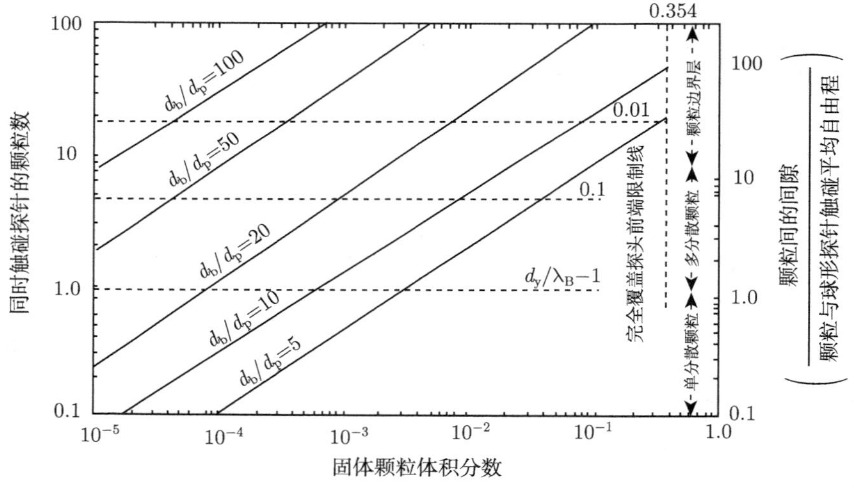

图 3.6　用电子探针确定的颗粒流态 [Zhu and Soo, 1992]

其中，下标 “s” 代表单分散颗粒；t 可认为是多分散相颗粒作用的时间尺度。我们将这个时间尺度与颗粒的质量流量和颗粒的速度联系起来，这样在稠密悬浮体系中的电势差可以用下式表示

$$V_{\mathrm{b}}-V_{\mathrm{p}}=(V_{\mathrm{bs}}-V_{\mathrm{ps}})\exp\left(-C_{\mathrm{c}}\frac{J_{\mathrm{p}}}{U_{\mathrm{p}}^{2}}\right) \tag{3.159}$$

其中，C_{c} 是尺寸浓缩系数，单位是 $\mathrm{m^4/kg{\cdot}s}$，由实验确定。因此，在稠密悬浮系统中，由球形探针测得的电流可用下式表示

$$i_{\mathrm{b}}=AU_{\mathrm{p}}^{3/5}J_{\mathrm{p}}\exp\left(-C_{\mathrm{c}}\frac{J_{\mathrm{p}}}{U_{\mathrm{p}}^{2}}\right) \tag{3.160}$$

式 (3.160) 已经通过大量的实验证明是准确的 [Zhu and Soo, 1992]。如果定义 $y = i_{\mathrm{b}}/U_{\mathrm{p}}^{2.6}$, 定义 $x = J_{\mathrm{p}}/U_{\mathrm{p}}^{2}$, 球形探针电流等式可化简成

$$y = Axe^{-C_{\mathrm{c}}x} \tag{3.161}$$

如果令 $\mathrm{d}y/\mathrm{d}x = 0$，便可得到颗粒质量流量的最大值，这是根据颗粒质量流量和球形探针电流之间单一关系确定的。颗粒质量流量的最大值为

$$J_{\mathrm{p}} = \frac{U_{\mathrm{p}}^{2}}{C_{\mathrm{c}}} \tag{3.162}$$

符　号　表

A	颗粒的迎流面积
A	哈梅克 (Hamaker) 常数
A	由式 (3.3) 所定义的实验系数
A	由例题式 (E3.22) 所定义的参数
A	由式 (3.154) 所定义的参数
A_0	由式 (3.131) 定义的常数
An	加速度数
a	颗粒半径
a^*	由式 (2.66) 定义的相对半径
$\boldsymbol{B}$	磁场强度矢量
B	由式 (3.3) 所定义的实验系数
B	由例题式 (E3.26) 所定义的参数
B	由式 (3.146) 定义的常数
B_0	真空中的磁通量密度
C	颗粒的电容量
C	由式 (3.5) 所定义的实验系数
C_{b}	球形探针的电容量
C_{c}	由式 (3.159) 定义的浓度系数
C_{I}	裹挟质量系数
C_{B}	巴塞特 (Basset) 系数
C_{D}	曳力系数
C^*	由式 (3.138) 定义的相对容量
c	由式 (3.92) 定义的系数
D	由式 (3.7) 定义的算子
d_{p}	颗粒直径
d_{b}	球形探针直径
E	电场强度
E	原子间相互作用能量
E	能级
E_0	真空中的电场强度
E_{f}	费米 (Fermi) 能级
E_{s}	表面电场强度
E^*	接触模量
$\boldsymbol{E}$	电场强度矢量
e	电子的电荷
F_{di}	由偶极子引起的力
F_{e}	静电力
F_{er}	静电斥力
F_{m}	磁场力
F_{p}	压力梯度引起的力
F_{v}	范德瓦耳斯力
F_{z}	颗粒运动的总阻力
$\boldsymbol{F}_{\mathrm{A}}$	裹挟质量力矢量
$\boldsymbol{F}_{\mathrm{B}}$	巴塞特 (Basset) 力矢量
$\boldsymbol{F}$	碰撞力矢量
$\boldsymbol{F}_{\mathrm{D}}$	阻力矢量
$\boldsymbol{F}_{\mathrm{E}}$	电场力矢量
$\boldsymbol{F}_{\mathrm{em}}$	洛伦兹 (Lorentz) 力矢量
$\boldsymbol{F}_{\mathrm{M}}$	马格纳斯 (Magnus) 力矢量
$\boldsymbol{F}_{\mathrm{S}}$	萨夫曼 (Saffman) 力矢量

$\boldsymbol{F}_{\mathrm{T}}$　辐射力矢量
f　普通函数
f　碰撞频率
g　重力加速度
h　普朗克 (Planck) 常数
h_{e}　荷迁移系数
$h\varpi$　利弗西兹–范德瓦耳斯 (Lifshitz–van der Waals) 常数
i　表面电荷流
i　总电荷流
i_{b}　通过球形探针的电流
J_{e}　电流密度
J_{p}　颗粒的质量流量
K　由式 (3.41) 定义的常数
K　离子迁移率
K　气体导热率
K_{p}　颗粒的热导率
k　玻尔兹曼 (Boltzmann) 常数
k　碰撞热导率
l　颗粒间的距离
M_{a}　被挤出流体的质量
m　北磁极数
m　颗粒的质量
m　离子的质量
m^*　相对质量
m_{e}　电子的质量
m_{i}　离子的质量
N_{c}　颗粒与球形探针碰撞的次数
n　颗粒个数密度
n_{q}　电荷密度
P_{v}　范德瓦耳斯压力
$\boldsymbol{P}_{\mathrm{c}}$　碰撞应力矢量
p　压力
P^*　对奥森 (Oseen) 展开式的无量纲压力
$\bar{p}$　对斯托克斯 (Stokes) 展开式的无量纲压力
P_{f}　流体的压力
$\boldsymbol{P}_{\mathrm{d}}$　偶极子动量矢量
Q_{bp}　每次碰撞的平均电荷转移数
Q_{es}　带电颗粒的表面电荷
Q_{is}　离子带电颗粒的表面电荷
Q_{s}　颗粒的表面电荷
Q_{sm}　颗粒的饱和表面电荷
q　颗粒所带电荷
q　材料的原子密度
q_0　真空中的电荷密度
q_{e0}　电子电荷密度
q_{i0}　离子电荷密度
$\boldsymbol{R}$　球面坐标
R_{BS}　巴塞特力和斯托克斯力的比值
R_{M}　气体常数
R_{MS}　马格纳斯力和斯托克斯力的比值
R_{SS}　萨夫曼力和斯托克斯力的比值
Re_{a}　颗粒雷诺数，按颗粒半径和相对速度计算
Re_{p}　颗粒雷诺数，按颗粒直径和相对速度计算
r　圆柱坐标
r_{c}　触碰半径
$\boldsymbol{r}$　位置矢量
S　表面积
s　两原子间的距离
s　两种相互作用的材料表面间的距离
s　拉伸坐标
T　绝对温度
T_{c}　粉粒温度
T_{p}　颗粒温度
t　时间
t_{c}　颗粒触碰时间
U　式 (3.19) 定义的在 x-方向上的气体速度
U　例题 (E3.1) 定义的尾随颗粒与导向颗粒的相对速度
U_{p}　式 (3.20) 定义的在 x-方向上的颗粒速

	度
$\boldsymbol{U}$	气体速度矢量
$\boldsymbol{U}_{\mathrm{p}}$	颗粒速度矢量
u_{R}	式 (3.15) 定义的在 R-方向上的气体速度
u_{r}	式 (3.4) 定义的在 r-方向上的气体速度
u_{z}	式 (3.4) 定义的在 z-方向上的气体速度
u_{θ}	式 (3.15) 定义的在 θ-方向上的气体速度
$\boldsymbol{u}^{*}$	奥森展开式中无量纲气体速度矢量
$\bar{\boldsymbol{u}}$	斯托克斯展开式中无量纲气体速度矢量
V	电势
V	颗粒的体积
V	式 (3.14) 定义的颗粒对气体的相对速度
V	式 (3.19) 定义的在 x-方向上的气体速度
V_{p}	式 (3.20) 定义的在 x-方向上的颗粒速度
v	离子的平均热速度
v	式 (3.37) 定义的与时间相关的颗粒相对气体的速度
v_{s}	式 (3.30) 的一个 A 解
$\boldsymbol{W}$	功函数
x	笛卡儿坐标
y	笛卡儿坐标
z	笛卡儿坐标
z	圆柱坐标

希腊字母

α	接近距离
α	由式 (3.126) 定义的电子热数
ε	介质的介电常数
ε_0	真空中颗粒的介电常数
ε_{r}	介电材料的相对介电常数
ζ	虚构的频率轴
η	校正系数
θ	圆柱坐标
θ	球面坐标
θ	球面上的点和电场间的夹角
λ_{B}	颗粒与颗粒触碰的平均自由程
λ_{D}	德拜 (Debye) 屏蔽距离
$\lambda_{\mathrm{i,j}}$	伦敦 (London) 常数
μ	动力学黏度
μ_{r}	相对渗透率
ν	运动黏度
ξ	距一个固定点的距离
ρ	气体密度
ρ_{p}	颗粒密度
σ	电导率
τ	饱和电荷时间常数
τ_{d}	扩散荷电时间常数
τ_{S}	斯托克斯弛豫时间
ϕ	势函数
ϕ	热离子功函数
ϕ	旋转角
Ψ	流函数
$\boldsymbol{\Omega}$	角速度矢量
ω	角速度
$\boldsymbol{\omega}$	无因次角速度矢量

参考文献

Basset, A. B. (1888). *A Treatise on Hydrodynamics,* 2. Cambridge: Deighton, Bell; (1961) New York: Dover.

Boussinesq, J. (1903). *Theorie Analytique de la Chaleur,* 2. Paris: Gauthier-Villars.

Cheng, L. and Soo, S. L. (1970). Charging of Dust Particles by Impact. *J. Appl. Phys.,* 41, 585.

Clift, R., Grace, J. R. and Weber, M. E. (1978). *Bubbles, Drops, and Particles.* New York: Academic Press.

Corrsin, S. and Lumley, J. (1956). On the Equation of Motion for a Particle in Turbulent Fluid. *Appl. Sci. Res.,* 6A, 114.

Cross, J. A. (1987). *Electrostatics: Principles, Problems and Applications.* Philadelphia: Adam Hilger.

Dahneke, B. (1972). The Influence of Flattening on the Adhesion of Particles. *J. Colloid Interface Sci.,* 40, 1.

Epstein, P. S. (1929). Zur Theorie des Radiometers. *ZS. f. Phys.,* 54, 537.

Faeth, G. M. (1983). Evaporation and Combustion of Sprays. *Prog. Energy Combust. Sci.,* 9, 1.

Hamaker, H. C. (1937). The London-Van der Waals Attraction Between Spherical Particles. *Physica IV,* 10, 1058.

Hansell, D., Kennedy, I. M. and Kollmann, W. (1992). A Simulation of Particle Dispersion in a Turbulent Jet. *Int. J. Multiphase Flow,* 18, 559.

Harper, W. R. (1967). *Contact and Frictional Electrification.* Oxford: Oxford University Press.

Hettner, G. (1926). Zur Theorie der Photophorese. *ZS. f. Phys.,* 37, 179.

Hough, D. B. and White, L. R. (1980). The Calculation of Hamaker Constants from Lifshitz Theory with Applications to Wetting Phenomena. *Adv. Colloid Interface Sci.,* 14, 3.

Hughes, R. R. and Gilliland, E. R. (1952). The Mechanics of Drops. *Chem. Eng. Prog.,* 48, 497.

Israelachvili, J. N. (1992). *Intermolecular and Surface Forces,* 2nd ed. New York: Academic Press.

Kriebel, A. R. (1961). Particle Trajectories in a Gas Centrifuge. *Trans. ASME, J. Basic Eng.,* 83D, 333.

Krupp, H. (1967). Particle Adhesion Theory and Experiment. *Adv. Colloid Interface Sci.,* 1, 111.

Lamb, H. (1945). *Hydrodynamics,* 6th ed. New York: Dover.

Landau, L. D. and Lifshitz, E. M. (1960). *Electrodynamics of Continuous Media.* Oxford: Pergamon Press.

Langbein, D. (1969). Van der Waals Attraction Between Macroscopic Bodies. *J. Adhesion,* 1, 237.

Lee, K. C. (1979). Aerodynamic Interactions Between Two Spheres at Reynolds Number Around 10^4. *Aerosp. Q.*, 30, 371.

Lifshitz, E. M. (1956). The Theory of Molecular Attractive Force Between Solids. *Soviet*

Phys., 2, 73.

Liu, B. Y. H. and Yeh, H. C. (1968). On the Theory of Charging of Aerosol Particles in an Electric Field. *J. Appl. Phys.*, 39, 1396.

London, F. (1937). The General Theory of Molecular Forces. *Trans. Faraday Soc.*, 33, 8.

Magnus, G. (1852). *Uber die Abweichung der geschosse, nebst einem Anhange: Uber eine auffallende Erscheinung bei rotirenden Korpern.* Berlin: F. Dummler.

Massimilla, L. and Donsi, G. (1976). Cohesive Forces Between Particles of Fluid-Bed Catalysis. *Powder Tech.*, 15, 253.

McAteer, O. J. (1990). *Electrostatic Discharge Control.* New York: McGraw-Hill.

Montgomery, D. J. (1959). Static Electrification of Solids. *Solid State Phys., 9,* 139.

Murphy, A. T. (1956). *Charging of Fine Particles by Random Motion of Ions in an Electric Field.* Ph.D. Dissertation. Carnegie Institute of Technology.

Odar, F. and Hamilton, W. S. (1964). Forces on a Sphere Accelerating in a Viscous Fluid. *J. Fluid Mech.*, 18, 302.

Oglesby, S. and Nichols, G. B. (1978). *Electrostatic Precipitation.* New York: Marcel Dekker.

Oseen, C. W. (1927). *Hydrodynamik.* Leipzig: Akademische Verlagsgescellschafe.

Passman, S. L. (1986). Forces on the Solid Constituent in a Multiphase Flow. *J. Rheology,* 30, 1077.

Rowe, P. N. and Henwood, G. A. (1961). Drag Forces in a Hydraulic Model of a Fluidised Bed-Part I. *Trans. Instn. Chem. Engrs.*, 39, 43.

Rubinow, S. I. and Keller, J. B. (1961). The Transverse Force on a Spinning Sphere Moving in a Viscous Fluid. *J. Fluid Mech.*, 11, 447.

Rudinger, G. (1980) *Fundamentals of Gas-Particle Flow.* Amsterdam: Elsevier Scientific.

Saffman, P. G. (1965). The Lift on a Small Sphere in a Slow Shear Flow. *J. Fluid Mech.*, 22, 385.

Saffman, P. G. (1968). Corrigendum. *J. Fluid Mech.*, 31, 624.

Schlichting, H. (1979). *Boundary Layer Theory,* 7th ed. New York: McGraw-Hill.

Soo, S. L. (1964). Effect of Electrification on Dynamics of a Particulate System. *I & EC Fund.*, 3, 75.

Soo, S. L. (1990). *Multiphase Fluid Dynamics.* Beijing: Science Press; Brookfield, Vt.: Gower Technical.

Tchen, C. M. (1947). *Mean Value and Correlation Problems Connected with the Motion of Small Particles in a Turbulent Field.* Ph.D. Dissertation. Delft University, Netherlands.

Tsuji, Y., Morikawa, Y. and Terashima, K. (1982). Fluid-Dynamic Interaction Between Two Spheres. *Int. J. Multiphase Flow,* 8, 71.

Visser, J. (1989). Van der Waals and Other Cohesive Forces Affecting Powder Fluidization. *Powder Tech.*, 58,1.

Wallis, G. B. (1969). *One-Dimensional Two-Phase Flow.* New York: McGraw-Hill.

Webers, V. J. (1963). Measurement of Triboelectric Position. *J. Appl. Polymer Sci.,* 7, 1317.

White, H. J. (1963). *Industrial Electrostatic Precipitation.* Reading, Mass.: Addison-Wesley.

Williams, M. W. (1976). The Dependence of Triboelectric Charging of Polymers on Their Chemical Composition. *J. Macromolecular Sci. Rev. Macromol. Chem.,* C14, 251.

Zhu, C., Liang, S.-C. and Fan, L.-S. (1994). Particle Wake Effects on the Drag Force of an Interactive Particle. *Int. J. Multiphase Flow,* 20, 117.

Zhu, C. and Soo, S. L. (1992). A Modified Theory for Electrostatic Probe Measurements of Particle Mass Flows in Dense Gas-Solid Suspensions. *J. Appl. Phys.,* 72, 2060.

习　题

3.1　试计算下列情况下两物体之间的范德瓦耳斯力：(a) 两个半径均为 10μm 的金刚石球；(b) 两个石墨球，球 1 半径为 1μm，球 2 半径为 10μm；(c) 一块石墨板和一个半径为 5μm 的金刚石球。金刚石的哈梅克常数为 28.4×10^{-13}；石墨的哈梅克系数为 47×10^{-13}。对于两个不同的固体材料之间的范德瓦耳斯相互作用力计算，其哈梅克系数可分别用两种材料的系数用几何平均的方法近似求得, 即

$$A_{12} = \sqrt{A_1 A_2} \tag{P3.1}$$

假设两物体之间的距离为 4Å。

3.2　如图 E3.1 所示, 由于尾流吸引作用, 颗粒发生触碰。假设 (a) 颗粒的运动不受尾随颗粒的影响；(b) 两相互触碰的颗粒是刚性的、尺寸相等的球体；(c) 碰撞之前，两颗粒间的距离为特征长度 l_0, 两个颗粒的速度差很小并与各自终端速度接近。可用一个经验公式来描述颗粒间的距离和颗粒雷诺数对尾随颗粒曳力的影响：

$$\frac{F_{\mathrm{D}}}{F_{\mathrm{D0}}} = 1 - (1 - A)\exp\left(B\frac{l}{d_{\mathrm{p}}}\right) \tag{P3.2}$$

式中，F_{D0} 是无其他颗粒与之作用的单个颗粒的曳力；系数 A 和 B，可根据朱 [Zhu *et al.*, 1994] 给出的经验公式, 当 $20 < \mathrm{Re_p} < 150$ 时

$$A = 1 - \exp(-0.483 + 3.45 \times 10^{-3}\mathrm{Re_p} - 1.07 \times 10^{-5}\mathrm{Re_p^2}) \tag{P3.3}$$

$$B = -0.115 - 8.75 \times 10^{-4}\mathrm{Re_p} + 10^{-7}\mathrm{Re_p^2} \tag{P3.4}$$

(a) 不考虑巴塞特力的影响, 试推导出颗粒触碰时的速度表达式;

(b) 利用 (a) 导出的结果和例题 3.9 的公式, 如果考虑到巴塞特力 (见例题 3.1) 的影响, $\mathrm{Re_p}$=90，$\mu = 0.057$kg/m·s，$\rho_{\mathrm{p}} = 1500$ kg/m^3，ρ= 1200 kg/m^3，$d_{\mathrm{p}} = 0.019$m，$l_0 = 2d_{\mathrm{p}}$ 时,

计算颗粒触碰时的速度。测量得到触碰速度为 0.13, 用测量速度和计算速度比较, 说明巴塞特力的重要性, 导出公式中巴塞特力是不能忽略的。

3.3　试证明在重力场中一个以恒速 v 运动的球形颗粒所受到的阻力可以由式 (3.36) 得到。如果一个颗粒从静止开始加速运动到速度 v，则其所受的阻力可由式 (3.37) 给出。

3.4　试分析确定：(1) 密度为 2300 kg/m^3 的玻璃珠, 在空气中自由降落时的初始加速度; (2) 球形上升气泡在流化床中的初始加速度。流化床可认为是一个密度为 $600kg/m^3$ 的拟连续介质。(3) 试讨论在这两种情况下, 裹挟质量力的重要性。

3.5　在一个充分发展的层流管流中, 有一个球体颗粒, 试分析萨夫曼力在该球体径向上的变化规律. 最大萨夫曼力的位置在哪里? 讨论湍流时的萨夫曼力 (利用流体速度服从 1/7 幂定律).

3.6　在细颗粒输送中，了解颗粒在运动中颗粒之间的相互作用力是非常重要的。按照 Massimilla 和 Donsi(1976) 所给出的数据, 即 $h\varpi = 2\text{eV}$;　$s = 50\text{Å}$; $\rho_\text{p} = 1000 \sim 2000\ \text{kg/m}^3$; $d_\text{p} = 20 \sim 1000\ \mu\text{m}$。试讨论具有这些特性的分散颗粒的重力与范德瓦耳斯力的相对意义。

3.7　一些均匀带电的颗粒均匀地封闭在一个半径为 R_0 的球形空间内。当突然将这个球形屏障去除以后，这些颗粒便开始从球形空间逸出。假设黏性阻力系数为常数，由于自身电场的偶极作用也可忽略。试证明在球形空间内带电颗粒的逸出速度与最初位置的关系可由下式表示：

$$U_\text{p} = \exp\left(-\frac{AR}{2}\right)\left[\int_{R_0}^{R} \frac{B}{\xi^2}\exp(A\xi)\text{d}\xi\right] \tag{P3.5}$$

其中

$$A = \frac{3}{2}\frac{\rho C_\text{D}}{\rho_\text{p} d_\text{p}},\quad B = \frac{(q/m)^2 M_0}{2\pi\varepsilon}$$

(符号意义可参见例题 3.2)。

3.8　在气固悬浮系统中声波传播行为的描述或者在湍流漩涡中颗粒运动状态的描述，都需要了解振荡流场中颗粒运动的动力学。其振荡流场分析可用一维简谐振动方程

$$U = U_0\sin(\omega t) \tag{P3.6}$$

假设在振荡流场中只有一种力作用在颗粒上，即斯托克斯力。如果颗粒在这个振荡流场中停留足够长的时间 (即 $t \gg \tau_\text{S}$)，试推导颗粒的速度以及颗粒速度和气体速度的差。

3.9　在一个电子数密度为 10^{15}m^{-3}、电子迁移速率为 $0.022(\text{m}^2/\text{V·s})$ 的电场中，一个中性颗粒在电场中, 荷电达到饱和电荷的 99%所需要的时间是多少? 如果荷电室的长度是 5cm，要保证荷电达到饱和电荷的 99%，那么颗粒的最大速度是多少?

3.10　用球形探针测量气固悬浮系统的电流，试证明对于一定的颗粒和一定质量流比率，当 $d_\text{b} \gg d_\text{p}$ 时，测量电流与颗粒大小无关。可假设电荷转移系数为常数。

第4章　传热与传质基础

4.1　引　　言

伴随有传热和传质的气固两相流动常见于许多工程实际中，如石油精炼、核反应堆冷却、固体燃料燃烧、火箭喷嘴喷射、干燥过程和散装物料的处理与输送。在化工过程中，聚合和氢化所用的反应器常需要冷却或加热以维持反应温度。在核反应堆的冷却或太阳能传输过程中，常将石墨悬浮液作为冷却剂应用在热交换器中。因为石墨悬浮液冷却剂除具有很高的热容量、良好的温度稳定性和低增压等优良性能外，还具有很高的传热系数 [Boothroyd，1971]。气固两相流动过程中也有很多传质的例子，如煤粉燃烧、催化剂表面的气体吸附以及化学物质的合成等。

传热有三种基本方式：热扩散 (导热)、对流换热和辐射换热。这三种传热方式可能同时发生，也可能其中一种传热方式在一定条件下起主导作用。热扩散和对流换热与流体中的动量传输过程中有相似性，而热辐射是通过电磁波传递能量的一种方式，遵从完全不同的规律，甚至能在真空中进行。由于传质和传热具有相类似的控制方程 (不包括热辐射)，因此传质和传热过程可以进行类比。

本章将主要介绍气固两相流中传热和传质的基本原理；对于大多数气固两相流动情形，固体颗粒内部的温度近似看成是均匀的。本章将对这个近似的基本理论和相关限制条件进行分析，并介绍颗粒弹性碰撞引起的导热；讨论基于气固混合物拟连续性假设的对流换热模型及其应用，还介绍颗粒相的辐射传热；特别讨论单颗粒的热辐射、多重散射效应的颗粒云辐射和通用多颗粒辐射的基本控制方程。但是，本章不讨论气相辐射，因为气相辐射很复杂，它受到气体组成、浓度和温度的影响。对气体辐射吸收或发射有兴趣的读者可以参阅奥齐西克 [Özisik，1973] 的专著。本章的最后一部分，将描述气固两相中传质的基本原理。

4.2　导　　热

导热是颗粒内部传热的主要方式。在低雷诺数流动中，导热也是流体传热的一种重要方式。本节分析单个球形颗粒在静止流体中的传热特性及其与另一个球形颗粒发生弹性碰撞时的导热特性。

4.2.1 静止流体中单个球形颗粒的传热

为简单起见，假定贯穿单个球形颗粒的温度分布是径向对称的，且内部无热量产生，和周围环境之间无热辐射。这个球形颗粒的瞬态热平衡可用下式表示

$$\frac{1}{R}\frac{\partial^2}{\partial R^2}(RT_{\rm p})=\frac{\rho_{\rm p}c}{K_{\rm p}}\frac{\partial T_{\rm p}}{\partial t} \tag{4.1}$$

边界条件和初始条件为

$$\begin{aligned}&\text{在}R=0\text{处，}\ \frac{\partial T_{\rm p}}{\partial R}=0\\&\text{在}R=a\text{处，}\ K_{\rm p}\frac{\partial T_{\rm p}}{\partial R}=h_{\rm p}(T_\infty-T_{\rm p})\\&\text{当}t=0\text{时，}\ T_{\rm p}=T_{\rm pi}(R)\end{aligned} \tag{4.2}$$

定义部分无量纲变量

$$R^*=\frac{R}{a},\quad T_{\rm p}^*=\frac{T_{\rm p}-T_\infty}{T_{\rm p0}-T_\infty},\quad {\rm Bi}=\frac{h_{\rm p}a}{K_{\rm p}},\quad {\rm Fo}=\frac{K_{\rm p}t}{\rho_{\rm p}ca^2} \tag{4.3}$$

其中，Bi 和 Fo 分别为毕奥 (Biot) 数和傅里叶 (Fourier) 数。

毕奥数 Bi 和傅里叶数 Fo 是导热中的两个重要的无量纲参数。傅里叶数 Fo 可由下式给出

$${\rm Fo}=\frac{\dfrac{K_{\rm p}}{a^2}a^3}{\dfrac{\rho_{\rm p}ca^3}{t}}=\frac{\text{体积为}a^3\text{的颗粒通过表面积为}a^2\text{的导热率}}{\text{体积为}a^3\text{的颗粒的蓄热率}} \tag{4.4}$$

毕奥数 Bi 可由下式给出

$${\rm Bi}=\frac{h_{\rm p}}{K_{\rm p}/a}=\frac{\text{颗粒表面的对流传热系数}}{\text{通过断面深度为}a\text{的固体导热率}} \tag{4.5}$$

式 (4.1) 和式 (4.2) 可以简化为无量纲形式

$$\frac{1}{R^*}\frac{\partial^2}{\partial R^{*2}}(R^*T_{\rm p}^*)=\frac{\partial T_{\rm p}^*}{\partial {\rm Fo}} \tag{4.6}$$

且

$$\begin{aligned}&\text{在}R^*=0\text{处，}\ \frac{\partial T_{\rm p}^*}{\partial R^*}=0\\&\text{在}R^*=1\text{处，}\ \frac{\partial T_{\rm p}^*}{\partial R^*}+{\rm Bi}T_{\rm p}^*=0\\&\text{当}{\rm Fo}=0\text{时，}\ T_{\rm p}^*=T_{\rm pi}^*(R^*)\end{aligned} \tag{4.7}$$

式 (4.6) 和式 (4.7) 方程的解为

$$T_{\mathrm{p}}^{*}=\frac{2}{R^{*}}\sum_{n=1}^{\infty}e^{-\lambda_{\mathrm{n}}^{2}\mathrm{Fo}}\frac{[\lambda_{\mathrm{n}}^{2}+(\mathrm{Bi}-1)^{2}]\sin\lambda_{\mathrm{n}}R^{*}}{\lambda_{\mathrm{n}}^{2}+(\mathrm{Bi}-1)^{2}+\mathrm{Bi}-1}\int_{0}^{1}\xi T_{\mathrm{pi}}^{*}\sin\lambda_{\mathrm{n}}\xi\mathrm{d}\xi \tag{4.8}$$

其中，λ_{n} 是方程 (4.9) 的特征值

$$\lambda_{\mathrm{n}}\cot\lambda_{\mathrm{n}}+\mathrm{Bi}-1=0 \tag{4.9}$$

式 (4.8) 表明, 在一个没有内部热量产生的实心球内，一维瞬态温度分布随 Bi 和 Fo 而变化。根据方程 (4.8)，当毕奥数 $\mathrm{Bi}<0.1$ 时，大多数的气固两相流动系统都满足这个条件, 在该条件下, 可认为固体的温度分布是均匀的，其误差小于 5%。瞬态传热过程中的气固接触时间很短，当傅里叶数 $\mathrm{Fo}>0.1$ 时 [Gel'Perin and Einstein, 1971]，颗粒内部热阻可以忽略。在下面的内容中，如果没有特别的说明，都假定固体颗粒内部温度是均匀分布的。

对于一个等温球体与无限大且静止流体之间的准稳态导热过程，流体相的温度分布可由下式给出

$$\frac{1}{R^{2}}\frac{\mathrm{d}}{\mathrm{d}R}\left(R^{2}K\frac{\mathrm{d}T}{\mathrm{d}R}\right)=0 \tag{4.10}$$

边界条件为

$$\begin{aligned}&\text{在}R=a\text{处},\ T=T_{\mathrm{p}}\\&\text{在}R\to\infty\text{处},\ T=T_{\infty}\end{aligned} \tag{4.11}$$

其解为

$$T=\frac{a}{R}(T_{\mathrm{p}}-T_{\infty})+T_{\infty} \tag{4.12}$$

相对应的球体表面热通量由下式给出

$$J_{\mathrm{q}}=\frac{2K\left(T_{\mathrm{p}}-T_{\infty}\right)}{d_{\mathrm{p}}} \tag{4.13}$$

注意，这里的热通量也可用下式表示

$$J_{\mathrm{q}}=h_{\mathrm{p}}\left(T_{\mathrm{p}}-T_{\infty}\right) \tag{4.14}$$

因此，当 $\mathrm{Re}_{\mathrm{p}}\to 0$ 时，努塞特 (Nusselt) 数为

$$\mathrm{Nu}_{\mathrm{p}}=\frac{h_{\mathrm{p}}d_{\mathrm{p}}}{K}=2 \tag{4.15}$$

式 (4.15) 表明对无限大流体中的一个孤立的等温实心球体颗粒，在忽略强迫对流或自然对流条件下 Nu_{p} 数接近 2。兰茨和马歇尔 [Ranz and Marshall，1952] 通过实验证实了这个关系式。

现在考虑一个内径为 d_1、外径为 d_2 的球壳导热。此时，努塞特数为

$$\mathrm{Nu_p} = \frac{2}{1 - d_1/d_2} \tag{4.16}$$

当 d_2 趋于无穷大时，式 (4.16) 可以简化为式 (4.15)。对于用单尺寸球体颗粒排列成立方体阵列的填充床，环绕在颗粒周围气体“壳层”的平均厚度可近似为

$$\delta \approx \frac{d_\mathrm{p}^3 - \pi d_\mathrm{p}^3/6}{\pi d_\mathrm{p}^2} = 0.152 d_\mathrm{p} \tag{4.17}$$

因此，由式 (4.16) 和式 (4.17)，得到 $\mathrm{Nu_p} \approx 10$，表明气固悬浮态中的单个颗粒传热的 $\mathrm{Nu_p}$ 大致在 2~10。关于 $\mathrm{Nu_p}$ 随 δ/d_p 变化更详细的讨论由 Zabrodsky[Zabrodsky, 1966] 给出。

4.2.2 弹性球体颗粒碰撞中的导热

两个不同温度的球体颗粒间相互触碰时，在它们的界面会发生导热。与球体颗粒的横截面积相比，接触面积很小，可以忽略。由于碰撞的持续时间很短，碰撞颗粒的温度变化被限制在一个接触面很小的区域里，所以，这两个颗粒之间的导热可以认为是在两个半无限大介质之间的导热。同时假定接触面之间没有热阻，因此温度和热流量在接触面上分布也是连续的。接触面以外的表面假定是稳定的和绝热的。对固体碰撞机制的一般知识，读者可以参考第 2 章。

为简单起见，假定碰撞是赫兹 (Hertz) 碰撞，在发生碰撞时没有动能损失。孙和陈 [Sun and Chen, 1988] 对实心球体颗粒弹性碰撞的导热问题进行了研究，并解决了导热过程中的相关问题。在其定义的问题中，如图 4.1 所示，导热过程通过触碰接触面完成，触碰接触面积或接触面圆的半径相对于时间的变化可参见式 (2.139) 或者图 2.16。在柱坐标系下，触碰的固体导热方程可写成

$$\frac{1}{D_\mathrm{ti}}\frac{\partial T_\mathrm{i}}{\partial t} = \frac{1}{r}\frac{\partial T_\mathrm{i}}{\partial r}\left(r\frac{\partial T_\mathrm{i}}{\partial r}\right) + \frac{\partial^2 T_\mathrm{i}}{\partial z^2}; \quad i = 1, 2 \tag{4.18}$$

边界条件和初始条件为

$$\begin{aligned}
&\text{在 } z = 0 \text{ 和 } r \leqslant r_\mathrm{c}(t) \text{ 处,} && T_1 = T_2, \quad K_\mathrm{p1}\frac{\partial T_1}{\partial z} = K_\mathrm{p2}\frac{\partial T_2}{\partial z} \\
&\text{在 } z = 0 \text{ 和 } r > r_\mathrm{c}(t) \text{ 处,} && \frac{\partial T_1}{\partial z} = \frac{\partial T_2}{\partial z} = 0 \\
&\text{在 } r = 0 \text{ 处,} && \frac{\partial T_1}{\partial r} = \frac{\partial T_2}{\partial r} = 0 \\
&\text{当 } t = 0 \text{ 时,} && T_1 = T_{10},\ T_2 = T_{20}
\end{aligned} \tag{4.19}$$

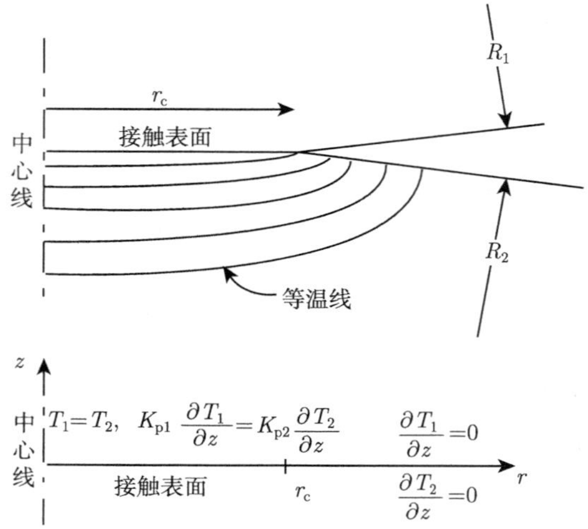

图 4.1　两球相碰触时的导热 [Sun and Chen，1988]

式中，D_t 为固体的热扩散系数。其定义式为

$$D_t = \frac{K_p}{\rho_p c} \tag{4.20}$$

当接触时间很短时，导热在接触面上从一个介质到另一个介质的热渗透距离就不是很深。因此，可采用一维近似的方法考虑这种传热现象。这种传热现象通常用总触碰持续时间和最大的接触半径的傅里叶数来表征，傅里叶数的定义为

$$\mathrm{Fo_i} = \frac{D_{ti} t_c}{r_{cm}^2}, \quad i = 1, 2 \tag{4.21}$$

因此，对于小的傅里叶数，一维传热可由下式给出

$$\frac{1}{D_{ti}} \frac{\partial T_i}{\partial t} = \frac{\partial^2 T_i}{\partial z^2}, \quad i = 1, 2 \tag{4.22}$$

边界和初始条件由式 (4.19) 给出。

当物性参数为常数时，卡斯洛和杰格 [Carslaw and Jaeger, 1959] 对式 (4.22) 给出了一般解

$$\begin{aligned} &\frac{\partial T}{\partial t} = D_t \frac{\partial^2 T}{\partial z^2} \\ &T|_{t=0} = 0, \quad T|_{z=0} = \phi(t) \end{aligned} \tag{4.23}$$

$$T = \frac{2}{\sqrt{\pi}} \int_{\frac{z}{2\sqrt{D_t t}}}^{\infty} \phi\left(t - \frac{z^2}{4D_t \xi^2}\right) e^{-\xi^2} \mathrm{d}\xi \tag{4.24}$$

则得到

$$\frac{\partial T}{\partial z}=-\frac{\phi(0)}{\sqrt{D_{\mathrm{t}}\pi t}}e^{-\frac{z^2}{4D_{\mathrm{t}}t}}-\int\limits_{\frac{z}{2\sqrt{D_{\mathrm{t}}t}}}^{\infty}\frac{z}{D_{\mathrm{t}}\xi^2\sqrt{\pi}}\frac{\partial\phi}{\partial z}e^{-\xi^2}\mathrm{d}\xi \tag{4.25}$$

当 $Z=0$，式 (4.25) 可以简化为

$$\left.\frac{\partial T}{\partial z}\right|_{z=0}=-\frac{\phi(0)}{\sqrt{D_{\mathrm{t}}\pi t}} \tag{4.26}$$

现在，我们可以把式 (4.24) 和式 (4.26) 的解用于式 (4.22) 和它的边界条件、初始条件所约束的问题。利用界面温度的连续性条件，可以得到

$$\phi_1=\phi_2+(T_{20}-T_{10}) \tag{4.27}$$

由于在界面的热通量是连续的，所以得到

$$J_{\mathrm{qw}}=\frac{K_1}{\sqrt{\pi D_{\mathrm{t1}}t}}\phi_1(0)=-\frac{K_2}{\sqrt{\pi D_{\mathrm{t2}}t}}\phi_2(0) \tag{4.28}$$

这里，负号表示在两个传热介质接触界面上的法线方向是相反的。则通过界面的热通量可用下式表示

$$J_{\mathrm{qw}}=\frac{T_{20}-T_{10}}{\sqrt{\pi t}}\left(\frac{\sqrt{D_{\mathrm{t1}}}}{K_1}+\frac{\sqrt{D_{\mathrm{t2}}}}{K_2}\right)^{-1} \tag{4.29}$$

式中，t 是从两传热体一接触就开始记录的时间，它是接触面半径 $\boldsymbol{r}_{\mathrm{c}}$ 的函数，如图 2.16 所示。则每次碰撞的总的传热量为

$$Q_{\mathrm{c}}=2\pi\int\limits_0^{r_{\mathrm{cm}}}\int\limits_0^{t_{\mathrm{c}}-2t}J_{\mathrm{qw}}\mathrm{d}t\,r\,\mathrm{d}r \tag{4.30}$$

式中，t 与 r 通过式 (2.137) 或式 (2.139) 相关联。对式 (4.30) 进行数值积分可得到

$$Q_{\mathrm{c0}}=2.73\,(T_{20}-T_{10})\,r_{\mathrm{cm}}^2\sqrt{t_{\mathrm{c}}}\left(\frac{\sqrt{D_{\mathrm{t1}}}}{K_1}+\frac{\sqrt{D_{\mathrm{t2}}}}{K_2}\right)^{-1} \tag{4.31}$$

式中，r_{cm} 和 t_{c} 分别由式 (2.133) 和式 (2.136) 给出，Q_{c} 的下标 “0” 表示当傅里叶数趋向于零时的情形。

前面得到的这些传热结果是在傅里叶数 Fo 极小且可忽略的情况下，以及仅仅只在 z 方向上的导热。当要考虑在 r 方向的导热时，则有更多的热量会在两个相互触碰的传热体之间进行。为了求得这个换热量，可以引入一个修正系数 C，这样每次触碰的总传热量可用下式表示

$$Q_{\mathrm{c}}=CQ_{\mathrm{c0}} \tag{4.32}$$

即使在合适的边界条件和初始条件下，式 (4.18) 也没有解析解，所以系数 C 只能通过数值方法估计。

对于大多数的固体材料，参数 $\rho_{p1}c_1/\rho_{p2}c_2$ 的变化大约在 0.1~10，参数 K_1/K_2 的变化大约在 0.001~1。傅里叶数可以看成是对触碰条件的一个度量。例如，傅里叶数值大，说明触碰速度较小。图 4.2(a) 和 (b) 给出了 K_1/K_2 两个极限值下校正系数 C 的变化曲线。

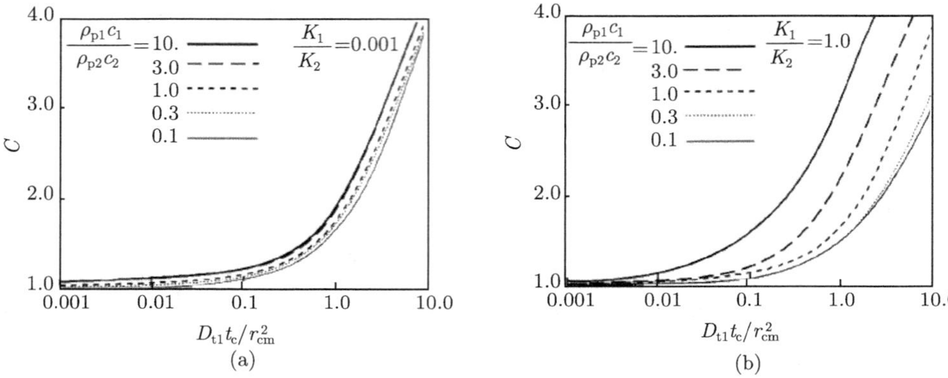

图 4.2 校正系数和傅里叶数的关系

(a) K_1/K_2= 0.001; (b) K_1/K_2 = 1.0 [Sun and Chen，1988]

每条曲线给出了对应于不同的 $\rho_{p1}c_1/\rho_{p2}c_2$ 值，系数 C 随 Fo 数的变化。可以看出，修正系数 C 随着 Fo 数增大而增大，说明径向上的导热量随着 Fo 数增大而增大，也即在总导热量中径向上的导热量变得更为显著。

在气固悬浮系统和流化床中，颗粒和壁面之间的传热，或者处于某一温度下一个颗粒与处于另一温度下一群颗粒之间的传热都是靠颗粒间的碰撞实现的。因此，平均传热率可以用触碰传热系数 h_c 表示，其定义可由下式给出

$$h_c = \frac{n\Delta U_p Q_c}{T_{20} - T_{10}} \tag{4.33}$$

式中，ΔU_p 是相对触碰速度；n 是颗粒个数密度；n 和 ΔU_p 的乘积是单位面积颗粒表面触碰率。因此，由式 (4.31)、式 (4.32) 和式 (4.33)，得到

$$h_c = 2.73n\Delta U_p C r_{cm}^2 \sqrt{t_c} \left(\frac{\sqrt{D_{t1}}}{K_1} + \frac{\sqrt{D_{t2}}}{K_2} \right)^{-1} \tag{4.34}$$

例 4.1 确定以下各条件的碰撞传热系数：(1) 一群热颗粒和一个冷颗粒发生触碰；(2) 一群冷颗粒和热壁面触碰。假设颗粒以平均触碰速度为 0.1m/s 随机运

动, 所有颗粒都是直径为 100μm 的球体。颗粒和壁面都是由钢制成，钢的各参数为：ν=0.3，E=2×10^{5}MPa，ρ_p=7000 kg/m^3，K_p=30 W/m·K 和 c=500J/kg·K。颗粒体积分数是 0.4。

解　弹性球体触碰时最大的接触半径和接触时间分别从式 (2.133) 和式 (2.136) 求得。对颗粒之间的触碰得到式 (E4.1) 和式 (E4.2)

$$\begin{aligned} r_{\mathrm{cm}} &= \frac{d_{\mathrm{p}}}{2}\left(\frac{5\pi}{16}\frac{\rho_{\mathrm{p}}}{E}(\Delta U_{\mathrm{p}})^2(1-\nu^2)\right)^{1/5} \\ &= \frac{10^{-4}}{2}\left(\frac{5\pi}{16}\frac{7\times10^3}{2\times10^{11}}0.1^2\times(1-0.3^2)\right)^{1/5} = 0.63\mu\mathrm{m} \end{aligned} \tag{E4.1}$$

$$t_{\mathrm{c}} = \frac{2.94\times4r_{\mathrm{cm}}^2}{\Delta U_{\mathrm{p}}d_{\mathrm{p}}} = \frac{11.76\times(0.63\times10^{-6})^2}{0.1\times10^{-4}} = 4.7\times10^{-7}\mathrm{s} \tag{E4.2}$$

由式 (4.21) 得到 Fo 数

$$\mathrm{Fo} = \frac{K_{\mathrm{p}}t_{\mathrm{c}}}{\rho_{\mathrm{p}}cr_{\mathrm{cm}}^2} = \frac{30\times4.7\times10^{-7}}{7000\times500\times(0.63\times10^{-6})^2} = 10 \tag{E4.3}$$

从图 4.2 查得校正系数 C 是 5。由颗粒之间的触碰引起的触碰传热系数由式 (4.34) 得到

$$\begin{aligned} h_{\mathrm{c}} &= \frac{8.19K_{\mathrm{p}}\alpha_{\mathrm{p}}\Delta U_{\mathrm{p}}Cr_{\mathrm{cm}}t_{\mathrm{c}}}{\pi d_{\mathrm{p}}^3\sqrt{Fo}} \\ &= \frac{8.19\times30\times0.4\times0.1\times5\times0.63\times10^{-6}\times4.7\times10^{-7}}{\pi(10^{-4})^3\sqrt{10}} \\ &= 1.5\frac{\mathrm{W}}{\mathrm{m}^2\cdot\mathrm{K}} \end{aligned} \tag{E4.4}$$

类似地，对一群颗粒和壁面之间的触碰，得到

$$\begin{aligned} r_{\mathrm{cm}} &= \frac{d_{\mathrm{p}}}{2}\left(\frac{5\pi}{2}\frac{\rho_{\mathrm{p}}}{E}(\Delta U_{\mathrm{p}})^2(1-\nu^2)\right)^{1/5} \\ &= \frac{10^{-4}}{2}\left(\frac{5\pi}{2}\frac{7\times10^3}{2\times10^{11}}0.1^2(1-0.3^2)\right)^{1/5} = 0.95\mu\mathrm{m} \end{aligned} \tag{E4.5}$$

$$t_{\mathrm{c}} = \frac{2.94\times2r_{\mathrm{cm}}^2}{\Delta U_{\mathrm{p}}d_{\mathrm{p}}} = \frac{5.88\times(0.95\times10^{-6})^2}{0.1\times10^{-4}} = 5.3\times10^{-7}\mathrm{s} \tag{E4.6}$$

Fo 数为

$$\mathrm{Fo} = \frac{K_{\mathrm{p}}t_{\mathrm{c}}}{\rho_{\mathrm{p}}cr_{\mathrm{cm}}^2} = \frac{30\times5.3\times10^{-7}}{7000\times500\times(0.95\times10^{-6})^2} = 5 \tag{E4.7}$$

由图 4.2 查得校正系数 C 约为 4。由颗粒间碰撞引起的碰撞传热系数为

$$\begin{aligned} h_c &= \frac{8.19K_p\alpha_p\Delta U_p C r_{cm} t_c}{\pi d_p^3\sqrt{\text{Fo}}} \\ &= \frac{8.19\times 30\times 0.4\times 0.1\times 4\times 0.95\times 10^{-6}\times 5.3\times 10^{-7}}{\pi(10^{-4})^3\sqrt{5}} \\ &= 2.8\frac{\text{W}}{\text{m}^2\cdot\text{K}} \end{aligned} \tag{E4.8}$$

这个例子表明，颗粒与颗粒之间或者是颗粒与壁面之间的触碰，在气固两相流中通常不是一个起主要作用的传热方式。

4.3　对 流 换 热

当一个热表面置于流场中时，表面的热传递除了导热还有对流换热。虽然对流换热包含强迫对流和自然对流，但自然对流在气固两相流系统中通常是很小的。本部分主要介绍量纲分析，将给出单相流强迫对流换热的一些基本无量纲组。并讨论在均匀流动中单一球形颗粒的对流换热和在气固流动中将气固两相视为拟连续介质的对流换热。

4.3.1　在单相流中强迫对流的量纲分析

影响对流换热的参数有特征长度 l，速度 U，密度 ρ，黏度 μ，定压热容 c_p 和导热系数 K，据此，可得到

$$h = f(l, U, \rho, \mu, c_p, K) \tag{4.35}$$

h 是对流换热系数。根据各项的量纲，式 (4.35) 可写成量纲形式

$$\frac{[\text{M}]}{[\text{T}]^3[\Theta]} = f\left([\text{L}], \frac{[\text{L}]}{[T]}, \frac{[\text{M}]}{[\text{L}]^3}, \frac{[\text{M}]}{[\text{L}][\text{T}]}, \frac{[\text{L}]^2}{[\text{T}]^2[\Theta]}, \frac{[\text{M}][\text{L}]}{[\text{T}]^3[\Theta]}\right) \tag{4.36}$$

这里，[M] 代表质量单位；[L] 代表长度单位；[T] 代表时间单位，[Θ] 代表热量单位。根据 π 定理，可得到

$$\text{Nu} = f(\text{Re}, \text{Pr}) \tag{4.37}$$

其中，Nu 是努塞特数，Pr 是普朗特 (Prandtl) 数。Nu 和 Pr 的物理意义可用式 (4.38) 和式 (4.39) 解释

$$\text{Nu} \equiv \frac{hl}{K} = \frac{hl^2\Delta T}{Kl^2\dfrac{\Delta T}{l}} = \frac{\text{对流换热}}{\text{导热}} \tag{4.38}$$

$$\text{Pr} \equiv \frac{\mu/\rho}{D_t} = \frac{\text{动量扩散系数}}{\text{热扩散系数}} \tag{4.39}$$

4.3.2 在均匀流动中单个球体的传热

对于均相流动中单个球体的强迫对流换热，常用到由兰兹和马歇尔 [Ranz and Marshall, 1952] 提出的经验公式 [Ranz and Marshall, 1952]。该经验公式给出的颗粒努塞特数为

$$\mathrm{Nu_p} = 2.0 + 0.6\left(\mathrm{Re_p}\right)^{1/2}(\mathrm{Pr})^{1/3} \tag{4.40}$$

式中, 特征长度为颗粒直径。式 (4.40) 中等号右边第一项是与 $\mathrm{Re_p}=0$ 时的 $\mathrm{Nu_p}=2$ 这一理论值相匹配；第二项是由强迫对流引起，可看作强化系数。式 (4.40) 适用于大多数气固两相流，即颗粒雷诺数 $\mathrm{Re_p}<10^4$，普朗特 $\mathrm{Pr}>0.7$ 的范围。尽管式 (4.40) 最初是由对液滴的研究获得，但这种关系后来被证明对刚性球体也是适用的 [Hughmark，1967]。

对于大多数气体，Pr 数几乎是常数 ($\sim$0.7)。因此，对于气态介质单个固体颗粒的对流换热，$\mathrm{Nu_p}$ 只是 $\mathrm{Re_p}$ 的函数。在均匀流动中单个球体颗粒对流换热的 $\mathrm{Nu_p}$，另一种可选择的估算方法是米德曼 [MeAdams, 1954] 给出的公式

$$\text{当} 17<\mathrm{Re_p}<70000, \quad \mathrm{Nu_p}=0.37\mathrm{Re_p^{0.6}} \tag{4.41}$$

其中, 所有相关的热性能参数都根据当时周围环境的气体温度确定。

单个颗粒在斯托克斯流动中的对流换热可以使用奇异摄动方法进行分析求解，但注意通过把温度场扩展使之成为佩克莱 (Peclet) 数幂级数 ($\mathrm{Pe}=\mathrm{Re_pPr}$) 的标准摄动技术未能解决这个问题 [Kronig and Bruijsten，1951；Brenner，1963]。单个球体颗粒在均相斯托克斯流中有对流换热时，其努塞特数 $\mathrm{Nu_p}$ 可由下式给出

$$\mathrm{Nu_p}=2+\frac{1}{2}\left(\mathrm{Re_pPr}\right)+o\left(\mathrm{Re_pPr}\right) \tag{4.42}$$

采用克勒尼克和布鲁耶斯滕 [Kronig and Bruijsten, 1951] 所提出的方法，通过下面的例子证明式 (4.42) 的正确性。

例 4.2 证明，一球体在低雷诺数时的流动对流换热可以用式 (4.42) 描述。假定球体内部温度均匀分布且恒定温度为 T_p，流体是均匀流动，无穷远处的速度和温度分别是 U_∞ 和 T_∞，所有的热性能参数是恒定的。

解 能量平衡方程由下式给出

$$\frac{K}{\rho c_\mathrm{p}}\nabla^2 T - U\cdot\nabla T = 0 \tag{E4.9}$$

在极坐标下，其边界条件为

$$\text{在} R=a \text{处}, \quad T=T_\mathrm{p}; \quad \text{在} R\to\infty \text{处}, \quad T=T_\infty \tag{E4.10}$$

为简单起见，采取无量纲方程

$$\nabla^{*2}T^{*}-\varepsilon U^{*}\cdot\nabla^{*}T^{*}=0 \tag{E4.11}$$

式中

$$T^{*}=\frac{T-T_{\infty}}{T_{\mathrm{p}}-T_{\infty}},\quad U^{*}=\frac{U}{U_{\infty}},\quad \nabla^{*}=a\nabla,\quad r=\frac{R}{a},\quad \varepsilon=\frac{1}{2}\mathrm{Re}_{\mathrm{p}}\mathrm{Pr} \tag{E4.12}$$

边界条件为

$$\text{在}r=1\text{处},\quad T^{*}=1;\quad \text{在}r\to\infty\text{处},\quad T^{*}=0 \tag{E4.13}$$

在无穷远处，考虑到极轴线与流线平行，斯托克斯流速度分量为

$$U_{\mathrm{r}}^{*}=\left(1-\frac{3}{2r}+\frac{1}{2r^{3}}\right)\cos\theta,\quad U_{\theta}^{*}=-\left(1-\frac{3}{4r}+\frac{1}{4r^{3}}\right)\sin\theta \tag{E4.14}$$

把式 (E4.14) 代入式 (E4.11) 中，并令 $\cos\theta=\mu$。式 (E4.11) 变成

$$\left(\nabla^{*2}+\varepsilon F+\varepsilon G\right)T^{*}=0 \tag{E4.15}$$

且

$$\begin{aligned}F&=-\mu\frac{\partial}{\partial r}-\frac{1}{r}(1-\mu^{2})\frac{\partial}{\partial\mu}\\G&=\left(\frac{3}{2r}-\frac{1}{2r^{3}}\right)\mu\frac{\partial}{\partial r}+\left(\frac{3}{4r^{2}}+\frac{1}{4r^{4}}\right)\left(1-\mu^{2}\right)\frac{\partial}{\partial\mu}\end{aligned} \tag{E4.16}$$

F 项代表均匀流动，G 项表示由于球体存在导致的平行流的偏离。

现在用一个新变量 Θ 表示 T^{*}，有

$$T^{*}=\Theta\exp\left(-\frac{\varepsilon}{2}r\left(1-\mu\right)\right) \tag{E4.17}$$

将式 (E4.17) 代入式 (E4.15) 得到 Θ 的控制方程

$$\left[\nabla^{*2}+\varepsilon\left(-\frac{\partial}{\partial r}-\frac{1}{r}+G\right)+o\left(\varepsilon\right)\right]\Theta=0 \tag{E4.18}$$

根据式 (E4.13)

$$\text{当}r=1\text{时},\quad \Theta=\exp\left(\frac{\varepsilon}{2}\left(1-\mu\right)\right) \tag{E4.19}$$

利用一阶近似，可以得到

$$\Theta=\Theta_{0}+\varepsilon\Theta_{1}+o(\varepsilon) \tag{E4.20}$$

式 (E4.18) 变为

$$\nabla^{*2}\Theta_{0}=0,\quad \nabla^{*2}\Theta_{1}=\left(\frac{\partial}{\partial r}+\frac{1}{r}-G\right)\Theta_{0} \tag{E4.21}$$

由式 (E4.19)

$$当r=1时, \quad \Theta_0=1, \quad \Theta_1=\frac{1}{2}(1-\mu) \tag{E4.22}$$

式 (E4.21) 和式 (E4.22) 的解为

$$\Theta_0=\frac{1}{r}, \quad \Theta_1=\frac{1}{2r}+\left(-\frac{3}{4r}+\frac{3}{8r^2}-\frac{1}{8r^3}\right)\mu \tag{E4.23}$$

通过式 (E4.17)、式 (E4.20) 和式 (E4.23)，可以得到

$$\left(\frac{\partial T^*}{\partial r}\right)_{r=1}=-\left(1+\frac{1}{2}\varepsilon+o(\varepsilon)\right) \tag{E4.24}$$

该式与方程 (4.42) 一致。

4.3.3 拟单相流中的对流换热

分析气固两相流动中的传热, 通常需要分别考虑各相的能量方程，并耦合两相的局部传热系数和局部速度。这些方法很复杂，将在第 5 章介绍。

简化两相流传热模型的方法之一是拟单相流模型，该模型假定 ① 两相之间存在局部热平衡；② 颗粒均匀分布；③ 流动是均匀的；④ 在流向的横截面是以导热为主。因此，基于实际的气固两相流性质、平均温度和平均速度，可以建立一个考虑热平衡的单相能量方程。以温度为 T_{w} 对一个的圆柱形表面加热，形成轴对称流动转热方式，其热量平衡方程可以写成

$$\rho_{\mathrm{m}}c_{\mathrm{pe}}U\frac{\partial T}{\partial z}=\frac{K_{\mathrm{e}}}{r}\frac{\partial}{\partial r}\left(r\frac{\partial T}{\partial r}\right) \tag{4.43}$$

边界条件为

$$\begin{aligned}&在r=R处, \quad T=T_{\mathrm{w}}\\&在z=0处, \quad T=T_{\mathrm{i}}\end{aligned} \tag{4.44}$$

其中，z 是沿热气流方向的坐标，r 是热流垂直方向上的径向坐标；K_{e} 是有效导热系数；U 是拟单相流速度。

利用分离变量方法，从式 (4.43) 和式 (4.44) 获得温度分布, 用下式表示

$$T(r,z)=T_{\mathrm{w}}+2(T_{\mathrm{i}}-T_{\mathrm{w}})\sum_{n=1}^{\infty}\frac{\mathrm{J}_0(\lambda_{\mathrm{n}}r)}{\lambda_{\mathrm{n}}R\mathrm{J}_1(\lambda_{\mathrm{n}}R)}\exp(-\beta\lambda_{\mathrm{n}}^2z) \tag{4.45}$$

其中，J_0 和 J_1 分别是第一类零阶贝塞尔 (Bessel) 函数和一阶贝塞尔函数，λ_{n} 是由特征方程式 (4.46) 得到的特征值

$$\mathrm{J}_0(\lambda_{\mathrm{n}}R)=0 \tag{4.46}$$

β 是常数，由下式得到

$$\beta = \frac{K_e}{U\rho_m c_{pe}} \tag{4.47}$$

则传热系数为

$$h = \frac{2K_e}{R}\sum_{n=1}^{\infty}\exp(-\beta\lambda_n^2 z) \tag{4.48}$$

平均长度上的努塞特数为

$$\mathrm{Nu} = \frac{\overline{h}L}{K_e} = \frac{2}{R\beta}\sum_{n=1}^{\infty}\frac{1-\exp(-\beta\lambda_n^2 L)}{\lambda_n^2} \tag{4.49}$$

在分析无热源气固流动中对流换热问题时，“拟单流体法”的适用性不仅与相连续近似的合理性有关，也与局部热平衡假设的合理性有关。局部热平衡可以只假设加热颗粒表面的停留时间 τ_{ps} 远大于颗粒热扩散时间 τ_{pd}。这里 τ_{ps} 与 τ_{pd} 可由下式给出

$$\tau_{pd} = \frac{d_p^2}{D_t}, \quad \tau_{ps} = \frac{L}{U} \tag{4.50}$$

此外，我们可以定义一个修正的傅里叶数

$$\mathrm{Fo}' = \frac{\tau_{ps}}{\tau_{pd}} = \frac{\tau_{ps}D_t}{d_p^2} \tag{4.51}$$

亨特 [Hunt，1989] 给出了不同的气固两相流所对应的 Fo′ 数与固体颗粒体积分数 α_p 之间的关联图，如图 4.3 所示。亨特认为除了 $\mathrm{Fo}' > 1$ 和 $\alpha_p > 0.1$ 之外，使用拟单相流模型是不恰当的。因此，从图 4.3 可以看出，拟单相流模型适用于填充床、初始流化床，颗粒流，而不适用于气力输送流动，稀疏悬浮，鼓泡流化床和节涌流化床 [Glicksman and Decker，1982；Hunt，1989]。

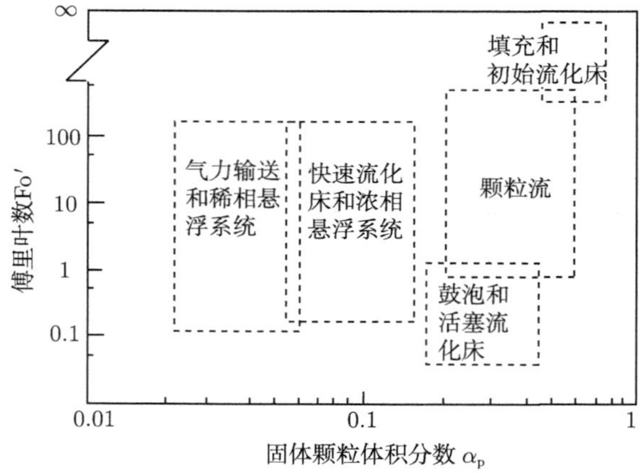

图 4.3　气固两相流域图 [Hunt，1989]

4.4 热 辐 射

一个物体在热辐射环境里会吸收、反射、折射、衍射和透射一定的入射辐射热流，同时也辐射出自身的辐射热流。在气固流动中大多数固体材料，包括颗粒和管壁，可以合理地近似为灰体，因此吸收和发射的总热辐射量可通过斯特藩–玻尔兹曼 (Stefan-Boltzmann) 定律 (式 (1.59)) 进行计算，而单色辐射通过普朗克 (Planck) 公式 (式 (1.62)) 计算。其他传递辐射能量的方法被描述为 “散射”，这种散射包含反射、折射、衍射和透射。在本节中，我们主要确定各种气固流动中固体的散射辐射能量。

4.4.1 单颗粒散射

当一束入射辐射线投射到一个颗粒时，一些辐射能被表面吸收，另一些辐射能被散射在表面外。反射、折射、衍射和透射的辐射能不仅与颗粒的光学性质有关，也与颗粒大小 d_{p} 有关，还与入射辐射波长 λ 有关。

颗粒散射和吸收的辐射能可以分别用颗粒散射 “横截面” 和颗粒吸收 “横截面” 来表征。对于散射横截面 C_{s}，定义为入射能量等于向所有方向散射的总能量的面积；吸收横截面 C_{a} 定义为入射能量等于颗粒吸收的总能量的面积。类似的，消光截面 C_{e} 定义为入射能量等于从原能量消光总能量的面积。由能量守恒，可得到

$$C_{\mathrm{e}} = C_{\mathrm{s}} + C_{\mathrm{a}} \tag{4.52}$$

为表达方便，我们引入消光系数、散射系数和吸收系数，其定义由下式给出

$$Q_{\mathrm{e}} = \frac{C_{\mathrm{e}}}{C}, \quad Q_{\mathrm{s}} = \frac{C_{\mathrm{s}}}{C}, \quad Q_{\mathrm{a}} = \frac{C_{\mathrm{a}}}{C} \tag{4.53}$$

其中，C 是颗粒的几何横截面。从式 (4.52) 得到

$$Q_{\mathrm{e}} = Q_{\mathrm{s}} + Q_{\mathrm{a}} \tag{4.54}$$

一般来说，Q 是颗粒受辐射方向和入射光束偏振态的函数。但是，对球形和均质颗粒，Q 与受辐射方向和入射光束偏振态无关。

对单颗粒散射最常用的理论由米氏 [Mie，1908] 最早提出，他用单色平面波辐射到一个球体上，应用电磁理论推导了电磁场的性能。虽然米氏散射理论适用于所有大小的球体颗粒，但横截面或有效系数的一般表达式却非常复杂。当 $d_{\mathrm{p}} \ll \lambda$ 或 $d_{\mathrm{p}} \gg \lambda$ 时，米氏散射理论可以大为简化，可分别演化为瑞利 (Rayleig) 散射和几何散射。从维恩 (Wien) 位移定律 (式 (1.63)) 知，在大多数气固流动的温度范围内，其最大辐射功率的波长都不到 10μm (见例 4.3)。因此，颗粒的瑞利散射在亚微

米范围，超出了本书讨论的粒径范围，瑞利散射不在本书中讨论。对亚微米颗粒尺度的瑞利散射有兴趣的读者，可参考博伦和哈夫曼 [Bohren and Huffman，1983] 的著作。

例 4.3 对于气固流动，一般的热辐射温度范围为 500~2000 K。试证明对于瑞利散射，颗粒相关尺寸在亚微米范围。证明过程可假设热辐射是单色的，颗粒为黑体。

解 一定温度下黑体的最大单色辐射功率的波长由式 (1.63) 给出

$$\lambda_{\mathrm{m}} T_{\mathrm{p}} = 2898\mu\mathrm{m}\cdot\mathrm{K} \tag{E4.25}$$

当 $500\mathrm{K} < T_{\mathrm{p}} < 2000\mathrm{K}$ 时，λ_{m} 的大小由下式给出

$$1.4\mu\mathrm{m} < \lambda_{\mathrm{m}} < 5.8\mu\mathrm{m} \tag{E4.26}$$

为满足瑞利散射的要求 (即 $d_{\mathrm{p}} \ll \lambda_{\mathrm{m}}$)，我们可以取瑞利散射最大粒径 d_{pm} 小于 10 倍的 λ_{m}，即由下式给出颗粒范围

$$0.14\mu\mathrm{m} < d_{\mathrm{pm}} < 0.58\mu\mathrm{m} \tag{E4.27}$$

而这样尺寸的颗粒就是亚微米尺寸范围。

4.4.1.1 米氏 (Mie) 散射

典型的单颗粒散射是一个平面电磁波穿过介质并撞击到一个球体上，这个问题早在 1908 年就被米氏利用麦克斯韦 (Maxwell) 方程组给出了解答，人们称之为米氏理论。通过这个理论可以获得散射、消光和吸收的有效系数 [Özisik，1973; Bohren and Huffman，1983]。但因为它的复杂性，本书不准备对米氏理论在这里做详细的推导，而是将重点放在它的应用上。

现在我们看一个平面波辐射到无净表面电荷的球体颗粒上面，在远离颗粒的区域，其散射效率因子和消光效率因子可近似地用下式表示 [Van de Hulst，1957]

$$\begin{aligned} Q_{\mathrm{s}} &= \frac{2}{\xi^2}\sum_{n=1}^{\infty}(2n+1)\left\{|A_{\mathrm{n}}|^2 + |B_{\mathrm{n}}|^2\right\} \\ Q_{\mathrm{e}} &= \frac{2}{\xi^2}\sum_{n=1}^{\infty}(2n+1)\mathrm{Re}(A_{\mathrm{n}} + B_{\mathrm{n}}) \end{aligned} \tag{4.55}$$

式中，$\mathrm{Re}(z)$ 表示复数 z 的实部，$\xi = 2\pi a/\lambda$。系数 A_{n} 和 B_{n} 由下式给出

$$A_{\mathrm{n}} = \frac{\dfrac{\mathrm{d}\Psi_{\mathrm{n}}(\eta)}{\mathrm{d}\eta}\Psi_{\mathrm{n}}(\xi) - n_{\mathrm{i}}\Psi_{\mathrm{n}}(\eta)\dfrac{\mathrm{d}\Psi_{\mathrm{n}}(\xi)}{\mathrm{d}\xi}}{\dfrac{\mathrm{d}\Psi_{\mathrm{n}}(\eta)}{\mathrm{d}\eta}\zeta_{\mathrm{n}}(\xi) - n_{\mathrm{i}}\Psi_{\mathrm{n}}(\eta)\dfrac{\mathrm{d}\zeta_{\mathrm{n}}(\xi)}{\mathrm{d}\xi}}$$

$$B_{\mathrm{n}}=\frac{n_{\mathrm{i}}\dfrac{\mathrm{d}\varPsi_{\mathrm{n}}(\eta)}{\mathrm{d}\eta}\varPsi_{\mathrm{n}}(\xi)-\varPsi_{\mathrm{n}}(\eta)\dfrac{\mathrm{d}\varPsi_{\mathrm{n}}(\xi)}{\mathrm{d}\zeta}}{n_{\mathrm{i}}\dfrac{\mathrm{d}\varPsi_{\mathrm{n}}(\eta)}{\mathrm{d}\eta}\zeta_{\mathrm{n}}(\xi)-\varPsi_{\mathrm{n}}(\eta)\dfrac{\mathrm{d}\zeta_{\mathrm{n}}(\xi)}{\mathrm{d}\xi}} \tag{4.56}$$

式中, $\eta=2\pi n_{\mathrm{i}}a/\lambda$，$a$ 是颗粒半径；n_{i} 是折射率；函数 $\varPsi_{\mathrm{n}}(z)$ 和 $\zeta_{\mathrm{n}}(z)$ 的定义由下式给出

$$\varPsi_{\mathrm{n}}(z)=\sqrt{\frac{\pi z}{2}}\mathrm{J}_{\mathrm{n}+1/2}(z),\quad \xi_{\mathrm{n}}(z)=\sqrt{\frac{\pi z}{2}}\mathrm{H}_{\mathrm{n}+1/2}(z) \tag{4.57}$$

其中, J 和 H 分别是 $n+1/2$ 阶第一类贝塞尔函数和第二类贝塞尔函数。

散射强度的方向分布可以通过相函数描述。相函数定义为在任意一个方向上的散射强度与各向同性散射时在该方向上的散射强度之比。因此，它是一个规范化的函数，适用于所有方向。一些典型的相函数如图 4.4 所示，该图是假定球体对辐射不吸收，选取不同 ξ 值和 n_{i} 值而作出 [Tien and Drolen，1987]。该图也表明相函数主要是随着颗粒尺寸而变化，随着颗粒尺寸的增加，其散射强度的分布变得更不均匀 (如图 4.4(b) 和 (e))。

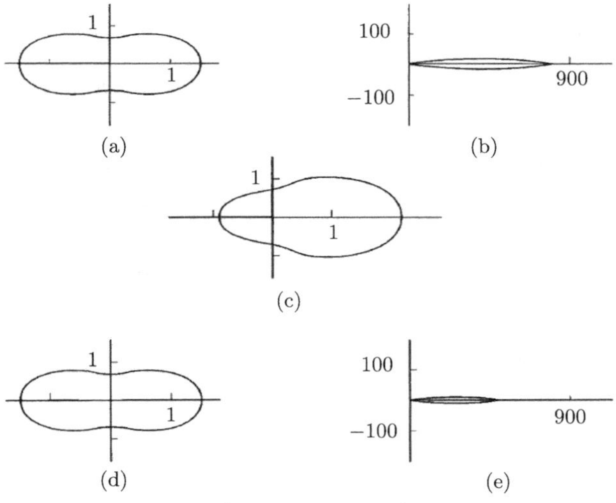

图 4.4 不同的 ζ 和 n_{i} 的散射相函数 [Tien and Drolen，1987]

(a) $\zeta=0.1,\ n_{\mathrm{i}}=1.05$; (b) $\zeta=30.0,\ n_{\mathrm{i}}=1.05$; (c) $\zeta=1.0,\ n_{\mathrm{i}}=1.5$; (d) $\zeta=0.1,\ n_{\mathrm{i}}=3.0$; (e) $\zeta=30.0,\ n_{\mathrm{i}}=3.0$

4.4.1.2 大球体的单纯散射

对于一些大球形颗粒的散射 ($\zeta>5$)，可获得相函数的简单表达式。这包括镜面反射散射、漫反射球体散射、球体衍射散射。

A. 球体的镜面反射

当非偏振辐射入射到一个电介质球体上时，其相函数 $\phi(\theta)$ 可以用下式表示 [Siegel and Howell，1981]

$$\phi(\theta)=\frac{A}{2}\frac{\sin^2(\theta-\chi)}{\sin^2(\theta+\chi)}\left[1+\frac{\cos^2(\theta+\chi)}{\cos^2(\theta-\chi)}\right] \tag{4.58}$$

其中, θ 是入射角; A 是折射率的函数，由所有 θ 方向上的 $\phi(\theta)$ 的积分等于 1 所决定; χ 由下式给出

$$\sin\chi=\frac{1}{n_{\rm i}}\sin\theta \tag{4.59}$$

根据式 (4.58)，作相函数–折射率 $n_{\rm i}$ 图，如图 4.5(a) 所示。由图 4.5(a) 看出，最大的定向散射点来自前向散射，此时 $\theta=\pi/2$，ϕ 为 A; 而最小定向散射点在反向散射点，此时 $\theta=0$，ϕ 为 $A(n_{\rm i}-1)^2/(n_i+1)^2$。例如，对于镜面反射球, 当 $n_{\rm i}$=1.5 时，反向散射仅仅是前向散射的 4%。

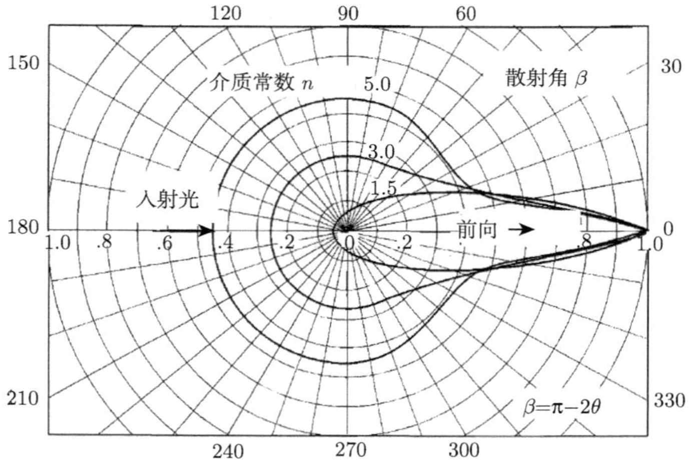

图 4.5(a)　大于入射光波长的球体镜面反射的散射图 [Siegel and Howell，1981]

B. 漫射球体的反射

对于一个漫射球体，每个遮挡辐射的表面单元都会将能量反射到该单元上部立体角为 2π 的范围之内。这样，散射到特定方向上的辐射能将会出现在球体上能够接收辐射的整个区域，该区域也是在一定方向上能够看到的区域。因此，漫射球体的相函数可用下式表示 [Siegel and Howell，1981]

$$\phi(\beta) = \frac{8}{3\pi}(\sin\beta - \beta\cos\beta) \tag{4.60}$$

这里, β 是观察者与入射正前方之间的散射角。式 (4.60) 中 $\phi(\beta)$ 与各种 β 的关系曲线如图 4.5(b) 所示。在这种情况下，最大散射发生在当 $\beta=\pi$ 时的反向散射，最小值是正方向的散射。

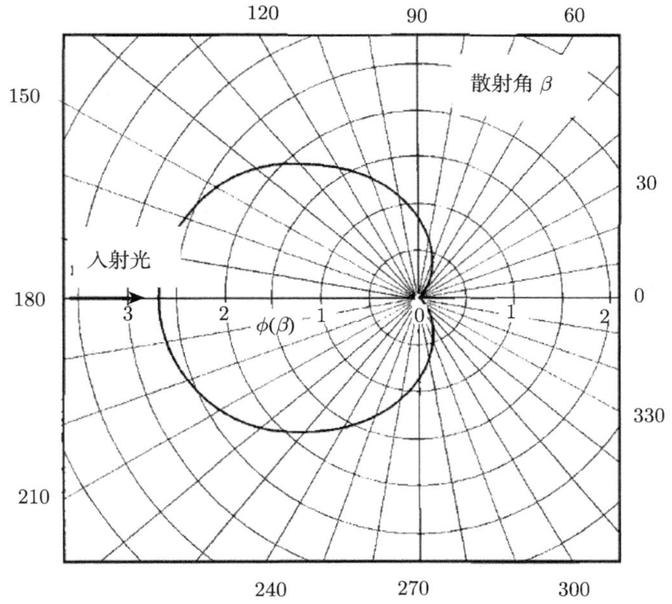

图 4.5(b) 大于入射光波长且具有恒定反射率的球体漫反射的散射相函数

[Siegel and Howell，1981]

C. 大球体的衍射

为说明一个大球体的各个方向的散射，衍射和反射的影响都必须进行考虑。当辐射投向一个球形颗粒时，其衍射强度可由巴比内 (Babinet) 原理得到，该原理指出辐射通过一个球体时所发生的衍射强度与辐射通过相同直径孔的衍射强度相同。一个大球体的衍射相函数由下式给出 [Van de Hulst，1957]

$$\phi(\beta) = \frac{4J_1^2(\xi\sin\beta)}{\sin^2\beta} \tag{4.61}$$

其中, J_1 是第一类一阶贝塞尔函数。根据式 (4.61)，描点作图 4.5(c)。ξ 取大值时，衍射辐射位于前向散射的一个狭窄的角区内。

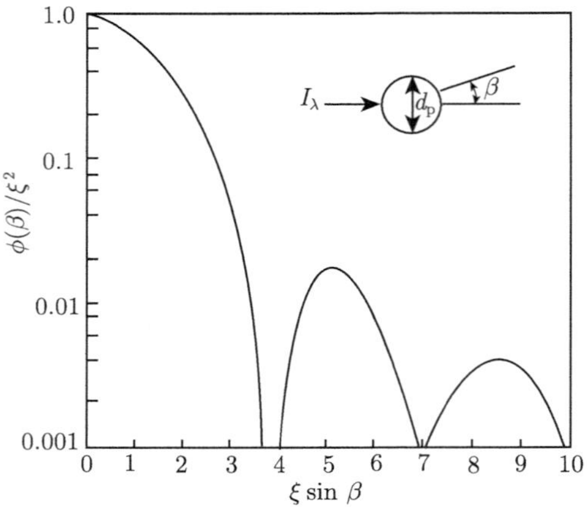

图 4.5(c)　一个大球体的衍射相函数

4.4.2　对颗粒的辐射加热

现在我们分析一个被辐射热流所包围的颗粒，辐射热流的形成可能由一面热墙或者是一些发热物体。为简单起见，我们假设辐射热流是各向同性的，颗粒内温度分布均匀。气体吸收的辐射很微小，而且所有的物性是恒定的。

颗粒的瞬时温度可以由能量守恒定律获得，如下式

$$mc\frac{\mathrm{d}T_{\mathrm{p}}}{\mathrm{d}t} = hS(T_\infty - T_{\mathrm{p}}) + S\alpha_{\mathrm{R}}\sigma_{\mathrm{b}}(T_{\mathrm{w}}^4 - T_{\mathrm{p}}^4) \tag{4.62}$$

其中, S 是颗粒的表面积，h 是对流换热系数。式 (4.62) 可以进一步简化，并得到其解析解，将在下面给出。

当颗粒和热环境的温差很小时，辐射项可作线性化处理，得到

$$T_{\mathrm{w}}^4 - T_{\mathrm{p}}^4 \approx 4T_{\mathrm{w}}^3(T_{\mathrm{w}} - T_{\mathrm{p}}) \tag{4.63}$$

因此，式 (4.62) 可以简化成

$$mc\frac{\mathrm{d}T_{\mathrm{p}}}{\mathrm{d}t} = hs(T_\infty - T_{\mathrm{p}}) + 4S\alpha_{\mathrm{R}}\sigma_{\mathrm{b}}T_{\mathrm{w}}^3(T_{\mathrm{w}} - T_{\mathrm{p}}) \tag{4.64}$$

其解为

$$T_{\mathrm{p}} = T_{\mathrm{p0}}e^{-Bt} + A(1 - e^{-Bt}) \tag{4.65}$$

其中, 系数 A 和 B 为

$$A = \frac{hT_\infty + 4\alpha_{\mathrm{R}}\sigma_{\mathrm{b}}T_{\mathrm{w}}^4}{h + 4\alpha_{\mathrm{R}}\sigma_{\mathrm{b}}T_{\mathrm{w}}^3}, \quad B = \frac{S}{mc}(h + 4\alpha_{\mathrm{R}}\sigma_{\mathrm{b}}T_{\mathrm{w}}^3) \tag{4.66}$$

当颗粒被加热时，$T_{\mathrm{w}} \gg T_{\mathrm{p}}$，颗粒对环境的辐射就可忽略，式 (4.62) 就成为

$$mc\frac{\mathrm{d}T_{\mathrm{p}}}{\mathrm{d}t} = hS(T_{\infty} - T_{\mathrm{p}}) + 4S\alpha_{\mathrm{R}}\sigma_{\mathrm{b}}T_{\mathrm{w}}^4 \tag{4.67}$$

其解的精确形式可从式 (4.65) 得到，但系数 A 和 B 变为

$$A = T_{\infty} + \frac{4}{h}\alpha_{\mathrm{R}}\sigma_{\mathrm{b}}T_{\mathrm{w}}^4, \quad B = \frac{hS}{mc} \tag{4.68}$$

例 4.4 一个球形固体颗粒自由落下穿过加热室。该颗粒为合金材质，直径为 500μm，密度为 4000kg/m^3，热容为 150J/kg·K，吸收率为 0.6。颗粒初始温度为 300K。加热室的气体温度和壁面温度都是 1000K。那么，当颗粒被加热升温到 700K 时，所需加热室的长度为多少？气体的物理性质：$\mu = 4\times10^{-5}\mathrm{kg/m\cdot s}$, ρ=0.4 kg/m^3, $\mathrm{Pr} = 0.7$, $K = 0.067\mathrm{W/m\cdot K}$。颗粒以终端沉降速度下落。

解 颗粒的终端沉降速度 U_{pt} 和颗粒雷诺数 $\mathrm{Re_p}$ 分别由式 (1.7) 和式 (1.5) 得到

$$\begin{aligned} U_{\mathrm{pt}} &= \left(0.072\frac{d_{\mathrm{p}}^{1.6}(\rho_{\mathrm{p}}-\rho)g}{\rho^{0.4}\mu^{0.6}}\right)^{\frac{1}{1.4}} \\ &= \left(0.072\frac{(5\times10^{-4})^{1.6}(4000-0.4)9.8}{0.4^{0.4}\times(4\times10^{-5})^{0.6}}\right)^{\frac{1}{1.4}} = 5\mathrm{m/s} \end{aligned} \tag{E4.28}$$

和

$$\mathrm{Re_p} = \frac{\rho d_{\mathrm{p}}U_{\mathrm{pt}}}{\mu} = \frac{0.4\times5\times10^{-4}\times5}{4\times10^{-5}} = 25 \tag{E4.29}$$

根据式 (4.40)，对流换热系数为

$$\begin{aligned} h &= \frac{K}{d_{\mathrm{p}}}(2+0.6\mathrm{Re_p^{\frac{1}{2}}}Pr^{\frac{1}{3}}) \\ &= \frac{0.067}{5\times10^{-4}}(2+0.6\times25^{\frac{1}{2}}\times0.7^{\frac{1}{3}}) = 625\mathrm{W/m^2\cdot K} \end{aligned} \tag{E4.30}$$

通过式 (4.68) 计算，系数 A 和 B 为

$$\begin{aligned} A &= T_{\infty} + \frac{4}{h}\alpha_{\mathrm{R}}\sigma_{\mathrm{b}}T_{\mathrm{w}}^4 = 1000 + \frac{4}{625}(0.6\times5.67\times10^{-8}\times1000^4) = 1218\mathrm{K} \\ B &= \frac{6h}{d_{\mathrm{p}}\rho_{\mathrm{p}}c} = \frac{6\times625}{5\times10^{-4}\times4000\times150} = 12.5\mathrm{s^{-1}} \end{aligned} \tag{E4.31}$$

因此，当颗粒温度达到 700K 时，加热所需时间可以通过式 (4.65) 确定

$$t = \frac{1}{B}\ln\left(\frac{A-T_{\mathrm{p0}}}{A-T_{\mathrm{p}}}\right) = \frac{1}{12.5}\ln\left(\frac{1218-300}{1218-700}\right) = 0.046\mathrm{s} \tag{E4.32}$$

因此，加热室长度大约为

$$l = U_{\mathrm{pt}}t = 5\times0.046 = 0.23\mathrm{m} \tag{E4.33}$$

4.4.3　气体介质中弥散颗粒辐射的一般考虑

用一个简单的模型研究弥散颗粒的热辐射问题，可能会更简洁方便，建模可把弥散颗粒的热辐射看成是热能从一个热表面通过均匀的颗粒介质辐射到另一个表面。而颗粒介质可认为是拟连续的，在拟连续体中，颗粒能够吸收、发射、散射辐射热通量。这里散射代表颗粒的反射、折射、衍射和辐射传播的综合效应。在含有热辐射的气固流动中，经常假设气体是透射体。对于弥散颗粒的辐射，我们引入单色消光系数、单色散射系数和单色吸收系数，其定义分别由下式给出

$$\sigma_{\mathrm{e}\lambda}=nC_{\mathrm{e}\lambda}=\frac{3\alpha_{\mathrm{p}}}{4a}Q_{\mathrm{e}\lambda},\quad \sigma_{\mathrm{s}\lambda}=nC_{\mathrm{s}\lambda}=\frac{3\alpha_{\mathrm{p}}}{4a}Q_{\mathrm{s}\lambda},\quad \sigma_{\mathrm{a}\lambda}=nC_{\mathrm{a}\lambda}=\frac{3\alpha_{\mathrm{p}}}{4a}Q_{\mathrm{a}\lambda} \tag{4.69}$$

式中, α_{p} 是固体体积分数。因此，根据式 (4.54)，σ_{e} 等于 σ_{s} 和 σ_{a} 之和。

4.4.3.1　单散射与多散射

如果投射到介质上的一个射线离开介质之前仅能被散射一次，则这个介质具有单散射的特征。如果多于一次散射，则其具有多重散射的特征。

在气固流动中，单散射发生在仅有很少颗粒存在的稀疏悬浮系统中，这时，散射强度等于单个颗粒的散射强度乘以颗粒的个数。随着空间内颗粒数量的增加，多重散射会变得越来越显著。这时，在单散射和多重散射之间的界定可根据特征光程长度 l_{s} 值来判断。对单散射的判断，其典型的准则是由贝弗和乔尼斯 [Bayvel and Jones，1981] 所提出

$$l_{\mathrm{s}}=\int_0^L \sigma_{\mathrm{s}}\mathrm{d}l<0.1 \tag{4.70}$$

式中, l 是系统的特征长度; σ_{s} 是散射系数。

4.4.3.2　独立散射和非独立散射

独立散射是指弥散颗粒中每个单颗粒散射不受邻近颗粒的影响，而非独立散射是指受邻近颗粒影响的散射。正像侯泰尔等 [Hottel *et al.*, 1971] 所提出的，非独立散射有效系数的一般形式可用下式表示

$$Q_{\mathrm{s,D}}=f\left(\xi,n_{\mathrm{i}},\frac{c}{\lambda},\alpha_{\mathrm{p}}\right) \tag{4.71}$$

其中, c 是颗粒间的间隙; $\alpha_{\mathrm{p}}=f(c/a)$。同样地，独立散射有效系数的一般形式为

$$Q_{\mathrm{s,I}}=f(\xi,n_{\mathrm{i}}) \tag{4.72}$$

这表明非独立散射作用是 α_{p} 和 c/λ 的函数，而不是只与颗粒有关。布鲁斯特和田 [Brewster and Tien，1982] 认为当 $0.66<\xi<74$，$0.01<\alpha_{\mathrm{p}}<0.7$，且 $c/\lambda>0.3$ 时为

独立散射。图 4.6 中给出了一些颗粒系统独立散射和非独立散射区域的示意图。为简单起见，本书所涉及的气固两相系统的所有散射都认为是独立散射。

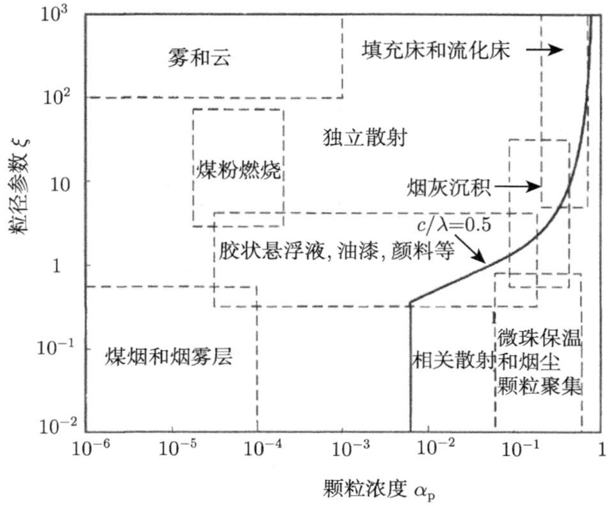

图 4.6 独立散射和非独立散射曲线：粒度参数和体积分数之间的关系 [Tien and Drolen，1987]

4.4.3.3 辐射传递方程

现在我们分析辐射热流通过单分散球形颗粒散射介质时的能量平衡，其中包括球形颗粒的吸收、发射和散射能量。如图 4.7 所示，在空间 (s,θ,φ) 处，单色辐射强度沿一束射线随距离的变化方程可由下式给出 [Love，1968]

$$\frac{\mathrm{d}I(s,\theta,\varphi)}{\mathrm{d}s} = -\sigma_{\mathrm{e}\lambda}I(s,\theta,\varphi)+\sigma_{\mathrm{a}\lambda}I_{\mathrm{b}\lambda}(s) + \frac{\sigma_{\mathrm{s}\lambda}}{4\pi}\int_0^{2\pi}\int_0^{\pi} I(s,\theta',\varphi')S(\theta,\varphi,\theta',\varphi')\sin\theta'\mathrm{d}\theta'\mathrm{d}\varphi' \tag{4.73}$$

式中，I 代表局部辐射强度；ρ_p 是颗粒的密度；S 是散射相函数；$I_{\mathrm{b}\lambda}$ 是普朗克强度函数，其定义见式 (1.62)。式 (4.73) 等号右边第一项代表与博格–比尔 (Bourger-Beer) 关系式一致的射线消光项；第二项表示由于颗粒热能辐射的强度增加项；最后一项是通过所有方向射线散射到 (θ,φ) 内的能量项，根据基尔霍夫 (Kirchoff) 定律 (式 (1.60))，单色辐射系数可假设等于吸收系数。

散射函数 S 用辐射能散射率的表达式来定义

$$\sigma_{\mathrm{s}\lambda}I(s,\theta',\varphi')S(\theta,\varphi,\theta',\varphi')\frac{\mathrm{d}\omega'}{4\pi}\mathrm{d}f\mathrm{d}m\mathrm{d}\omega \tag{4.74}$$

一束封闭在立体角为 $d\omega'$ 内的射线投射到质量微元 dm 的物体上，该射线在频率 f 和 $f+df$ 频率范围内具有强度 $I(s,\theta',\varphi')$，该射线经质量微元 dm 的物体散射到立体角 $d\omega$ 内的辐射能，$d\omega$ 用 θ 和 φ 表征。注意散射函数 S 满足条件

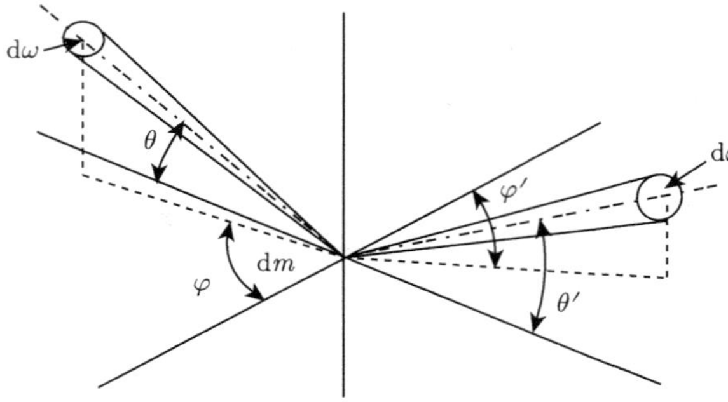

图 4.7　散射函数的坐标系

$$\frac{1}{4\pi}\int_0^{4\pi} S(\theta,\varphi,\theta',\varphi')d\omega = 1 \tag{4.75}$$

通常要求解方程 (4.73)，即求由多重散射介质透射和反射的能量需要采用微积分输运方程的数值方法。而对由吸收介质、发射介质和散射介质在三维方向上的传递辐射方程，其求解方法可以采用微分近似法 [Im and Ahluwalia，1984]，修正的微分近似法 [Modest，1989]，离散坐标近似法 [Fiveland and Jamaluddin，1991]，混合法 [Ahluwalia and Im，1994] 和精确蒙特卡罗 (Monte Carlo) 法 [Gupta *et al.*，1983]。在单散射时，式 (4.73) 的最后一项可以忽略，方程就可以被极大地简化。

4.4.3.4　散射的高斯积分法求解

为了简化辐射传输的微积分方程，引入一些几何和光学上的限制。现考虑这样一个系统，它包含了许多大小均匀的球形颗粒悬浮在透明介质中，两个以漫射方式进行辐射和反射的平行板作为该系统的两个边界 [Love and Grosh，1965]。如图 4.8 所示，x 代表 s 在垂直于表面 1 的方向上的分量。由于对称性关系，辐射强度变化只与极角 θ 有关，与方位角 φ 无关。则光学厚度 l 可用下式表示

$$l = \int_0^x \rho_p \sigma_{e\lambda} dx \tag{4.76}$$

令

$$\mu \equiv \cos\theta \tag{4.77}$$

因此，式 (4.73) 变成

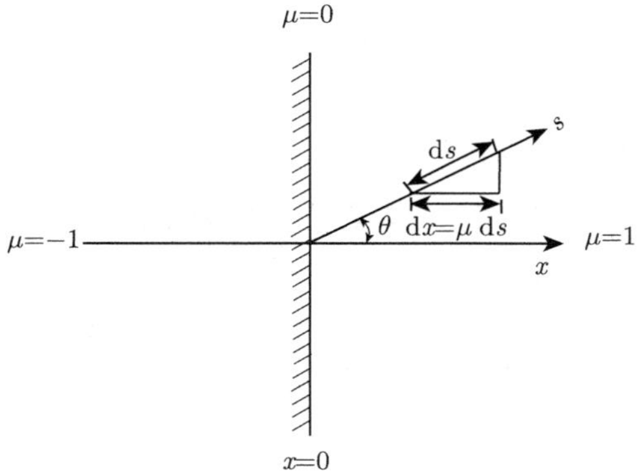

图 4.8 轴对称情况下的坐标

$$\mu\frac{\mathrm{d}I(l,\mu)}{\mathrm{d}l}=-I(l,\mu)+\frac{\sigma_{\mathrm{a}\lambda}}{\sigma_{\mathrm{e}\lambda}}I_{\mathrm{b}\lambda}(l)+\frac{\sigma_{\mathrm{s}\lambda}}{2\sigma_{\mathrm{e}\lambda}}\int_{-1}^{1}I(l,\mu')S(\mu,\mu')\mathrm{d}\mu' \tag{4.78}$$

式中

$$S(\mu,\mu')=\frac{1}{2\pi}\int_{0}^{2\pi}S(\theta,\varphi,\theta',\varphi')\mathrm{d}\varphi' \tag{4.79}$$

对于一个各向同性介质，用高斯积分代替式 (4.78) 中的积分，则微积分方程可以变为线性常微分方程组。具体的说，积分式可写为 [Chandrasekhar，1960]

$$\int_{0}^{1}S(\mu,\mu')I(l,\mu')\mathrm{d}\mu'\cong\sum_{j=1}^{n}C_{\mathrm{j}}S(\mu_{\mathrm{i}},\mu_{\mathrm{j}})I(l,\mu_{\mathrm{j}}) \tag{4.80}$$

这里, n 是积分的阶数，C_{j} 是求积公式相应的权重系数。由于在 $\mu=0$ 时不连续，辐射强度函数可以分为前半部分和后半部分，其中前半部分是当 $0<\mu\leqslant 1$ 时的 $I(l,\mu)$ 和后半部分 $-1\leqslant\mu<0$ 时的 $I(l,-\mu)$ [Sykes，1951]。则方程变为, 前半部分辐射强度为

$$\begin{aligned}\mu_{\mathrm{i}}\frac{\mathrm{d}I(l,\mu_{\mathrm{i}})}{\mathrm{d}l}=&-I(l,\mu_{\mathrm{i}})+\frac{\sigma_{\mathrm{a}\lambda}}{\sigma_{\mathrm{e}\lambda}}I_{\mathrm{b}\lambda}(l)+\frac{\sigma_{\mathrm{s}\lambda}}{2\sigma_{\mathrm{e}\lambda}}\sum_{j=1}^{n}C_{\mathrm{j}}I(l,\mu_{\mathrm{j}})S(\mu_{\mathrm{i}},\mu_{\mathrm{j}})\\&+\frac{\sigma_{\mathrm{s}\lambda}}{2\sigma_{\mathrm{e}\lambda}}\sum_{j=1}^{n}C_{\mathrm{j}}I(l,-\mu_{\mathrm{j}})S(-\mu_{\mathrm{i}},-\mu_{\mathrm{j}})\end{aligned} \tag{4.81}$$

后半部分辐射强度为

$$-\mu_{\mathrm{i}}\frac{\mathrm{d}I(l,-\mu_{\mathrm{i}})}{\mathrm{d}l}=-I(l,-\mu_{\mathrm{i}})+\frac{\sigma_{\mathrm{a}\lambda}}{\sigma_{\mathrm{e}\lambda}}I_{\mathrm{b}\lambda}(l)+\frac{\sigma_{\mathrm{s}\lambda}}{2\sigma_{\mathrm{e}\lambda}}\sum_{j=1}^{n}C_{\mathrm{j}}I(l,\mu_{\mathrm{j}})S(-\mu_{\mathrm{i}},\mu_{\mathrm{j}})$$

$$+\frac{\sigma_{s\lambda}}{2\sigma_{e\lambda}}\sum_{i=1}^{n}C_jI(l,-\mu_j)S(-\mu_i,-\mu_j) \tag{4.82}$$

4.4.4　通过等温、漫散射介质的辐射

通过等温、漫散射介质的辐射是颗粒介质辐射中的一个最简单情况。卢弗和戈罗什 [Love and Grosh，1965] 对这一问题进行了研究。

对于温度为 T_p 的等温介质，颗粒单色辐射普朗克强度函数 $I_{b\lambda}$ 仅是温度 T_p 和波长 λ 的函数，且与光学厚度 l 无关。此外，还可以假设式 (4.81) 和式 (4.82) 的解可以用下式的形式给出

$$I(l,\mu_i)=x_ie^{\gamma l},\quad I(l,-\mu_i)=x_{(i+n)}e^{\gamma l} \tag{4.83}$$

将式 (4.83) 代入式 (4.81) 和式 (4.82) 中得到含有参数 λ 的 $2n$ 个关于 x_i、$x_{(i+n)}$ 的线性代数方程组。矩阵系数得到 $2n$ 组特征值 γ_k 和 $2n$ 组关于每个特征值的特征向量 x_i、$x_{(i+n)}$。在这里，k 是一个迭代指数。则式 (4.81) 和式 (4.82) 的解可分别由下式给出

$$\begin{aligned}I(l,\mu_i)&=\sum_{k=1}^{2n}D_kx_{i,k}\exp(\gamma_kl)+I_{b\lambda}(T_p)\\I(l,-\mu_i)&=\sum_{k=1}^{2n}D_kx_{(i+n),k}\exp(\gamma_kl)+I_{b\lambda}(T_p)\end{aligned} \tag{4.84}$$

其中，D_k 是 $2n$ 个积分常数，D_k 的确定取决于定义的边界条件。假设壁面是漫散射的，则壁面的辐射强度为

$$\begin{aligned}I(0,\mu_i)&=\varepsilon_1I_{b\lambda}(T_1)+2\rho_1\sum_{j=1}^{n}C_j\mu_jI(0,-\mu_j)\\I(l_0,-\mu_i)&=\varepsilon_2I_{b\lambda}(T_1)+2\rho_2\sum_{j=1}^{n}C_j\mu_jI(l_0,\mu_j)\end{aligned} \tag{4.85}$$

其中，ε_1、ε_2、ρ_1 和 ρ_2 分别代表壁面 1 和壁面 2 的发射率和反射率。将式 (4.85) 代入 (4.84) 得到

$$\begin{aligned}&\sum_{k=1}^{2n}D_k\left[x_{i,k}-2\rho_1\sum_{j=1}^{n}C_j\mu_jx_{(j+n),k}\right]=\varepsilon_1\left[I_{b\lambda}(T_1)-I_{b\lambda}(T_p)\right]\\&\sum_{k=1}^{2n}D_k\left[x_{(i+n),k}e^{\gamma_kl_0}-2\rho_2\sum_{j=1}^{n}C_j\mu_jx_{j,k}e^{\gamma_kl_0}\right]=\varepsilon_2\left[I_{b\lambda}(T_2)-I_{b\lambda}(T_p)\right]\end{aligned} \tag{4.86}$$

因此，通过求解式 (4.86) 得到 $I_{b\lambda}(T_1)$、$I_{b\lambda}(T_2)$、$I_{b\lambda}(T_p)$，根据这些值可以求出 D_k。

现在，将式 (4.86) 中的值 D_k 代入式 (4.84) 得到在散射介质内的辐射强度，其形式为

$$\begin{aligned} I(l,\mu_i) &= E_1 I_{b\lambda}(T_1) + E_2 I_{b\lambda}(T_2) + E_p I_{b\lambda}(T_p) \\ I(l,-\mu_i) &= F_1 I_{b\lambda}(T_1) + F_2 I_{b\lambda}(T_2) + F_p I_{b\lambda}(T_p) \end{aligned} \tag{4.87}$$

这里的 E 和 F 是与温度无关的参数，而与单散射性质、边界表面的发射率、边界表面之间的光学间距以及相关光学厚度有关。因此，净单色通量 $J_{r\lambda}(l)$ 可以通过强度函数积分得到

$$\begin{aligned} J_{r\lambda}(l) &= 2\pi\int_{-1}^{1}\mu I(l,\mu)\mathrm{d}\mu = 2\pi\sum_{j=1}^{n}C_j\mu_j\left[I(l,\mu_j)-I(l,-\mu_j)\right] \\ &= G_1 I_{b,\lambda}(T_1) - G_2 I_{b\lambda}(T_2) - G_p I_{b\lambda}(T_p) \end{aligned} \tag{4.88}$$

其中, G 是与 E 和 F 类似的参数。因此，散射介质总辐射通量为

$$J_r(l) = \int_0^{\infty} J_{r\lambda}\mathrm{d}f = \int_0^{\infty}\left[G_1 I_{b\lambda}(T_1) - G_2 I_{b\lambda}(T_2) - G_p I_{b\lambda}(T_p)\right]\mathrm{d}f \tag{4.89}$$

式 (4.89) 的解通常要通过数值积分求得。

弥散颗粒散射和辐射的程度可通过下面具体的数字计算实例来说明 [Soo，1990]。气固流动通过平行板形成的系统。壁面 1 温度为 1111K，反射率为 0.1; 壁面 2 温度是 278K，反射率为 0.9。两个板块之间的距离是 61mm。颗粒是尺寸为 2μm 的铁质颗粒，颗粒温度保持在 556K。颗粒悬浮体系的密度是 $0.16\mathrm{kg/m^3}$。实验测定结果表明，壁面 1 净出热通量是 $69.22\mathrm{kW/m^2}$，而壁面 2 净入热通量是 $5.17\mathrm{kW/m^2}$。进入到弥散颗粒群而被吸收的净热量为 $64.05\mathrm{kW/m^2}$。同时还表明：当没有颗粒通过该系统时，两个平板之间的净热通量仅有 $8.54\mathrm{kW/m^2}$。

4.5 传　质

质量从一个点传递到另一点有两种方式：扩散和对流。这两种质量传递的基本原理类似于 §4.2 和 §4.3 中的传热。具体地说，对流传质机制类似于换热中的对流换热，扩散传质类似于换热中的导热。

4.5.1 扩散和对流

物质的质量或摩尔扩散的特点是以分子碰撞引起的小尺度的“随机运动”为特征的。扩散流是由局部特定驱动力的空间梯度所引起。如果驱动力是浓度，质量扩散被称为普通扩散。如果驱动力是压力 (如离心分离) 或温度 (如热迁移)，质量扩散分别被称为压力扩散或热扩散。在这些情况下，扩散流动方向由高驱动力点指向

低驱动力点。对于通过颗粒孔隙的扩散，当孔隙直径大于气体分子平均自由程时，将发生普通的扩散。但是，当孔隙直径小于气体分子的平均自由程时，分子与壁面的碰撞相比分子之间的碰撞要频繁得多，这种分子扩散被称为克努森 (Knudsen) 扩散。在普通扩散中，质量扩散通量的计算比前面的热通量计算更复杂，因为要涉及混合物性质，譬如混合物中的混合物组成和混合物各组分的速度等性能。作为一个唯象的模型方程，类似于热传导中的傅里叶方程，菲克 (Fick) 方程给出了在稳定状态下混合体系中各组分的质量或摩尔扩散通量，而菲克所指的稳定状态就是恒定的温度和恒定的压力。对于一个二元混合体系，组分 A 的质量通量 j_{A} 与局部浓度梯度成线性比例关系且指向低浓度的方向，质量通量 J_{A} 由下式给出

$$j_{\mathrm{A}} = -D_{\mathrm{AB}}\rho_{\mathrm{m}}\nabla\omega_{\mathrm{A}} \tag{4.90}$$

其中，D_{AB} 是二元扩散率；ρ_{m} 是混合物的密度；ω_{A} 是组分 A 在混合物中的质量分数。若组分 A 用摩尔扩散通量 J_{A} 表征，则菲克扩散方程可写成

$$J_{\mathrm{A}} = -D_{\mathrm{AB}}C_{\mathrm{m}}\nabla X_{\mathrm{A}} \tag{4.91}$$

其中，C_{m} 是总摩尔浓度；X_{A} 是组分 A 在整个混合物中的摩尔分数。

质量对流可能是由于气流携带颗粒的整体运动，也可能是施加到颗粒物料上的净力 (如由于离心力产生的分离) 使之和气流产生分离运动。这里，我们仅讨论由于气体携带而产生的整体运动的质量对流。

对于一个二元混合物，对于组分 A 的对流摩尔通量 J_{c} 可用下式表示

$$J_{\mathrm{cA}} = X_{\mathrm{A}}(N_{\mathrm{A}} + N_{\mathrm{B}}) \tag{4.92}$$

其中，N_{A} 和 N_{B} 分别是组分 A 和组分 B 的摩尔通量。在这里，摩尔通量 N_{A} 和 N_{B} 都包含着扩散通量和对流通量。因此，对于组分 A，N_{A} 可以由式 (4.91) 和式 (4.92) 得到

$$N_{\mathrm{A}} = J_{\mathrm{A}} + J_{\mathrm{cA}} = -D_{\mathrm{AB}}C_{\mathrm{m}}\nabla X_{\mathrm{A}} + X_{\mathrm{A}}(N_{\mathrm{A}} + N_{\mathrm{B}}) \tag{4.93}$$

对于多组分混合物，组分 i 在混合物中的总摩尔通量为

$$N_{\mathrm{i}} = -D_{\mathrm{im}}C_{\mathrm{m}}\nabla X_{\mathrm{i}} + X_{\mathrm{i}}\sum_{j=1}^{n} N_{\mathrm{j}} \tag{4.94}$$

这里，D_{im} 的是组分 i 在混合物中分子的扩散系数；∇X_{i} 由斯特藩–麦克斯韦 (Stephen-Maxwell) 方程给出 [Taylor and Krishna，1993]

$$\nabla X_{\mathrm{i}} = \sum_{j=1}^{n} \frac{1}{C_{\mathrm{m}}D_{\mathrm{ij}}}(X_{\mathrm{i}}N_{\mathrm{j}} - X_{\mathrm{i}}N_{\mathrm{j}}) \tag{4.95}$$

发生在气固流动中的传质问题主要涉及颗粒之间的扩散传质以及颗粒和气体界面的对流传质。这两种情况的传质可以应用菲克方程，即式 (4.91), 或者是应用更常用的流量方程式，即式 (4.93)。单个颗粒传质现象的基本方程与其传热现象是相似的。因此，下面的讨论集中在对单个颗粒的传质和传热的类比上。

4.5.2 传质和传热的类比

单颗粒的质量 (或摩尔) 扩散和质量 (或摩尔) 对流的方程与 §4.2 和 §4.3 中的单个颗粒的导热和对流换热方程相似。更确切地说，在 §4.2 和 §4.3 中的流体和颗粒间的导热方程可以类比地应用于传质中，只需通过简单地取代主要变量即可，即分别用分子扩散系数、施密特 (Schmidt) 数和舍伍德 (Sherwood) 数代替热扩散系数 (式 (4.20))、普朗特数和努塞特数。但是，对于一个颗粒的传热和传质类比，通常只有具备下列条件才是有效的。

(1) 物理性质恒定;

(2) 小的传质速率;

(3) 流体内没有化学反应;

(4) 没有黏性耗散;

(5) 没有辐射能的发射或吸收;

(6) 没有压力扩散、热扩散或强制扩散 (如电泳)。

在流动情况下，传质和传热通常使用经验类比。对单颗粒传质，传质边界层分析类似于传热的边界层分析，典型应用实例如一个固体的升华 (如卫生球) 或者是在空气中下落液滴的蒸发。对于一个在流体中运动的直径为 d_{p} 的球体，用与传热相似的边界层分析法，其对流传质系数为 k_{c}，从这个球体表面到混合体系中的质量流量，或者体系到这个球体表面的质量流量，由弗勒斯灵 [Froessling，1938] 给出了表达式

$$\mathrm{Sh}=\frac{k_{\mathrm{c}}d_{\mathrm{p}}}{D_{\mathrm{AB}}}=2.0+0.6\mathrm{Re}_{\mathrm{p}}^{\frac{1}{2}}\mathrm{Sc}^{\frac{1}{3}} \tag{4.96}$$

其中, Sc 是施密特数，其定义为 ν/D_{AB}。式 (4.96) 在低 Re_{p} 数时，其计算的 Sh 值与实验吻合得很好，但在高 Re_{p} 数时，计算得到的 Sh 数值比实验数据低。当将传热分析运用类比法作传质分析时，式 (4.96) 与式 (4.40) 几乎相同，即传质中的 Sh 代替了传热中的 Nu_{p}；传质中的 Sc 代替了传热中的 Pr。忽略对流，将传质扩散与传热相比的条件是

$$(\mathrm{Re}_{\mathrm{p}}\mathrm{Sc})^{\frac{1}{2}}\ll 1 \tag{4.97}$$

且

$$(\mathrm{Ra}_{\mathrm{m}}\mathrm{Sc})^{\frac{1}{4}}\ll 1 \tag{4.98}$$

其中, $\mathrm{Ra_m}$ 是传质的瑞利数，定义为

$$\mathrm{Ra_m} = \left[g\beta_{\mathrm{w}}(\omega_{\mathrm{A,S}} - \omega_{\mathrm{A,\infty}})\frac{L^3}{\nu^2}\right]\left[\frac{\nu}{D_{\mathrm{AB}}}\right] = \mathrm{GrSc} \tag{4.99}$$

式中, L 是特征长度; Gr 是格拉斯霍夫 (Grashof) 数; $\omega_{\mathrm{A,S}}$ 是组分 A 在固体表面的质量分数，$\omega_{\mathrm{A,\infty}}$ 是组分 A 在体系中的质量分数; β_{w} 是在恒温、恒压下局部气体密度随质量百分浓度变化的参数，由下式给出

$$\beta_{\mathrm{w}} = -\frac{1}{\rho}\left(\frac{\partial\rho}{\partial\omega_{\mathrm{A}}}\right)_{\mathrm{P,T}} \tag{4.100}$$

式 (4.97) 通常满足气相中的传质，如氧气和氢气向催化剂颗粒表面的传质过程，该催化剂颗粒相对于周围的气体是停滞组分。在这种情况下，当式 (4.98) 也满足时，Sh 近似为 2，这与传热部分的式 (4.15) 类似。当传热与传质现象同时发生时，式 (4.97) 就变得尤其重要了。

在 $\omega_{\mathrm{A,S}}$ 和 $\omega_{\mathrm{A,\infty}}$ 都很小的稀疏系统中，假设介质是静止的，则能够满足式 (4.97) 和式 (4.98) 的两个条件。但是，在非稀疏系统或稠密系统的传质过程中，很容易在传质表面的法向上产生对流，这个对流就是所谓的斯特藩流 [Taylor and Krishna，1993]。考虑一个化学组分 A，从固体表面转移到质量浓度为 $\omega_{\mathrm{A,\infty}}$ 的体系中。当组分 A 表面浓度 $\omega_{\mathrm{A,S}}$ 很高时，气相 B 无法穿透 A 的表面，那么必须有一个扩散–诱发的斯特藩对流流动，用来平衡物质 B 的菲克扩散流。在这种情况下，对于忽略传质中对流的额外条件由下式给出 [Rosner, 1986]

$$K_{\mathrm{m}} \ll 1 \tag{4.101}$$

其中

$$K_{\mathrm{m}} = \frac{\omega_{\mathrm{A,S}} - \omega_{\mathrm{A,\infty}}}{1 - \omega_{\mathrm{A,S}}} \tag{4.102}$$

在高稠密系统中，相对于静止系统的 Sh，由于 “斯特藩流” 增加对传质的影响，可对扩散传质速率 [Rosner，1986] 进行修正

$$\mathrm{Sh_s} = 2\frac{\ln(1 + K_{\mathrm{m}})}{K_{\mathrm{m}}} \tag{4.103}$$

其中, $\mathrm{Sh_s}$ 对应斯特藩流的传质系数。传质的斯特藩折减系数 S_{Fm} 可由下式给出

$$S_{\mathrm{Fm}} = \frac{\mathrm{Sh_s}}{\mathrm{Sh}} = \frac{\ln(1 + K_{\mathrm{m}})}{K_{\mathrm{m}}} \tag{4.104}$$

然而，斯特藩对流并不改变传热和传质之间的类比，因为具有斯特藩流的努塞特数变化规律与 $\mathrm{Sh_s}$ 是一样的。

符 号 表

A 式 (4.66) 和式 (4.68) 定义的常数
A 折射率的函数
A_n 式 (4.56) 定义的常数
a 颗粒半直径
B 式 (4.66) 和式 (4.68) 定义的常数
Bi 毕奥数
B_n 式 (4.56) 定义的常数
C 几何截面
C 式 (4.32) 定义的校正系数
C_a 吸收截面
C_e 消光截面
C_m 总摩尔浓度
C_s 散射截面
c 颗粒的热容
c 颗粒间的间隙
c_p 气体的定压热容
c_{pe} 混合物有效的热容量
D_{AB} 二元混合物中单个组分的分子扩散系数
D_t 热扩散系数
D_{im} 在混合物中组分i的分子扩散系数
d_p 颗粒直径
Fo 傅里叶数
Fo′ 式 (4.51) 定义的修正傅里叶数
$\mathrm{Fo_i}$ 基于接触时间和最大接触半径的傅里叶数
Gr 传质的格拉斯霍夫 (Grashof) 数
h 对流换热系数
$\bar{h}$ 长度平均的换热系数
h_c 触碰撞换热系数
h_p 颗粒对流换热系数
I 辐射强度
$I_{b\lambda}$ 普朗克强度函数
J_A 组分 A 的摩尔扩散量
j_A 组分 A 的质量扩散量
J_{cA} 组分 A 的摩尔对流量
J_p 热通量
J_{qw} 界面热通量
J_r 辐射热通量
K 气体导热系数
K_e 混合物有效的导热系数
K_m 式 (4.101) 定义的参数
K_p 颗粒的导热系数
k_c 传质对流系数
L 特征长度
l 光学厚度
I 特征长度
l_s 特征光学路径长度
m 颗粒质量
N 混合物中的数量组分
N_A 物质 A 的总摩尔通量
Nu 努塞特 (Nusselt) 数
$\mathrm{Nu_p}$ 颗粒的努塞特数
n_i 折射率
n 颗粒个数密度
Pe 佩克莱 (Peclet) 数
Pr 普朗特 (Prandtl) 数
p 压力
Q_a 吸收效率因子
Q_c 每次触碰的总换热量
Q_e 消光效率因子
Q_s 散射效率因子
$Q_{s,D}$ 依赖散射的效率因子
$Q_{s,I}$ 独立散射的效率因子
R 球面坐标
R 圆管半径
R^* 无量纲的球面坐标
$\mathrm{Ra_m}$ 传质的瑞利 (Rayleigh) 数

Re 雷诺 (Reynolds) 数
$\mathrm{Re_p}$ 颗粒雷诺数
r 柱面坐标
r_c 接触半径
r_cm 最大接触半径
S 式 (4.74) 定义的散射相函数
S 颗粒的表面积
S_Fm 传质斯特藩 (Stefan) 折减因数
Sc 施密特 (Schmidt) 数
Sh_s 斯特藩流中舍伍德 (Sherwood) 数
T 绝对温度
T_1 触碰球 1 的温度
T_2 触碰球 2 的温度
T_p 颗粒温度
T_p0 参考颗粒温度
T_pi 初始颗粒温度分布函数
T_∞ 当 R 趋于无穷大时的环境温度
t 时间
t_c 接触持续时间
U 气流速度
U 拟单相流的速率
U_p 颗粒速度
U_pt 颗粒终端沉降速度
X 摩尔分数

希腊字母

α 气相体积分数
α_p 颗粒相的体积分数
α_R 热辐射吸收率
β 散射角
β 式 (4.47) 定义的常数
β_w 式 (4.100) 定义的参数
γ 式 (4.83) 定义的参数
δ 绕颗粒的气体厚度
ε 表面的发射率
η 常数，定义为 $2\pi a n_\mathrm{i}/\lambda$
θ 入射角
λ 波长
λ_m 黑体单色发射功率最大时的波长
λ_n 特征值
μ 气体的动力黏性
μ 式 (4.77) 定义的参数
ν 运动黏度
ξ 常数，定义为 $2\pi a/\lambda$
ξ 式 (4.24) 定义的参数
ρ 气体密度
ρ 表面的反射率
ρ_m 混合物的密度
ρ_p 颗粒密度
σ_b 斯特藩–玻尔兹曼常数
$\sigma_{\mathrm{a}\lambda}$ 单色吸收系数
$\sigma_{\mathrm{a}\lambda}$ 单色消光系数
$\sigma_{\mathrm{s}\lambda}$ 单色散射系数
τ_pd 式 (4.50) 定义的颗粒扩散时间
τ_ps 式 (4.50) 定义的加热颗粒表面停滞时间
ϕ 相函数
ϕ 式 (4.23) 定义的温度分布函数
χ 式 (4.59) 定义的角
ω_A 组分 A 的质量分数
$\omega_\mathrm{A,S}$ 在固体表面组分 A 的质量分数
$\omega_{\mathrm{A},\infty}$ 在空间上组分 A 的质量分数
ε 式 (4.12) 定义的参数

参考文献

Ahluwalia, R. K. and Im, K. H. (1994). Spectral Radiative Heat-Transfer in Coal Furnaces Using a Hybrid Technique. *J. Institute of Energy,* 67, 23.

Bayvel, L. P. and Jones, A. R. (1981). *Electromagnetic Scattering and Its Applications.*

London: Applied Science.

Bohren, C. F. and Huffman, D. R. (1983). *Absorption and Scattering of Light by Small Particles.* New York: John Wiley & Sons.

Boothroyd, R. G. (1971). *Flowing Gas-Solids Suspensions.* London: Chapman & Hall.

Brenner, H. (1963). Forced Convection Heat and Mass Transfer at Small Peclet Numbers from a Particle of Arbitrary Shape. *Chem. Eng. Sci.,* 18, 109.

Brewster, M. Q. and Tien, C. L. (1982). Radiative Transfer in Packed/Fluidized Beds: Dependent Versus Independent Scattering. *Trans. ASME, J. Heat Transfer,* 104, 573.

Carslaw, H. S. and Jaeger, J. C. (1959). *Conduction of Heat in Solids,* 2nd ed. Oxford: Oxford University Press.

Chandrasekhar, S. (1960). *Radiative Transfer.* New York: Dover.

Fiveland, W. A. and Jamaluddin, A. S. (1991). Three-Dimensional Spectral Radiative Heat Transfer Solutions by the Discrete-Ordinate Method. *J. Thermophysics,* 5, 335.

Froessling, N. (1938). The Evaporation of Falling Drops. *Gerlands Beitr. Geophys.,* 52, 170.

Gel'Perin, N. I. and Einstein, V. G. (1971). Heat Transfer in Fluidized Beds. In *Fluidization.* Ed. Davidson and Harrison. New York: Academic Press.

Glicksman, L. R. and Decker, N. (1982). Heat Transfer from an Immersed Surface to Adjacent Particles in a Fluidized Bed: The Role of Radiation and Particle Packing. *Proceedings of the Seventh International Heat Transfer Conference,* München, Germany. Ed. Grigull, Hahne, Stephan, and Straub, 2, 24.

Gupta, R. P., Wall, T. F. and Truelove, J. S. (1983). Radiative Scatter by Fly Ash in Pulverized-Coal-Fired Furnaces: Application of the Monte Carlo Method to Anisotropic Scatter. *Int. J. Heat & Mass Transfer,* 26, 1649.

Hottel, H. C., Saroflm, A. F., Dalzell, W. H. and Vasalos, I. A. (1971). Optical Properties of Coatings: Effect of Pigment Concentration. *AIAA J.,* 9, 129.

Hughmark, G. A. (1967). Mass and Heat Transfer from Rigid Spheres. *AIChE J.,* 13, 1219.

Hunt, M. L. (1989). Comparison of Convective Heat Transfer in Packed Beds and Granular Flows. In *Annual Review of Heat Transfer.* Ed. C. L. Tien. Washington, D. C.: Hemisphere.

Im, K. H. and Ahluwalia, R. K. (1984). Combined Convection and Radiation in Rectangular Ducts. *Int. J. Heat & Mass Trans.,* 27, 221.

Kronig, R. and Bruijsten, J. (1951). On the Theory of the Heat and Mass Transfer from a Sphere in a Flowing Medium at Low Values of Reynolds Number. *Appl. Set Res.,* A2, 439.

Love, T. J. (1968). *Radiative Heat Transfer.* Columbus, Ohio: Merrill.

Love, T. J. and Grosh, R. J. (1965). Radiative Heat Transfer in Absorbing, Emitting, and Scattering Media. *Trans. ASME, J. Heat Transfer,* 87c, 161.

McAdams, W. A. (1954). *Heat Transmission,* 3rd ed. New York: McGraw-Hill.

Mie, G. (1908). Optics of Turbid Media. *Ann. Phys.,* 25, 377.

Modest, M. F. (1989). Modified Differential Approximation for Radiative Transfer in General Three-Dimensional Media. *J. Thermophysics,* 3, 283.

Özisik, M. N. (1973). *Radiative Transfer.* New York: John Wiley & Sons.

Ranz, W. E. and Marshall, W. R. (1952). Evaporation from Drops. *Chem. Eng. Prog.,* 48, 141.

Rosner, D. E. (1986). *Transport Processes in Chemically Reacting Flow Systems.* Stoneham, Mass.: Butterworths.

Siegel, R. and Howell, J. R. (1981). *Radiative Heat Transfer,* 2nd ed. New York: McGraw-Hill.

Soo, S. L. (1990). *Multiphase Fluid Dynamics.* Beijing: Science Press; Brookfield, Vt.: Gower Technical.

Sun, J. and Chen, M. M. (1988). A Theoretical Analysis of Heat Transfer due to Particle Impact. *Int. J. Heat & Mass Transfer,* 31, 969.

Sykes, J. B. (1951). Approximate Integration of the Equation of Transfer. *Monthly Notes Royal Astronomical Society,* 111, 377.

Taylor, R. and Krishna, R. (1993). *Multicomponent Mass Transfer.* New York: John Wiley & Sons.

Tien, C. L. and Drolen, B. L. (1987). Thermal Radiation in Particulate Media with Dependent and Independent Scattering. In *Annual Review of Numerical Fluid Mechanics and Heat Transfer.* Ed. T. C. Chawla. Washington, D. C.: Hemisphere.

Van de Hulst, H. C. (1957). *Light Scattering by Small Particles.* New York: John Wiley & Sons.

Zabrodsky, S. S. (1966). *Hydrodynamics and Heat Transfer in Fluidized Beds.* Cambridge, Mass: MIT Press.

习　　题

4.1 求解均匀实心球体的一维非定常导热方程。

(提示: (1) 令 $\Theta = R^* T_{\mathrm{p}}^*$ 因此

$$\frac{\partial^2 \Theta}{\partial R^{*2}} = \frac{\partial \Theta}{\partial \mathrm{Fo}} \tag{P4.1}$$

且

$$\begin{aligned} &\Theta = 0, && R^* = 0 \\ &\frac{\partial \Theta}{\partial R^*} + (Bi - 1)\Theta = 0, && R^* = 1 \\ &\Theta = \Theta_{\mathrm{i}}(R^*), && \mathrm{Fo} = 0 \end{aligned} \tag{P4.2}$$

(2) 使用变量分离法求解。)

4.2　对于强迫对流系统，证明 $\mathrm{Nu} = f(\mathrm{Re}, \mathrm{Pr})$。

4.3　对于蠕动流中的稀疏悬浮颗粒 ($\mathrm{Re_p} \ll 1$)，比较式 (4.40) 和式 (4.42) 的对流传热系数的不同。假设 $\mathrm{Pr} = 0.7$。

4.4　对于镜面反射球体，由式 (4.58) 证明前向散射和后向散射的比率是 $(n_\mathrm{i} - 1)^2/(n_\mathrm{i} + 1)^2$。

4.5　现将一些高温的固体颗粒突然暴露在寒冷的环境中。试用式 (4.62) 推导出颗粒温度瞬态变化关系式。假设 $T_\mathrm{p} \gg T_\mathrm{w}$, 且冷却以热辐射为主。

4.6　有一实心球体自由落入一加热室。该固体颗粒是直径为 500μm 的合金，密度为 $4000\mathrm{kg/m^3}$，比热为 150J/kg·K，吸收率为 0.6。颗粒的初始温度为 300K，加热室内气体温度为 900K，壁面温度为 1000K。如果加热室的长度是 0.3m，试确定在加热室出口处颗粒的温度。同时确定颗粒由于热辐射和由于导热所需要的热量之比。气体的物理性能为 $\mu = 4 \times 10^{-5}\mathrm{kg/m \cdot s}$，$\rho = 0.4\mathrm{kg/m^3}$，$\mathrm{Pr} = 0.7, K = 0.067$。颗粒以其终端沉降速度落下。

4.7　在环境温度 25 ℃下，一个直径为 2mm 的球形苯甲酸颗粒落入了一个静止的空气管中。在下落过程中，颗粒发生升华。苯甲酸在空气中分子扩散系数为 $4 \times 10^{-6}\mathrm{m^2/s}$，试计算颗粒以其终端沉降速度下落时的对流传质系数。

第5章 基 本 方 程

5.1 引 言

对颗粒多相流领域的研究者而言，建立颗粒多相流系统一般描述的数学模型，长期以来一直是一个具有挑战性的课题。尽管到目前为止，模型的总体本构关系尚未完全建立，但仍有几个模型被实践证明是有其实用性的，这几个模型能有效地预测气–固两相流的流动特性, 尤其能很好地满足工程应用目的。这几个模型为: 欧拉 (Euler) 连续介质方法、拉格朗日 (Lagrange) 轨道方法、模拟颗粒间碰撞的动力论模型、填充床内流动的达西 (Darcy) 定律和欧根 (Ergun) 方程。这也是目前最常用的几个模型，本章将对这几个模型进行介绍。

欧拉连续介质方法建立在对各 “相” 都是连续介质假设的基础上，并对每个 “相” 的动力学提供一个 “场” 的描述。拉格朗日轨道方法则是从研究单个颗粒的运动出发，得出颗粒运动所经历的轨道。颗粒间碰撞的动力论模型，是气体分子运动论的扩展，可应用于稠密颗粒悬浮系统，其中颗粒相的输运主要取决于颗粒间的碰撞。欧根方程提供了流动中的重要关系，它不仅可用于填充床系统，也可用于流化床系统的某些情况。

5.1.1 欧拉连续介质方法

为了评价气–固输运系统的性能，常常需要一些能描述基本流动特性分布，譬如系统中各相的压力、质量流量、浓度、速度、温度的宏观 “场” 的方法。要进行这些评价，欧拉连续介质方法或者叫做多流体方法是现有的方法中最好的选择。

欧拉连续介质方法基本上是单相流体力学的数学描述向多相流动的扩展。然而无论是流体相还是颗粒相实际上都不是任何瞬间在整个系统中是连续的，必须建立一个方法以构建各相形成的连续介质。每个这样的拟连续相的输运特性，或者说在湍流气固两相流动的情况下，需要确定各相的湍流模型，此外，各相之间的相互作用也必须以连续的形式来表示。

构建一个连续介质的最基本步骤就是在连续介质内选择一个具有统计意义的 “流体微元”。所选择的 “流体微元” 内须有足够多的颗粒，以保证该 “流体微元” 具有统计热力学特性，譬如温度、密度和速度。同时，该 “流体微元” 与系统的特征尺寸相比应该足够小，从宏观上可以选择流体的连续相概念。在多相流动中，常用体积平均来表示每个相的拟连续介质特性。为了使体积平均具有统计学意义，仍要使控制体在体积平均中足够小，以满足拟连续介质的条件，体积平均有一个最小控制体积。为了考虑湍流效应，体积平均后还需要采用时间平均 [Soo, 1989]。由于拟连续介质方法是基于体积平均的概念，气固两相流中的拟连续相应当看成是可压缩的，这是因为各相体积分数分布是不均匀的，即使气体或颗粒本身是不可压缩的。

单相层流流动中气体的输运特性可用气体分子运动论加以描述。气固系统中的固体颗粒可以看作放大的分子，因此可以假设其行为和气体分子之间有直接的相似。注意到在气体分子运动论中，气体的输运系数可由麦克斯韦–玻尔兹曼 (Maxwell-Boltzmann) 速度分布导出，其导出过程是基于玻尔兹曼统计学, 而且其可能的状态服从薛定谔波动方程。由于气固系统中的固体颗粒间的相互作用力与纯气体中分子间作用力完全不同，所以对描述颗粒输运过程的动力论的有效性就需要作进一步的假设。那么，对于单相气体湍流流动，其输运特性可用湍流模型描述，这包括广泛采用的混合长度模型和 k-ε 模型。而对气固两相流动的多相连续介质模型，这两个模型则须作些修改，考虑拟连续介质的可压缩性和相间的相互作用，可以推广到说明气体的湍流。在本章中颗粒间的相互作用用颗粒碰撞模型描述，而颗粒和湍流间的相互作用可用欣兹–陈 (Hinze-Tchen) 模型和 k-ε-k_{p} 模型来表述。

对本章中讨论的欧拉连续介质模型，假定纳维–斯托克斯 (Navier-Stokes) 方程的基本形式可适用于所有的相。对于一些稠密颗粒悬浮流动情况，颗粒相的行为可作为非牛顿流体来处理，此时，纳维–斯托克斯方程的简单扩展就可能不合适了。

5.1.2　拉格朗日轨道法

拉格朗日法，也可理解为轨道模型，通过追踪单颗粒的运动来直接描述颗粒流动。在轨道模型中，颗粒的运动可用拉格朗日坐标系下的常微分方程来表示。因此，颗粒速度和相应的颗粒轨道可由颗粒拉格朗日方程的直接积分求得。拉格朗日法便于揭示颗粒运动的离散和和瞬态特征。

典型的拉格朗日法包括确定轨道法和随机轨道法。确定轨道法忽略颗粒相所有的湍流输运过程，而随机轨道法则通过考察颗粒运动方程表达式中的气体瞬时速度，考虑气体湍流对颗粒运动的影响。为了得到方程中各变量的统计平均值，就要运用统计平均算法，譬如蒙特卡罗 (Monte Carlo) 法。

欲求解运动颗粒的拉格朗日方程，须先确定气体相以及在运动颗粒周围的其他颗粒的动力学行为。气相的动力学行为可用欧拉法模拟。由于气流和颗粒的运动都通过气体与颗粒、颗粒与颗粒之间相互作用的耦合，为获得各相收敛的解，就需要大量的迭代。

拉格朗日法的发展之所以受到限制，是因为其对统计平均和各相之间相互作用的计算量较大。拉格朗日模型尤其适合于稀疏流动[①]和不适合于多流体模型对离散型流动的模拟，也适合于对追踪颗粒运行所经历的轨道很重要的情况 (例如，工业炉中煤粉燃烧，或者追踪气固两相流中的放射性颗粒)。

5.1.3　颗粒间碰撞的动力论模型

当多相系统中气固两相流动是由颗粒间的相互碰撞所支配时，固相的应力和其他动力学特性可假设为与气体分子的特性类似。这样，气体分子运动论就可用于稠密气固两相流的模拟。在这样的模型中，假设颗粒间的碰撞是质量传递、动量传递和能量传递的唯一机理。尽管理论上规定了弹性碰撞条件，但模型中包含了非弹性碰撞造成的能量耗散。

该模型为固相建立了一套流体力学方程。对方程的封闭需要有附加的本构关系，可通过碰撞的动力学参数和假设的麦克斯韦速度分布来获得。在本章中将用两个例子来说明该模型的应用。

5.1.4　欧根方程

欧根方程所涉及的是填充床内的流速与压力降的关系以及颗粒和气体的性质。自该方程 1951 年建立以来，目前已超出仅适用于固定床系统的界限。所以，须详细地介绍该公式的由来。

通过均匀多孔介质黏性流动的一般特征可由达西 (Darcy) 定律来描述。为了估算通过多孔介质的压力降，假定一般的多孔介质可以用有固定长度的、不同横截面积的一些通道来表示。这样，低流速气体的黏性能量损失可由科兹尼 (Kozeny) 理论给出。当气体流速增加时，惯性的影响就愈加重要。高气体流速的动能损失可由伯克–普卢默 (Burke-Plummer) 理论来描述。雷诺 (Reynolds) 所提出的通过固定床的压力降的通用表达式，是黏性和惯性共同作用的代数形式。欧根方程用半经验的形式综合二者的作用，但由于没有进一步考虑湍流的影响，欧根方程不适用于湍流的情况。

5.1.5　小结

在大部分工程应用中，人们所期望的模型应该是既简单又能描述整个流场，而且有合理的精确性的模型。连续介质模型尽管对各相有粗略的连续介质的假定，但它却简单和应用广泛。当颗粒浓度很高致使颗粒间的碰撞成为主导的传递机制时，颗粒流动的动力学特征可以根据动力论给出合理的模拟。在颗粒相的连续介质模型中，动力论模型也可以应用于表述颗粒间相互碰撞引起的动量传递。对于非常

①校者注：近年来已经发展了 Y. Tsuji 提出的 DEM (discrete element model，离散单元模型)，是用于稠密两相流动的拉氏模型，被 A. B. Yu 等广泛应用于循环流化床、稠密管道输送、稠密气固旋风分离器和高炉喷煤等的模拟。

稀疏的多相悬浮流，气相可以用连续介质方法处理，而颗粒运动可用轨道模型来描述。对透过填充床的气体流动或者固相系统中未悬浮的颗粒部分，可用欧根方程。欧根方程也可用于描述稠密悬浮系统的极限情况。

本章将介绍单相流动的连续介质模型，多相流的欧拉方法将用体积平均和时间平均的理论来描述；还将介绍拉格朗日法和颗粒间碰撞支配的稠密悬浮流的动力论模型，最后将介绍欧根方程的发展。

5.2 单相流动模型

本节将介绍单相流动的控制方程和输运系数。首先，我们导出连续介质力学守恒方程的通用输运理论。质量、动量和能量输运的控制方程可用通用输运理论得出。作为确定输运系数基础的气体分子运动论，本节也进行了描述。在湍流流动中，输运系数可用湍流模型近似地求得。因此介绍两个常用的湍流模型，混合长度模型和 k-ε 模型，并提出各种边界条件。

5.2.1 通用输运定理和通用守恒律

在连续介质力学中，所有的守恒方程都可以根据通用输运理论导出。现定义一个变量 $F(t)$，作为对 r 空间的任意体积 $v(t)$ 的体积分。

$$F(t) = \int\limits_{v(t)} f(\boldsymbol{r}, t)\mathrm{d}v \tag{5.1}$$

式中，$f(\boldsymbol{r}, t)$ 是代表某一个参数的积分函数，如质量、动量或者能量。t 是时间，$\boldsymbol{r}$ 是位置向量。在一个 r 空间内，$\boldsymbol{r} = (r_1, r_2, r_3)$，为了计算 F 的变化率，须引入一个 ξ 空间，其中的体积相对于时间是固定的，从而可能进行对 F 导数的微分和积分的变换。从 r 空间到 ξ 空间体积的转化为

$$\mathrm{d}v = \mathrm{d}r_1\mathrm{d}r_2\mathrm{d}r_3 = J\mathrm{d}\xi_1\mathrm{d}\xi_2\mathrm{d}\xi_3 = J\mathrm{d}v_0 \tag{5.2}$$

式中，J 是雅可比 (Jacobi) 行列式。其定义为

$$J = \frac{\partial(r_1, r_2, r_3)}{\partial(\xi_1, \xi_2, \xi_3)} \tag{5.3}$$

可以证明 (见习题 5.1)

$$\frac{\mathrm{d}J}{\mathrm{d}t} = (\Delta \cdot \boldsymbol{U})J \tag{5.4}$$

式中，速度 $\boldsymbol{U}$ 的定义是

$$\boldsymbol{U} = \frac{\mathrm{d}\boldsymbol{r}}{\mathrm{d}t} \tag{5.5}$$

因此，可得到

$$\frac{\mathrm{d}F}{\mathrm{d}t}=\frac{\mathrm{d}}{\mathrm{d}t}\int\limits_{v(t)}f(\boldsymbol{r},t)\mathrm{d}v=\frac{\mathrm{d}}{\mathrm{d}t}\int\limits_{v_0}f(\xi,t)J\mathrm{d}v_0$$
$$=\int\limits_{v_0}\left(\frac{\mathrm{d}f}{\mathrm{d}t}J+f\frac{\mathrm{d}J}{\mathrm{d}t}\right)\mathrm{d}v_0=\int\limits_{v(t)}\left(\frac{\mathrm{d}f}{\mathrm{d}t}+f\,\nabla\cdot\boldsymbol{U}\right)\mathrm{d}v \tag{5.6}$$

要注意，$\mathrm{d}f/\mathrm{d}t$ 是物质导数，可表示为

$$\frac{\mathrm{d}f}{\mathrm{d}t}=\frac{\partial f}{\partial t}+\boldsymbol{U}\cdot\nabla f \tag{5.7}$$

将式 (5.7) 代入式 (5.6)，可以得到通用输运定理的方程

$$\frac{\mathrm{d}}{\mathrm{d}t}\int\limits_{v(t)}f(\boldsymbol{r},t)\mathrm{d}v=\int\limits_{v(t)}\left(\frac{\partial f}{\partial t}+\nabla\cdot f\boldsymbol{U}\right)\mathrm{d}v \tag{5.8}$$

从穿过封闭表面 $v(t)$ 的净流动 f 和 $v(t)$ 内部产生的 f 可找到 F 的变化率。用 ψ 表示 f 的流通向量，$\varPhi$ 表示单位体积内的 f 产生率，则有

$$\frac{\mathrm{d}}{\mathrm{d}t}\int\limits_{v}f\,\mathrm{d}v=-\int\limits_{A}\boldsymbol{n}\cdot\psi\mathrm{d}A+\int\limits_{V}\varPhi\mathrm{d}v \tag{5.9}$$

式中，$\boldsymbol{n}$ 是朝外的单位法向矢量，所以，式 (5.9) 中右边第一项表示穿过封闭表面 A 的 f 的净流动。按照高斯 (Gauss) 定理，在一个封闭区域，曲面积分可转化为体积积分，即

$$\int\limits_{A}\boldsymbol{n}\cdot\psi\mathrm{d}A=\int\limits_{v}\nabla\psi\mathrm{d}v \tag{5.10}$$

将通用输运定理式 (5.8) 和式 (5.9) 及式 (5.10) 相结合，可得到

$$\int\limits_{v}\left[\frac{\partial f}{\partial t}+\nabla\cdot f\boldsymbol{U}+\nabla\cdot\psi-\varPhi\right]\mathrm{d}v=0 \tag{5.11}$$

由于体积是任意选择的，单相流体的通用守恒方程可写成为

$$\frac{\partial f}{\partial t}+\nabla\cdot f\boldsymbol{U}+\nabla\cdot\psi-\varPhi=0 \tag{5.12}$$

5.2.2　控制方程

单相流动的质量守恒、动量守恒和能量守恒方程可由前面导出的通用守恒方程得出。

5.2.2.1 连续性方程 (质量守恒)

对于单相流体的总质量守恒，f 可代表流体密度 ρ，ψ 代表总质量扩散流，此处为 0，对于没有化学反应的流动系统，$\Phi=0$，则由式 (5.12) 可得到连续性方程

$$\frac{\partial \rho}{\partial t}+\nabla\cdot(\rho\boldsymbol{U})=0 \tag{5.13}$$

5.2.2.2 动量方程 (牛顿定律)

对于单相流体的动量守恒，单位体积的动量 f 等于质量流量 $\rho\boldsymbol{U}$。动量流量可由应力张量 $\psi=(p\boldsymbol{I}-\boldsymbol{\tau})$ 表示。此处，p 是静态压力或平衡压力。$\boldsymbol{I}$ 是单位张量，$\boldsymbol{\tau}$ 是剪应力张量。由于 $\Phi=-\rho\boldsymbol{f}$，$\boldsymbol{f}$ 是单位质量的体积力。由式 (5.12) 可得到动量守恒方程

$$\frac{\partial \rho\boldsymbol{U}}{\partial t}+\nabla\cdot(\rho\boldsymbol{U}\boldsymbol{U})=-\nabla p+\nabla\cdot\boldsymbol{\tau}+\rho\boldsymbol{f} \tag{5.14}$$

式中

$$\boldsymbol{\tau}=\mu\left(\frac{\partial U_{\mathrm{i}}}{\partial x_{\mathrm{j}}}+\frac{\partial U_{\mathrm{j}}}{\partial x_{\mathrm{i}}}\right)\boldsymbol{e}_{\mathrm{i}}\boldsymbol{e}_{\mathrm{j}}+\left(\mu'-\frac{2\mu}{3}\right)(\nabla\cdot\boldsymbol{U})\delta_{\mathrm{ij}}\boldsymbol{e}_{\mathrm{i}}\boldsymbol{e}_{\mathrm{j}} \tag{5.15}$$

式中，μ' 是第二黏度或体积黏度，该黏度反映的是平均压力和平衡状态下的压力的偏差，这个偏差是由于局部速度分布的不均匀性造成的。δ_{ij} 是克罗内克 (Kronecker) 函数。体积黏度是

$$\mu'=-\frac{p_{\mathrm{m}}-p}{\nabla\cdot\boldsymbol{U}} \tag{5.16}$$

式中，p_{m} 是平均压力。除了强烈的非平衡区域，譬如激波区域，总是假定 μ'=0。

5.2.2.3 能量方程 (能量守恒)

对总能量守恒，f 代表单位体积内的总能量 ρE。单位体积内的总能量的流量和产生率有三个来源：热流向量 $\boldsymbol{J}_{\mathrm{q}}$；单位体积内的热量产生率 J_{e}，包括焦耳 (Joule) 热和辐射热; 表面力和场力做的功率；则能量守恒方程是

$$\frac{\partial \rho E}{\partial t}+\nabla\cdot(\rho\boldsymbol{U}E)=-\nabla\cdot\boldsymbol{U}p+\nabla\cdot(\boldsymbol{U}\cdot\boldsymbol{\tau})+\rho\boldsymbol{U}\cdot\boldsymbol{f}-\nabla\cdot\boldsymbol{J}_{\mathrm{q}}+J_{\mathrm{e}} \tag{5.17}$$

式中，$E=e+1/2\boldsymbol{U}\cdot\boldsymbol{U}$，$e$ 是单位质量的内能。

用内能表示的能量方程是

$$\frac{\partial \rho e}{\partial t}+\nabla\cdot(\rho\boldsymbol{U}e)=-p\nabla\cdot\boldsymbol{U}+\phi-\nabla\cdot\boldsymbol{J}_{\mathrm{q}}+J_{\mathrm{e}} \tag{5.18}$$

式中，ϕ 是耗散函数，其表达式是

$$\phi=\nabla\cdot(\boldsymbol{U}\cdot\boldsymbol{\tau})-\boldsymbol{U}\cdot(\nabla\cdot\boldsymbol{\tau}) \tag{5.19}$$

式 (5.19) 表示黏度的作用引起的单位体积能量的耗散率。能量是以热的形式耗散的，可以证明 ϕ 始终为正值。

用温度表示的能量方程便于估算热流。令 $e = c_{\mathrm{v}}T, c_{\mathrm{v}}$ 是定容比热，T 是流体的绝对温度。假定热流 $\boldsymbol{J}_{\mathrm{q}}$ 服从傅里叶 (Fourier) 定律，则式 (5.18) 可变为

$$\frac{\partial \rho c_{\mathrm{v}} T}{\partial t} + \nabla \cdot (\rho \boldsymbol{U} c_{\mathrm{v}} T) = -p \nabla \cdot \boldsymbol{U} + \phi + \nabla \cdot (K \nabla T) + J_{\mathrm{e}} \tag{5.20}$$

式中，K 是流体的导热系数。

5.2.3 动力论和输运系数

气体动力论的简要讨论，对了解气固多相流的连续介质模型中，推导颗粒相的输运系数所做的基本假设和应用条件是重要的。当守恒的量, 譬如分子数、分子总动量、分子总动能 (假设都是弹性碰撞) 在封闭空间内最初的分布都是非均匀时，这些量的趋势就是指向建立一个平衡状态。守恒量向平衡状态的变化率就是用输运系数来表征的。具体地讲，输运系数是输运流量与守恒量浓度梯度的比例常数。气体的输运系数可依据动力论来估算，并用流体的微观特性来描述。严密的输运过程微观理论可以用玻尔兹曼 (Boltzmann) 输运方程描述。然而，由于该方程极其复杂，这里我们没有采用，而代之以利用初级动力论和概率论的概念，采用唯象法导出输运系数。

在气体动力论中，假定气体分子是表面光滑、有弹性的刚性球体，且只考虑分子平移运动的动能。另外，假定容器内气体处于平衡状态，气体分子分布均匀，而且气体分子在所有方向上运动的可能性都是相同的。假定气体分子速度分布服从麦克斯韦–玻尔兹曼 (Maxwell-Boltzmann) 分布，这将在本章下一节中描述。

5.2.3.1 麦克斯韦–玻尔兹曼速度分布

考虑在一个容器内, 其绝对温度为 T，该系统内有无数个相同的且难以区别的相互独立的颗粒处于平衡状态。如果在一定的能级水平下颗粒的数量是无限的，在这样一个系统中找到具有 ε_{i} 能级水平的 n_{i} 个颗粒的概率可用玻色–爱因斯坦 (Bose-Einstein) 统计 [Reif, 1965] 进行描述。用 g_{i} 表示在 ε_{i} 能级的简并度 (即能级水平相同或接近相同的量子状态数)。根据玻色–爱因斯坦统计，对可能处于第 i 个能级的任意个 n_{i} 个颗粒的状态数是

$$W_{\mathrm{i,BE}} = \frac{(n_{\mathrm{i}} + g_{\mathrm{i}} - 1)!}{(g_{\mathrm{i}} - 1)! n_{\mathrm{i}}!} \tag{5.21}$$

对一定的 n_{i}，系統的总状态数是

$$W_{\mathrm{BE}} = \prod \frac{(n_{\mathrm{i}} + g_{\mathrm{i}} - 1)!}{(g_{\mathrm{i}} - 1)! n_{\mathrm{i}}!} \tag{5.22}$$

对 $g_{\mathrm{i}} \gg n_{\mathrm{i}}$ 的特殊情况，式 (5.22) 就简化为修正的麦克斯韦–玻尔兹曼统计 (注：对可分辨的颗粒是经典的麦克斯韦–玻尔兹曼统计)，见式 (5.23)。

$$W_{\mathrm{MB}} = W_{\mathrm{BE}} = \prod \frac{g_{\mathrm{i}}^{n_{\mathrm{i}}}}{n_{\mathrm{i}}!} \tag{5.23}$$

当容器内的气体处于平衡状态时，可以证明 (习题 5.2)，式 (5.23) 成为

$$\frac{n_{\mathrm{i}}}{n} = \frac{g_{\mathrm{i}} e^{-\frac{\varepsilon_{\mathrm{i}}}{kT}}}{z} \tag{5.24}$$

式中，n 是系统内颗粒总数；k 是玻尔兹曼常数；z 为配分函数，其定义为

$$z = \sum g_{\mathrm{i}} e^{-\frac{\varepsilon_{\mathrm{i}}}{kT}} \tag{5.25}$$

可能的能级水平则由薛定谔 (Schrödinger) 波动方程确定 [Reif, 1965]。对于颗粒的平移运动，波动方程呈下列形式

$$\nabla^2 \boldsymbol{\Psi} = -\frac{8\pi^2 m}{h^2} \varepsilon \boldsymbol{\Psi} \tag{5.26}$$

式中，h 是普朗克常数；m 是颗粒的质量；$\boldsymbol{\Psi}$ 为波函数；ε 是式 (5.26) 的本征值，可由下式给出

$$\varepsilon = \frac{h^2}{8m} \left(\frac{k_{\mathrm{x}}^2}{L_{\mathrm{x}}^2} + \frac{k_{\mathrm{y}}^2}{L_{\mathrm{y}}^2} + \frac{k_{\mathrm{z}}^2}{L_{\mathrm{z}}^2} \right) \tag{5.27}$$

式中，k_{x}、k_{y} 和 k_{z} 是整数量子数；L_{x}、L_{y} 和 L_{z} 分别是在 x 方向、y 方向和 z 方向上的几何尺寸。另外，配分函数 z 可由下式得到

$$z = \sum e^{-\frac{\varepsilon}{kt}} = \frac{V}{h^3} (2\pi mkT)^{\frac{3}{2}} \tag{5.28}$$

式中，V 是容器的体积，等于 $L_{\mathrm{x}} L_{\mathrm{y}} L_{\mathrm{z}}$。

如果考察一个特征尺寸为 L 的立方体，假定其能量分布是连续的，则可得到

$$\varepsilon = \frac{h^3 r^2}{8mL^2} \tag{5.29}$$

式中，r 是量子数空间半径 (由于所有量子数都是正值，所以只有在第一个象限内是有意义的)。这样，在 ε 和 $\varepsilon+\mathrm{d}\varepsilon$ 之间的简并度 $\mathrm{d}g$ 可以表示为

$$\mathrm{d}g = \frac{\pi}{2} r^2 \mathrm{d}r = 2\pi \left(\frac{L}{h} \right)^3 (2m)^{\frac{3}{2}} \varepsilon^{\frac{1}{2}} \mathrm{d}\varepsilon \tag{5.30}$$

将式 (5.28) 和式 (5.30) 代入式 (5.24) 可得到

$$\frac{\mathrm{d}n}{n} = \frac{2}{\sqrt{\pi (kT)^3}} e^{-\frac{\varepsilon}{kt}} \varepsilon^{\frac{1}{2}} \mathrm{d}\varepsilon \tag{5.31}$$

由于 $\varepsilon=1/2\cdot mv^2$，最终可得到麦克斯韦–玻尔兹曼速度分布为

$$\mathrm{d}P=\frac{\mathrm{d}n}{n}=\sqrt{\frac{2m^3}{\pi(kT)^3}}e^{-\frac{mv^2}{2kT}}v^2\mathrm{d}v \tag{5.32}$$

式中，$\mathrm{d}P$ 就是颗粒速度出现在 v 和 $v+\mathrm{d}v$ 之间的概率。

5.2.3.2　颗粒碰撞频率

分子碰撞是控制气体中输运过程的基本机制。因此，在量化输运系数之前，必须考察碰撞频率和碰撞截面。首先要考察颗粒在 r 和 $r+\mathrm{d}r$ 之间碰撞的概率。令 λ 表示平均自由程，$P(r)$ 表示在 r 内未碰撞的几率，则有

$$P(r+\mathrm{d}r)=P(r)\left(1-\frac{\mathrm{d}r}{\lambda}\right) \tag{5.33}$$

将 $P(r+\mathrm{d}r)$ 按泰勒级数展开可得到

$$\frac{\mathrm{d}P}{\mathrm{d}r}=-\frac{P}{\lambda} \tag{5.34}$$

由于 $P(0)=1$，发现在 r 长度内，未碰撞的概率服从泊松分布

$$P(r)=e^{-\frac{r}{\lambda}} \tag{5.35}$$

现考察一个容器内有两种不同类型颗粒的气体，两种不同的颗粒碰撞所影响的球形空间半径为

$$r_{12}=\frac{d_1+d_2}{2} \tag{5.36}$$

下标“1”和“2”分别代表两种不同类型的颗粒。

颗粒 1 和颗粒 2 之间的平均相对速度为

$$\langle v_{12}\rangle=\int\mathrm{d}v_1\int\mathrm{d}v_2F_1F_2|\boldsymbol{v}_1-\boldsymbol{v}_2| \tag{5.37}$$

式中，$\langle v_{12}\rangle$ 是平均相对速度；F 是速度分布函数；假设每种颗粒的运动都服从麦克斯韦–玻尔兹曼分布，则可得到 (习题 5.3)

$$\langle v_{12}\rangle=\sqrt{\frac{8(m_1+m_2)kT}{\pi m_1m_2}} \tag{5.38}$$

单位体积内不同类型的颗粒间相互碰撞的频率是

$$f_{12}=n_1n_2\pi r_{12}^2\langle v_{12}\rangle=n_1n_2(d_1+d_2)^2\sqrt{\frac{\pi(m_1+m_2)kT}{2m_1m_2}} \tag{5.39}$$

则很容易地推广为相同类型的颗粒间相互碰撞的频率

$$f_{11}=\frac{1}{2}n_1^2\pi r_{11}^2\left\langle v_{11}\right\rangle=2n_1^2d_1^2\sqrt{\frac{\pi kT}{m_1}} \tag{5.40}$$

其中的系数 1/2 是考虑到相同颗粒间的碰撞几率被高估而引入的。

5.2.3.3 输运系数

本节所考察的输运特性系数包括气体的黏性系数、扩散系数和导热系数。如果流动是层流的，输运系数随气体的特性而变化。当流动是湍流的，则输运系数强烈地取决于湍流结构。本节只介绍层流的输运系数。湍流输运系数将在 §5.2.4 中讨论。

A. 黏性系数

考虑在笛卡儿坐标系中, 单位立方体内有 n 个颗粒。按方向均等考虑，大约有 $n/6$ 个颗粒朝 $+y$ 方向运动，则同样数量的颗粒朝其他五个方向运动，每个颗粒流都有相同的平均速度 v。由于颗粒碰撞是动量输运的承担者，所以在 y 方向上输运的颗粒动量的 x 分量可以由下式估算

$$\tau_{\mathrm{xy}}=\frac{1}{6}n\left\langle v\right\rangle\left[mU_{\mathrm{x}}(y-\lambda)-mU_{\mathrm{x}}(y+\lambda)\right] \tag{5.41}$$

式中，τ_{xy} 是 x-y 平面内的剪应力；λ 是平均自由程；m 是颗粒质量；$U_{\mathrm{x}}(y-\lambda)$ 表示沿 y 轴方向 $(y-\lambda)$ 段的平均速度 x 分量。用泰勒级数展开式 (5.41) 成为

$$\tau_{\mathrm{xy}}=-\frac{1}{3}n\left\langle v\right\rangle m\lambda\frac{\partial U_{\mathrm{x}}}{\partial y} \tag{5.42}$$

因此黏度系数是

$$\mu=\frac{1}{3}n\left\langle v\right\rangle m\lambda \tag{5.43}$$

B. 自扩散系数 (扩散系数)

扩散系数可用与黏性系数相同的方法得到。此时的输运量是用颗粒数代替颗粒动量。y 方向上颗粒的净流量是

$$J_{\mathrm{y}}=\frac{1}{6}\left\langle v\right\rangle\left[n(y-\lambda)-n(y+\lambda)\right] \tag{5.44}$$

式中，$n(y-\lambda)$ 表示在 y 方向上 $(y-\lambda)$ 段内颗粒个数密度。由泰勒级数展开，式 (5.44) 成为

$$J_{\mathrm{y}}=-\frac{1}{3}\left\langle v\right\rangle\lambda\frac{\partial n}{\partial y} \tag{5.45}$$

所给出的自扩散系数 D 为

$$D=\frac{1}{3}\left\langle v\right\rangle\lambda \tag{5.46}$$

C. 导热系数

基于同样的方法，根据能量流可得到导热系数的表达式。y 方向上输运的净能量可表达为

$$q_{\mathrm{y}} = \frac{1}{6} n \langle v \rangle [\varepsilon(y-\lambda) - \varepsilon(y+\lambda)] = -\frac{1}{3} n \langle v \rangle \lambda \frac{\partial \varepsilon}{\partial y} \tag{5.47}$$

式中，ε 是颗粒的平均能量；由于 ε 与绝对温度 T 有关，所以有

$$\frac{\partial \varepsilon}{\partial y} = \frac{\partial \varepsilon}{\partial T}\frac{\partial T}{\partial y} = c\frac{\partial T}{\partial y} \tag{5.48}$$

式中，c 是颗粒的比热。所以颗粒的导热系数 K 可写为

$$K = \frac{1}{3} n \langle v \rangle c\lambda \tag{5.49}$$

D. 基于麦克斯韦–玻尔兹曼分布的输运系数

用式 (5.32) 表达的平均速度 $\langle v \rangle$ 是

$$\langle v \rangle = \int_0^{\infty} v\frac{\mathrm{d}n}{n} = \left(\frac{2}{\pi}\right)^{\frac{1}{2}} \left(\frac{m}{kT}\right)^{\frac{3}{2}} \int_0^{\infty} v^3 e^{-\frac{mv^2}{2kT}} \mathrm{d}v = \sqrt{\frac{8kT}{\pi m}} \tag{5.50}$$

用式 (5.40)，平均自由程可由下式估算

$$\lambda = \frac{1}{\sqrt{2} n \pi d^2} \tag{5.51}$$

因此，可以给出如下的输运系数

$$\mu = \frac{2}{3\sqrt{\pi}} \frac{\sqrt{mkT}}{\pi d^2} \tag{5.52}$$

$$D = \frac{2}{3} \frac{1}{n\pi d^2} \sqrt{\frac{kT}{\pi m}} \tag{5.53}$$

$$K = \frac{2}{3\sqrt{\pi}} \frac{c}{\pi d^2} \sqrt{\frac{kT}{m}} \tag{5.54}$$

5.2.4　湍流流动的模拟

对湍流流动的分析最普遍采用的方法是基于用雷诺展开概念的时间平均方程。下面我们将讨论雷诺展开和时间平均方法。一些正在研究开发之中的其他方法，如直接数值模拟 (DNS)、大涡模拟 (LES) 以及离散涡模拟 (DVS) 等，不在此处介绍。

在应用雷诺分解时，由于时间平均而产生的未知的关联项，例如，湍流雷诺应力，时间平均的纳维–斯托克斯方程的封闭不易实现, 因此，就需要有附加的方程使这些项和时均量发生关系。这些附加的方程可以来自湍流模型。本节中将介绍最常用的两种湍流模型：混合长度模型和 k-ε 模型。

5.2.4.1 时间平均纳维–斯托克斯方程

假设湍流流动的瞬时纳维–斯托克斯方程具有层流流动的精确形式。由雷诺分解可知，任一瞬时变量 Φ 可分为时均量值和脉动量，即

$$\phi(t) = \overline{\Phi} + \phi'(t) \tag{5.55}$$

其中，$\overline{\Phi}$ 由下式给出

$$\overline{\Phi} = \frac{1}{t_0}\int_0^{t_0} \phi(t)\mathrm{d}t \tag{5.56}$$

式中的积分时间段 t_0 与系统的特征时间尺度相比应当很短。同时 t_0 又必须足够地长，使

$$\frac{1}{t_0}\int_0^{t_0} \phi'(t)\mathrm{d}t = 0 \tag{5.57}$$

取式 (5.13) 和式 (5.14) 的时间平均，可得到时间平均的连续性方程和时间平均的动量方程

$$\frac{\partial\overline{\rho}}{\partial t} + \frac{\partial}{\partial x_{\mathrm{j}}}(\overline{\rho}\overline{U}_{\mathrm{j}} + \overline{\rho' u'_{\mathrm{j}}}) = 0 \tag{5.58}$$

$$\frac{\partial}{\partial t}(\overline{\rho}\overline{U}_{\mathrm{i}}+\overline{\rho' u'_{\mathrm{i}}})+\frac{\partial}{\partial x_{\mathrm{j}}}(\overline{\rho}\overline{U}_{\mathrm{i}}\overline{U}_{\mathrm{j}}+\overline{\rho}\overline{u'_{\mathrm{i}}u'_{\mathrm{j}}}+\overline{U}_{\mathrm{i}}\overline{\rho' u'_{\mathrm{j}}}+\overline{U}_{\mathrm{j}}\overline{\rho' u'_{\mathrm{i}}}+\overline{\rho' u'_{\mathrm{i}}u'_{\mathrm{j}}}) = -\frac{\partial\overline{\sigma}_{\mathrm{ij}}}{\partial x_{\mathrm{j}}}+\sum_{\mathrm{j}}\overline{F}_{\mathrm{ji}} \tag{5.59}$$

式中，$\overline{\rho}\overline{u'_{\mathrm{i}}u'_{\mathrm{j}}}$ 是湍流雷诺应力，而时均应力向量 $\overline{\sigma_{\mathrm{ij}}}$ 是

$$\overline{\sigma}_{\mathrm{ij}} = \overline{p}\delta_{\mathrm{ij}} - \overline{\mu}\left(\frac{\partial\overline{U}_{\mathrm{i}}}{\partial x_{\mathrm{j}}} + \frac{\partial\overline{U}_{\mathrm{j}}}{\partial x_{\mathrm{i}}}\right) + \frac{2}{3}\overline{\mu}\frac{\partial\overline{U}_{\mathrm{m}}}{\partial x_{\mathrm{m}}}\delta_{\mathrm{ij}} + \frac{2}{3}\overline{\mu'\frac{\partial u'_{\mathrm{m}}}{\partial x_{\mathrm{m}}}}\delta_{\mathrm{ij}} - \overline{\mu'\left(\frac{\partial u'_{\mathrm{i}}}{\partial x_{\mathrm{j}}} + \frac{\partial u'_{\mathrm{j}}}{\partial x_{\mathrm{i}}}\right)} \tag{5.60}$$

式中，μ' 是温度脉动引起的黏度系数的脉动；右端第三项和第四项中下角标 “m” 是爱因斯坦求和约定。为简单起见，考察稳定、不可压缩、等温湍流流动的情况，此时，$\partial/\partial t = 0$, ρ'=0, μ'=0；则式 (5.58) 的连续性方程就成为

$$\frac{\partial\overline{U}_{\mathrm{j}}}{\partial x_{\mathrm{j}}} = 0 \tag{5.61}$$

式 (5.59) 的动量方程也简化为

$$\frac{\partial}{\partial x_{\mathrm{j}}}(\overline{\rho}\overline{U}_{\mathrm{i}}\overline{U}_{\mathrm{j}}) = -\frac{\partial\overline{p}}{\partial x_{\mathrm{i}}} + \frac{\partial}{\partial x_{\mathrm{j}}}\left(\overline{\mu}\left[\frac{\partial\overline{U}_{\mathrm{i}}}{\partial x_{\mathrm{j}}} + \frac{\partial\overline{U}_{\mathrm{j}}}{\partial x_{\mathrm{i}}}\right]\right) - \overline{\rho}\overline{u'_{\mathrm{i}}u'_{\mathrm{j}}} + \sum_{\mathrm{j}}\overline{F}_{\mathrm{ji}} \tag{5.62}$$

为了使式 (5.62) 得以求解，还必须提供一个湍流应力的表达式。对和层流流动输送过程相似的各向同性的湍流流动，标量的湍流黏度可用布西内斯克 (Boussinesq) 公式定义，即

$$-\overline{\rho}\overline{u_{\mathrm{i}}'u_{\mathrm{j}}'}=\mu_{\mathrm{T}}\left(\frac{\partial\overline{U}_{\mathrm{i}}}{\partial x_{\mathrm{j}}}+\frac{\partial\overline{U}_{\mathrm{j}}}{\partial x_{\mathrm{i}}}\right)\tag{5.63}$$

应该注意，湍流黏度除与气体的物理性质有关外，还是湍流结构的函数。可以进一步引入一个有效黏度

$$\mu_{\mathrm{eff}}=\mu+\mu_{\mathrm{T}}\tag{5.64}$$

这样式 (5.62) 可写成

$$\frac{\partial}{\partial x_{\mathrm{j}}}(\overline{\rho}\overline{U}_{\mathrm{i}}\overline{U}_{\mathrm{j}})=-\frac{\partial\overline{p}}{\partial x_{\mathrm{i}}}+\frac{\partial}{\partial x_{\mathrm{j}}}\left(\overline{\mu}_{\mathrm{eff}}\left[\frac{\partial\overline{U}_{\mathrm{i}}}{\partial x_{\mathrm{j}}}+\frac{\partial\overline{U}_{\mathrm{j}}}{\partial x_{\mathrm{i}}}\right]\right)+\sum_{\mathrm{j}}\overline{F}_{\mathrm{ji}}\tag{5.65}$$

对于各向异性的湍流流动，诸如强旋流动、浮力流动等，湍流黏度就是一个张量而不是标量。因此雷诺应力的六个分量就须分别加以模拟。

为了确定 $\overline{u_{\mathrm{i}}'u_{\mathrm{j}}'}$ 或者 μ_{T}, 人们已经提出了多种湍流模型。一种湍流模型的特点是一系列输运方程或本构关系，用低阶关联量或者时均量来模拟高阶关联量。目前由于湍流的物理性质尚不完全清楚，所以还没有通用的湍流模型。但对于无旋流动和无浮力流动 (各向同性湍流)，可以用混合长度模型和 k-ε 模型，下文将介绍这两个模型。对于各向异性的湍流流动，二阶矩封闭模型的代数式或者微分输运方程是最简单的 [Zhang *et al.*，1992；Zhou, 1993]。然而微分输运方程形式的模型，用于一般工程目的形式太复杂。特别是该模型需要解六个方程，而不像 k-ε 模型只有两个方程，而且还有八个经验常数，而 k-ε 模型只有五个这样的常数。另外，要确定每个雷诺应力分量的边界条件也是很困难的，所以，本书只讨论各向同性的湍流流动。

5.2.4.2　混合长度模型

混合长度模型最早是由普朗特提出 [Prandtl, 1925]。该模型基于两个类比: 一个是气体的层流黏度和湍流黏度之间的相似；二是平均脉动速度与脉动尺度的比值和平均速度的应变之间的相似。普朗特提出

$$\mu_{\mathrm{T}}=\overline{\rho}l_{\mathrm{m}}\sqrt{\overline{u_{\mathrm{i}}'u_{\mathrm{i}}'}}\tag{5.66}$$

$$\frac{\sqrt{\overline{u_{\mathrm{i}}'u_{\mathrm{i}}'}}}{l_{\mathrm{m}}}=\left|\frac{\partial\overline{U}_{\mathrm{i}}}{\partial x_{\mathrm{j}}}+\frac{\partial\overline{U}_{\mathrm{j}}}{\partial x_{\mathrm{i}}}\right|\tag{5.67}$$

由式 (5.66) 和式 (5.67) 可得到

$$\mu_{\mathrm{T}}=\overline{\rho}l_{\mathrm{m}}^{2}\left|\frac{\partial\overline{U}_{\mathrm{i}}}{\partial x_{\mathrm{j}}}+\frac{\partial\overline{U}_{\mathrm{j}}}{\partial x_{\mathrm{i}}}\right|\tag{5.68}$$

式中，l_{m} 是湍流混合长度，其值由经验确定，和流动类型有关。

混合长度模型是简单的，因为用一个代数式来定义 μ_{T}。因此对简单的流动，如射流流动、边界层流动、管流等，混合长度很容易估算。对于回流区流动或复杂几何形状的流动，则不可能确定混合长度。对于各类简单流动选择的混合长度，可以在许多文献中找到，譬如：[Launder and Spalding, 1972]。但是混合长度模型表明，在平均速度应变为 0 处，湍流的影响将消失 (譬如在回流区尾部或对称轴附近)，但这并不表明总是正确的。

5.2.4.3 k-ε 模型

如果我们假设湍流流动局部状态取决于相应的输送方程控制的某些湍流量，那么，需要多少独立的特征量呢？这个问题可能要通过量纲分析来回答。

为了模拟湍流雷诺应力，首先要考察一下雷诺应力、应变率以及湍流黏度系数的量纲，如式 (5.69)

$$\left[\overline{\rho}\overline{u_{\mathrm{i}}'u_{\mathrm{j}}'}\right]=\frac{[\mathrm{M}]}{[\mathrm{L}][\mathrm{T}]^2},\quad \left[\frac{\partial\overline{U}_{\mathrm{i}}}{\partial x_{\mathrm{j}}}\right]=\frac{1}{[\mathrm{T}]},\quad [\mu_{\mathrm{T}}]=\frac{[\mathrm{M}]}{[\mathrm{L}][\mathrm{T}]} \tag{5.69}$$

式中，[M] 是质量单位；[L] 是长度单位；[T] 是时间单位；为了使应变率和雷诺应力发生关系。需要有长度尺度和时间尺度或者任两个独立的长度和时间尺度组成的量 ($\overline{\rho}$ 是质量尺度) 来赋予局部湍流的特征。也就是需要有两个以上的控制方程来描述这两个特征量的输运。

一般选择的这两个特征参数是湍流动能 k 及其耗散速率 ε，其定义为

$$k=\frac{1}{2}\overline{u_{\mathrm{i}}'u_{\mathrm{i}}'},\quad \varepsilon=\frac{\overline{\mu}}{\overline{\rho}}\overline{\frac{\partial u_{\mathrm{i}}'}{\partial x_{\mathrm{j}}}\frac{\partial u_{\mathrm{i}}'}{\partial x_{\mathrm{j}}}} \tag{5.70}$$

由量纲分析可以看出，k 和 ε 都是两个独立的时间尺度和长度尺度的特征参数。

$$[\mathrm{T}]=\frac{[k]}{[\varepsilon]},\quad [\mathrm{L}]=\frac{[k]^{\frac{3}{2}}}{[\varepsilon]} \tag{5.71}$$

因此湍流黏性系数 μ_{T} 就可用 k 和 ε 来表示

$$\mu_{\mathrm{T}}=C_\mu\overline{\rho}\frac{k^2}{\varepsilon} \tag{5.72}$$

式中，C_μ 是一个经验常数。

对于定常、不可压、等温流动，湍流动能输运方程可导出为 (习题 5.4)

$$\frac{\partial}{\partial x_{\mathrm{j}}}(\overline{\rho}\overline{U}_{\mathrm{j}}k)=-\overline{\rho}\overline{u_{\mathrm{i}}'u_{\mathrm{j}}'}\frac{\partial\overline{U}_{\mathrm{i}}}{\partial x_{\mathrm{j}}}-\overline{\rho}\varepsilon+\frac{\partial}{\partial x_{\mathrm{j}}}\left(\overline{\mu}\frac{\partial k}{\partial x_{\mathrm{j}}}-\frac{1}{2}\overline{\rho}\overline{u_{\mathrm{i}}'u_{\mathrm{i}}'u_{\mathrm{j}}'}-\overline{p'u_{\mathrm{j}}'}\right) \tag{5.73}$$

式 (5.73) 右端第三项表示由于分子和湍流扩散引起的 k 的输运，因此，和层流输运类比，该项可表示为

$$\overline{\mu}\frac{\partial k}{\partial x_\mathrm{j}}-\frac{1}{2}\overline{\rho}\overline{u'_\mathrm{i}u'_\mathrm{i}u'_\mathrm{j}}-\overline{p'u'_\mathrm{j}}=\frac{\mu_\mathrm{eff}}{\sigma_\mathrm{k}}\frac{\partial k}{\partial x_\mathrm{j}} \tag{5.74}$$

式中，σ_k 是经验常数，这样式 (5.73) 可变为

$$\frac{\partial}{\partial x_\mathrm{j}}(\overline{\rho}\overline{U}_\mathrm{j}k)=\frac{\partial}{\partial x_\mathrm{j}}\left(\frac{\mu_\mathrm{eff}}{\sigma_\mathrm{k}}\frac{\partial k}{\partial x_\mathrm{j}}\right)+(\mu_\mathrm{eff}-\mu)\frac{\partial\overline{U}_\mathrm{i}}{\partial x_\mathrm{j}}\left(\frac{\partial\overline{U}_\mathrm{i}}{\partial x_\mathrm{j}}+\frac{\partial\overline{U}_\mathrm{j}}{\partial x_\mathrm{i}}\right)-\overline{\rho}\varepsilon \tag{5.75}$$

式 (5.75) 就称为 k-方程。

对于湍流动能耗散率，也可导出为 (习题 5.5)

$$\begin{aligned}\frac{\partial}{\partial x_\mathrm{j}}(\overline{\rho}\varepsilon\overline{U}_\mathrm{j})=&\frac{\partial}{\partial x_\mathrm{j}}\left(\overline{\mu}\frac{\partial\varepsilon}{\partial x_\mathrm{j}}-\overline{\rho}\overline{u'_\mathrm{j}\varepsilon'}-2\overline{v}\overline{\frac{\partial p'}{\partial x_1}\frac{\partial u'_\mathrm{j}}{\partial x_1}}\right)+2\overline{\mu}\left(\overline{\frac{\partial u'_\mathrm{i}}{\partial x_1}\frac{\partial u'_\mathrm{j}}{\partial x_1}}+\overline{\frac{\partial u'_1}{\partial x_\mathrm{i}}\frac{\partial u'_1}{\partial x_\mathrm{j}}}\right)\frac{\partial\overline{U}_\mathrm{i}}{\partial x_\mathrm{j}}\\&-2\overline{\mu}\overline{\frac{\partial u'_\mathrm{i}}{\partial x_1}\frac{\partial u'_\mathrm{j}}{\partial x_1}\frac{\partial u'_\mathrm{i}}{\partial x_\mathrm{j}}}-2\overline{\mu}\overline{u'_\mathrm{j}\frac{\partial u'_\mathrm{i}}{\partial x_1}}\frac{\partial^2\overline{U}_\mathrm{i}}{\partial x_\mathrm{j}\partial x_1}-2\overline{\rho}\overline{\left(v\frac{\partial^2u'_\mathrm{i}}{\partial x_\mathrm{j}\partial x_1}\right)^2}\end{aligned} \tag{5.76}$$

和式 (5.74) 使用的方法类似，式 (5.76) 右端第一项，也可表示为

$$\frac{\partial}{\partial x_\mathrm{j}}\left(\overline{\mu}\frac{\partial\varepsilon}{\partial x_\mathrm{j}}-\overline{\rho}\overline{u'_\mathrm{j}\varepsilon'}-2\overline{v}\overline{\frac{\partial p'}{\partial x_1}\frac{\partial u'_\mathrm{j}}{\partial x_1}}\right)=\frac{\partial}{\partial x_\mathrm{j}}\left(\frac{\mu_\mathrm{eff}}{\sigma_\varepsilon}\frac{\partial\varepsilon}{\partial x_\mathrm{j}}\right) \tag{5.77}$$

式中，σ_ε 是经验常数；式 (5.76) 右端第二、三、四项也可简化为

$$\begin{aligned}&-2\overline{\mu}\left(\overline{\frac{\partial u'_\mathrm{i}}{\partial x_1}\frac{\partial u'_\mathrm{j}}{\partial x_1}}+\overline{\frac{\partial u'_1}{\partial x_\mathrm{i}}\frac{\partial u'_1}{\partial x_\mathrm{j}}}\right)\frac{\partial\overline{U}_\mathrm{i}}{\partial x_\mathrm{j}}-2\overline{\mu}\overline{\frac{\partial u'_\mathrm{i}}{\partial x_1}\frac{\partial u'_\mathrm{j}}{\partial x_1}\frac{\partial u'_\mathrm{i}}{\partial x_\mathrm{j}}}-2\overline{\mu}\overline{u'_\mathrm{j}\frac{\partial u'_\mathrm{i}}{\partial x_1}}\frac{\partial^2\overline{U}_\mathrm{i}}{\partial x_\mathrm{j}\partial x_1}\\\approx&-\mu_\mathrm{T}\frac{\overline{u'_\mathrm{i}u'_\mathrm{j}}}{[\mathrm{L}]^2}\frac{\partial\overline{U}_\mathrm{i}}{\partial x_\mathrm{j}}=-C_1\overline{\rho}\frac{\varepsilon}{k}\overline{u'_\mathrm{i}u'_\mathrm{j}}\frac{\partial\overline{U}_\mathrm{i}}{\partial x_\mathrm{j}}=C_1\frac{\varepsilon}{k}(\mu_\mathrm{eff}-\overline{\mu})\left(\frac{\partial\overline{U}_\mathrm{i}}{\partial x_\mathrm{j}}+\frac{\partial\overline{U}_\mathrm{j}}{\partial x_\mathrm{i}}\right)\frac{\partial\overline{U}_\mathrm{i}}{\partial x_\mathrm{j}}\end{aligned} \tag{5.78}$$

式中，C_1 是经验常数；式 (5.76) 右端的最后一项与 k 和 ε 的关系用式 (5.79) 表示

$$-2\overline{\rho}\overline{\left(v\frac{\partial^2u'_\mathrm{i}}{\partial x_\mathrm{j}\partial x_1}\right)^2}\approx-\mu_\mathrm{T}\frac{\varepsilon}{[\mathrm{L}]^2}=-C_2\overline{\rho}\frac{\varepsilon^2}{k} \tag{5.79}$$

式中，C_2 是经验常数，式 (5.76) 最终可表示为

$$\frac{\partial}{\partial x_\mathrm{j}}(\overline{\rho}\varepsilon\overline{U}_\mathrm{j})=\frac{\partial}{\partial x_\mathrm{j}}\left(\frac{\mu_\mathrm{eff}}{\sigma_\varepsilon}\frac{\partial\varepsilon}{\partial x_\mathrm{j}}\right)+\frac{\varepsilon}{k}\left[C_1(\mu_\mathrm{eff}-\overline{\mu})\left(\frac{\partial\overline{U}_\mathrm{i}}{\partial x_\mathrm{j}}+\frac{\partial\overline{U}_\mathrm{j}}{\partial x_\mathrm{i}}\right)\frac{\partial\overline{U}_\mathrm{i}}{\partial x_\mathrm{j}}-C_2\overline{\rho}\varepsilon\right] \tag{5.80}$$

式 (5.80) 就称为 ε-方程。对 k-ε 方程中的五个经验常数，朗德 (Launder) 和斯波尔丁 (Spalding) 曾建议为：C_μ=0.09，C_1=1.44，C_2=1.92，σ_k=1.0，σ_ε=1.22。

5.2.4.4 封闭方程

为了使模型封闭，独立方程的总数应该与独立的变量数匹配。对于单相流动，独立的方程包括连续性方程、动量方程、能量方程、可压缩流动的状态方程、湍流特征量的方程、层流输送系数关系式 (如 $\mu = f(T)$)。典型的独立变量包括：密度、压力、速度、温度、湍流特征量、层流输运系数。由于气体速度是向量，和速度有关的独立变量又与问题中速度的分量数有关。类似的考虑也适用于动量方程，一般写成向量形式。

例如，对定常、不可压、等温流动应用 k-ε 模型时，独立的方程是：①连续性方程 (5.61)；②动量方程 (5.65)；③有效黏度系数的定义 (包括式 (5.64) 和式 (5.72))；④湍流动能方程 (式 (5.75))；⑤湍流动能耗散率方程 (5.80)。这样，对于三维模拟，独立的方程数就是七个；相应的独立变量分别为：①速度 (有三个分量)；②压力；③有效黏度；④湍流动能；⑤湍流动能耗散率。这样，独立的变量数也是七个, 所以方程是可解的。

5.2.5 边界条件

求解控制方程涉及规定边界条件。边界条件的数量与控制方程的类型有关，如椭圆型方程还是抛物线型方程或者是混合型方程。因为涉及非线性偏微分方程的复杂性，所以，没有保证方程是可解的一般形式的边界条件。对于单相湍流流动，典型的边界条件包括：不可渗透的固体壁面 (壁面也可以是移动的)；自由表面；对称轴；入口和出口条件；常见的需要有边界条件来求解的独立变量包括，速度、温度、湍流动能和湍流动能耗散率 (假设湍流模拟用 k-ε 模型)。由于我们只关心相对压力场，它可以通过求解动量和连续性方程得到，这里忽略和绝对压力有关的边界条件的讨论。

5.2.5.1 不可渗透的固体壁面

假设速度在固体壁面边界处无滑移条件有效，则在器壁处有

$$\boldsymbol{U} = 0 \tag{5.81}$$

温度的边界条件可以是下列三种形式之一。

(1) 给定温度分布

$$T = T_{\mathrm{w}}(\boldsymbol{r}_0) \tag{5.82}$$

式中，$\boldsymbol{r}_0$ 是在壁面处的位置向量。

(2) 给定热流分布

$$-K\frac{\partial T}{\partial n} = q_{\mathrm{w}}(\boldsymbol{r}_0) \tag{5.83}$$

式中，n 是边界的法向坐标。

(3) 热流的一般平衡

$$-K\frac{\partial T}{\partial n}=h(T_\infty-T)+\sigma\varepsilon(T_\infty^4-T^4) \tag{5.84}$$

式中，ε 是壁面发射率 (灰度系数)。

对于湍流流动应用 k-ε 模型，壁面附近的 k 和 ε 值必须确定。最直截了当的方法就是通过实验确定边界条件，譬如，在壁面附近的某些点的对数规律 [Launder and Spalding，1972]。在壁面附近区域，湍流动能的对流和扩散可以忽略不计。在大部分湍流流动中，近壁面区域的湍流特性只是法向坐标的函数。由式 (5.72) 和式 (5.75) 可得到

$$k=\frac{1}{\rho\sqrt{C_\mu}}\left(-\mu_{\mathrm{T}}\frac{\mathrm{d}U}{\mathrm{d}n}\right)_{\mathrm{w}}=\frac{\tau_{\mathrm{w}}}{\rho\sqrt{C_\mu}} \tag{5.85}$$

式中，τ_{w} 是壁面附近的湍流剪应力。

对于壁面附近的湍流动能耗散率由式 (5.72) 可得到

$$\varepsilon=C_\mu\rho\frac{k^2}{\mu_{\mathrm{T}}}=C_\mu\rho\frac{k^2}{\tau_{\mathrm{w}}}\left(\frac{\partial U}{\partial y}\right)_{\mathrm{w}} \tag{5.86}$$

为了得到壁面附近速度梯度的近似值，需要引入一个经验公式，叫做壁函数。壁函数可以表达为

$$U\sqrt{\frac{\rho}{\tau_{\mathrm{w}}}}=\frac{1}{\kappa}\ln\left(Ey\frac{\sqrt{\tau_{\mathrm{w}}\rho}}{\mu}\right) \tag{5.87}$$

式中，E 和 κ 都是经验常数 (κ 是冯 · 卡门 (von Karman) 常数)。因此由式 (5.85) 和式 (5.87) 就可得到在固体壁面附近 ε 的边界条件，即 $y=\delta_{\mathrm{w}}$ 处是

$$\varepsilon=\frac{C_\mu^{\frac{3}{4}}}{\kappa}\frac{k^{\frac{3}{2}}}{\delta_{\mathrm{w}}} \tag{5.88}$$

式中，δ_{w} 是壁面到近壁点的法向距离。

需要注意，湍流可能会影响到壁面附近的速度和热流的边界条件。对于用这些边界条件来应用 k-ε 模型的更详细的讨论可见朗德和斯波尔丁的文章 [Launder and Spalding，1974]。

5.2.5.2　自由表面

对于自由表面的速度，将有

$$\frac{\partial \boldsymbol{U}}{\partial n}=0,\quad U_{\mathrm{n}}=0 \tag{5.89}$$

式中，$U_{\rm n}$ 是表面处速度的法向分量；n 是自由表面的法向坐标。对于温度，可以应用与式 (5.84) 相同的形式。对于 k 和 ε 可假定

$$\frac{\partial k}{\partial n}=0 \tag{5.90}$$

$$\frac{\partial \varepsilon}{\partial n}=0 \tag{5.91}$$

5.2.5.3 对称轴

在对称轴上，有对称条件

$$\frac{\partial \phi}{\partial r}=0 \tag{5.92}$$

式中，ϕ 可以是 U、T、k 或 ε；r 是径向坐标。速度的径向分量为 0。

5.2.5.4 入口条件

入口处的速度分布和温度分布分别是

$$\boldsymbol{U}=\boldsymbol{U}_{\rm i} \tag{5.93}$$

$$T=T_{\rm i} \tag{5.94}$$

k 和 ε 在入口处的分布一般是假设的。

5.2.5.5 出口条件

可以规定出口处以下几种类型的边界条件。

A. 充分发展流动

如果在出口处流动是充分发展的，则 U、T、k 和 ε 沿出口方向的偏导数都是 0。

B. 出口附近具有较大的佩克莱数

佩克莱 (Peclet) 数是雷诺数与普朗特数的乘积。出口处佩克莱数较大时，就不存在上游的影响，流动受下游对流的支配。这种情况下，不需要出口边界条件 [Patankar, 1980]。

C. 自由流的近似

出口处 k 和 ε 的边界条件，可用在自由流动的极限情况时的 k 和 ε 方程描述 [Launder and Spalding，1972]。在自由流动中，所有包含垂直于流线的坐标方向的导数的项都为零，根据 k 方程我们得到

$$U_{\rm i}\frac{\partial k}{\partial x}=-C_{\mu}\rho\frac{k^2}{\mu_{\rm Ti}} \tag{5.95}$$

式中，$\mu_{\rm Ti}$ 是出口处的湍流黏度；x 是沿流线方向的坐标。类似的，对出口处的 ε，我们也可得到

$$U_{\rm i}\frac{\partial \varepsilon}{\partial x}=-C_{2}\rho\frac{k\varepsilon}{\mu_{\rm Ti}} \tag{5.96}$$

5.3 多相流的连续介质模型

由于多相流一般发生在受限的体积内，人们期望基于固定区域内有一个数学描述，这就使欧拉法成为描述流场的理想化模型。欧拉法要求整个计算域内所有相的输运量都是连续的。正如之前所提到的，实际上每个相都与时间相关，而且其分布都是离散型的。因此，需要用平均定理对每个相构建连续介质，这样，现有的单相流动的欧拉描述便可扩展到多相流动。

5.3.1 平均值和平均定理

要对各相构成连续介质，体积平均和时间平均对分析时空分布不连续的多相流是必不可少的。尽管构建各相的连续介质，可以用各相的容积分数表达的体积平均 [Slattery, 1967a, 1967b; Whitaker, 1969; Delhaye and Archard, 1976]，也可以用各相停留时间分数描述的时间平均 [Ishii, 1975]，然而混合物的动力学和热力学特性是各相容量分数的累积，而不是停留时间分数的累积 [Soo, 1989]。此外，基于停留时间分数的预先时间平均可以能抹去不同动力相的识别，因为不同的动力相对应不同的速度。因此，要构建各相的连续介质，首先要的是体积平均，而时间平均可以在体积平均后进行来考虑高频脉动 [Soo, 1989]。

5.3.1.1 相平均和本征平均

用下角标 “k” 表示 k 相的输运量，对图 5.1 所示的控制体积内，k 相的任一量的体积平均值可定义为

$$\langle\psi_{\mathrm{k}}\rangle=\frac{1}{V}\int\limits_{V_{\mathrm{k}}}\psi_{\mathrm{k}}\mathrm{d}V \tag{5.97}$$

式中，ψ_{k} 是 k 相的某一变量 (可以是标量、矢量或张量)。V_{k} 是在控制体积 V 内 k 相所占据的体积，$\langle\Psi_{\mathrm{k}}\rangle$ 是 Ψ_{k} 的相平均值。

除相平均外，重要的是引入一个本征平均的概念，其定义为

$$^{i}\langle\psi_{\mathrm{k}}\rangle=\frac{1}{V_{\mathrm{k}}}\int\limits_{V_{\mathrm{k}}}\psi_{\mathrm{k}}\mathrm{d}V \tag{5.98}$$

这样，相平均值和本征平均值之间可由 k 相所占的体积分数 α_{k} 建立联系，如

$$\langle\psi_{\mathrm{k}}\rangle=\frac{V_{\mathrm{k}}}{V}{}^{i}\langle\psi_{\mathrm{k}}\rangle=\alpha_{\mathrm{k}}{}^{i}\langle\psi_{\mathrm{k}}\rangle \tag{5.99}$$

通常本征平均值反映出真实物理特性或物理量，譬如密度和速度，而相平均值是基于所选择的控制体积而给出的视在特性和物理量。相平均用于构成各相的连

续介质，以便进行欧拉描述。注意，体积平均仅适用于单位体积的量，譬如密度、单位体积的动量、单位体积能量等。k 相速度的本征平均值可定义为

$$^{i}\langle \boldsymbol{U}_{\mathrm{k}}\rangle = \left[\frac{1}{V_{\mathrm{k}}}\int\limits_{V_{\mathrm{k}}} \rho_{\mathrm{k}}\boldsymbol{U}_{\mathrm{k}}\mathrm{d}V\right]\frac{1}{^{i}\langle\rho_{\mathrm{k}}\rangle} = \frac{\langle\rho_{\mathrm{k}}\boldsymbol{U}_{\mathrm{k}}\rangle}{\langle\rho_{\mathrm{k}}\rangle} \tag{5.100}$$

而 k 相内能的本征平均值为

$$^{i}\langle e_{\mathrm{k}}\rangle = \frac{1}{^{i}\langle\rho_{\mathrm{k}}\rangle}\left[\frac{1}{V_{\mathrm{k}}}\int\limits_{V_{\mathrm{k}}} \rho_{\mathrm{k}}e_{\mathrm{k}}\mathrm{d}V\right] = \frac{\langle\rho_{\mathrm{k}}e_{\mathrm{k}}\rangle}{\langle\rho_{\mathrm{k}}\rangle} \tag{5.101}$$

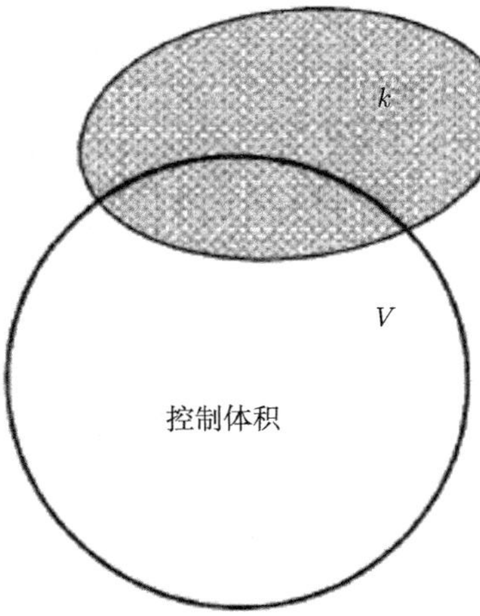

图 5.1 体积平均的概念

5.3.1.2 相平均的最小控制体积

如前所述，拟连续介质方法能用于多相流分析，仅在控制体积内包含足够多的颗粒、使体积平均具有统计意义时。同时，控制体积应足够地小，以确保连续介质假设的有效性。因此，为了有一个统计学上有意义的相平均，就存在一个最小平均体积。

统计学上有意义的相平均的最小平均体积可以从控制体积对计算颗粒相体积分数的影响的研究中获得 [Celmins, 1988]。现以一个三维六角形模型为例来说明这个分析方法。球形颗粒按一定规则的图案排列，如图 5.2 所示。为方便起见，由一系列球形颗粒为中心所形成的球形控制体用于体积平均。原则上，这些球形控制体的中心可以处于典型的三维六角形单元体内的任意位置。然而，中心的两个特殊

位置可以适于代表体积平均的极限情况，即一个是球体控制体中心，另一个是相邻的、形成一个金字塔形的四个球的对称中心，如图 5.2 所示。

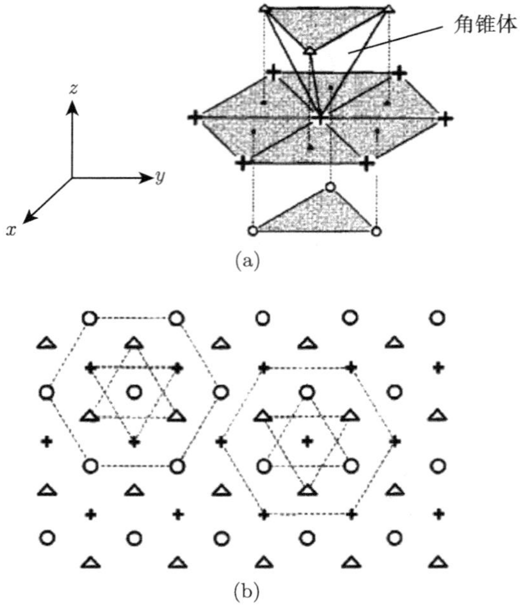

图 5.2　球体颗粒的三维六角形排列的结构

(a) 三维视图；(b) 俯视图

对给定的控制体积，颗粒的计算体积分数 $\alpha_{\mathrm{p}}^{\mathrm{c}}$ 一般包括封闭空间内全部和部分被包围的固体球的体积，如图 5.3 所示。随着控制体积的增加，由不同的中心控制体积得到的固体体积分数会趋于一个渐近值 α_{p}，如图 5.4(a) 所示，这就是固体颗粒的真实体积分数。因此，可以给出一个计算颗粒体积分数相对偏差的误差范围 δ(其定义为 $\delta=\dfrac{\left|\alpha_{\mathrm{p}}^{\mathrm{c}}-\alpha_{\mathrm{p}}\right|}{\alpha_{\mathrm{p}}}$)。统计学意义上有效的相体积平均值，其平均体积最小半径的确定如图 5.4(b) 所示。可以看到，在先前的计算中，对一定类型排列的固体颗粒体积分数取决于两个几何特征长度，譬如，球形颗粒的直径 d_{p} 和相邻两个颗粒球心间的距离 l。颗粒间的平均距离可根据颗粒个数密度 n 加以估计

$$l\approx n^{-\frac{1}{3}}=\left(\frac{\pi}{6}\frac{d_{\mathrm{p}}^{3}}{\alpha_{\mathrm{p}}}\right)^{\frac{1}{3}} \tag{5.102}$$

如果令 $\dfrac{l}{d_{\mathrm{p}}}=f(\alpha_{\mathrm{p}})$，$\dfrac{R}{l}=g(\alpha_{\mathrm{p}})$，则 R 和 d_{p} 的关系可以写成

$$\frac{R}{d_{\mathrm{p}}}=\frac{l}{d_{\mathrm{p}}}g(\alpha_{\mathrm{p}})=f(\alpha_{\mathrm{p}})g(\alpha_{\mathrm{p}}) \tag{5.103}$$

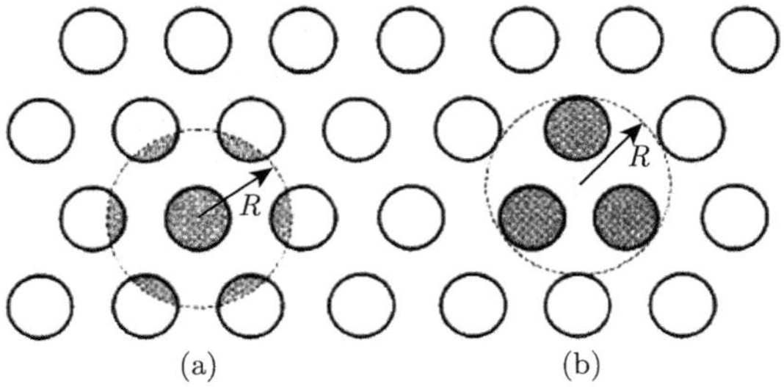

图 5.3 球体颗粒六角形排列体积平均的俯视图

(a) 以一个球体的球心为中心；(b) 以三个球体的球心连线形成的正三角形的中心为中心

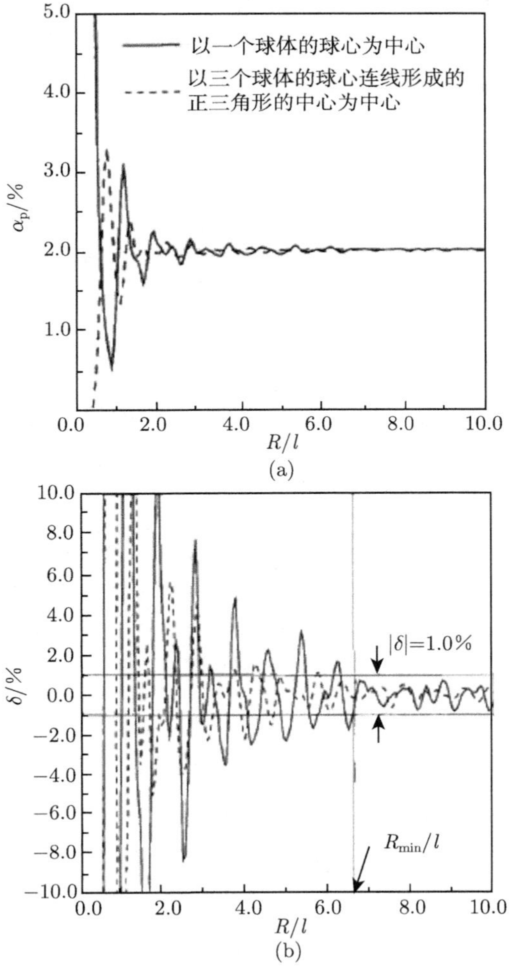

图 5.4 两个不同的控制体积中心所确定的控制体最小半径

(a) 控制体积对计算颗粒体积分数的影响；(b) 控制体积对计算颗粒体积分数相对偏差的影响

这就意味着对于一定的 δ 和球间空间结构，$\dfrac{R_{\min}}{d_{\mathrm{p}}}$ 仅是 α_{p} 的函数，这样，对于具有一定分布的单一尺寸的球的颗粒相 (包括代表单一尺寸的球的最大充填量的三维六角形结构)，$\dfrac{R_{\min}}{d_{\mathrm{p}}}$ 随 α_{p} 的变化为

$$\frac{R_{\min}}{d_{\mathrm{p}}}=\frac{\alpha_{\mathrm{p}}^{-\frac{1}{3}}}{\sqrt{2\delta}}(1-\alpha_{\mathrm{p}}) \tag{5.104}$$

式 (5.104) 提供了平均体积最小半径的定量准则，用以确定颗粒多相流分析中拟连续介质可应用的范围。该最小平均体积主要是颗粒体积分数和颗粒尺寸的函数。对于 50 ~1000 μm 的颗粒，当 δ=1%时，平均体积的最小半径的典型范围如图 5.5 所示。式 (5.104) 可以用于估计多相流中拟连续介质方法的物理上有意义的相分布，也可用于估计瞬时光学测量局部颗粒浓度的最小取样体积。

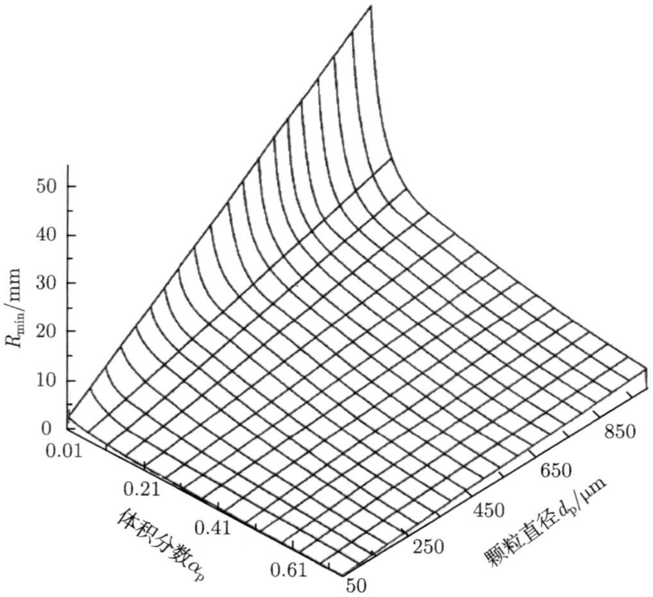

图 5.5　常用控制体积的最小半径

例 5.1　在求解气固两相流动时, 常用拟连续介质法，现考察一个立方体形计算域。该计算域边长为 ΔL，可以根据给定颗粒尺寸和体积分数时的最小平均体积与该计算域的体积相等来估算。表 E5.1 给出三种气固两相流系统的颗粒直径和体积分数。其中，第一种工况表征稀疏气力输送系统的典型条件，第二种工况表征尘土弥散的典型条件，第三种工况描述的是典型的稠密相输送或者流化床。对每一种工况用式 (5.104) 估算 ΔL，按 δ=1%时进行计算。

表 E5.1　三种气固两相流系统的颗粒直径和体积分数

序号	$\alpha_{\rm p}/\%$	$d_{\rm p}/\mu{\rm m}$
1	1	100
2	0.1	10
3	40	300

解　计算域体积等于给定颗粒直径和体积分数的最小平均体积，求出 ΔL 和 $R_{\min}$ 的关系为

$$\Delta L=\left(\frac{4\pi}{3}\right)^{\frac{1}{3}}R_{\min}=1.6R_{\min} \tag{E5.1}$$

根据式 (5.104)，并分别由表 E5.1 中的数据解得三个 $R_{\min}$，再按式 (E5.1) 可计算得到三种情况下的计算域尺寸，即 ΔL 分别为 5.2mm、1.1mm 和 1.7mm。

5.3.1.3　体积平均定理

推导体积平均定理是用体积平均值的积分或导数来表达积分或导数的体积平均值。为简单起见，让我们考察多相混合物中任意连续曲线 s 上的一个点，如图 5.6 所示。把曲线上的任意点作为球形空间的中心，我们可以对球形空间进行体积平均，$V_{\rm k}$ 表示 k 相在球形空间所占据的一部分体积，$V_{\rm k}$ 由界面面积 $A_{\rm k}$ 和以点 s 为球心的球形空间表面积和 k 相的相交部分 $A_{\rm ke}$ 所包围。认为封闭表面 $A_{\rm c}(=A_{\rm k}+A_{\rm ke})$ 沿任意曲线做平移 (无旋转) 运动。根据一般的输运定理，即式 (5.8)，用 s 代替式 (5.8) 中的 t，$V_{\rm k}$ 的积分作为 s 的函数可表示成

$$\frac{\rm d}{{\rm d}s}\int\limits_{V_{\rm k}}\psi_{\rm k}{\rm d}V=\int\limits_{V_{\rm k}}\frac{\partial\psi_{\rm k}}{\partial s}{\rm d}V+\int\limits_{A_{\rm k}\cup A_{\rm ke}}\psi_{\rm k}\frac{{\rm d}\boldsymbol{r}}{{\rm d}s}\cdot\boldsymbol{n}_{\rm k}{\rm d}A \tag{5.105}$$

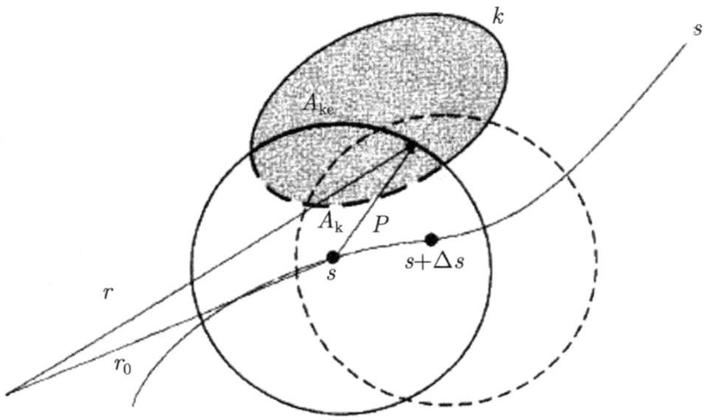

图 5.6　多相混合物的体积平均

式中，$\boldsymbol{n}_{\rm k}$ 是 $A_{\rm k}$ 与 $A_{\rm ke}$ 构成的封闭表面朝外的法线。注意 $\psi_{\rm k}$ 是时间和空间坐标的函数，而且与点 s 无关，所以，有

$$\frac{\partial \psi_{\mathrm{k}}}{\partial s}=0 \tag{5.106}$$

由此得出

$$\frac{\mathrm{d}}{\mathrm{d}s}\int\limits_{V_{\mathrm{k}}}\psi_{\mathrm{k}}\mathrm{d}V=\int\limits_{A_{\mathrm{k}}}\psi_{\mathrm{k}}\frac{\mathrm{d}\boldsymbol{r}}{\mathrm{d}s}\cdot\boldsymbol{n}_{\mathrm{k}}\mathrm{d}A+\int\limits_{A_{\mathrm{ke}}}\psi_{\mathrm{k}}\frac{\mathrm{d}\boldsymbol{r}}{\mathrm{d}s}\cdot\boldsymbol{n}_{\mathrm{ke}}\mathrm{d}A \tag{5.107}$$

假设积分球中心从 s 移动到 s+ds 时交界面 A_{k} 面积是光滑的和连续的，则 $\frac{\mathrm{d}\boldsymbol{r}}{\mathrm{d}s}$ 就是 $A_{\mathrm{k}}(s)$ 上的切向向量。这样，式 (5.107) 中对 A_{k} 的面积分就得到

$$\frac{\mathrm{d}\boldsymbol{r}}{\mathrm{d}s}\cdot\boldsymbol{n}_{\mathrm{k}}=0 \tag{5.108}$$

而式 (5.107) 中对于 A_{ke} 的积分项，须注意球中心从 s 移动到 s+ds 时 A_{ke} 是不连续的，换句话说，$A_{\mathrm{ke}}(s+\mathrm{d}s)$ 和 $A_{\mathrm{ke}}(s)$ 是两个完全不同的表面。因此，$\frac{\mathrm{d}r}{\mathrm{d}s}$ 就不是 $A_{\mathrm{ke}}(s)$ 的切向向量，或者说$\frac{\mathrm{d}\boldsymbol{r}}{\mathrm{d}s}\cdot\boldsymbol{n}_{\mathrm{ke}}$ 不等于 0。然而，如果 $\boldsymbol{r}(s)$ 分为 $\boldsymbol{r}_0(\mathrm{s})$ 和 $\boldsymbol{P}(s)$，这里 $\boldsymbol{r}_0$ 是球心的位置向量，$\boldsymbol{P}$ 是相对于中心 s 的位置向量。由于这个封闭表面是移动的，所以有

$$\frac{\mathrm{d}\boldsymbol{P}}{\mathrm{d}s}=0 \tag{5.109}$$

则式 (5.107) 可以写成

$$\frac{\mathrm{d}}{\mathrm{d}s}\int\limits_{V_{\mathrm{k}}}\psi_{\mathrm{k}}\mathrm{d}V=\int\limits_{A_{\mathrm{ke}}}\psi_{\mathrm{k}}\frac{\mathrm{d}\boldsymbol{r}_0}{\mathrm{d}s}\cdot\boldsymbol{n}_{\mathrm{ke}}\mathrm{d}A \tag{5.110}$$

导数 d/ds 可用 $\boldsymbol{r}_0(s)$ 表示为 [Whitaker, 1969]

$$\frac{\mathrm{d}}{\mathrm{d}s}=\frac{\mathrm{d}x_{\mathrm{i}}}{\mathrm{d}s}\frac{\partial}{\partial x_{\mathrm{i}}}=\frac{\mathrm{d}\boldsymbol{r}}{\mathrm{d}s}\cdot\nabla=\frac{\mathrm{d}\boldsymbol{r}_0}{\mathrm{d}s}\cdot\nabla \tag{5.111}$$

则式 (5.110) 可写成

$$\frac{\mathrm{d}\boldsymbol{r}_0}{\mathrm{d}s}\cdot\left(\nabla\int\limits_{V_{\mathrm{k}}}\psi_{\mathrm{k}}\mathrm{d}V-\int\limits_{A_{\mathrm{ke}}}\psi_{\mathrm{k}}\boldsymbol{n}_{\mathrm{ke}}\mathrm{d}A\right)=0 \tag{5.112}$$

由于 $\boldsymbol{r}_0$ 是任意的，式 (5.112) 可化简为

$$\nabla\int\limits_{V_{\mathrm{k}}}\psi_{\mathrm{k}}\mathrm{d}V=\int\limits_{A_{\mathrm{ke}}}\psi_{\mathrm{k}}\boldsymbol{n}_{\mathrm{ke}}\mathrm{d}A \tag{5.113}$$

根据高斯 (Gauss) 定理，则有

$$\int\limits_{A_{\mathrm{ke}}}\psi_{\mathrm{k}}\boldsymbol{n}_{\mathrm{ke}}\mathrm{d}A=\int\limits_{V_{\mathrm{k}}}\nabla\psi_{\mathrm{k}}\mathrm{d}V-\int\limits_{A_{\mathrm{k}}}\psi_{\mathrm{k}}\boldsymbol{n}_{\mathrm{k}}\mathrm{d}A \tag{5.114}$$

综合式 (5.114) 和式 (5.113)，可以得到平均定理

$$\int_{V_\mathrm{k}} \nabla\psi_\mathrm{k}\mathrm{d}V = \nabla\int_{V_\mathrm{k}}\psi_\mathrm{k}\mathrm{d}V + \int_{A_\mathrm{k}}\psi_\mathrm{k}\boldsymbol{n}_\mathrm{k}\mathrm{d}A \tag{5.115}$$

或者是

$$\langle\nabla\psi_\mathrm{k}\rangle = \nabla\langle\psi_\mathrm{k}\rangle + \frac{1}{V}\int_{A_\mathrm{k}}\psi_\mathrm{k}\boldsymbol{n}_\mathrm{k}\mathrm{d}A \tag{5.116}$$

类似地，可以证明

$$\langle\nabla\cdot\psi_\mathrm{k}\rangle = \nabla\cdot\langle\psi_\mathrm{k}\rangle + \frac{1}{V}\int_{A_\mathrm{k}}\psi_\mathrm{k}\cdot\boldsymbol{n}_\mathrm{k}\mathrm{d}A \tag{5.117}$$

时间导数的平均定理可直接由通用输运定理导出。考察图 5.7 中的 k 相固定在空间内，而 A_k 则由于相变而随时间变化，对图 5.7 中的系统应用式 (5.8)，并用 $\dfrac{\partial}{\partial t}$ 代替 $\dfrac{\mathrm{d}}{\mathrm{d}t}$，则可得到

$$\frac{\partial}{\partial t}\int_{V_\mathrm{k}}\psi_\mathrm{k}\mathrm{d}V = \int_{V_\mathrm{k}}\frac{\partial\psi_\mathrm{k}}{\partial t}\mathrm{d}V + \int_{A_\mathrm{k}}\psi_\mathrm{k}\boldsymbol{U}_\mathrm{s}\cdot\boldsymbol{n}_\mathrm{k}\mathrm{d}A \tag{5.118}$$

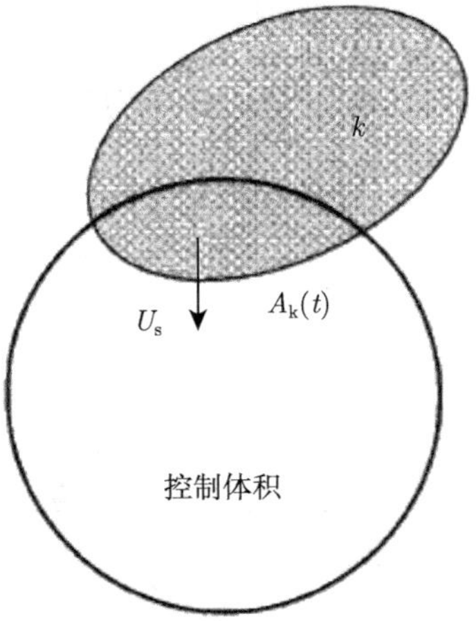

图 5.7 固定控制体内 k 相的扩展

式中，$\boldsymbol{U}_\mathrm{s}$ 是交界面位移速率。令混合物控制体的体积为常数，且大于 V_k，从相平均的定义可以得到

$$\left\langle\frac{\partial}{\partial t}\psi_\mathrm{k}\right\rangle = \frac{\partial}{\partial t}\langle\psi_\mathrm{k}\rangle - \frac{1}{V}\int_{A_\mathrm{k}}\psi_\mathrm{k}\boldsymbol{U}_\mathrm{s}\cdot\boldsymbol{n}_\mathrm{k}\mathrm{d}A \tag{5.119}$$

式 (5.116)、式 (5.117) 和式 (5.119) 显示出导数的相平均定理特征 [Slattery, 1967b; Whitaker, 1969]。

5.3.2　体积平均方程

在离散型多相流中，每个相都可看作是流过其他相的一个单相流。这样在一个离散型多相流系统中，将平均定理用于单相流的控制方程中，就可得到 k 相的体积平均方程。将体积平均定理用于式 (5.13)，可以得到离散型层流多相流的体积平均的连续性方程

$$\frac{\partial}{\partial t}\langle\rho_{\mathrm{k}}\rangle+\nabla\langle\rho_{\mathrm{k}}\boldsymbol{U}_{\mathrm{k}}\rangle=\Gamma_{\mathrm{k}} \tag{5.120}$$

式中，Γ_{k} 可由下式给出

$$\Gamma_{\mathrm{k}}=-\frac{1}{V}\int_{A_{\mathrm{k}}}\rho_{\mathrm{k}}(\boldsymbol{U}_{\mathrm{k}}-\boldsymbol{U}_{\mathrm{s}})\cdot\boldsymbol{n}_{\mathrm{k}}\mathrm{d}A \tag{5.121}$$

Γ_{k} 是单位体积内 k 相的质量产生率。注意本书所指的单位“体积”是气固系统的。如果一个相是在物理意义上定义的，譬如是固相或气相，那么，Γ_{k} 可能是化学反应或相变造成的。另一方面，如果相是在动力学意义上定义 [Soo, 1965]，则除了化学反应或相变外，Γ_{k} 也可能是由于磨损或聚集引起的颗粒尺寸变化造成的。从混合物的质量平衡可以得到

$$\sum_{\mathrm{k}}\Gamma_{\mathrm{k}}=0 \tag{5.122}$$

对式 (5.14) 应用平均定理可得到 k 相的体积平均动量方程

$$\frac{\partial}{\partial t}\langle\rho_{\mathrm{k}}\boldsymbol{U}_{\mathrm{k}}\rangle+\nabla\cdot\langle\rho_{\mathrm{k}}\boldsymbol{U}_{\mathrm{k}}\boldsymbol{U}_{\mathrm{k}}\rangle=-\nabla\langle p_{\mathrm{k}}\rangle+\nabla\cdot\langle\boldsymbol{\tau}_{\mathrm{k}}\rangle+\langle\rho_{\mathrm{k}}\boldsymbol{f}\rangle+\boldsymbol{F}_{\mathrm{Ak}}+\boldsymbol{F}_{\Gamma\mathrm{k}} \tag{5.123}$$

式中，$\boldsymbol{F}_{\mathrm{Ak}}$ 可由下式给出

$$\boldsymbol{F}_{\mathrm{Ak}}=\frac{1}{V}\int_{A_{\mathrm{k}}}(-p_{\mathrm{k}}\boldsymbol{I}+\boldsymbol{\tau}_{\mathrm{k}})\cdot\boldsymbol{n}_{\mathrm{k}}\mathrm{d}A \tag{5.124}$$

该式表示单位体积内通过交界面输运的压力和黏性应力。$\boldsymbol{F}_{\mathrm{Ak}}$ 包括了相的曳力、萨夫曼 (Saffman) 力和马格纳斯 (Magnus) 力。式 (5.123) 中的 $\boldsymbol{F}_{\Gamma\mathrm{k}}$ 由下式给出

$$\boldsymbol{F}_{\Gamma\mathrm{k}}=\frac{1}{V}\int_{A_{\mathrm{k}}}\rho_{\mathrm{k}}\boldsymbol{U}_{\mathrm{k}}(\boldsymbol{U}_{\mathrm{k}}-\boldsymbol{U}_{\mathrm{s}})\cdot\boldsymbol{n}_{\mathrm{k}}\mathrm{d}A \tag{5.125}$$

该式表示由于相质量的产生通过单位体积交界面形成的动量传递。单位质量的场力 $\boldsymbol{f}$ 取为常数。对于一个气固悬浮系统可能还包括重力、电磁力、静电力和其他与材料有关的作用力如范德瓦耳斯力等。

对式 (5.18) 取平均，可得到内能形式的体积平均能量守恒方程

$$\frac{\partial\langle\rho_{\mathrm{k}}e_{\mathrm{k}}\rangle}{\partial t}+\nabla\cdot\langle\rho_{\mathrm{k}}\boldsymbol{U}_{\mathrm{k}}e_{\mathrm{k}}\rangle=-\langle p_{\mathrm{k}}\nabla\cdot\boldsymbol{U}_{\mathrm{k}}\rangle+\nabla\cdot\langle\boldsymbol{J}_{\mathrm{qk}}\rangle+\langle\boldsymbol{J}_{\mathrm{ek}}\rangle+\langle\phi_{\mathrm{k}}\rangle+\boldsymbol{Q}_{\mathrm{Ak}}+\boldsymbol{Q}_{\Gamma\mathrm{k}} \tag{5.126}$$

式中，$\boldsymbol{Q}_{\mathrm{Ak}}$ 表示通过交界面传递的热量

$$\boldsymbol{Q}_{\mathrm{Ak}}=-\frac{1}{V}\int\limits_{A_{\mathrm{k}}}\boldsymbol{J}_{\mathrm{qk}}\cdot\boldsymbol{n}_{\mathrm{k}}\mathrm{d}A \tag{5.127}$$

$\boldsymbol{Q}_{\Gamma\mathrm{k}}$ 是由于相变产生的质量变化而引起的内能的输运量，可表示为

$$\langle\boldsymbol{Q}_{\Gamma\mathrm{k}}\rangle=-\frac{1}{V}\int\limits_{A_{\mathrm{k}}}\rho_{\mathrm{k}}e_{\mathrm{k}}(\boldsymbol{U}_{\mathrm{k}}-\boldsymbol{U}_{\mathrm{s}})\cdot\boldsymbol{n}_{\mathrm{k}}\mathrm{d}A \tag{5.128}$$

$\langle\phi_{\mathrm{k}}\rangle$ 是由于黏性力的能量耗散形成的体积平均耗散率函数，它是机械功变成热能或热量的不可逆的耗散。对于气固系统，由于磨损或非弹性碰撞而引起的能量损失也包括在此项内。

在前述的各个体积平均方程中，乘积的体积平均值可以进一步用体积平均值的乘积来表示。由式 (5.100)，k 相的体积平均的质量流为

$$\langle\rho_{\mathrm{k}}\boldsymbol{U}_{\mathrm{k}}\rangle=\langle\rho_{\mathrm{k}}\rangle\,{}^{i}\langle\boldsymbol{U}_{\mathrm{k}}\rangle=\alpha_{\mathrm{k}}{}^{i}\langle\rho_{\mathrm{k}}\rangle\,{}^{i}\langle\boldsymbol{U}_{\mathrm{k}}\rangle \tag{5.129}$$

类似地，k 相的体积平均的动量流为

$$\langle\rho_{\mathrm{k}}\boldsymbol{U}_{\mathrm{k}}\boldsymbol{U}_{\mathrm{k}}\rangle=\langle\rho_{\mathrm{k}}\rangle\,{}^{i}\langle\boldsymbol{U}_{\mathrm{k}}\boldsymbol{U}_{\mathrm{k}}\rangle=\alpha_{\mathrm{k}}{}^{i}\langle\rho_{\mathrm{k}}\rangle\,{}^{i}\langle\boldsymbol{U}_{\mathrm{k}}\boldsymbol{U}_{\mathrm{k}}\rangle \tag{5.130}$$

另外，速度关联的本征平均值可以用各个速度本征平均值的乘积取近似

$${}^{i}\langle\boldsymbol{U}_{\mathrm{k}}\boldsymbol{U}_{\mathrm{k}}\rangle\approx{}^{i}\langle\boldsymbol{U}_{\mathrm{k}}\rangle\,{}^{i}\langle\boldsymbol{U}_{\mathrm{k}}\rangle \tag{5.131}$$

由式 (5.99) 和式 (5.101)，单位体积的内能可用式 (5.132) 和式 (5.133) 表示

$$\langle\rho_{\mathrm{k}}e_{\mathrm{k}}\rangle=\langle\rho_{\mathrm{k}}\rangle\,{}^{i}\langle e_{\mathrm{k}}\rangle=\alpha_{\mathrm{k}}{}^{i}\langle\rho_{\mathrm{k}}\rangle\,{}^{i}\langle e_{\mathrm{k}}\rangle \tag{5.132}$$

$${}^{i}\langle\rho_{\mathrm{k}}e_{\mathrm{k}}\rangle={}^{i}\langle\rho_{\mathrm{k}}\rangle\,{}^{i}\langle e_{\mathrm{k}}\rangle \tag{5.133}$$

因此，k 相质量流携带的内能为

$$\langle\rho_{\mathrm{k}}\boldsymbol{U}_{\mathrm{k}}e_{\mathrm{k}}\rangle\approx\langle\rho_{\mathrm{k}}e_{\mathrm{k}}\rangle\,{}^{i}\langle\boldsymbol{U}_{\mathrm{k}}\rangle=\alpha_{\mathrm{k}}{}^{i}\langle\rho_{\mathrm{k}}\rangle\,{}^{i}\langle e_{\mathrm{k}}\rangle\,{}^{i}\langle\boldsymbol{U}_{\mathrm{k}}\rangle \tag{5.134}$$

前述方程的近似值可避免与定义速度本征平均值的式 (5.100) 发生矛盾。这个近似关系成为在等温条件下 k 相膨胀功的当量值，可用下式估算

$$\langle p_{\mathrm{k}}\nabla\cdot\boldsymbol{U}_{\mathrm{k}}\rangle\approx\langle p_{\mathrm{k}}\rangle\,\nabla\cdot{}^{i}\langle\boldsymbol{U}_{\mathrm{k}}\rangle \tag{5.135}$$

对于气固两相之间不发生相变的情况，Γ_{k}、$\boldsymbol{F}_{\Gamma\mathrm{k}}$ 和 $Q_{\Gamma\mathrm{k}}$ 就都消失了。因此，假定材料密度为常数，根据式 (5.129)，体积平均的连续性方程可表示为

$$\frac{\partial\alpha_{\mathrm{k}}}{\partial t}+\nabla\cdot(\alpha_{\mathrm{k}}{}^{i}\langle\boldsymbol{U}_{\mathrm{k}}\rangle)=0 \tag{5.136}$$

类似地，体积平均的动量方程可由式 (5.123) 简化为

$$\langle\rho_\mathrm{k}\rangle\left(\frac{\partial^i\langle\boldsymbol{U}_\mathrm{k}\rangle}{\partial t}+{}^i\langle\boldsymbol{U}_\mathrm{k}\rangle\cdot\ \nabla^i\langle\boldsymbol{U}_\mathrm{k}\rangle\right)=\nabla\cdot\langle\boldsymbol{T}_\mathrm{k}\rangle+\langle\rho_\mathrm{k}\rangle\boldsymbol{f}+\boldsymbol{F}_\mathrm{Ak} \tag{5.137}$$

另外，式 (5.123) 给出的用内能表示的体积平均能量方程变成

$$\langle\rho_\mathrm{k}\rangle\left(\frac{\partial^i\langle e_\mathrm{k}\rangle}{\partial t}+{}^i\langle\boldsymbol{U}_\mathrm{k}\rangle\cdot\ \nabla^i\langle e_\mathrm{k}\rangle\right)=-\langle p_\mathrm{k}\rangle\nabla\cdot{}^i\langle\boldsymbol{U}_\mathrm{k}\rangle-\nabla\cdot\langle\boldsymbol{J}_\mathrm{qk}\rangle+\langle\boldsymbol{J}_\mathrm{ek}\rangle+\langle\phi_\mathrm{k}\rangle+Q_\mathrm{Ak} \tag{5.138}$$

对于没有相变的等温气固两相流，式 (5.136) 和式 (5.137) 可以表示为

$$\frac{\partial\alpha}{\partial t}+\nabla\cdot(\alpha^i\langle\boldsymbol{U}\rangle)=0 \tag{5.139}$$

$$-\frac{\partial\alpha}{\partial t}+\nabla\cdot((1-\alpha)^i\langle\boldsymbol{U}_\mathrm{p}\rangle)=0 \tag{5.140}$$

$$\rho\alpha\left(\frac{\partial^i\langle\boldsymbol{U}\rangle}{\partial t}+{}^i\langle\boldsymbol{U}\rangle\cdot\ \nabla^i\langle\boldsymbol{U}\rangle\right)=\nabla\cdot\langle\boldsymbol{T}\rangle+\rho\alpha\boldsymbol{f}+\boldsymbol{F}_\mathrm{A} \tag{5.141}$$

$$\rho_\mathrm{p}(1-\alpha)\left(\frac{\partial^i\langle\boldsymbol{U}_\mathrm{p}\rangle}{\partial t}+{}^i\langle\boldsymbol{U}_\mathrm{p}\rangle\cdot\ \nabla^i\langle\boldsymbol{U}_\mathrm{p}\rangle\right)=\nabla\cdot\langle\boldsymbol{T}_\mathrm{p}\rangle+\rho_\mathrm{p}(1-\alpha)\boldsymbol{f}-\boldsymbol{F}_\mathrm{A} \tag{5.142}$$

式 (5.139)~ 式 (5.142) 就是气固两相流的基本方程。在求解上述方程之前，必须确定流体与颗粒间的相互作用力 $\boldsymbol{F}_\mathrm{A}$、总应力 $\boldsymbol{T}$ 和 $\boldsymbol{T}_\mathrm{p}$。求解流体与颗粒间相互作用力 $\boldsymbol{F}_\mathrm{A}$ 的一种方法是将总应力分解成两个分量，一个分量 $\boldsymbol{E}$ 代表流体应力张量的宏观变化，其尺度与颗粒间距相比较足够大；另一个分量 $\boldsymbol{\varepsilon}$ 表示流体绕颗粒流动点应力张量详细变化的影响 [Anderson and Jackson, 1967]。这种情况下，流体的总应力张量就可表示为

$$\boldsymbol{T}=\boldsymbol{E}+\boldsymbol{\varepsilon} \tag{5.143}$$

$${}^i\langle\boldsymbol{T}\rangle={}^i\langle\boldsymbol{E}\rangle \tag{5.144}$$

颗粒施加给流体的作用力 $\boldsymbol{F}_\mathrm{A}$ 就可表示为

$$\begin{aligned}\boldsymbol{F}_\mathrm{A}&=\frac{1}{V}\int\limits_{A_\mathrm{p}}\boldsymbol{T}\cdot\boldsymbol{n}\mathrm{d}A=-\frac{1}{V}\int\limits_{A_\mathrm{p}}\boldsymbol{T}\cdot\boldsymbol{n}_\mathrm{p}\mathrm{d}A=-\frac{1}{V}\int\limits_{A_\mathrm{p}}(\boldsymbol{E}+\boldsymbol{\varepsilon})\cdot\boldsymbol{n}_\mathrm{p}\mathrm{d}A\\&=-\frac{1}{V}\int\limits_{V_\mathrm{p}}\nabla\cdot\boldsymbol{E}\mathrm{d}V-\boldsymbol{F}_\mathrm{p}=-(1-\alpha)\nabla\cdot{}^i\langle\boldsymbol{E}\rangle-\boldsymbol{F}_\mathrm{p}\end{aligned} \tag{5.145}$$

式中，$\boldsymbol{F}_\mathrm{p}$ 定义为

$$\boldsymbol{F}_\mathrm{p}=\frac{1}{V}\int\limits_{A_\mathrm{p}}\boldsymbol{\varepsilon}\cdot\boldsymbol{n}_\mathrm{p}\mathrm{d}A \tag{5.146}$$

这样式 (5.141) 和式 (5.142) 就分别变为

$$\rho\alpha\left(\frac{\partial^i\langle\boldsymbol{U}\rangle}{\partial t}+{}^i\langle\boldsymbol{U}\rangle\cdot\ \nabla^i\langle\boldsymbol{U}\rangle\right)=\alpha\nabla\cdot{}^i\langle\boldsymbol{E}\rangle+\alpha\rho\boldsymbol{f}-\boldsymbol{F}_{\mathrm{p}} \tag{5.147}$$

$$\rho_{\mathrm{p}}(1-\alpha)\left(\frac{\partial^i\langle\boldsymbol{U}_{\mathrm{p}}\rangle}{\partial t}+{}^i\langle\boldsymbol{U}_{\mathrm{p}}\rangle\cdot\ \nabla^i\langle\boldsymbol{U}_{\mathrm{p}}\rangle\right)=\nabla\cdot{}^i\langle\boldsymbol{T}_{\mathrm{p}}\rangle+(1-\alpha)\nabla\cdot{}^i\langle\boldsymbol{E}\rangle+(1-\alpha)\rho_{\mathrm{p}}\boldsymbol{f}+\boldsymbol{F}_{\mathrm{p}} \tag{5.148}$$

前述方程中的 $\boldsymbol{F}_{\mathrm{p}}$ 由当地平均曳力和虚质量力两部分组成 [Anderson and Jackson, 1967]。

5.3.3 体积–时间平均方程

体积平均后的时间平均，其目的在于用平均值的乘积表示乘积的平均值以及考虑湍流脉动和高频脉动情况 [Soo, 1989]。这里的体积–时间平均类似于单相湍流流动流的雷诺分析。

时间平均的持久界限应按下列方法选取：$\tau_{\mathrm{HF}}\leqslant T\leqslant\tau_{\mathrm{LF}}$；高频分量的特征时间 τ_{HF} 可以根据脉动的特征谱频率的倒数估算，而低频分量特征时间 τ_{LF} 可以根据以当地特征低频速率渡过物理系统的特征尺度所需要的时间来确定。这样，体积平均后的时间平均可定义为

$$\overline{\langle\psi_{\mathrm{k}}\rangle}=\frac{1}{T}\int_0^T\langle\psi_{\mathrm{k}}\rangle\,\mathrm{d}t \tag{5.149}$$

因此，瞬时的体积平均值可分为两部分

$$\langle\psi_{\mathrm{k}}\rangle=\overline{\langle\psi_{\mathrm{k}}\rangle}+\langle\psi'_{\mathrm{k}}\rangle \tag{5.150}$$

式中，等号右边带撇的项为高频分量，且

$$\overline{\langle\psi'_{\mathrm{k}}\rangle}=0 \tag{5.151}$$

进一步分析得到

$$\overline{\langle\psi_{\mathrm{k}}\rangle}=\frac{1}{T}\int_0^T\left[\frac{1}{V}\int_V(\overline{\psi_{\mathrm{k}}}+\psi'_{\mathrm{k}})\mathrm{d}V\right]\mathrm{d}t=\frac{1}{V}\int_V\left[\frac{1}{T}\int_0^T(\overline{\psi_{\mathrm{k}}}+\psi'_{\mathrm{k}})\mathrm{d}t\right]\mathrm{d}V=\overline{\langle\psi_{\mathrm{k}}\rangle} \tag{5.152}$$

该式说明体积平均后的时均值等于时间平均后的体积平均值。当选择合适的时间段 T (即 $\tau_{\mathrm{HF}}\leqslant T\leqslant\tau_{\mathrm{LF}}$)，空间积分和时间积分互换时，这个等式是有效的。当时间平均应用到 k 相的质量流时，可以得到

$$\overline{\langle\rho_{\mathrm{k}}\boldsymbol{U}_{\mathrm{k}}\rangle}=\overline{\langle\rho_{\mathrm{k}}\rangle\,{}^i\langle\boldsymbol{U}_{\mathrm{k}}\rangle}=\overline{\langle\rho_{\mathrm{k}}\rangle}{}^i\overline{\langle\boldsymbol{U}_{\mathrm{k}}\rangle}+\overline{\langle\rho'_{\mathrm{k}}\rangle\,{}^i\langle\boldsymbol{U}'_{\mathrm{k}}\rangle} \tag{5.153}$$

两个脉动分量的关联量最好用布西内斯克方法 [Boussinesq, 1877] 引入一个输运数来表达。因此，式 (5.153) 中的最后一项可表示为

$$\overline{\langle\rho_{\mathrm{k}}'\rangle\,{}^i\langle\boldsymbol{U}_{\mathrm{k}}'\rangle} = -D_{\mathrm{k}}\nabla\overline{\langle\rho_{\mathrm{k}}\rangle} \tag{5.154}$$

式中，D_{k} 是混合物中 k 相的涡扩散系数。

假设材料密度或 k 相的固有平均密度是常数 (当温度变化对材料密度的影响可以忽略不计时，这个假设对固体是正确的，对流体也近乎正确)，因此可得到

$$\langle\rho_{\mathrm{k}}\rangle = \alpha_{\mathrm{k}}{}^i\langle\rho_{\mathrm{k}}\rangle = \alpha_{\mathrm{k}}\rho_{\mathrm{km}} \tag{5.155}$$

式中，ρ_{km} 是 k 相的材料密度。

用平均值乘积表示的 k 相的动量流表达式可由 k 相体积平均的动量流定义导出。根据式 (5.130) 可得到

$$\begin{aligned}\langle\rho_{\mathrm{k}}\boldsymbol{U}_{\mathrm{k}}\boldsymbol{U}_{\mathrm{k}}\rangle &= \langle\rho_{\mathrm{k}}\rangle\,{}^i\langle\boldsymbol{U}_{\mathrm{k}}\boldsymbol{U}_{\mathrm{k}}\rangle = \langle\overline{\rho_{\mathrm{k}}}+\rho_{\mathrm{k}}'\rangle\,{}^i\langle(\overline{\boldsymbol{U}_{\mathrm{k}}}+\boldsymbol{U}_{\mathrm{k}}')(\overline{\boldsymbol{U}_{\mathrm{k}}}+\boldsymbol{U}_{\mathrm{k}}')\rangle\\ &= (\langle\overline{\rho_{\mathrm{k}}}\rangle+\langle\rho_{\mathrm{k}}'\rangle)({}^i\langle\overline{\boldsymbol{U}_{\mathrm{k}}}\,\overline{\boldsymbol{U}_{\mathrm{k}}}\rangle + {}^i\langle\boldsymbol{U}_{\mathrm{k}}'\overline{\boldsymbol{U}_{\mathrm{k}}}\rangle + {}^i\langle\overline{\boldsymbol{U}_{\mathrm{k}}}\boldsymbol{U}_{\mathrm{k}}'\rangle + {}^i\langle\boldsymbol{U}_{\mathrm{k}}'\boldsymbol{U}_{\mathrm{k}}'\rangle)\end{aligned} \tag{5.156}$$

如果假定 k 相一个量的当地低频分量在整个体积平均和时间平均中为常数，则可得到

$${}^i\langle\overline{\boldsymbol{U}_{\mathrm{k}}}\,\overline{\boldsymbol{U}_{\mathrm{k}}}\rangle = {}^i\langle\overline{\boldsymbol{U}_{\mathrm{k}}}\rangle\,{}^i\langle\overline{\boldsymbol{U}_{\mathrm{k}}}\rangle \tag{5.157}$$

这使得式 (5.156) 变为下式

$$\begin{aligned}\overline{\langle\rho_{\mathrm{k}}\boldsymbol{U}_{\mathrm{k}}\boldsymbol{U}_{\mathrm{k}}\rangle} &= \langle\overline{\rho_{\mathrm{k}}}\rangle\,{}^i\langle\overline{\boldsymbol{U}_{\mathrm{k}}}\rangle\,{}^i\langle\overline{\boldsymbol{U}_{\mathrm{k}}}\rangle + (\langle\overline{\rho_{\mathrm{k}}}\rangle\,\overline{{}^i\langle\boldsymbol{U}_{\mathrm{k}}'\boldsymbol{U}_{\mathrm{k}}'\rangle} + \overline{\langle\rho_{\mathrm{k}}'\rangle\,{}^i\langle\boldsymbol{U}_{\mathrm{k}}'\boldsymbol{U}_{\mathrm{k}}'\rangle}\\ &\quad - {}^i\langle\overline{\boldsymbol{U}_{\mathrm{k}}}\rangle\,(D_{\mathrm{k}}\nabla\,\langle\overline{\rho_{\mathrm{k}}}\rangle) - (D_{\mathrm{k}}\nabla\,\langle\overline{\rho_{\mathrm{k}}}\rangle)\,{}^i\langle\overline{\boldsymbol{U}_{\mathrm{k}}}\rangle\end{aligned} \tag{5.158}$$

式中，等号右边第二项为雷诺应力，最后两项是涡质量扩散引起的动量流。

类似的做法可应用于能量输运项。当体积平均的能量方程用内能表示，并且将时间平均用于该方程时，当地的体积平均的内能流可表示为

$$\begin{aligned}\overline{\langle\rho_{\mathrm{k}}\boldsymbol{U}_{\mathrm{k}}e_{\mathrm{k}}\rangle} &= \langle\overline{\rho_{\mathrm{k}}}\rangle\,\overline{{}^i\langle\boldsymbol{U}_{\mathrm{k}}\rangle}\,{}^i\langle e_{\mathrm{k}}\rangle + \langle\overline{\rho_{\mathrm{k}}}\rangle\,\overline{{}^i\langle e_{\mathrm{k}}'\boldsymbol{U}_{\mathrm{k}}'\rangle}\\ &\quad + {}^i\langle\overline{e_{\mathrm{k}}}\rangle\,\overline{\langle\rho_{\mathrm{k}}'\boldsymbol{U}_{\mathrm{k}}'\rangle} + {}^i\langle\overline{\boldsymbol{U}_{\mathrm{k}}}\rangle\,\left\langle\overline{\rho_{\mathrm{k}}'e_{\mathrm{k}}'}\right\rangle + \left\langle\overline{\rho_{\mathrm{k}}'\boldsymbol{U}_{\mathrm{k}}'e_{\mathrm{k}}'}\right\rangle\end{aligned} \tag{5.159}$$

上式等号右边第二项表示由于速度和内能 (或温度) 脉动引起的热量输运，可表示为

$$\langle\overline{\rho_{\mathrm{k}}}\rangle\,\overline{{}^i\langle\boldsymbol{U}_{\mathrm{k}}'e_{\mathrm{k}}'\rangle} + \overline{\langle\rho_{\mathrm{k}}'\boldsymbol{U}_{\mathrm{k}}'e_{\mathrm{k}}'\rangle} = -\langle\overline{\rho_{\mathrm{k}}}\rangle\,D_{\mathrm{Tk}}\nabla^i\langle\overline{e_{\mathrm{k}}}\rangle \tag{5.160}$$

式中，D_{Tk} 是涡热扩散系数。式 (5.159) 中等号右边第三项是扩散引起的能量输运，可表示为

$${}^i\langle\overline{e_{\mathrm{k}}}\rangle\,\overline{{}^i\langle\rho_{\mathrm{k}}'\boldsymbol{U}_{\mathrm{k}}'\rangle} = -{}^i\langle\overline{e_{\mathrm{k}}}\rangle\,D_{\mathrm{k}}\nabla\,\langle\overline{\rho_{\mathrm{k}}}\rangle \tag{5.161}$$

式 (5.159) 中等号右边第四项是密度脉动和内能 (或温度) 脉动引起的能量输运，它和平均值之间的关系是

$$
{}^{i}\left\langle\overline{\boldsymbol{U}_{\mathrm{k}}}\right\rangle\ \overline{\left\langle\rho_{\mathrm{k}}^{\prime} e_{\mathrm{k}}^{\prime}\right\rangle} \approx {}^{i}\left\langle\overline{\boldsymbol{U}_{\mathrm{k}}}\right\rangle [\mathrm{L}]^{2} \nabla\ \left\langle\overline{\rho_{\mathrm{k}}}\right\rangle \cdot \nabla^{i}\left\langle\overline{e_{\mathrm{k}}}\right\rangle = {}^{i}\left\langle\overline{\boldsymbol{U}_{\mathrm{k}}}\right\rangle C_{\mathrm{ek}} \frac{k^{3}}{\varepsilon^{2}} \nabla \left\langle\overline{\rho_{\mathrm{k}}}\right\rangle \cdot \nabla^{i}\left\langle\overline{e_{\mathrm{k}}}\right\rangle \tag{5.162}
$$

式中，C_{ek} 是经验常数，和温度和密度脉动的能量输运有关。另外，体积–时间平均的膨胀功可估计为

$$
\left\langle\overline{p_{\mathrm{k}}} \nabla \cdot \overline{\boldsymbol{U}_{\mathrm{k}}}\right\rangle + \overline{\left\langle p_{\mathrm{k}}^{\prime} \nabla \cdot \boldsymbol{U}_{\mathrm{k}}^{\prime}\right\rangle} \approx \left\langle\overline{p_{\mathrm{k}}}\right\rangle \nabla \cdot {}^{i}\left\langle\overline{\boldsymbol{U}_{\mathrm{k}}}\right\rangle \tag{5.163}
$$

体积–时间平均的方程可归纳为

(1) 连续方程

$$
\frac{\partial \overline{\alpha}_{\mathrm{k}}}{\partial t} + \nabla \cdot \left(\overline{\alpha_{\mathrm{k}}}{}^{i}\left\langle\overline{\boldsymbol{U}_{\mathrm{k}}}\right\rangle\right) = \nabla \cdot \left(D_{\mathrm{k}} \nabla \overline{\alpha_{\mathrm{k}}}\right) + \frac{\overline{\Gamma}_{\mathrm{k}}}{\rho_{\mathrm{km}}} \tag{5.164}
$$

(2) 动量方程

$$
\begin{aligned}
&\frac{\partial}{\partial t}\left(\overline{\alpha_{\mathrm{k}}}\ {}^{i}\left\langle\overline{\boldsymbol{U}_{\mathrm{k}}}\right\rangle - D_{\mathrm{k}} \nabla \overline{\alpha_{\mathrm{k}}}\right) + \nabla \cdot \left(\overline{\alpha_{\mathrm{k}}}\ {}^{i}\left\langle\overline{\boldsymbol{U}_{\mathrm{k}}}\right\rangle {}^{i}\left\langle\overline{\boldsymbol{U}_{\mathrm{k}}}\right\rangle\right) \\
&= \nabla \cdot \left[D_{\mathrm{k}}\left(\nabla \overline{\alpha_{\mathrm{k}}}\right)^{i}\left\langle\overline{\boldsymbol{U}_{\mathrm{k}}}\right\rangle + D_{\mathrm{k}}{}^{i}\left\langle\overline{\boldsymbol{U}_{\mathrm{k}}}\right\rangle \nabla \overline{\alpha_{\mathrm{k}}}\right] - \frac{1}{\rho_{\mathrm{km}}} \nabla \left\langle\overline{p}_{\mathrm{k}}\right\rangle \\
&\quad + \frac{1}{\rho_{\mathrm{km}}} \nabla \cdot \left(\left\langle\overline{\tau_{\mathrm{k}}}\right\rangle + \overline{\tau}_{\mathrm{k}}^{\mathrm{T}}\right) + \left\langle\overline{\alpha_{\mathrm{k}} \boldsymbol{f}}\right\rangle + \frac{\overline{F}_{\mathrm{Ak}}}{\rho_{\mathrm{km}}} + \frac{\overline{F}_{\Gamma \mathrm{k}}}{\rho_{\mathrm{km}}}
\end{aligned} \tag{5.165}
$$

式中，k 相的雷诺应力可定义为

$$
\overline{\tau}_{\mathrm{k}}^{\mathrm{T}} = -\left(\left\langle\overline{\rho}_{\mathrm{k}}\right\rangle {}^{i}\left\langle\overline{\boldsymbol{U}_{\mathrm{k}}^{\prime} \boldsymbol{U}_{\mathrm{k}}^{\prime}}\right\rangle + \overline{\left\langle\rho_{\mathrm{k}}^{\prime}\right\rangle {}^{i}\left\langle\boldsymbol{U}_{\mathrm{k}}^{\prime} \boldsymbol{U}_{\mathrm{k}}^{\prime}\right\rangle}\right) \tag{5.166}
$$

它需要用 k 相的湍流模型来模拟。

(3) 能量守恒方程

$$
\begin{aligned}
&\frac{\partial}{\partial t}\left\langle\overline{\alpha}_{\mathrm{k}}\ \rho_{\mathrm{km}} \overline{e}_{\mathrm{k}}\right\rangle + \nabla \cdot \left\langle\overline{\alpha}_{\mathrm{k}}\ \rho_{\mathrm{km}}{}^{i}\left\langle\overline{\boldsymbol{U}_{\mathrm{k}}}\right\rangle \overline{e}_{\mathrm{k}}\right\rangle \\
&= \nabla \cdot \left(\overline{\alpha}_{\mathrm{k}}\ \rho_{\mathrm{km}} D_{\mathrm{Tk}} \nabla^{i}\left\langle\overline{e}_{\mathrm{k}}\right\rangle\right) + \nabla \cdot \left({}^{i}\left\langle\overline{e}_{\mathrm{k}}\right\rangle D_{\mathrm{k}} \nabla \left\langle\overline{\alpha}_{\mathrm{k}}\ \rho_{\mathrm{km}}\right\rangle\right) \\
&\quad + \nabla \cdot \left(C_{\mathrm{ek}} \frac{k^{3}}{\varepsilon^{2}} \rho_{\mathrm{km}}{}^{i}\left\langle\overline{\boldsymbol{U}_{\mathrm{k}}}\right\rangle \nabla \overline{\alpha}_{\mathrm{k}} \cdot \nabla^{i}\left\langle\overline{e}_{\mathrm{k}}\right\rangle\right) \\
&\quad - \left\langle\overline{p}_{\mathrm{k}}\right\rangle \nabla \cdot {}^{i}\left\langle\overline{\boldsymbol{U}_{\mathrm{k}}}\right\rangle + \left\langle\overline{J}_{\mathrm{ek}}\right\rangle + \left\langle\overline{\phi}_{\mathrm{k}}\right\rangle + \overline{Q}_{\mathrm{Ak}} + \overline{Q}_{\Gamma \mathrm{k}}
\end{aligned} \tag{5.167}
$$

为方便起见，去掉上述各式中的体积平均符号 ⟨ ⟩ 和表示时均值的横杠，则体积–时间平均方程可简化为下列形式

$$
\frac{\partial \alpha_{\mathrm{k}}}{\partial t} + \nabla \cdot \left(\alpha_{\mathrm{k}} \boldsymbol{U}_{\mathrm{k}}\right) = \nabla \cdot \left(D_{\mathrm{k}} \nabla \alpha_{\mathrm{k}}\right) + \frac{\Gamma_{\mathrm{k}}}{\rho_{\mathrm{km}}} \tag{5.168}
$$

$$\sum_{\mathrm{k}} \alpha_{\mathrm{k}} = 1 \tag{5.169}$$

$$\begin{aligned} &\frac{\partial}{\partial t}(\alpha_{\mathrm{k}} \boldsymbol{U}_{\mathrm{k}} - D_{\mathrm{k}} \nabla \alpha_{\mathrm{k}}) + \nabla \cdot (\alpha_{\mathrm{k}} \boldsymbol{U}_{\mathrm{k}} \boldsymbol{U}_{\mathrm{k}}) \\ &= \nabla \cdot [D_{\mathrm{k}}(\nabla \alpha_{\mathrm{k}}) \boldsymbol{U}_{\mathrm{k}} + D_{\mathrm{k}} \boldsymbol{U}_{\mathrm{k}} \nabla \alpha_{\mathrm{k}}] - \frac{1}{\rho_{\mathrm{km}}} \nabla p_{\mathrm{k}} \\ &\quad + \frac{1}{\rho_{\mathrm{km}}} \nabla \cdot (\tau_{\mathrm{k}} + \tau_{\mathrm{k}}^{\mathrm{T}}) + \alpha_{\mathrm{k}} \boldsymbol{f} + \frac{\boldsymbol{F}_{\mathrm{Ak}}}{\rho_{\mathrm{km}}} + \frac{\boldsymbol{F}_{\Gamma\mathrm{k}}}{\rho_{\mathrm{km}}} \end{aligned} \tag{5.170}$$

$$\begin{aligned} &\frac{\partial}{\partial t}(\alpha_{\mathrm{k}} e_{\mathrm{k}}) + \nabla \cdot (\alpha_{\mathrm{k}} \boldsymbol{U}_{\mathrm{k}} e_{\mathrm{k}}) \\ &= \nabla \cdot (\alpha_{\mathrm{k}} D_{\mathrm{Tk}} e_{\mathrm{k}}) + \nabla \cdot (e_{\mathrm{k}} D_{\mathrm{k}} \nabla \alpha_{\mathrm{k}}) + \nabla \cdot \left(C_{\mathrm{ek}} \frac{k^3}{\varepsilon^2} \boldsymbol{U}_{\mathrm{k}} \nabla \alpha_{\mathrm{k}} \cdot \nabla e_{\mathrm{k}} \right) \\ &\quad + \frac{1}{\rho_{\mathrm{km}}}(-p_{\mathrm{k}} \nabla \cdot \boldsymbol{U}_{\mathrm{k}} + J_{\mathrm{ek}} + \phi_{\mathrm{k}} + Q_{\mathrm{Ak}} + Q_{\Gamma\mathrm{k}}) \end{aligned} \tag{5.171}$$

假设湍流的影响可以合理地加以模拟，使湍流脉动关联量可以与平均值相联系，n 相流的因变量是 α_{k}、$\boldsymbol{U}_{\mathrm{k}}$、$p_{\mathrm{k}}$ 和 T_{k}，其中 k 从 1 变到 n。这样总的因变量数是 $6n$ 个。虽然从式 (5.168) 到式 (5.171) 构成了 $5n+1$ 个方程，但要达到封闭还需要 $n-1$ 个方程。研究这 $n-1$ 个方程就需要对各相拟流体的性质有机理性的了解。

5.3.4　输送系数和湍流模型

在层流或者湍流多相流中输运的 k 相的质量流、动量流和能量流，都可用当地梯度和输运系数来表示。在气–固多相流中，气相的输运系数可以合理地用单相流的系数表示，但要做一定的修正，要考虑固相的影响，尤其是固相浓度较高时。

在这一节，我们要讨论固相的输运系数。具体地说，在气体介质中悬浮颗粒输送过程的基本机理可理解为是气体–颗粒之间的相互作用和颗粒之间的相互碰撞作用。在湍流气–固两相流中，湍流涡旋引起的颗粒群的扩散是由 Tchen(陈善谋) 和欣泽 [Tchen, 1947; Hinze, 1959] 提出模型的。欣泽–陈模型考察了单个小颗粒追随湍流涡旋的运动。该模型很简单，而且总是得出颗粒的湍流强度要小于气体的湍流强度。描述气–固两相流更先进的湍流模型就是众所周知的 k-ε-k_{p} 模型 [Zhou, 1993]。该模型通过颗粒湍流动能 k_{p} 考虑气体–颗粒间的相互作用对气体湍流和颗粒速度脉动的影响。另外，k-ε-k_{p} 模型利用 k_{p} 的输运方程，取代欣泽–陈模型的的代数式关系，来模拟颗粒相湍流。欣泽–陈模型和 k-ε-k_{p} 模型都是针对稀疏气固两相流动，颗粒间相互碰撞的影响可以忽略不计。当颗粒浓度很高的时候，颗粒间的单散射碰撞引起的动量和能量输运就变得很明显。在这一节，对颗粒碰撞用单散射和反射的简单剪切流动模型，导出固体黏性的表达式 [Soo, 1989]。进一步增加固体颗粒的浓度，就会成为稠密悬浮体，此时，固相的动力学将由颗粒间碰撞所支配。

在这种情况下，固相体的黏度可用气体动力论进行模拟 [Savage, 1983; Jenkins and Savage, 1983; Gidaspow,1993], 相关内容将在 §5.5 中讨论。

5.3.4.1 欣泽–陈模型

本部分将导出均匀湍流流动中离散型颗粒扩散的输运系数。欣泽–陈模型是针对普遍的颗粒–流体多相流而开发的更通用的形式，在此我们仅针对气–固两相流的情况介绍此模型。该模型基于以下假设:

(1) 流体的湍流是均匀而稳定的。

(2) 湍流的域是无限的。

(3) 颗粒为球体而且服从斯托克斯曳力定律。

(4) 颗粒与湍流最小波长相比是很小的。

(5) 颗粒总是被捕捉在相同的湍流涡旋内。

(6) 对于气固悬浮体，$\rho_{\mathrm{p}}/\rho \gg 1$。

为简化推导过程，我们首先考察一维情况。用 $s(t_0+t)$ 表示一个标记的流体单元从 t_0 开始在时间间隔 t 内的运行的距离；用 u 表示瞬时速度，u' 表示脉动速度，以下的推导中取时均流体速度为 0，则有

$$s(t_0+t)=\int_0^t u'(t_0+\tau)\mathrm{d}\tau \tag{5.172}$$

可以证明 [Taylor, 1921]

$$\overline{s^2(t)}=2\overline{u'^2}\int_0^t \mathrm{d}t'\int_0^{t'} R(\tau)\mathrm{d}\tau \tag{5.173}$$

式中，$R(\tau)$ 是一个无量纲自相关函数，或者拉格朗日关联系数由下式给出

$$R(\tau)=\frac{\overline{u'(t)u'(t+\tau)}}{\overline{u'^2}} \tag{5.174}$$

标量 γ 的输运率可表达为布西内斯克建议的形式

$$\overline{u'\gamma'}=\frac{1}{T}\int_0^T \gamma'(\tau)u'(\tau)\mathrm{d}\tau=-D_\gamma\frac{\mathrm{d}\varGamma}{\mathrm{d}x} \tag{5.175}$$

式中，D_γ 是 γ 的扩散系数；$\varGamma$ 是 γ 对应的平均值。假设 $\varGamma$ 随 x 的变化是线性的，则有

$$\gamma'(t)=-s(t)\frac{\mathrm{d}\varGamma}{\mathrm{d}x} \tag{5.176}$$

由于

$$u'(t)=\frac{\mathrm{d}s}{\mathrm{d}t} \tag{5.177}$$

则由式 (5.175) 可得到

$$\overline{u'\gamma'}=-\frac{\mathrm{d}\Gamma}{\mathrm{d}x}\frac{1}{T}\int_0^T s(\tau,t)\frac{\mathrm{d}s(\tau,t)}{\mathrm{d}t}\mathrm{d}\tau=-\frac{1}{2}\frac{\mathrm{d}\Gamma}{\mathrm{d}x}\left(\frac{\mathrm{d}}{\mathrm{d}t}\overline{s^2(t)}\right) \tag{5.178}$$

所以，由式 (5.172) 和式 (5.173) 可得到 γ 的扩散系数为

$$D_\gamma=\frac{1}{2}\frac{\mathrm{d}\overline{s^2}}{\mathrm{d}t}=\overline{u'^2}\int_0^t R(\tau)\mathrm{d}\tau \tag{5.179}$$

对于静止流体中球形颗粒的慢运动，湍流中离散颗粒的动力学行为可用 BBO[Basset, 1888; Boussinesq, 1903; Oseen, 1927] 方程加以描述。该方程由陈善谋 [Tchen, 1947] 引申到流体速度随时间而变化的情况，如下式

$$\begin{aligned}\frac{\pi}{6}d_\mathrm{p}^3\rho_\mathrm{p}\frac{\mathrm{d}u_\mathrm{p}}{\mathrm{d}t}=&3\pi\mu d_\mathrm{p}(u-u_\mathrm{p})-\frac{\pi}{6}d_\mathrm{p}^3\frac{\partial p}{\partial x}+\frac{\pi}{12}d_\mathrm{p}^3\rho\left(\frac{\mathrm{d}u}{\mathrm{d}t}-\frac{\mathrm{d}u_\mathrm{p}}{\mathrm{d}t}\right)\\&+\frac{3}{2}d_\mathrm{p}^2\sqrt{\pi\rho\mu}\int_{t_0}^t\frac{\dfrac{\mathrm{d}u}{\mathrm{d}\tau}-\dfrac{\mathrm{d}u_\mathrm{p}}{\mathrm{d}\tau}}{\sqrt{t-\tau}}\mathrm{d}\tau\end{aligned} \tag{5.180}$$

根据纳维–斯托克斯方程，则有

$$-\frac{\partial p}{\partial x}=\rho\left[\frac{\partial u}{\partial t}+u\frac{\partial u}{\partial x}\right]-\mu\frac{\partial^2 u}{\partial x^2} \tag{5.181}$$

在随离散颗粒而移动的拉格朗日坐标下的实体导数为

$$\frac{\mathrm{d}}{\mathrm{d}t}=\frac{\partial}{\partial t}+u_\mathrm{p}\frac{\partial}{\partial x} \tag{5.182}$$

这样修正后的 BBO 方程就变为

$$\begin{aligned}\frac{\mathrm{d}u_\mathrm{p}}{\mathrm{d}t}=&\frac{3\rho}{2\rho_\mathrm{p}+\rho}\left[\frac{\mathrm{d}u}{\mathrm{d}t}-\frac{2}{3}\frac{\mu}{\rho}\frac{\partial^2 u}{\partial x^2}\right]+\frac{36\mu}{(2\rho_\mathrm{p}+\rho)d_\mathrm{p}^2}(u-u_\mathrm{p})\\&+\frac{2\rho}{2\rho_\mathrm{p}+\rho}(u-u_\mathrm{p})\frac{\partial u}{\partial x}+\frac{18}{(2\rho_\mathrm{p}+\rho)d_\mathrm{p}}\sqrt{\frac{\rho\mu}{\pi}}\int_{t_0}^t\frac{\dfrac{\mathrm{d}u}{\mathrm{d}\tau}-\dfrac{\mathrm{d}u_\mathrm{p}}{\mathrm{d}\tau}}{\sqrt{t-\tau}}\mathrm{d}\tau\end{aligned} \tag{5.183}$$

假设巴塞特力忽略不计，并考虑到气固两相流中 $\rho_\mathrm{p}/\rho\gg 1$，则式 (5.183) 可简化为

$$\frac{\mathrm{d}u_\mathrm{p}}{\mathrm{d}t}=\frac{u-u_\mathrm{p}}{\tau_\mathrm{S}} \tag{5.184}$$

式中，τ_S 是颗粒扩散的斯托克斯弛豫时间，参见式 (3.39) 。

u 和 u_P 可分别由傅里叶积分得到

$$
\begin{aligned}
u &= \int_0^\infty (\alpha \cos \omega t + \beta \sin \omega t) d\omega \\
u_p &= \int_0^\infty (\gamma \cos \omega t + \delta \sin \omega t) d\omega
\end{aligned}
\tag{5.185}
$$

式中，ω 是角频率，其值为 $\omega = 2\pi f$。将式 (5.185) 代入式 (5.184) 可得到 α、β、γ 和 δ 之间的关系

$$
\begin{aligned}
\omega \tau_S \delta &= \alpha - \gamma \\
\omega \tau_S \gamma &= \delta - \beta
\end{aligned}
\tag{5.186}
$$

现定义一个单边自频谱密度函数 $G(f)$:

$$
G(f) = 4\overline{u'^2} \int_0^\infty R(\tau) \cos 2\pi f \tau d\tau \tag{5.187}
$$

根据傅里叶逆变换，我们得到与之对应的 $R(\tau)$ 的表达式

$$
R(\tau) = \frac{1}{\overline{u'^2}} \int_0^\infty G(f) \cos 2\pi f \tau df \tag{5.188}
$$

注意到 $R(0)=1$。所以有

$$
\overline{u'^2} = \int_0^\infty G(f) df \tag{5.189}
$$

基于式 (5.189)，$G(f)df$ 代表对频率在 f 到 $f+df$ 之间湍流脉动速度均方值的贡献。当用式 (5.185) 表示 u 时，$\bar{u}$ 就变成了 0，而瞬时速度 u 就等于湍流脉动速度 u'，所以有 [Hinze，1959]

$$
\overline{u'^2} = \frac{\pi}{2T} \int_0^\infty (\alpha^2 + \beta^2) d\omega \tag{5.190}
$$

式中，T 是积分时间，这样，$G(f)$ 就能与 α 和 β 建立关系

$$
G(f) = \frac{\pi^2}{T} (\alpha^2 + \beta^2) \tag{5.191}
$$

因此有

$$
\frac{G(\omega)}{G_p(\omega)} = \frac{\alpha^2 + \beta^2}{\gamma^2 + \delta^2} \tag{5.192}
$$

假设流体运动的拉格朗日关联系数可用一个指数函数表示

$$R(t)=\exp\left(-\frac{t}{\tau_{\mathrm{f}}}\right) \tag{5.193}$$

式中，τ_{f} 是流体运动的特征时间。则由式 (5.187)，对应的单边自频谱密度函数就变为

$$G(\omega)=\overline{u'^2}\frac{4\tau_{\mathrm{f}}}{1+\omega^2\tau_{\mathrm{f}}^2} \tag{5.194}$$

将式 (5.186) 和式 (5.194) 代入式 (5.192) 可得到

$$G_{\mathrm{p}}(\omega)=\overline{u'^2}\frac{4\tau_{\mathrm{f}}}{(1+\omega^2\tau_{\mathrm{f}}^2)(1+\omega^2\tau_{\mathrm{S}}^2)} \tag{5.195}$$

同样地，可得到

$$\overline{u'^2}=\frac{1}{2\pi}\int_0^{\infty}G_{\mathrm{p}}(\omega)\mathrm{d}\omega=\frac{\tau_{\mathrm{f}}}{\tau_{\mathrm{f}}+\tau_{\mathrm{s}}}\overline{u'^2} \tag{5.196}$$

和

$$R_{\mathrm{p}}(t)=\frac{1}{2\pi\overline{u'^2_{\mathrm{p}}}}\int_0^{\infty}G_{\mathrm{p}}(\omega)\cos\omega t\mathrm{d}\omega=\frac{1}{\tau_{\mathrm{f}}-\tau_{\mathrm{s}}}\left(\tau_{\mathrm{f}}\exp\left(-\frac{t}{\tau_{\mathrm{f}}}\right)-\tau_{\mathrm{s}}\exp\left(-\frac{t}{\tau_{\mathrm{S}}}\right)\right) \tag{5.197}$$

由此我们可得出结论：离散颗粒运动的拉格朗日关联系数不再是一个单个指数函数。用式 (5.179) 所定义的湍流扩散输运系数，可以证明

$$\frac{D_{\gamma\mathrm{p}}}{D_{\gamma}}=1+\left[\frac{1}{\left(\dfrac{\tau_{\mathrm{f}}}{\tau_{\mathrm{S}}}\right)^2-1}\right]\left[\frac{\exp\left(-\dfrac{t}{\tau_{\mathrm{s}}}\right)-\exp\left(-\dfrac{t}{\tau_{\mathrm{f}}}\right)}{1-\exp\left(-\dfrac{t}{\tau_{\mathrm{f}}}\right)}\right] \tag{5.198}$$

对于一个短的扩散时间 ($t\ll t_{\mathrm{f}}$ 和 $t\ll t_{\mathrm{S}}$)，则有

$$\frac{D_{\gamma\mathrm{p}}}{D_{\gamma}}=\left(1+\frac{\tau_{\mathrm{S}}}{\tau_{\mathrm{f}}}\right)^{-1} \tag{5.199}$$

式 (5.199) 就是已知的欣泽–陈方程。用气体动力论类比，由式 (5.43)、式 (5.46) 和式 (5.49)，可得到

$$\frac{\nu_{\mathrm{p}}}{\nu}=\frac{D_{\gamma\mathrm{p}}}{D_{\gamma}}=\left(1+\frac{\tau_{\mathrm{S}}}{\tau_{\mathrm{f}}}\right)^{-1} \tag{5.200}$$

式中，ν 是运动黏度。对应的导热系数是

$$\frac{K_{\mathrm{p}}}{K}=\frac{C_{\mathrm{p}}}{C}\frac{D_{\gamma\mathrm{p}}}{D_{\gamma}}=\frac{C_{\mathrm{p}}}{C}\left(1+\frac{\tau_{\mathrm{S}}}{\tau_{\mathrm{f}}}\right)^{-1} \tag{5.201}$$

式中，C 是气体比热；C_{p} 是颗粒比热。

5.3.4.2 k-ε-$k_{\rm p}$ 湍流模型

气体–颗粒间的相互作用可能强烈地增强或削弱气相湍流。因此，气固两相流的湍流模型须要考虑气体–颗粒间的相互作用。在此，我们只考虑没有相变的各向同性湍流和稀疏气固两相流动，而且假设流动是定常和等温的。

仿照单相流动的 k-ε 模型中使用的方法，稀疏气固两相流的 k-方程和 ε-方程可以表示为 [Huang and Zhou, 1991; Zhou, 1993]

$$\frac{\partial}{\partial x_{\rm j}}(\rho(1-\alpha_{\rm p})U_{\rm j}k=\frac{\partial}{\partial x_{\rm j}}\left(\frac{\mu_{\rm eff}}{\sigma_{\rm k}}\frac{\partial k}{\partial x_{\rm j}}\right)+u_{\rm T}\frac{\partial U_{\rm i}}{\partial x_{\rm j}}\left(\frac{\partial U_{\rm i}}{\partial x_{\rm j}}+\frac{\partial U_{\rm j}}{\partial x_{\rm i}}\right)+G_{\rm k}-\rho(1-\alpha_{\rm p})\varepsilon \quad (5.202)$$

和

$$\begin{aligned}&\frac{\partial}{\partial x_{\rm j}}(\rho(1-\alpha_{\rm p})U_{\rm j}\varepsilon)\\=&\frac{\partial}{\partial x_{\rm j}}\left(\frac{\mu_{\rm eff}}{\sigma_\varepsilon}\frac{\partial \varepsilon}{\partial x_{\rm j}}\right)+\frac{\varepsilon}{k}\left[C_1\left\{u_{\rm T}\frac{\partial U_{\rm i}}{\partial x_{\rm j}}\left(\frac{\partial U_{\rm i}}{\partial x_{\rm j}}+\frac{\partial U_{\rm j}}{\partial x_{\rm i}}\right)+G_{\rm k}\right\}-C_2\rho(1-\alpha_{\rm p})\varepsilon\right]\end{aligned} \quad (5.203)$$

式中，$G_{\rm k}$ 是由于气固相互作用的 k 的产生项，由下式给出

$$G_{\rm k}=\frac{1}{\tau_{\rm p}}\left[\rho_{\rm p}\alpha_{\rm p}(C_{\rm k}\sqrt{kk_{\rm p}}-2k)+\frac{(U_{\rm i}-U_{\rm pi})}{\alpha_{\rm p}}\frac{\mu_{\rm p}}{\sigma_{\rm p}}\frac{\partial \alpha_{\rm p}}{\partial x_{\rm i}}\right] \quad (5.204)$$

式中，$C_{\rm k}$ 是经验常数；$k_{\rm p}$ 是颗粒湍流动能，其定义为

$$k_{\rm p}=\frac{1}{2}\overline{\mu'_{\rm pi}\mu'_{\rm pi}} \quad (5.205)$$

式中，$\mu_{\rm p}$ 是由于气固相互作用形成的颗粒湍流黏度，$\mu_{\rm p}$ 为

$$\mu_{\rm p}=C_{\rm \mu p}\rho_{\rm p}\alpha_{\rm p}\frac{k_{\rm p}^2}{|\varepsilon_{\rm p}|} \quad (5.206)$$

颗粒湍流动能由其自身的输运方程所决定。类似于 k-方程的导出，$k_{\rm p}$-方程可导出为

$$\frac{\partial}{\partial x_{\rm j}}(\rho_{\rm p}\alpha_{\rm p}U_{\rm pj}k_{\rm p})=\frac{\partial}{\partial x_{\rm j}}\left(\frac{\mu_{\rm p}}{\sigma_{\rm p}}\frac{\partial k_{\rm p}}{\partial x_{\rm j}}\right)+\mu_{\rm p}\frac{\partial U_{\rm pi}}{\partial x_{\rm j}}\left(\frac{\partial U_{\rm pi}}{\partial x_{\rm j}}+\frac{\partial U_{\rm pi}}{\partial x_{\rm i}}\right)+\rho_{\rm p}\varepsilon_{\rm p} \quad (5.207)$$

式中，$\varepsilon_{\rm p}$ 是由于气体–颗粒间的相互作用而引起的 $k_{\rm p}$ 产生或消失率，$\varepsilon_{\rm p}$ 为

$$\varepsilon_{\rm p}=\frac{1}{\tau_{\rm p}}\left[\alpha_{\rm p}(C_{\rm k}\sqrt{kk_{\rm p}}-2k_{\rm p})-\frac{(U_{\rm i}-U_{\rm pi})}{\alpha_{\rm p}\rho_{\rm p}}\frac{\mu_{\rm p}}{\sigma_{\rm p}}\frac{\partial \alpha_{\rm p}}{\partial x_{\rm i}}\right] \quad (5.208)$$

以上模型称之为 k-ε-$k_{\rm p}$ 模型，可适用于无旋、无浮力的稀疏气固两相流。对于具有强烈各向异性的气固两相流，可用统一的二阶矩封闭模型，该模型是单相流动二阶矩模型的扩展 [Zhou, 1993]。

5.3.4.3　颗粒间相互碰撞引起的颗粒黏度

当颗粒浓度很高时，由于颗粒的剪切运动导致颗粒间相互碰撞。颗粒间的动量传递可用拟剪应力和颗粒之间作用的黏度来描述。让我们首先考察两个颗粒间弹性碰撞时的动量传递，如图 5.8(a) 所示。颗粒 1 在空间固定，而颗粒 2 以一定的初始动量沿 x 方向和颗粒 1 发生碰撞。假设接触表面是无摩擦的，则颗粒就在 r-x 平面内以镜面反射形式反弹，两颗粒间动量变化率的 x 方向分量由下式给出

$$m_2U_2-[m_2U_2\cos(\pi-2\theta)]=2m_2U_2\cos^2\theta \tag{5.209}$$

式中，θ 是在 r-x 平面内的接触角。

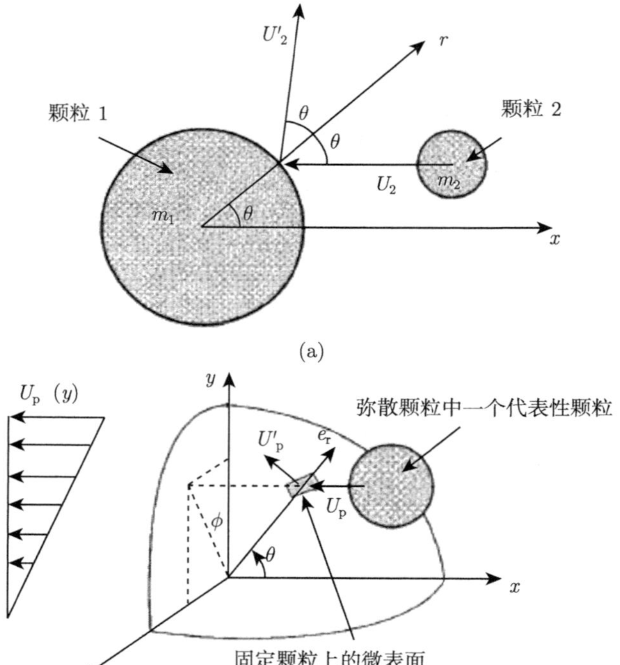

图 5.8　由于剪切运动颗粒间的碰撞

(a) 弹性碰撞；(b) 单个颗粒和颗粒群的碰撞

假设颗粒 1 和颗粒 2 发生碰撞，其质量分别为 m_1 和 m_2，速度分别为 U_1 和 U_2，则根据牛顿定律，我们得到

$$m_1\frac{\mathrm{d}U_1}{\mathrm{d}t}=f_{12},\quad m_2\frac{\mathrm{d}U_2}{\mathrm{d}t}=-f_{12} \tag{5.210}$$

式中，f_{12} 是碰撞力。式 (5.210) 还可简写为

$$m^* \frac{\mathrm{d}\Delta U}{\mathrm{d}t} = f_{12} \tag{5.211}$$

式 (5.211) 中，$\Delta U = U_1 - U_2$，是两个颗粒间的相对速度；m^* 是相对质量，可参见式 (2.128)。这样，两个运动的颗粒间相互碰撞就等价于一个颗粒与一个具有相同相对速度和相对质量的固定颗粒碰撞。

现在我们再考察一个固定的球形颗粒与颗粒群的碰撞情况，如图 5.8(b) 所示。半径为 r 的球形颗粒受到速度梯度为 $\partial U_{\mathrm{p}}/\partial y$ 的颗粒群剪切流动的冲击，颗粒的个数密度用 n 表示，颗粒质量为 m。令 U_{p} 在球的中心线上为零，则相对速度为

$$\Delta U_{\mathrm{p}} = \frac{\partial U_{\mathrm{p}}}{\partial y} y = \frac{\partial U_{\mathrm{p}}}{\partial y} r \sin\theta \cos\phi \tag{5.212}$$

式中，ϕ 是在 y-z 平面内的周向角，碰撞到球体的微分面积为 $r^2\ \sin\theta\mathrm{d}\theta\mathrm{d}\phi$，假设颗粒碰撞后的反射为单散射和镜面反射，则来流速度 U_{p} 法向上碰撞的投影面积为 $r^2\cos\theta\mathrm{d}\theta\mathrm{d}\phi$，由式 (5.209) 和式 (5.212) 得到的颗粒动量在 x 方向上的分量为 $2m\Delta U_{\mathrm{p}}\cos^2\theta$。在半球面上受到的作用力为

$$F = 4\int_0^{\frac{\pi}{2}}\int_0^{\frac{\pi}{2}} n(\Delta U_{\mathrm{p}})^2 m r^2 \sin\theta\cos^3\theta \mathrm{d}\theta\mathrm{d}\phi = \frac{\pi}{12} nm \left(\frac{\partial U_{\mathrm{p}}}{\partial y}\right)^2 r^4 \tag{5.213}$$

现在考察半径分别为 a_1 和 a_2 的两组颗粒群混合物，其对应的个数密度分别为 n_1 和 n_2，假设第一组颗粒受到第二组颗粒群简单剪切流的作用，由式 (5.213) 可得到两组颗粒间的碰撞力在 x-方向上的分量

$$F_{12} = \frac{\pi^2}{18} n_1 n_2 m^* \left(\frac{\partial U_{\mathrm{p}}}{\partial y}\right)^2 (a_1 + a_2)^7 \tag{5.214}$$

式中，$(a_1 + a_2)$ 就是碰撞半径。

现引入一个等效力，即等价于作用在 y-轴法向投影面上的碰撞力在 x 方向的分量，颗粒相的剪应力可定义为

$$(\tau_{\mathrm{xy}})_{12} = \frac{2F_{12}}{\pi(a_1 + a_2)^2} = \frac{\pi}{9} n_1 n_2 m^* \left(\frac{\partial U_{\mathrm{p}}}{\partial y}\right)^2 (a_1 + a_2)^5 \tag{5.215}$$

式 (5.215) 可扩展到广义的形式，即 [Soo, 1989]

$$\tau_{12} = -\frac{\pi n_1 n_2 m_1 m_2}{9(m_1 + m_2)} (a_1 + a_2)^5 (\Delta_{\mathrm{p}2} : \Delta_{\mathrm{p}2})^{\frac{1}{2}} \Delta_{\mathrm{p}2} = -\mu_{\mathrm{p}12}\Delta_{\mathrm{p}2} \tag{5.216}$$

这里，Δ_{p} 具有直角坐标分量

$$\Delta_{\mathrm{pij}} = \frac{\partial U_{\mathrm{pi}}}{\partial x_{\mathrm{j}}} + \frac{\partial U_{\mathrm{pi}}}{\partial x_{\mathrm{i}}} \tag{5.217}$$

$$\Delta_{\mathrm{p}} : \Delta_{\mathrm{p}} = \Delta_{\mathrm{pij}} \Delta_{\mathrm{pji}} \tag{5.218}$$

由式 (5.216) 可得到第一组颗粒和第二组颗粒间碰撞时的黏度

$$\mu_{\mathrm{p}12} = \frac{\pi n_1 n_2 m_1 m_2}{9(m_1 + m_2)} (a_1 + a_2)^5 (\Delta_{\mathrm{p}2} : \Delta_{\mathrm{p}2})^{\frac{1}{2}} \tag{5.219}$$

在两组颗粒相同的情况下，由式 (5.216) 可导出

$$\mu_{\mathrm{p}} = \frac{1}{3} \alpha_{\mathrm{p}}^2 \rho_{\mathrm{p}} d_{\mathrm{p}}^2 (\Delta_{\mathrm{p}} : \Delta_{\mathrm{p}})^{\frac{1}{2}} \tag{5.220}$$

由于颗粒碰撞而引起的导热系数 K_{p} 可根据动力论导出。对于相同的两组颗粒根据式 (5.43) 和式 (5.49)，可得到

$$K_{\mathrm{p}} = \frac{c}{m} \mu_{\mathrm{p}} = \frac{2c\alpha_{\mathrm{p}}^2}{\pi d_{\mathrm{p}}} (\Delta_{\mathrm{p}} : \Delta_{\mathrm{p}})^{\frac{1}{2}} \tag{5.221}$$

至此，在模型中，我们始终假设所有颗粒是弹性的，而且其碰撞是在无摩擦的光滑平面上的镜面反射。对于非弹性碰撞颗粒，我们可引入一个恢复系数 e，其定义是反弹速度与法向碰撞入射速度之比。非弹性颗粒与无摩擦表面的碰撞如图 5.9 所示，可得到

$$\tan\theta' = \frac{U_{\mathrm{t}}'}{U_{\mathrm{r}}'} = \frac{\tan\theta}{e} \tag{5.222}$$

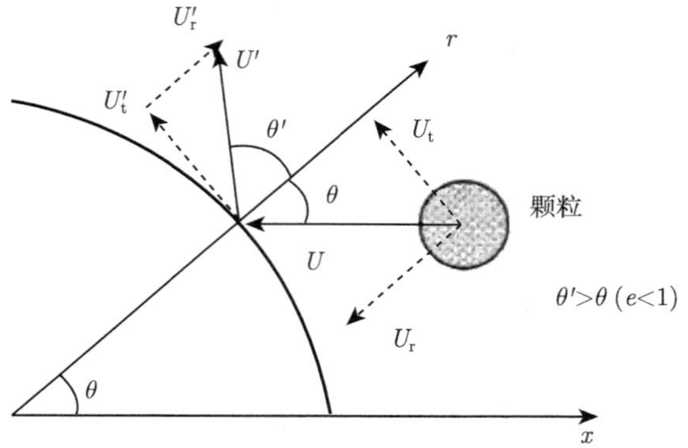

图 5.9　无摩擦表面的非弹性碰撞

因此反射角大于入射角，也就是说，颗粒碰撞后的反弹并不是镜面反弹。式 (5.22) 中 U_{t}' 和 U_{r}' 分别代表颗粒碰撞后的切向速度和法向反射速度。对于非弹性颗粒的拟应力和由此产生的黏度的推导过程类似于弹性颗粒的相应推导过程。

5.3.5 颗粒相的边界条件

气固两相流中气相的边界条件一般假定与单相时的气相边界条件相同，可见§5.25。固相的边界条件在下面讨论。

对于颗粒速度的法向分量，边界条件可用一个恢复系数表示

$$U'_{\mathrm{pn}}=-eU_{\mathrm{pn}} \tag{5.223}$$

式中，U'_{pn} 就是颗粒反弹速度的法向分量。因此，对于弹性碰撞颗粒：$U'_{\mathrm{pn}}=-U_{\mathrm{pn}}$；在固体壁面的颗粒切向速度，应该考虑到滑移条件，可表示为

$$U'_{\mathrm{pt}}=-fU_{\mathrm{pt}} \tag{5.224}$$

式中，f 是摩擦系数，它和固体壁面以及颗粒的材料性质有关，也与颗粒碰撞的入射角有关。对于无摩擦表面 f=1，也即 $U'_{\mathrm{pt}}=U_{\mathrm{pt}}$。

颗粒温度的边界条件可从两个物体碰撞时发生的传热获得。孙和陈 [Sun and Chen, 1988] 考察了两个温度不同的弹性颗粒的碰撞，假定传热只发生在法向上，导出了两个弹性颗粒每碰撞一次的传热量。

如果把一个壁面看成是一个有无限大热容量的大颗粒，对于颗粒和壁面的碰撞将得到

$$T'_{\mathrm{p}}-T_{\mathrm{p}}=\frac{0.87A_{\mathrm{c}}\sqrt{t_{\mathrm{c}}}}{\sqrt{\rho_{\mathrm{p}}C_{\mathrm{p}}K_{\mathrm{p}}}}(T_{\mathrm{w}}-T_{\mathrm{p}}) \tag{5.225}$$

式中，A_{c} 是式 (2.133) 中给出的最大接触面积；t_{c} 是式 (2.136) 给出的接触持续时间。

对于壁面处颗粒浓度的边界条件，常常采用浓度梯度为 0，即

$$\left(\frac{\partial\alpha_{\mathrm{p}}}{\partial n}\right)_{\mathrm{w}}=0 \tag{5.226}$$

另外，常常假定在壁面处颗粒动能是无脉动的，所以颗粒的湍流动能边界条件为

$$(k_{\mathrm{p}})_{\mathrm{w}}=0 \tag{5.227}$$

5.4 多相流轨道模型

轨道模型是在拉格朗日坐标下对颗粒动力学特征的定量描述。轨道模型用于描述颗粒很稀①而无法用连续性模型描述其颗粒行为的情况。

①近年来发展了离散单元模型 (DEM)，是考虑颗粒间碰撞的拉格朗日轨道模型，可以用于模拟稠密气固两相流动——校者。

本节中将分别介绍两类轨道模型，即定轨道模型 [Crowe *et al.*, 1977] 和随机轨道模型 [Crowe, 1991]。定轨道模型忽略颗粒的湍流脉动，就是颗粒的质量、动量和能量的湍流扩散，这是用拉格朗日法时最经典、也是最简单的方法。然而，对颗粒的输运特性的过度简化的假定，尤其能量输运过程中，会导致对颗粒数密度分布和温度分布不精确的预测结果。应用蒙特卡罗 (Monte Carlo) 法的随机轨道模型，基于拉格朗日坐标系下的颗粒的瞬时动量方程，直接模拟颗粒的瞬时动态行为。依据湍流模型的选择和颗粒间的相互作用机理，可以模拟湍流对气体和颗粒间的相互作用的影响。然而，要获得有合理精确度的统计平均值，需要计算上万条轨道，有时需要巨大的计算机能力。要注意的是，模拟气固两相流中，轨道模型只是对颗粒相的模拟，而气相的模拟通常用欧拉 (Euler) 模型来描述。应用拉格朗日法时，颗粒相的控制方程用常微分方程取代偏微分方程。

为了分析的方便，假设：

(1) 颗粒为尺寸相同的球形颗粒。

(2) 对气体和颗粒之间动量的相互作用，只考虑局部均匀流场中的曳力，其他诸如马格纳斯力、萨夫曼力、巴塞特力、静电力等均忽略不计。

(3) 颗粒浓度很低，排除掉颗粒间的相互作用。

5.4.1　定轨道模型

考察颗粒的质量湍流扩散、动量湍流扩散和能量湍流扩散可忽略的情况，也即颗粒黏度 $\mu_{\rm p}$、颗粒扩散率 $D_{\rm p}$、颗粒的热传导率 $K_{\rm p}$ 都很小，可以忽略不计。拉格朗日形式的颗粒质量、动量和能量控制方程，可以从 §5.33 中导出的对应的欧拉形式的体积平均方程得到，将颗粒相方程右端的所有关联量取为零。这样，拉格朗日坐标系中时平均颗粒相方程在形式上和瞬时方程相同。

5.4.1.1　质量守恒方程

根据式 (5.168)，得到

$$\frac{\partial}{\partial t}(\alpha_{\rm p}\rho_{\rm p})+\nabla\cdot(\alpha_{\rm p}\rho_{\rm p}\boldsymbol{U}_{\rm p})=\varGamma_{\rm p} \tag{5.228}$$

如果颗粒相浓度用颗粒数密度 n 和颗粒质量 m 表示，即 $\alpha_{\rm p}\rho_{\rm p}=nm$，并注意到 $\varGamma_{\rm p}=n({\rm d}m/{\rm d}t)$，则有

$$\frac{\partial n}{\partial t}+\nabla\cdot(n\boldsymbol{U}_{\rm p})=0 \tag{5.229}$$

对于定常流动，式 (5.229) 又可简化为

$$\nabla\cdot(n\boldsymbol{U}_{\rm p})=0 \tag{5.230}$$

这样，利用高斯定理将上述方程对颗粒流管的任意截面积分，就可得到

$$\int_A n\boldsymbol{U}_\mathrm{p}\cdot\mathrm{d}\boldsymbol{A}=\text{常数}=N_\mathrm{p} \tag{5.231}$$

式中，$\boldsymbol{A}$ 是流管的横截面积；N_p 是流经 $\boldsymbol{A}$ 面的颗粒数流量。式 (5.231) 反映了沿流管颗粒数总流量守恒。因此，可以得出结论，颗粒数总流量沿颗粒轨道是守恒的。

5.4.1.2 动量方程

根据式 (5.170)，得到

$$\frac{\partial}{\partial t}(\alpha_\mathrm{p}\rho_\mathrm{p}\boldsymbol{U}_\mathrm{p})+\nabla\cdot(\alpha_\mathrm{p}\rho_\mathrm{p}\boldsymbol{U}_\mathrm{p}\boldsymbol{U}_\mathrm{p})=\alpha_\mathrm{p}\rho_\mathrm{p}\boldsymbol{f}+\boldsymbol{F}_\mathrm{Ap}+\boldsymbol{F}_{\Gamma\mathrm{p}} \tag{5.232}$$

式中，$\boldsymbol{F}_{\Gamma\mathrm{p}}$ 是由于质量的变化引起的动量传递，由式 (5.125) 可得到

$$\boldsymbol{F}_{\Gamma\mathrm{p}}=-\frac{1}{V}\int_{A_\mathrm{p}}\alpha_\mathrm{p}\rho_\mathrm{p}\boldsymbol{U}_\mathrm{p}(\boldsymbol{U}_\mathrm{p}-\boldsymbol{U}_\mathrm{s})\cdot\boldsymbol{n}_\mathrm{p}\mathrm{d}A\approx\boldsymbol{U}_\mathrm{p}\Gamma_\mathrm{p} \tag{5.233}$$

式中，$\boldsymbol{F}_\mathrm{Ap}$ 是气固两相间的曳力，可表示为

$$\boldsymbol{F}_\mathrm{Ap}=\frac{\alpha_\mathrm{p}\rho_\mathrm{p}}{\tau_\mathrm{rp}}(\boldsymbol{U}-\boldsymbol{U}_\mathrm{p}) \tag{5.234}$$

式中，τ_rp 是颗粒弛豫时间。对于较慢的相对运动，τ_rp 可由式 (3.39) 得到。在式 (5.234) 中，由于轨道模型大部分应用所涉及的是稀疏多相流，所以，颗粒间的碰撞影响可忽略。应用式 (5.228)，式 (5.232) 变为

$$\frac{\mathrm{d}\boldsymbol{U}_\mathrm{p}}{\mathrm{d}t_\mathrm{p}}=\boldsymbol{f}+\frac{1}{\tau_\mathrm{rp}}(\boldsymbol{U}-\boldsymbol{U}_\mathrm{p}) \tag{5.235}$$

这里，可定义 $\mathrm{d}/\mathrm{d}t_\mathrm{p}$ 为

$$\frac{\mathrm{d}}{\mathrm{d}t_\mathrm{p}}=\frac{\partial}{\partial t}+\boldsymbol{U}_\mathrm{p}\cdot\nabla \tag{5.236}$$

颗粒轨道 s 可由下式得到

$$s-s_0=\int_{t_0}^{t}\boldsymbol{U}_\mathrm{p}\mathrm{d}t \tag{5.237}$$

5.4.1.3 能量方程

由式 (5.172) 得到

$$\frac{\partial}{\partial t}(\alpha_\mathrm{p}\rho_\mathrm{p}C_\mathrm{p}T_\mathrm{p})+\nabla\cdot(\alpha_\mathrm{p}\rho_\mathrm{p}\boldsymbol{U}_\mathrm{p}C_\mathrm{p}T_\mathrm{p})=J_\mathrm{ep}+Q_\mathrm{Ap}+Q_{\Gamma\mathrm{p}} \tag{5.238}$$

用式 (5.228)，并假定 $Q_{\Gamma\mathrm{p}}$ 可以近似地表示为

$$Q_{\Gamma\mathrm{p}}=-\frac{1}{V}\int\limits_{A_\mathrm{p}}\alpha_\mathrm{p}e_\mathrm{p}(\boldsymbol{U}_\mathrm{p}-\boldsymbol{U}_\mathrm{s})\cdot\mathrm{d}\boldsymbol{A}\approx C_\mathrm{p}T_\mathrm{p}\Gamma_\mathrm{p} \tag{5.239}$$

则式 (5.238) 可简化成

$$\frac{\mathrm{d}T_\mathrm{p}}{\mathrm{d}t_\mathrm{p}}=\frac{1}{\alpha_\mathrm{p}\rho_\mathrm{p}C_\mathrm{p}}(J_\mathrm{Ep}+Q_\mathrm{Ap}) \tag{5.240}$$

注意到式 (5.238) 中的 J_ep，被式 (5.240) 中 J_Ep 所取代，其中 J_Ep 是单位体积内热辐射所产生的热量，Q_Ap 是通过气体与颗粒的界面所传递的热量。这样，一旦求解出气体速度场，颗粒速度、颗粒轨道、颗粒浓度和颗粒温度就可分别通过式 (5.235)、式 (5.237)、式 (5.231) 和式 (5.240) 的积分而分别得到。由于气相和固相方程是耦合的，控制方程的最终求解必须通过气相和固相间相互迭代来完成。

5.4.2 随机轨道模型

在轨道模型中，颗粒的湍流扩散可通过计算湍流场中颗粒的瞬时运动来考虑。为了模拟湍流流动中瞬时气体速度的随机特征，就需要在计算过程中生成随机数。

颗粒的瞬时运动方程是

$$\frac{\mathrm{d}\boldsymbol{u}_\mathrm{p}}{\mathrm{d}t_\mathrm{p}}=\frac{1}{\tau_\mathrm{rp}}(\boldsymbol{u}-\boldsymbol{u}_\mathrm{p})+\boldsymbol{f} \tag{5.241}$$

式中，$\boldsymbol{u}$ 和 $\boldsymbol{u}_\mathrm{p}$ 分别是气体和颗粒的瞬时速度，$\boldsymbol{f}$ 是作用在颗粒单位质量上的体积力。如果将式 (5.241) 写成在圆柱坐标下的标量形式，式 (5.241) 的轴向分量可写成

$$\frac{\mathrm{d}u_\mathrm{p}}{\mathrm{d}t_\mathrm{p}}=\frac{1}{\tau_\mathrm{rp}}(U+u'-u_\mathrm{p})+g_\mathrm{z} \tag{5.242}$$

径向分量则写成

$$\frac{\mathrm{d}v_\mathrm{p}}{\mathrm{d}t_\mathrm{p}}=\frac{1}{\tau_\mathrm{rp}}(V+v'-v_\mathrm{p})+\frac{w_\mathrm{p}^2}{r}+g_\mathrm{r} \tag{5.243}$$

切向分量则写成

$$\frac{\mathrm{d}w_\mathrm{p}}{\mathrm{d}t_\mathrm{p}}=\frac{1}{\tau_\mathrm{rp}}(W+w'-w_\mathrm{p})-\frac{v_\mathrm{p}w_\mathrm{p}}{r}+g_\phi \tag{5.244}$$

式中，U、V 和 W 分别代表气体时间平均速度的轴向、径向和切向分量；u'、v' 和 w' 分别是气体脉动速度的轴向、径向和切向分量，g_z、g_r 和 g_ϕ 分别是重力加速度的轴向、径向和切向分量。

如果湍流是各向同性的，则有

$$\overline{u'^2}=\overline{v'^2}=\overline{w'^2}=\frac{2}{3}k \tag{5.245}$$

式中，k 是湍流动能，可用 k-ε 模型确定。假定当地气相脉动速度分布服从高斯(Gauss) 概率密度分布，这样当一个颗粒通过湍流涡旋时，就有

$$u' = \zeta\sqrt{\frac{2}{3}k}, \quad v' = \zeta\sqrt{\frac{2}{3}k}, \quad w' = \zeta\sqrt{\frac{2}{3}k} \tag{5.246}$$

式中，ζ 是随机数。

这样，将式 (5.246) 代入式 (5.242)、式 (5.243) 和式 (5.244)，就得到可以积分的颗粒瞬时速度方程

$$\frac{\mathrm{d}u_{\mathrm{p}}}{\mathrm{d}t_{\mathrm{p}}} = \frac{1}{\tau_{\mathrm{rp}}}\left(U + \zeta\sqrt{\frac{2}{3}k} - u_{\mathrm{p}}\right) + g_{\mathrm{z}} \tag{5.247}$$

$$\frac{\mathrm{d}v_{\mathrm{p}}}{\mathrm{d}t_{\mathrm{p}}} = \frac{1}{\tau_{\mathrm{rp}}}\left(V + \zeta\sqrt{\frac{2}{3}k} - v_{\mathrm{p}}\right) + \frac{w_{\mathrm{p}}^2}{r} + g_{\mathrm{r}} \tag{5.248}$$

和

$$\frac{\mathrm{d}w_{\mathrm{p}}}{\mathrm{d}t_{\mathrm{p}}} = \frac{1}{\tau_{\mathrm{rp}}}\left(W + \zeta\sqrt{\frac{2}{3}k} - w_{\mathrm{p}}\right) - \frac{v_{\mathrm{p}}w_{\mathrm{p}}}{r} + g_{\phi} \tag{5.249}$$

将式 (5.247)、式 (5.248) 和式 (5.249) 分别与气相控制方程结合，可得到颗粒的瞬时速度。也可以得到颗粒的随机轨道

$$z = z_{\mathrm{p}0} + \int_0^t u_{\mathrm{p}}\mathrm{d}t_{\mathrm{p}}, \quad r = r_{\mathrm{p}0} + \int_0^t v_{\mathrm{p}}\mathrm{d}t_{\mathrm{p}}, \quad \theta_{\mathrm{p}} = \theta_{\mathrm{p}0} + \int_0^t \frac{w_{\mathrm{p}}}{r}\mathrm{d}t_{\mathrm{p}} \tag{5.250}$$

在颗粒轨道的数值积分中，选择积分时间的步长很重要。选择积分时间步长的一种典型方法是基于湍流涡旋和颗粒的相互作用时间，该作用时间可确定为

$$\tau_{\mathrm{i}} = \min[\tau_{\mathrm{e}}, \tau_{\mathrm{R}}] \tag{5.251}$$

式中，τ_{e} 是涡旋存在时间

$$\tau_{\mathrm{e}} = \frac{l_{\mathrm{e}}}{\sqrt{\overline{u'^2} + \overline{v'^2} + \overline{w'^2}}} = \frac{l_{\mathrm{e}}}{\sqrt{2k}} \tag{5.252}$$

式中，l_{e} 是湍流涡旋特征长度。τ_{e} 可通过 k-ε 模型估算

$$\tau_{\mathrm{e}} = \sqrt{\frac{3}{2}}C_{\mu}^{\frac{3}{4}}\frac{k}{\varepsilon} \tag{5.253}$$

τ_{R} 是颗粒通过涡旋的飞行时间，τ_{R} 可确定为

$$\tau_{\mathrm{R}} = -\tau_{\mathrm{rp}}\ln\left(1 - \frac{l_{\mathrm{e}}}{\tau_{\mathrm{rp}}|U - U_{\mathrm{p}}|}\right) \tag{5.254}$$

当 $l_e > \tau_{rp}|U - U_p|$ 时，τ_i 可取为 τ_e。

在采用随机轨道模型计算时，常用蒙特卡罗法。模拟颗粒流场需要计算上千甚至上万条随机轨道。研究随机轨道模型的中心问题是如何模拟瞬时的湍流气体流场。速度脉动可用前述的高斯分布法。其他的可用朗之万 (Langevin) 统计模型 [Elghobashi, 1994]。由于认识到随机轨道模型有大量的计算要求，还有一种计算最大可能轨道和预设颗粒速度、颗粒浓度和其他变量的概率密度函数相结合的方法 [Baxter, 1989]。

5.5　碰撞支配的稠密悬浮体的动力论模型

当颗粒浓度很高时，输送机理就明显地受到颗粒间碰撞的影响, 甚至受其支配。固体颗粒悬浮在无重力的均匀剪切流中时，巴格诺尔德 [Bagnold，1954] 根据流变学特性，提出了三种不同的工况。这三种工况分别称为宏观黏度区、过渡区和粉粒惯性区，分别由以下的巴格诺尔德数 Ba 来表征

$$\mathrm{Ba} = \lambda^{\frac{1}{2}} \frac{d_p^2 \rho_p}{\mu} \left(\frac{dU}{dy}\right) = \frac{\text{惯性力}}{\text{黏滞力}} \tag{5.255}$$

式中，λ 是与颗粒容积分数有关的参数，当 $\mathrm{Ba} < 40$ 时，为宏观黏度区，此时，颗粒的运动由流体的黏度所支配；剪应力与变形率呈线性关系；这个工况下的颗粒运动可以用连续介质模型或轨道模型描述。当 $\mathrm{Ba} > 450$ 时，运动的粉粒流出现，颗粒的运动在很大程度上受颗粒间相互作用所控制，剪应力的大小取决于应变率的平方。此时，定义为粉粒惯性区。过渡区处于宏观黏度区和粉粒惯性区之间 [Hunt, 1989]。上述工况的分类已经为剪切流 [Savage, 1979; Savage and Sayed, 1984]、漏斗流和斜槽流所验证 [Zeininger and Brennen, 1985]。粉粒惯性流的研究可根据动力论模型进行，此处，在固体动量传递中, 间隙气体的作用很小。

库里克 (Culick) 是建议将悬浮体中颗粒间碰撞与气体动力论中分子碰撞做类比的最早研究者之一。然而，由于直接用玻尔兹曼方程考察颗粒间碰撞的复杂性，对固体颗粒严格遵循气体动力论的方法曾停顿下来。另一种方法是基于机理性推导或者直观关系式来代替玻尔兹曼方程的简化气体动力论，常被认为是可行的。例如，塞维基和杰弗瑞 [Savage and Jeffrey, 1981]、杰肯斯和塞维基 [Jenkins and Savage, 1983] 以及仑 [Lun *et al*., 1984] 等都曾对碰撞支配的稠密悬浮体引入精确的碰撞模型，用以确定颗粒间碰撞形成的固体应力和其他行为。这个方法已经应用于许多气固两相流系统中，譬如流化床和气力输送系统中 [Gidaspow, 1993]。

气体动力论的物理条件可以用无限大的真空中单一尺寸的球体颗粒发生弹性碰撞的麦克斯韦速度分布加以描述。因此，要直接应用颗粒间相互作用和气体分子

间相互作用的类比，则气固两相流的下列现象和颗粒间相互作用相比不能认为是重要的：气体–颗粒间的相互作用，包括与速度相关的力、与压力相关的力，颗粒碰撞中的非弹性和摩擦以及颗粒与壁面之间的相互作用而引起的能量耗散。本节的讨论集中在稠密气固悬浮系统，其中颗粒间的碰撞是质量、动量和能量传递的唯一机理。

5.5.1 密相输运定理

对光滑而坚硬的弹性球体颗粒所形成的稠密悬浮系统，基于和稠密气体动力论 [Reif, 1965] 的类比，可以导出其输运定理。现定义颗粒的一种特性 ψ 的系综平均值为

$$\langle \psi \rangle = \frac{1}{n} \int \psi f^{(1)}(\boldsymbol{r}, \boldsymbol{v}, t) \mathrm{d}\boldsymbol{v} \tag{5.256}$$

式中，n 是颗粒个数密度；$f^{(1)}(\boldsymbol{r}, \boldsymbol{v}, t)$ 代表单个颗粒的速度分布函数。现在让我们把注意力集中在一个固定的微元体 $\mathrm{d}\boldsymbol{r}$ 内 ψ 的变化，该微元体位于 $\boldsymbol{r}$ 和 $\boldsymbol{r}+\mathrm{d}\boldsymbol{r}$ 之间，其中包含 $n\mathrm{d}\boldsymbol{r}$ 个颗粒。在 $\mathrm{d}\boldsymbol{r}$ 内，所有颗粒特性 ψ 的系统平均值 $(n\psi\mathrm{d}\boldsymbol{r})$ 的变化率受三个因素的影响：

(1) 每个颗粒速度 $\boldsymbol{v}$ 随时间的变化；

(2) 进入和离开微元体 $\mathrm{d}\boldsymbol{r}$ 携带 ψ 的颗粒；

(3) 在 $\mathrm{d}\boldsymbol{r}$ 中颗粒之间的相互碰撞 [Jenkins and Savage, 1983]。

相应地，系统平均值 $(n\psi\mathrm{d}\boldsymbol{r})$ 的增长率可表示为

$$\frac{\partial}{\partial t} \langle n\psi \rangle \mathrm{d}\boldsymbol{r} = A_{\mathrm{i}} + A_{\mathrm{f}} + A_{\mathrm{c}} \tag{5.257}$$

式中，A_{i} 是 $\mathrm{d}\boldsymbol{r}$ 内每个颗粒 ψ 的变化引起的 ψ 系综平均值的变化率；A_{f} 是进入 $\mathrm{d}\boldsymbol{r}$ 内的颗粒净流量引起 ψ 的变化率；A_{c} 是由于 $\mathrm{d}\boldsymbol{r}$ 内颗粒间碰撞引起 ψ 的变化率。

在时间段 $\mathrm{d}t$ 内，每个颗粒的速度变化为 $\mathrm{d}v = (\boldsymbol{F}/m)\mathrm{d}t$，这里 $\boldsymbol{F}$ 是施加在质量为 m 的单个颗粒上的总外力。ψ 的变化可由下式给出

$$\frac{\partial \psi}{\partial v_{\mathrm{i}}} \frac{F_{\mathrm{i}}}{m} \mathrm{d}t = \frac{\boldsymbol{F}}{m} \cdot \frac{\partial \psi}{\partial \boldsymbol{v}} \mathrm{d}t \tag{5.258}$$

因此，$\mathrm{d}\boldsymbol{r}$ 内 ψ 的系统平均值的变化率为

$$A_{\mathrm{i}} = \langle n\mathrm{d}\boldsymbol{r} D\psi \rangle = n\mathrm{d}\boldsymbol{r} \langle D\psi \rangle \tag{5.259}$$

式中

$$D\psi = \frac{\boldsymbol{F}}{m} \cdot \frac{\partial \psi}{\partial \boldsymbol{v}} \tag{5.260}$$

$\mathrm{d}\boldsymbol{r}$ 内 ψ 的变化也可能是由于颗粒的净质量流进入到微元体内。这个增长率可以简单地由下式给出

$$A_{\mathrm{f}} = -\nabla \cdot \langle n\boldsymbol{v}\psi\mathrm{d}\boldsymbol{r} \rangle \tag{5.261}$$

碰撞引起的 ψ 的变化可以联系到碰撞中的颗粒的速度变化，其形式是

$$\Delta\psi = \psi_1(\boldsymbol{r}, \boldsymbol{v}_1', t) + \psi_2(\boldsymbol{r}, \boldsymbol{v}_2', t) - \psi_1(\boldsymbol{r}, \boldsymbol{v}_1, t) - \psi_2(\boldsymbol{r}, \boldsymbol{v}_2, t) \tag{5.262}$$

碰撞数量由三个因素所决定：①散射概率 $\sigma(\boldsymbol{v}_1,\ \boldsymbol{v}_2 \to \boldsymbol{v}_1',\ \boldsymbol{v}_2')\mathrm{d}\boldsymbol{v}_1'\mathrm{d}\boldsymbol{v}_2')$；②第一组颗粒射入第二组颗粒的相对流通量 $|\boldsymbol{v}_1 - \boldsymbol{v}_2| f(\boldsymbol{r}, \boldsymbol{v}_1, t)\mathrm{d}\boldsymbol{v}_1$；③第二组颗粒 $f(\boldsymbol{r}, \boldsymbol{v}_2, t)$ 的散射数量，这样，A_c 可由下式给出

$$A_\mathrm{c} = \frac{1}{2}\mathrm{d}\boldsymbol{r}\int \Delta\psi v_{12} f_1 f_2 \sigma \mathrm{d}\boldsymbol{v}_1 \mathrm{d}\boldsymbol{v}_2 \mathrm{d}\boldsymbol{v}_1' \mathrm{d}\boldsymbol{v}_2' \tag{5.263}$$

式中，$\boldsymbol{v}_{12} = |\boldsymbol{v}_1 - \boldsymbol{v}_2|$；$f_1 = f(\boldsymbol{r}, \boldsymbol{v}_1, t)$；$f_2 = f(\boldsymbol{r}, \boldsymbol{v}_2, t)$；系数 1/2 是考虑到前述的积分式的成对碰撞中统计了两次。其输运定理就是众所周知的恩斯库格 (Enskog) 变化方程，可将式 (5.259)，式 (5.261) 和式 (5.263) 代入式 (5.257) 得到

$$\frac{\partial}{\partial t}\langle n\psi\rangle = n\langle D\psi\rangle - \nabla\cdot\langle n\boldsymbol{v}\psi\rangle + C(\psi) \tag{5.264}$$

式中，$C(\psi)$ 是单位体积内 ψ 平均值增长的碰撞率。根据式 (5.263)，$C(\psi)$ 可写成

$$C(\psi) = \frac{A_\mathrm{c}}{\mathrm{d}\boldsymbol{r}} = \frac{1}{2}\int \Delta\psi v_{12} f_1 f_2 \sigma \mathrm{d}\boldsymbol{v}_1 \mathrm{d}\boldsymbol{v}_2 \mathrm{d}\boldsymbol{v}_1' \mathrm{d}\boldsymbol{v}_2' \tag{5.265}$$

对一个由粒径为 d_p、坚硬且光滑的非弹性颗粒群形成的一个均匀颗粒系统，碰撞项可以更清晰地用碰撞传递贡献和一个源项来表述 [Lun *et al.*，1984]。现在考察图 5.10 所示的颗粒 1 和颗粒 2 之间的双体碰撞。在碰撞之前的时间 dt 内，颗粒 1 以相对于颗粒 2 的速度 $\boldsymbol{v}_{12}$ 移动了距离 $\boldsymbol{v}_{12}\mathrm{d}t$。其中，$\boldsymbol{v}_{12} = \boldsymbol{v}_1 - \boldsymbol{v}_2$, 这样对在 δt 时间内发生的一次碰撞，颗粒 1 的中心一定位于 $d_\mathrm{p}^2\delta\boldsymbol{k}(\boldsymbol{v}_{12}\cdot\boldsymbol{k})\delta t$ 的空间内。可能碰撞的次数就是：颗粒 2 的中心位于微元体 $\delta\boldsymbol{r}$ 内，在体积单元内 $\boldsymbol{v}_1$、$\boldsymbol{v}_2$ 和 $\boldsymbol{k}$ 的范围就是 $\delta\boldsymbol{v}_1$、$\delta\boldsymbol{v}_2$ 和 $\delta\boldsymbol{k}$。这样两个颗粒可能碰撞的次数就表示为

$$d_\mathrm{p}^2(\boldsymbol{v}_{12}\cdot\boldsymbol{k}) f^{(2)}(\boldsymbol{r} - \mathrm{d}\boldsymbol{k}, \boldsymbol{v}_1; \boldsymbol{r}, \boldsymbol{v}_2; t)\delta\boldsymbol{k}\delta\boldsymbol{v}_1\delta\boldsymbol{v}_2\delta\boldsymbol{r}\delta t \tag{5.266}$$

式中，$f^{(2)}(\boldsymbol{v}_1，\boldsymbol{r}_1；\boldsymbol{v}_2，\boldsymbol{r}_2, t)$ 称为完整对分布函数，其定义是 $f^{(2)}(\boldsymbol{v}_1，\boldsymbol{r}_1；\boldsymbol{v}_2，\boldsymbol{r}_2, t)\delta\boldsymbol{v}_1\delta\boldsymbol{v}_2\delta\boldsymbol{r}_1\delta\boldsymbol{r}_2$ 是以 $\boldsymbol{r}_1$、$\boldsymbol{r}_2$ 为中心的、速度分别在 $\boldsymbol{v}_1$ 和 $\boldsymbol{v}_1 + \delta\boldsymbol{v}_1$，以及 $\boldsymbol{v}_2$ 和 $\boldsymbol{v}_2 + \delta\boldsymbol{v}_2$ 的范围内的体积单元 $\delta\boldsymbol{r}_1$、$\delta\boldsymbol{r}_2$ 内发现一对颗粒的概率。在碰撞过程中，颗粒 2 获得 ψ 的特征量为 $(\psi_2' - \psi_2)$，带撇的量是指颗粒碰撞后的值，不带撇的量是指碰撞前的值。现仅考虑快要发生碰撞的颗粒 (即取 $\boldsymbol{v}_{12}\cdot\boldsymbol{k} > 0$)，这样，单位体积内 ψ 平均值的增长率可表示为

$$C(\psi) = d_\mathrm{p}^2 \int\limits_{\boldsymbol{v}_{12}\cdot\boldsymbol{k}>0} (\psi_2' - \psi_2)(\boldsymbol{v}_{12}\cdot\boldsymbol{k}) f^{(2)}(\boldsymbol{r} - \mathrm{d}\boldsymbol{k}, \boldsymbol{v}_1; \boldsymbol{r}, \boldsymbol{v}_2; t)\mathrm{d}\boldsymbol{k}\mathrm{d}\boldsymbol{v}_1\mathrm{d}\boldsymbol{v}_2 \tag{5.267}$$

类似的，我们通过下角标 1 和 2 的互换，并用 $-k$ 代替 k，就可得到

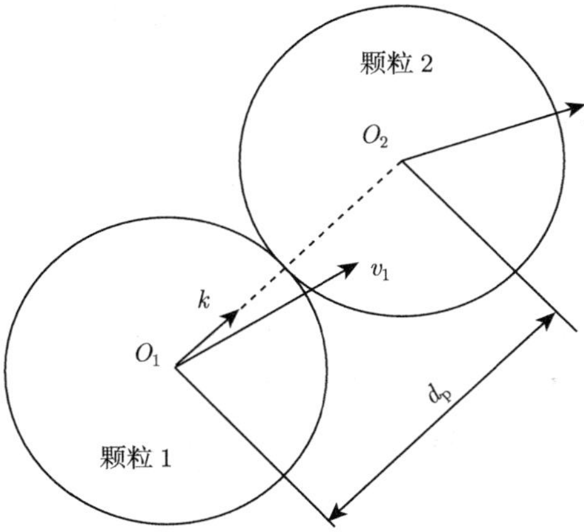

图 5.10 粒径为 $d_{\rm p}$ 的两颗粒间的碰撞示意图

$$C(\psi)=d_{\rm p}^2\int\limits_{\boldsymbol{v}_{12}\cdot\boldsymbol{k}>0}(\psi_1'-\psi_1)(\boldsymbol{v}_{12}\cdot\boldsymbol{k})f^{(2)}(\boldsymbol{r},\boldsymbol{v}_1;\boldsymbol{r}+{\rm d}\boldsymbol{k},\boldsymbol{v}_2;t){\rm d}\boldsymbol{k}{\rm d}\boldsymbol{v}_1{\rm d}\boldsymbol{v}_2 \tag{5.268}$$

将对分布函数用泰勒级数展开，可得到

$$\begin{aligned}f^{(2)}(\boldsymbol{r},\boldsymbol{v}_1;\boldsymbol{r}+{\rm d}\boldsymbol{k},\boldsymbol{v}_2;t)=&f^{(2)}(\boldsymbol{r}-{\rm d}\boldsymbol{k},\boldsymbol{v}_1;\boldsymbol{r},\boldsymbol{v}_2;t)\\&+\left({\rm d}\boldsymbol{k}\cdot\nabla-\frac{1}{2!}({\rm d}\boldsymbol{k}\cdot\nabla)^2+\frac{1}{3!}({\rm d}\boldsymbol{k}\cdot\nabla)^3+\cdots\right)\\&\times f^{(2)}(\boldsymbol{r},\boldsymbol{v}_1;\boldsymbol{r}+{\rm d}\boldsymbol{k},\boldsymbol{v}_2;t)\end{aligned} \tag{5.269}$$

将式 (5.269) 代入式 (5.268) 并与式 (5.267) 相加，可得到 $C(\psi)$ 的表达式

$$C(\psi)=-\nabla\cdot\boldsymbol{\theta}+\chi \tag{5.270}$$

式 (5.270) 中 $\boldsymbol{\theta}$ 就是碰撞对传递的贡献

$$\begin{aligned}\theta=&-\frac{d_{\rm p}^2}{2}\int\limits_{\boldsymbol{v}_{12}\cdot\boldsymbol{k}>0}(\psi_1'-\psi_1)(\boldsymbol{v}_{12}\cdot\boldsymbol{k})\boldsymbol{k}\left[1-\frac{1}{2}({\rm d}\boldsymbol{k}\cdot\nabla)+\frac{1}{3!}({\rm d}\boldsymbol{k}\cdot\nabla)^2+\cdots\right]\\&\times f^{(2)}(\boldsymbol{r},\boldsymbol{v}_1;\boldsymbol{r}+{\rm d}\boldsymbol{k},\boldsymbol{v}_2;t){\rm d}\boldsymbol{k}{\rm d}\boldsymbol{v}_1{\rm d}\boldsymbol{v}_2\end{aligned} \tag{5.271}$$

式 (5.270) 中 χ 为源项

$$\chi=\frac{d_{\rm p}^2}{2}\int\limits_{\boldsymbol{v}_{12}\cdot\boldsymbol{k}>0}(\psi_2'+\psi_1'-\psi_1-\psi_2)(\boldsymbol{v}_{12}\cdot\boldsymbol{k})\times f^{(2)}(\boldsymbol{r}-{\rm d}\boldsymbol{k},\boldsymbol{v}_1;\boldsymbol{r},\boldsymbol{v}_2;t){\rm d}\boldsymbol{k}{\rm d}\boldsymbol{v}_1{\rm d}\boldsymbol{v}_2 \tag{5.272}$$

最后，对于由光滑而坚硬且非弹性的球形颗粒所组成的稠密悬浮系统，其碰撞输运定理可表示为

$$\frac{\partial}{\partial t}\langle n\psi\rangle = n\langle D\psi\rangle - \nabla\cdot\langle n\boldsymbol{v}\psi\rangle - \nabla\cdot\boldsymbol{\theta} + \chi \tag{5.273}$$

式中，$D\psi$、$\boldsymbol{\theta}$ 和 χ 分别由式 (5.260)、式 (5.271) 和式 (2.272) 所给出。

5.5.2 流体力学方程

碰撞中基本的守恒量是颗粒的质量和碰撞颗粒总动量的分量，因此守恒方程可以通过应用输运定理得到。尽管能量方程也可以从输运定理导出，但碰撞颗粒的总动能是不守恒的，因为有能量耗散成热损失的形式。

5.5.2.1 质量守恒

令 $\psi = m$，则由式 (5.273) 可得到

$$\frac{\partial}{\partial t}(\alpha_{\rm p}\rho_{\rm p}) + \nabla\cdot(\alpha_{\rm p}\rho_{\rm p}\boldsymbol{U}_{\rm p}) = 0 \tag{5.274}$$

式中，$\alpha_{\rm p}\rho_{\rm p} = nm$，$\boldsymbol{U}_{\rm p} = \langle\boldsymbol{v}\rangle$。

5.5.2.2 动量守恒

取 $\psi = m\boldsymbol{v}$，就可得到线性动量平衡方程的局部形式

$$\alpha_{\rm p}\rho_{\rm p}\left(\frac{\partial\boldsymbol{U}_{\rm p}}{\partial t} + \boldsymbol{U}_{\rm p}\cdot\nabla\boldsymbol{U}_{\rm p}\right) = -\nabla\cdot\boldsymbol{P}_{\rm p} + \alpha_{\rm p}\rho_{\rm p}\frac{\boldsymbol{F}}{m} \tag{5.275}$$

式中，总应力张量 $\boldsymbol{P}_{\rm p}$ 是动能部分 $\boldsymbol{P}_{\rm k}$ 和碰撞部分 $\boldsymbol{P}_{\rm c}$ 之和。$\boldsymbol{P}_{\rm k}$ 为

$$\boldsymbol{P}_{\rm k} = \langle\alpha_{\rm p}\rho_{\rm p}\boldsymbol{u}\boldsymbol{u}\rangle \tag{5.276}$$

式中，$\boldsymbol{u} = \boldsymbol{v} - \langle\boldsymbol{v}\rangle = \boldsymbol{v} - \boldsymbol{U}_{\rm p}$。$\boldsymbol{P}_{\rm c}$ 由下式给出

$$\begin{aligned}\boldsymbol{P}_{\rm c} = \theta(mv) = &-\frac{1}{2}md_{\rm p}^3\int\limits_{\boldsymbol{v}_{12}\cdot\boldsymbol{k}>0}(\boldsymbol{v}_1' - \boldsymbol{v}_1)(\boldsymbol{v}_{12}\cdot\boldsymbol{k})\boldsymbol{k}\left[1 - \frac{1}{2}({\rm d}\boldsymbol{k}\cdot\nabla) + \frac{1}{3!}({\rm d}\boldsymbol{k}\cdot\nabla)^2 + \cdots\right]\\ &\times f^{(2)}(\boldsymbol{r}_1, \boldsymbol{v}_1; \boldsymbol{r}_2, \boldsymbol{v}_2; t){\rm d}\boldsymbol{k}{\rm d}\boldsymbol{v}_1{\rm d}\boldsymbol{v}_2\end{aligned} \tag{5.277}$$

5.5.2.3 能量方程

取 $\psi = \dfrac{1}{2}mv^2$，并注意到

$$\theta\left(\frac{1}{2}mv^2\right) = \boldsymbol{U}_{\rm p}\cdot\boldsymbol{P}_{\rm p} + \boldsymbol{q}_{\rm c} \tag{5.278}$$

式中，$\boldsymbol{q}_{\rm c}$ 是脉动能量的热流对碰撞的贡献，$\boldsymbol{q}_{\rm c}$ 可用 $\frac{1}{2}mu^2$ 表示

$$\begin{aligned}\boldsymbol{q}_{\rm c}=\theta\left(\frac{1}{2}mu^2\right)=&-\frac{1}{4}md_{\rm p}^3\int\limits_{\boldsymbol{v}_{12}\cdot\boldsymbol{k}>0}(u_1'^2-u_1^2)(\boldsymbol{v}_{12}\cdot\boldsymbol{k})\boldsymbol{k}\\&\times\left[1-\frac{1}{2}({\rm d}\boldsymbol{k}\cdot\nabla)+\frac{1}{3!}({\rm d}\boldsymbol{k}\cdot\nabla)^2+\cdots\right]\\&\times f^{(2)}(\boldsymbol{r}_1,\boldsymbol{v}_1;\boldsymbol{r}_2,\boldsymbol{v}_2;t){\rm d}\boldsymbol{k}{\rm d}\boldsymbol{v}_1{\rm d}\boldsymbol{v}_2\end{aligned}\tag{5.279}$$

如果把 $T_{\rm c}$ 定义为粉粒温度，以此表示速度脉动的比动能或平动脉动动能, 这样可得下式

$$\frac{3}{2}T_{\rm c}=\frac{1}{2}\left\langle u^2\right\rangle\tag{5.280}$$

则可得到如下形式的能量方程

$$\frac{3}{2}\alpha_{\rm p}\rho_{\rm p}\left(\frac{\partial T_{\rm c}}{\partial t}+\boldsymbol{U}_{\rm p}\cdot\nabla T_{\rm c}\right)=-\boldsymbol{P}_{\rm p}:\nabla\boldsymbol{U}_{\rm p}-\nabla\cdot\boldsymbol{q}_{\rm p}+\gamma\tag{5.281}$$

式中，γ 是单位体积内的碰撞耗散率，由下式给出

$$\begin{aligned}\gamma=&\chi\left(\frac{1}{2}mv^2\right)\\=&\frac{1}{2}md_{\rm p}^2\int\limits_{\boldsymbol{v}_{12}\cdot\boldsymbol{k}>0}(v_1'^2+v_2'^2-v_1^2-v_2^2)(\boldsymbol{v}_{12}\cdot\boldsymbol{k})f^{(2)}(\boldsymbol{r}_1,\boldsymbol{v}_1;\boldsymbol{r},\boldsymbol{v}_2;t){\rm d}\boldsymbol{k}{\rm d}\boldsymbol{v}_1{\rm d}\boldsymbol{v}_2\end{aligned}\tag{5.282}$$

式中，$\boldsymbol{q}_{\rm p}$ 是脉动能量的热流，包括动能的贡献 $\boldsymbol{q}_{\rm k}$ 和碰撞的部分 $\boldsymbol{q}_{\rm c}$。其中，动能部分 $\boldsymbol{q}_{\rm k}$ 为

$$\boldsymbol{q}_{\rm k}=\frac{1}{2}\left\langle\alpha_{\rm p}\rho_{\rm p}u^2\boldsymbol{u}\right\rangle\tag{5.283}$$

认为碰撞的两个颗粒是相同的、光滑的，而且是非弹性的。碰撞的动能损失可根据式 (2.6) 导出为

$$\frac{1}{2}m(v_1'^2+v_2'^2-v_1^2-v_2^2)=\frac{1}{4}m(e^2-1)(\boldsymbol{k}\cdot\boldsymbol{v}_{12})^2\tag{5.284}$$

因此，碰撞耗散率和碰撞应力张量和式 (5.284) 以及式 (5.277) 给出的恢复系数有关。

5.5.3 成对碰撞的分布函数

为了更明确地估算碰撞积分 $\boldsymbol{P}_{\rm c}$，$\boldsymbol{q}_{\rm c}$ 和 γ，重要的是要弄清楚成对碰撞的分布函数 $f^{(2)}(\boldsymbol{v}_1,\boldsymbol{r}_1;\boldsymbol{v}_2,\boldsymbol{r}_2;t)$ 的具体形式。通过引入一个形状成对相关函数 $g(\boldsymbol{r}_1,\boldsymbol{r}_2)$，可以使成对分布函数 $f^{(2)}$ 与单颗粒速度分布函数 $f^{(1)}$ 相关。下面首先介绍分布函数，然后假设 $f^{(1)}$ 是麦克斯韦分布且颗粒是近乎弹性的 (即 $1-e\ll 1$)，然后导出用 $f^{(1)}$ 表示的 $f^{(2)}$。

定义一个 L 颗粒的形状分布函数 $n^{(\mathrm{L})}(r_1 r_2 \cdots r_L)$，使 $n^{(L)}(r_1 r_2 \cdots r_L)\delta r_1 \cdots \delta r_L$ 就是每个以 $r_1 r_2 \cdots r_L$ 为中心的体积单元 $\delta r_1 \cdots \delta r_L$ 内发现一个颗粒的概率，这样，一个颗粒的分布函数 $n^{(1)}(\boldsymbol{r})$ 恰好就是在 $\boldsymbol{r}$ 内颗粒数的密度 n。对于一个均匀的主体相，我们就得到

$$n^{(1)}(\boldsymbol{r}) = \frac{N_{\mathrm{p}}}{V} = n \tag{5.285}$$

式中，N_{p} 是体积 V 内颗粒的平均数。

对于一些无固定形状颗粒的质量，相距很远颗粒之间无任何关联。在 $\boldsymbol{r}_1$ 和 $\boldsymbol{r}_2$ 处发现颗粒的联合概率简单地就是单个概率的乘积。这样，定义一个成对相关函数 $g(\boldsymbol{r}_1, \boldsymbol{r}_2)$

$$g(\boldsymbol{r}_1, \boldsymbol{r}_2) = \frac{n^{(2)}(\boldsymbol{r}_1, \boldsymbol{r}_2)}{n^2} \tag{5.286}$$

也可写成为

当 $|\boldsymbol{r}_1 - \boldsymbol{r}_2| \gg d_{\mathrm{p}}$ 时，

$$g(\boldsymbol{r}_1, \boldsymbol{r}_2) = \frac{n^{(2)}(\boldsymbol{r}_1, \boldsymbol{r}_2)}{n^2} \approx 1 \tag{5.287}$$

对一个平衡状态下的气体，即没有平均变形，只有空间的均匀性，$g(\boldsymbol{r}_1, \boldsymbol{r}_2)$ 只与分离距离 $r = |\boldsymbol{r}_1 - \boldsymbol{r}_2|$ 有关，则 $g = g_0(r)$ 就是径向分布函数，该函数可以阐明为距离中心颗粒 r 处的局部个数密度与总个数密度的比值。对于一个由相同球体组成的颗粒系统，在接触点 (即 $r = d_{\mathrm{p}}$) 处，径向分布函数 $g_0(r)$ 可用固体的体积分数 α_{p} 表示

$$g_0(d_{\mathrm{p}}, \alpha_{\mathrm{p}}) = \frac{1}{(1-\alpha_{\mathrm{p}})} + \frac{3\alpha_{\mathrm{p}}}{2(1-\alpha_{\mathrm{p}})^2} + \frac{\alpha_{\mathrm{p}}^2}{2(1-\alpha_{\mathrm{p}})^3} \tag{5.288}$$

该式是基于一个半经验状态方程 [Carnahan and Starling, 1969]。

假设完全的成对分布函数可用空间成对分布函数和两个单颗粒速度分布函数的乘积表示，则有

$$f^{(2)}(\boldsymbol{v}_1, \boldsymbol{r}_1; \boldsymbol{v}_2, \boldsymbol{r}_2, t) = g(\boldsymbol{r}_1, \boldsymbol{r}_2, t) f^{(1)}(\boldsymbol{v}_1, \boldsymbol{r}_1, t) f^{(1)}(\boldsymbol{v}_2, \boldsymbol{r}_2, t) \tag{5.289}$$

$g(\boldsymbol{r}_1, \boldsymbol{r}_2)$ 的各向异性可用运动学的论点来确定。如果认为大量颗粒处于平均剪切流中，在平衡状态下是球形的径向分布函数，会由于这个平均剪切流的存在变成一个椭圆形分布。因此，为了体现出 $g(\boldsymbol{r}_1, \boldsymbol{r}_2)$ 的各向异性，$g(\boldsymbol{r}_1, \boldsymbol{r}_2)$ 不仅与 α_{p}、$\boldsymbol{r}_1$ 和 $\boldsymbol{r}_2$ 有关，而且与 T_{c}、$\boldsymbol{v}_1$ 和 $\boldsymbol{v}_2$ 有关。为了量纲上的一致性，g 可以仅是 α_{p}、$\dfrac{\boldsymbol{k} \cdot \boldsymbol{U}_{21}}{\sqrt{T_{\mathrm{c}}}}$ 和 $\dfrac{\boldsymbol{U}_{21}^2}{T_{\mathrm{c}}}$ 的函数。对于小的变形率 (或者当 $\boldsymbol{U}_{21}$ 相对于 $\sqrt{T_{\mathrm{c}}}$ 很小时)，可假设 $g(\boldsymbol{r}_1, \boldsymbol{r}_2)$

取如下形式 [Jenkins and Savage, 1983]

$$g(\boldsymbol{r}_1,\boldsymbol{r}_2)=g_0\left[1-\frac{\boldsymbol{k}\cdot\boldsymbol{U}_{12}}{\sqrt{\pi \boldsymbol{T}_{\rm c}}}\right] \tag{5.290}$$

假定单颗粒速度分布服从麦克斯韦分布，其形式为

$$f^{(1)}(\boldsymbol{v},\boldsymbol{r})=n\left(\frac{1}{2\pi \boldsymbol{T}_{\rm c}}\right)^{\frac{3}{2}}\exp\left[-\frac{(\boldsymbol{v}-\boldsymbol{U}_{\rm p})^3}{2\boldsymbol{T}_{\rm c}}\right] \tag{5.291}$$

则可将碰撞时的完全成对分布函数表示为

$$\begin{aligned}f^{(2)}(\boldsymbol{v}_1,\boldsymbol{r}_1;\boldsymbol{v}_2,\boldsymbol{r}_2)=&\,g_0n_1n_2\left(\frac{1}{4\pi^2\boldsymbol{T}_{\rm c1}\boldsymbol{T}_{\rm c2}}\right)^{3/2}\left[1-\frac{\boldsymbol{k}\cdot\boldsymbol{U}_{21}}{\sqrt{\pi \boldsymbol{T}_{\rm c}}}\right]\\&\times\exp\left(-\left[\frac{(\boldsymbol{v}_1-\boldsymbol{U}_{\rm p1})^2}{2\boldsymbol{T}_{\rm c1}}+\frac{(\boldsymbol{v}_2-\boldsymbol{U}_{\rm p2})^2}{2\boldsymbol{T}_{\rm c2}}\right]\right)\end{aligned} \tag{5.292}$$

现在考察如图 5.11 所示的在 $\boldsymbol{r}$ 处接触的两个球，这里，$\boldsymbol{r}_1=\boldsymbol{r}-\dfrac{d_{\rm p}}{2}\boldsymbol{k},\boldsymbol{r}_2=\boldsymbol{r}+\dfrac{d_{\rm p}}{2}\boldsymbol{k}$，我们可在接触点 $\boldsymbol{r}$ 附近将 $f^{(2)}$ 按泰勒级数展开，这样就可估算在接触点处的平均场或对应的导数。忽略高于一阶的空间导数项，我们可得到 $f^{(2)}$ 在该空间的近似值 [Chapman and Cowling, 1970]

$$f^{(2)}(\boldsymbol{v}_1,\boldsymbol{r}_1;\boldsymbol{v}_2,\boldsymbol{r}_2)=g_0f_{10}^{(1)}f_{20}^{(1)}\left(1-\frac{{\rm d}\boldsymbol{kk}{:}\nabla\boldsymbol{U}_{\rm p}}{\sqrt{\pi\boldsymbol{T}_{\rm c}}}+\frac{d_{\rm p}}{2}\boldsymbol{k}\cdot\nabla\left[\ln\frac{f_{10}^{(1)}}{f_{20}^{(1)}}\right]\right) \tag{5.293}$$

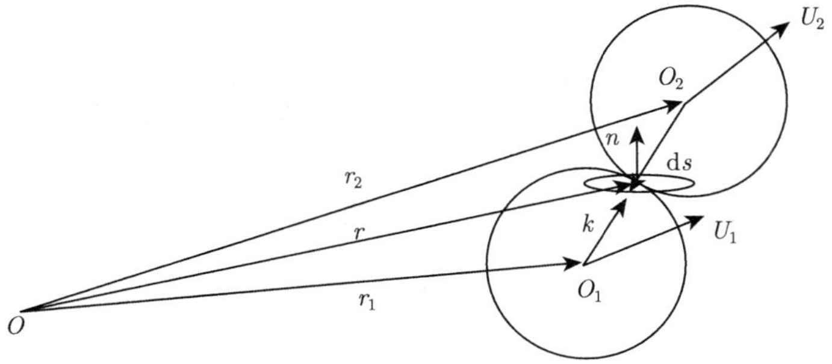

图 5.11 在 r 处两个球体接触的示意图

式中的 $f_{\rm i0}^{(1)}$ 为

$$f_{\rm i0}^{(1)}=n\left(\frac{1}{2\pi\boldsymbol{T}_{\rm c}}\right)^{\frac{3}{2}}\exp\left[-\frac{(\boldsymbol{v}_{\rm i}-\boldsymbol{U}_{\rm p})^2}{2\boldsymbol{T}_{\rm c}}\right] \tag{5.294}$$

5.5.4　本构关系

现在我们可用碰撞成对分布函数式 (5.293) 来继续估算碰撞积分 $\boldsymbol{P}_{\mathrm{c}}$、$\boldsymbol{q}_{\mathrm{c}}$ 和 γ。用图 5.12 所示的坐标系，其中 $\boldsymbol{e}_{\mathrm{z}}$ 平行于相对速度 $\boldsymbol{v}_{12}$，θ 和 φ 分别是 $\boldsymbol{k}$ 相对于 $\boldsymbol{e}_{\mathrm{z}}$ 以及 $\boldsymbol{e}_{\mathrm{z}}$ 和 $\boldsymbol{e}_{\mathrm{x}}$ 所在平面的夹角。$\boldsymbol{e}_{\mathrm{x}}$、$\boldsymbol{e}_{\mathrm{y}}$ 和 $\boldsymbol{e}_{\mathrm{z}}$ 是三个互相垂直的、在每个坐标轴上的单位矢量 (图 5.12)，k 就如前述的，是碰撞点上颗粒 1 中心朝向颗粒 2 中心的单位法向矢量。这样，我们就有

$$\boldsymbol{k}=\boldsymbol{e}_{\mathrm{x}}\sin\theta\cos\phi+\boldsymbol{e}_{\mathrm{y}}\sin\theta\sin\phi+\boldsymbol{e}_{\mathrm{z}}\cos\theta \tag{5.295}$$

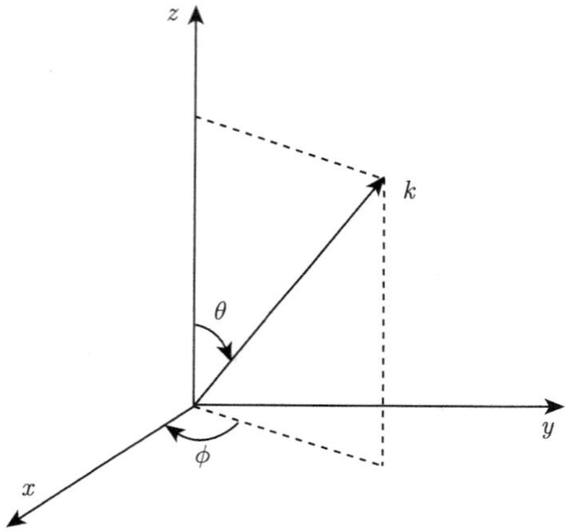

图 5.12　成对碰撞函数估算坐标系

其固体角微元 $\mathrm{d}\boldsymbol{k}$ 为

$$\mathrm{d}\boldsymbol{k}=\sin\theta\,\mathrm{d}\theta\,\mathrm{d}\phi \tag{5.296}$$

注意，对积分应取 $\boldsymbol{v}_{12}\cdot\boldsymbol{k}$ 为正值的所有 $\boldsymbol{k}$ 值。由于 $\boldsymbol{v}_{12}\cdot\boldsymbol{k}=v_{12}\cos\theta$，所以 θ 的积分区间是 0 到 $\pi/2$，ϕ 的积分区间是 0 到 2π。所有包括 $\sin\phi$ 和 $\cos\phi$ 的奇数幂的被积函数都变为 0。

注意到碰撞颗粒的反弹速度可分别表示为

$$\begin{aligned}\boldsymbol{v}_1'&=\boldsymbol{v}_1-\frac{1}{2}(1+e)(\boldsymbol{k}\cdot\boldsymbol{v}_{12})\boldsymbol{k}\\ \boldsymbol{v}_2'&=\boldsymbol{v}_2+\frac{1}{2}(1+e)(\boldsymbol{k}\cdot\boldsymbol{v}_{12})\boldsymbol{k}\end{aligned} \tag{5.297}$$

碰撞应力张量的一阶近似可根据式 (5.277) 和式 (5.297) 的简化得到，如下式

$$\boldsymbol{P}_{\mathrm{c}}\approx\frac{1}{4}md_{\mathrm{p}}^3(1+e)\int\limits_{\boldsymbol{v}_{12}\cdot\boldsymbol{k}>0}\boldsymbol{k}\,(\boldsymbol{v}_{12}\cdot\boldsymbol{k})^3\,f^{(2)}(\boldsymbol{r}_1,\boldsymbol{v}_1;\boldsymbol{r}_2,\boldsymbol{v}_2;t)\mathrm{d}\boldsymbol{k}\,\mathrm{d}\boldsymbol{v}_1\,\mathrm{d}\boldsymbol{v}_2 \tag{5.298}$$

类似的，根据式 (5.284)，$\boldsymbol{q}_{\mathrm{c}}$ 可表示为

$$\boldsymbol{q}_{\mathrm{c}} \approx -\frac{md_{\mathrm{p}}^3}{4}\int\limits_{\boldsymbol{v}_{12}\cdot\boldsymbol{k}>0}\left(u'^2_1 - u_1^2\right)\boldsymbol{k}\boldsymbol{v}_{12}\cdot\boldsymbol{k}\, f^{(2)}(\boldsymbol{r}_1,\boldsymbol{v}_1;\boldsymbol{r}_2,\boldsymbol{v}_2;t)\mathrm{d}\boldsymbol{k}\,\mathrm{d}\boldsymbol{v}_1\,\mathrm{d}\boldsymbol{v}_2 \tag{5.299}$$

式中，$u'^2_1 - u_1^2$ 可根据式 (5.297) 进一步表示为

$$u'^2_1 - u_1^2 = -(1+e)\left[\left(\frac{\boldsymbol{v}_1+\boldsymbol{v}_2}{2} - \boldsymbol{U}_{\mathrm{p}}\right)\cdot\boldsymbol{k}\right]\boldsymbol{k}\cdot\boldsymbol{v}_{12} - \frac{1-e^2}{4}(\boldsymbol{k}\cdot\boldsymbol{v}_{12})^2 \tag{5.300}$$

根据式 (5.282) 和式 (5.284)，γ 成为

$$\gamma \approx -\frac{md_{\mathrm{p}}^2}{4}(1-e^2)\int\limits_{\boldsymbol{v}_{12}\cdot\boldsymbol{k}>0}(\boldsymbol{v}_{12}\cdot\boldsymbol{k})^2 f^{(2)}(\boldsymbol{r}_1,\boldsymbol{v}_1;\boldsymbol{r},\boldsymbol{v}_2;t)\mathrm{d}\boldsymbol{k}\mathrm{d}\boldsymbol{v}_1\mathrm{d}\boldsymbol{v}_2 \tag{5.301}$$

方便地导出一套基本的积分方程，有助于得到式 (5.298)、式 (5.299) 和式 (5.301) 的积分值。根据式 (5.295) 和式 (5.296)，可以得到 [Chapman and Cowling, 1970; Jenkins and Savage, 1983]

$$\int \boldsymbol{k}\left(\boldsymbol{v}_{12}\cdot\boldsymbol{k}\right)\mathrm{d}\boldsymbol{k} = \frac{2\pi}{3}\boldsymbol{v}_{12} \tag{5.302}$$

$$\int \boldsymbol{k}\boldsymbol{k}\left(\boldsymbol{v}_{12}\cdot\boldsymbol{k}\right)^2\mathrm{d}\boldsymbol{k} = \frac{2\pi}{15}(2\boldsymbol{v}_{12}\boldsymbol{v}_{12} + \boldsymbol{v}_{12}^2\boldsymbol{I}) \tag{5.303}$$

式中，$\boldsymbol{I}$ 是单位张量。

如果 a 是与 θ 和 ϕ 无关的任意向量，则有

$$\int (\boldsymbol{a}\cdot\boldsymbol{k})\left(\boldsymbol{v}_{12}\cdot\boldsymbol{k}\right)^3\mathrm{d}\boldsymbol{k} = \frac{2\pi}{5}\boldsymbol{v}_{12}^2\left(\boldsymbol{a}\cdot\boldsymbol{v}_{12}\right) \tag{5.304}$$

$$\int (\boldsymbol{a}\cdot\boldsymbol{k})^2\left(\boldsymbol{v}_{12}\cdot\boldsymbol{k}\right)^3\mathrm{d}\boldsymbol{k} = \frac{\pi}{12}\boldsymbol{v}_{12}\left[3\left(\boldsymbol{a}\cdot\boldsymbol{v}_{12}\right)^2 + \boldsymbol{v}_{12}^2\boldsymbol{a}^2\right] \tag{5.305}$$

注意到式 (5.293) 中

$$f_{10}^{(1)}f_{20}^{(1)} = \frac{n^2}{2\pi\boldsymbol{T}_{\mathrm{c}}^3}\exp\left[-\frac{1}{2\boldsymbol{T}_{\mathrm{c}}}[(\boldsymbol{v}_1-\boldsymbol{U}_{\mathrm{p}})^2 + (\boldsymbol{v}_2-\boldsymbol{U}_{\mathrm{p}})^2]\right] \tag{5.306}$$

$$\ln\left(\frac{f_{20}^{(1)}}{f_{10}^{(1)}}\right) = \frac{1}{2\boldsymbol{T}_{\mathrm{c}}}\left[(\boldsymbol{v}_1-\boldsymbol{U}_{\mathrm{p}})^2 - (\boldsymbol{v}_2-\boldsymbol{U}_{\mathrm{p}})^2\right] \tag{5.307}$$

因此，经过一系列变换后就可得到下列本构关系式 [Jenkins and Savage, 1983; Lun *et al.*, 1984]。

(1) 脉动能的碰撞流量 $\boldsymbol{q}_{\mathrm{c}}$

$$\boldsymbol{q}_{\mathrm{c}} = -k\nabla\boldsymbol{T}_{\mathrm{c}} \tag{5.308}$$

式中，k 为

$$k = 2\rho_{\rm p}\alpha_{\rm p}^2 g_0 d_{\rm p}(1+e)\sqrt{\frac{\boldsymbol{T}_{\rm c}}{\pi}} \tag{5.309}$$

(2) 碰撞应力张量 $\boldsymbol{P}_{\rm c}$

$$\boldsymbol{P}_{\rm c} = \left(\frac{k}{d_{\rm p}}\sqrt{\pi \boldsymbol{T}_{\rm c}} - \frac{3k}{5}{\rm tr}\boldsymbol{D}\right)\boldsymbol{I} - \frac{6k}{5}\boldsymbol{D} \tag{5.310}$$

式中，张量 $\boldsymbol{D}$ 定义为

$$\boldsymbol{D} = \frac{1}{2}\left[\nabla \boldsymbol{U}_{\rm p} + (\nabla \boldsymbol{U}_{\rm p})^{\rm T}\right] \tag{5.311}$$

式中，上角标 “T” 表示转置，用 “tr” 表示迹，因此有

$${\rm tr}\boldsymbol{D} = D_{\rm ii} = D_{11} + D_{22} + D_{33} \tag{5.312}$$

式中，$D_{\rm ii}$ 表示爱因斯坦 (Einstein) 求和。

(3) 能量耗散率 γ

$$\gamma = \frac{6(1-e)k}{d_{\rm p}^2}\left(\boldsymbol{T}_{\rm c} - \left(\frac{\pi}{4}+\frac{1}{3}\right)d_{\rm p}\sqrt{\frac{\boldsymbol{T}_{\rm c}}{\pi}}{\rm tr}\boldsymbol{D}\right) \tag{5.313}$$

到此为止，我们能够为 $\boldsymbol{P}_{\rm c}$、$\boldsymbol{q}_{\rm c}$ 和 γ 建立起本构方程。对于中等的固体浓度，动能的贡献和碰撞的贡献相比可以忽略。这样，我们就可假定：$\boldsymbol{P}_{\rm k} \ll \boldsymbol{P}_{\rm c}$ 和 $\boldsymbol{q}_{\rm k} \ll \boldsymbol{q}_{\rm c}$，忽略了动能的贡献后，将本构关系式代入式 (5.274)、式 (5.275) 和式 (5.281) 中，就可以解出五个方程中的五个未知数 $\alpha_{\rm p}$、$\boldsymbol{U}_{\rm p}$ 和 $T_{\rm c}$ (或 $\langle u^2\rangle$)。于是方程的封闭问题就得到了解决。

例 5.2 以用于模拟碰撞支配的气固两相流的动力论为基础，试推导出简单剪切流中的弹性球体颗粒固体应力的一般表达式。

解 对于弹性颗粒，e=1；对于简单剪切流，$\boldsymbol{D}$ 可表示为

$$\boldsymbol{D} = \frac{1}{2}\frac{{\rm d}U_{\rm p}}{{\rm d}y}\begin{bmatrix} 0 & 1 & 0 \\ 1 & 0 & 0 \\ 0 & 0 & 0 \end{bmatrix} \tag{E5.2}$$

因此，${\rm tr}\boldsymbol{D} = 0$，$k$ 可由下式给出

$$k = 4\rho_{\rm p}\alpha_{\rm p}^2 g_0 d_{\rm p}\sqrt{\frac{T_{\rm c}}{\pi}} \tag{E5.3}$$

则由式 (5.310) 可得到碰撞应力张量 $\boldsymbol{P}_{\rm c}$

$$\boldsymbol{P}_{\rm c} = 4\alpha_{\rm p}^2 g_0\rho_{\rm p}T_{\rm c}\begin{bmatrix} 1 & 0 & 0 \\ 0 & 1 & 0 \\ 0 & 0 & 1 \end{bmatrix} - \frac{12}{5}\sqrt{\frac{T_{\rm c}}{\pi}}\alpha_{\rm p}^2 g_0\rho_{\rm p}d_{\rm p}\frac{{\rm d}U_{\rm p}}{{\rm d}y}\begin{bmatrix} 0 & 1 & 0 \\ 1 & 0 & 0 \\ 0 & 0 & 0 \end{bmatrix} \tag{E5.4}$$

式中的第一项是颗粒相压力的上升，表示低剪切率时是各向同性的。第二项是剪切应力，表示有效黏度的形式为

$$\mu_{\rm p} = \frac{12}{5}\sqrt{\frac{T_{\rm c}}{\pi}}\alpha_{\rm p}^2 g_0 \rho_{\rm p} d_{\rm p} \tag{E5.5}$$

在这种情况下，弹性颗粒流动是牛顿流体。

例 5.3 考察粉粒物料沿图 E5.1 [Savage, 1983] 所示的斜面在重力作用下的二维流动，假设流动是充分发展的，而且受物料和自由表面间碰撞的支配。

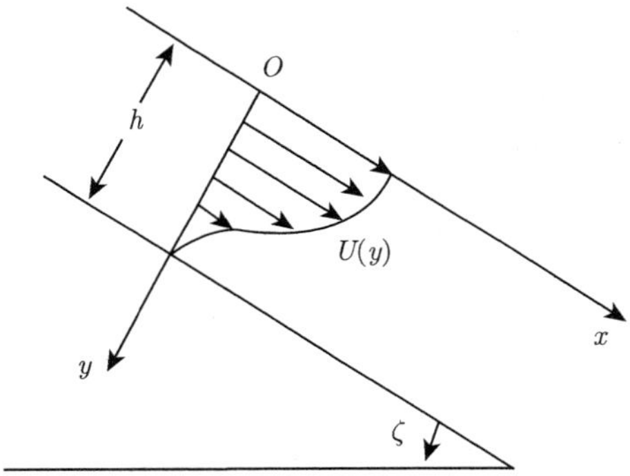

图 E5.1 斜槽中粉粒体的流动示意图

(1) 请从动量方程和碰撞应力张量的本构关系，证明 $T_{\rm c}$ 受下式控制

$$\frac{\rm d}{{\rm d}y}\left(k\frac{{\rm d}T_{\rm c}}{{\rm d}y}\right) + \frac{\beta}{d_{\rm p}^2}kT_{\rm c} = 0 \tag{E5.6}$$

式中，β 由下式给出

$$\beta = \frac{5\pi}{3}\tan^2\zeta - 6(1-e) \tag{E5.7}$$

(2) 假设在壁面处颗粒无滑移，同时，无脉动能量流，试确定 $T_{\rm c}$、$U_{\rm p}$ 和 $\alpha_{\rm p}$ 的分布。

解 (1) 根据动量方程 (5.275) 和碰撞应力张量本构关系式 (5.310) 可得到

$$\boldsymbol{P}_{\rm c_{yy}} = \frac{k}{d_{\rm p}}\sqrt{\pi \boldsymbol{T}_{\rm c}} = g\cos\zeta\int_0^y \alpha_{\rm p}\rho_{\rm p}{\rm d}y \tag{E5.8}$$

$$\boldsymbol{P}_{\rm c_{yx}} = -\frac{3k}{5}\frac{{\rm d}U_{\rm p}}{{\rm d}y} = g\sin\zeta\int_0^y \alpha_{\rm p}\rho_{\rm p}{\rm d}y \tag{E5.9}$$

由式 (E5.8) 和式 (E5.9) 可导出

$$\frac{{\rm d}U_{\rm p}}{{\rm d}y} = -\frac{5\sqrt{\pi \boldsymbol{T}_{\rm c}}}{3d_{\rm p}}\tan\zeta \tag{E5.10}$$

脉动能量方程 (5.281) 可以表示为

$$\frac{3}{2}\rho_{\mathrm{p}}\frac{\mathrm{d}\boldsymbol{T}_{\mathrm{c}}}{\mathrm{d}t}=0=-\boldsymbol{P}_{\mathrm{c_{xy}}}\frac{\mathrm{d}U_{\mathrm{p}}}{\mathrm{d}y}+\frac{\mathrm{d}}{\mathrm{d}y}\left(k\frac{\mathrm{d}T_{\mathrm{c}}}{\mathrm{d}y}\right)-\gamma \tag{E5.11}$$

式中，耗散率可由式 (5.313) 给出为

$$\gamma=\frac{6(1-e)}{d_{\mathrm{p}}^{2}}kT_{\mathrm{c}} \tag{E5.12}$$

式 (E5.11) 给出了剪切功、能量流梯度和耗散率间的关系。将式 (E5.9) 和式 (E5.10) 代入 (E5.11) 可得到式 (E5.6)。

(2) 由式 (E5.8)，可得到近似式

$$\frac{k}{d_{\mathrm{p}}}\sqrt{\pi T_{\mathrm{c}}}\approx g\cos\zeta\,\overline{\alpha}_{\mathrm{p}}\rho_{\mathrm{p}}y \tag{E5.13}$$

式中，α_{p} 的平均值由下式得到

$$\overline{\alpha}_{\mathrm{p}}=\frac{1}{h}\int_{0}^{h}\alpha_{\mathrm{p}}\mathrm{d}y \tag{E5.14}$$

将式 (E5.13) 代入式 (E5.6) 中，并定义 f 为 $\sqrt{T_{\mathrm{c}}}$，则有

$$\frac{\mathrm{d}}{\mathrm{d}y}\left(y\frac{\mathrm{d}f}{\mathrm{d}y}\right)+\frac{\beta y}{2d_{\mathrm{p}}^{2}}f=0 \tag{E5.15}$$

这就是零阶贝塞尔 (Bessel) 方程。在自由表面处，无脉动能量流，所以有

$$\left(\frac{\mathrm{d}f}{\mathrm{d}y}\right)_{y=0}=0 \tag{E5.16}$$

注意，对于充分发展流动，从颗粒物料向壁面的能量流对应于 $\beta>0$，而从壁面向颗粒物料的能量流对应于 $\beta<0$。颗粒与壁面间的能量流为 0 时，则有 $\beta=0$，也就是

$$\tan\zeta=\tan\zeta_{0}=\sqrt{\frac{18(1-e)}{5\pi}} \tag{E5.17}$$

式中，ζ_0 是自然休止角。

在壁面处应用式 (E5.13) 并且用式 (5.309)，便可导出脉动比动能或者粉粒温度 T_{c}

$$T_{\mathrm{c}}=\frac{g\cos\zeta\overline{\alpha}_{\mathrm{p}}h}{2\alpha_{\mathrm{pw}}^{2}g_{0}(\alpha_{\mathrm{pw}})(1+e)} \tag{E5.18}$$

式中，α_{pw} 是壁面处颗粒的体积分数。由于壁面处颗粒无滑移，所以从式 (E5.10) 可得到速度分布

$$U_{\mathrm{p}}=\frac{5}{3}\frac{\sqrt{\pi T_{\mathrm{c}}}}{d_{\mathrm{p}}}\tan\zeta_0\,(h-y) \tag{E5.19}$$

可从式 (E5.13) 和式 (E5.09) 得到颗粒的体积分数分布

$$\frac{\alpha_{\mathrm{p}}^2 g_0(\alpha_{\mathrm{p}})}{\alpha_{\mathrm{pw}}^2 g_0(\alpha_{\mathrm{pw}})}=\frac{y}{h} \tag{E5.20}$$

从本例题可以注意到两个有意义之处：第一，对于弹性物料，$\zeta_0=0$，壁面到颗粒物料间不可能有能量流。第二，对于非弹性物料，如果通过振动装置将脉动能量传递给物料，则槽体流动所需要的斜坡可能大大小于物料的自然休止角。

5.6 通过填充床的流动方程

研究气固输运系统过程中，对通过填充床的气体流动的物理认识非常重要，因为它代表气固输运的极限情况。一种典型例子是流化床中的最低流化条件。在气固两相流系统中，出现不悬浮的颗粒是常见的现象。因此，了解填充床中气体流动就异常重要。达西 [Darcy，1856] 用一个均质多孔介质，进行了黏性流体通过该多孔介质的实验研究，其研究结果就是众所周知的达西定律。之后，又有学者依据达西定律导出了几个描述通过填充床气体流动的模型 [Scheidegger, 1960; Bear, 1972]。其中，毛细管模型被认为是最简单的。在这个模型中，将多孔介质表征为一束直的毛细圆管，其渗透率和实际介质的相同。这样，通过每一根直毛细圆管内的压力损失，可以用稳定的管状流导出的哈根–泊肃叶 (Hagen-Poiseuille) 方程来描述.

达西定律没考虑惯性的影响。因此，对通过填充床流动更通用的描述，尤其是当惯性的影响很重要的时候，欧根 (Ergun) 所提出半经验方程就更加实用，该方程涵盖了宽泛的流动范围，这就是著名的欧根方程 [Ergun and Orning, 1949; Ergun, 1952]。

5.6.1 达西定律

为了研究通过均质多孔介质黏性流动的一般行为，达西 [Darcy, 1856] 设计并完成了他的实验。达西实验的流程简图如图 5.13 所示。实验装置为一个均匀的过滤床，长度为 L，横截面积为 A，装置内充满不可压缩液体。给定一个流量在床层上的压差可用压力计测出为 Δh。通过改变实验变量，可得到达西定律的原始形式为

$$Q=-\frac{KA\Delta h}{L} \tag{5.314}$$

式中，Q 是体积流量；K 是与流体和介质性质有关的常数；Δh 可用压差 ΔP 表示，如果把多孔介质和流体的影响分开考虑, 则常数 K 可用多孔介质的比渗透率 k 与流体黏度 μ 之比代替, 则式 (5.314) 写成

$$Q = -\frac{k}{\mu}A\frac{\Delta P}{L} \tag{5.315}$$

或者写成微分形式

$$U = -\frac{k}{\mu}\frac{\mathrm{d}P}{\mathrm{d}z} \tag{5.316}$$

式中，U 是流体的表观速度。

式 (5.315) 和式 (5.316) 是达西定律的常用形式。注意，在达西定律的分析中，重力的影响是忽略不计的。

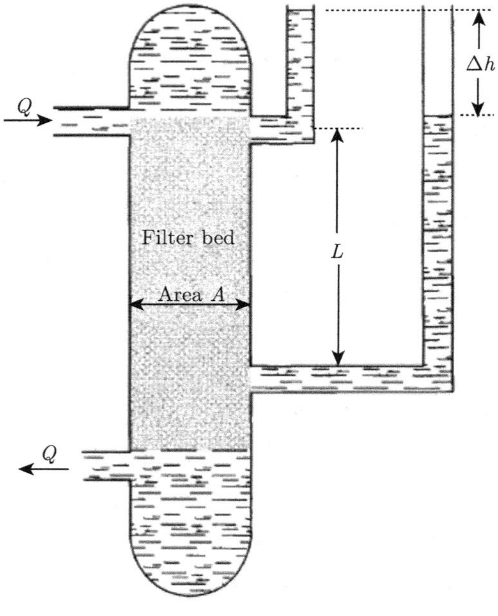

图 5.13　达西实验流程简图 [Darcy，1956]

5.6.2　直管毛细管模型

最简单的毛细管模型是用一束平均直径为 δ 的平行直管毛细管来代表多孔介质, 如图 5.14 所示。当量孔隙率 α 与平均直径的关系是

$$\alpha = \frac{\pi}{4}n\delta^2 \tag{5.317}$$

式中，n 是单位横截面积上毛细管的数量。

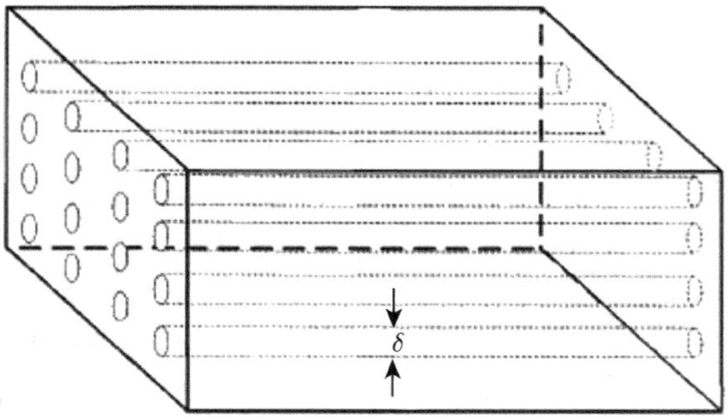

图 5.14 直管毛细管模型

让我们先考察通过单个圆管的流动情况。假设流动是定常的、不可压缩的、高黏性的, 而且是充分发展的，则径向速度分布为 (习题 5.6)

$$W=\frac{1}{4\mu}\left[-\frac{\mathrm{d}}{\mathrm{d}z}(\rho gh+p)\right]\left(\frac{\delta^2}{4}-r^2\right) \tag{5.318}$$

通过圆管的流量可表示为

$$Q=\int_0^{\frac{\delta}{2}}W2\pi r\mathrm{d}r=\frac{\pi\delta^4}{128\mu}\left[-\frac{\mathrm{d}}{\mathrm{d}z}(\rho gh+p)\right] \tag{5.319}$$

式 (5.319) 就是哈根–泊肃叶方程。式 (5.319) 说明，高黏性管流压力降正比于流量 (或横截面积平均速度)。单位面积的流量, 或多孔介质的表观速度可表示为

$$U=-\frac{n\pi\delta^4}{128\mu}\frac{\mathrm{d}}{\mathrm{d}z}(\rho gh+p) \tag{5.320}$$

将上式和达西定律对比, 则比渗透率 k 可表示为

$$k=\frac{\alpha\delta^2}{32} \tag{5.321}$$

注意，直管毛细管模型可能无法描绘多孔介质的复杂结构。实际应用中，式 (5.321) 中的系数 32 常用一个称为弯曲度的经验参数所取代。弯曲度考虑了多孔介质的弯曲通道。

5.6.3 欧根方程

欧根 [Ergun，1952] 表述了通过填充床流动的压力降的通用关系式。压力损失可认为是动能损失和黏性能量损失同时造成的。在欧根公式内, 有四个因素对压力降起作用：①流体流量；② 流体的性质 (譬如黏度和密度)；③ 密闭性 (譬如多孔性) 和填充的取向；④固体颗粒的大小、形状和表面积。

5.6.3.1 流量的影响

欧根用两种不同的方法分析了通过填充床层流动的流量对压力降的影响：第一种方法是将流动当作颗粒之间的一组多个内通道流动，因此压力降是由通道流动的壁面摩擦所引起；第二种方法是认为通过填充床流动的压力降是由颗粒的曳力所引起。单个颗粒的曳力在爬流工况时正比于流体的速度，在惯性工况时正比于速度的平方。这样，通过一个固定床的压力降在低流量时正比于流体的速度，在高流量时近似地正比于速度的平方。正如雷诺 [Reynolds，1900] 所描述的那样，对于通过填充床的一般流动，压力降可由两项之和表示，即一项是与流体速度的一次方成正比，另一项是与流体密度和流体速度二次方的乘积成正比. 如下式

$$\frac{\Delta p}{L} = aU + b\rho U^2 \tag{5.322}$$

式中，a 和 b 是待定的因子。

5.6.3.2 流体性质的影响

在流体速度趋于 0 的极限情况，式 (5.322) 成为

$$\lim_{U\to 0} \frac{1}{U}\frac{\Delta p}{L} = a \tag{5.323}$$

借助于直管毛细管模型，根据哈根–泊肃叶方程和达西定律，系数 a 与流体的黏度成正比，则式 (5.322) 成为

$$\frac{\Delta p}{L} = a'\mu U + b\rho U^2 \tag{5.324}$$

5.6.3.3 填充层孔隙率的影响

孔隙率对含有固体颗粒的床层内压力降的影响可用参数 $(1-\alpha)^i/\alpha^j$ 表示, 其中指数 i 和 j 是待定的。正如欧根和奥宁 [Ergun and Orning，1949] 所提示的，通过多孔介质的流体流量随多孔介质的孔隙率而变化。式 (5.324) 中的系数 a' 和 b 随流动工况而变化。黏性能损失和动能损失与孔隙率的关系可由科兹尼 (Kozeny) 理论 [Scheidegger, 1960] 以及伯克和普卢默 [Burke and Plummer，1928] 理论分别作出解释，下面对此进行讨论。

A. 科兹尼理论

科兹尼 [Kozeny，1927] 提出了低流量条件下压力降和多孔介质空隙率之间的关系式 [Ergun and Orning, 1949]。沙依德格 [Scheidegger，1960] 对科兹尼理论给出了详尽的讨论。假定多孔介质可以用一组横截面不同的通道来表示，但通道长度一定。通道流动是水平的、层流的和充分发展的。与黏性力的影响相比，惯性力的影响小到可以忽略不计。

用 A_α 表示孔隙通道的横截面积，A 表示床层横截面的总面积。则空隙率是

$$\alpha = \frac{A_\alpha}{A} \tag{5.325}$$

现在考察通过一个横截面不规则的单个直通道的流动。如果将管道的横截面选取在 x-y 平面内，流体沿 z 方向流动，则流体的运动方程可表示为

$$\frac{\partial^2 W}{\partial x^2} + \frac{\partial^2 W}{\partial y^2} = \frac{1}{\mu}\frac{\mathrm{d}p}{\mathrm{d}z} \tag{5.326}$$

再引入两个新变量 ξ 和 η

$$\xi = \frac{x}{\sqrt{A_\alpha}}, \quad \eta = \frac{y}{\sqrt{A_\alpha}} \tag{5.327}$$

则式 (5.326) 成为

$$\frac{\partial^2 W}{\partial \xi^2} + \frac{\partial^2 W}{\partial \eta^2} = \frac{A_\alpha}{\mu}\frac{\mathrm{d}p}{\mathrm{d}z} \tag{5.328}$$

该方程的解为

$$W = -\frac{A_\alpha}{\mu}\frac{\mathrm{d}p}{\mathrm{d}z}\psi(\xi,\eta) \tag{5.329}$$

式中的函数 ψ 由下式给出

$$\psi(\xi,\eta) = -\frac{x^2+y^2}{4A_\alpha} + \sum a_{\mathrm{n}}\varPhi_{\mathrm{n}}(x+\mathrm{i}y) \tag{5.330}$$

式中，$\varPhi$ 代表一个调和函数。另外，假定靠近壁面处流体流动无滑移，则有

$$\frac{x_0^2+y_0^2}{4A_\alpha} = \sum a_{\mathrm{n}}\varPhi_{\mathrm{n}}(x_0+\mathrm{i}y_0) \tag{5.331}$$

式中，(x_0, y_0) 是一个边界点。

令 C 为孔的横截面的周长，R 为有相同周长的圆的当量半径，即

$$R = \frac{C}{2\pi} \tag{5.332}$$

然后可以把式 (5.330) 表示成 r 和 ϕ 的极坐标下的方程，则有

$$\psi = \left(\frac{r\cos\phi}{\sqrt{A_\alpha}}, \frac{r\sin\phi}{\sqrt{A_\alpha}}\right) = \frac{C^2}{16\pi^2 A_\alpha}B \tag{5.333}$$

式中的 B 可定义为

$$B = \sum a_{\mathrm{n}}\varPhi_{\mathrm{n}}(r\mathrm{e}^{\mathrm{i}\phi})\frac{4A_\alpha}{R^2} - \frac{r^2}{R^2} \tag{5.334}$$

可得到空隙内的平均速度

$$u=\frac{1}{A}\int W\mathrm{d}A=-\frac{C^2}{16\pi^2\mu}\frac{\mathrm{d}p}{\mathrm{d}z}B_{\mathrm{m}} \tag{5.335}$$

式中的 B_{m} 为

$$B_{\mathrm{m}}=\frac{1}{A}\iint Br\mathrm{d}r\mathrm{d}\phi \tag{5.336}$$

如通道周长的膨胀量用 $\beta=C^2/A_\alpha$ 表示，很显然，如果 β 变大，则 B 和 u 变小。当 β 趋于无穷大时，u 便趋于 0，这种情况下，根据式 (5.335) 的分析，B_{m} 必然比 $\dfrac{16\pi^2 c}{\beta}$ 的膨胀量减小得更快。如果 B_{m} 用下式表示，这个要求可以得到满足

$$B_{\mathrm{m}}=\frac{16\pi^2 c}{\beta^{\zeta}}\quad(\zeta>1) \tag{5.337}$$

式中，c 就是科兹尼常数，它仅与通道的截面形状有关。现考察一个填充床，其流体通道横截面由 n 个横截面积为 $A_{\mathrm{s}\alpha}$、周长为 C_{s} 的单孔通道所组成，即

$$A_\alpha=nA_{\mathrm{s}\alpha},\quad C=nC_{\mathrm{s}} \tag{5.338}$$

将式 (5.337) 和式 (5.338) 代入式 (5.335)，则得到

$$u=-\frac{c}{\mu}\frac{\mathrm{d}p}{\mathrm{d}z}\frac{A_\alpha}{\beta^{\zeta-1}}=-\frac{c}{\mu}\frac{\mathrm{d}p}{\mathrm{d}z}\frac{A_{\mathrm{s}\alpha}^{\zeta}}{C_{\mathrm{s}}^{2\zeta-2}}\frac{1}{n^{\zeta-2}} \tag{5.339}$$

由于空隙内速度 u 与流动通道的个数无关，所以 ζ 必须为 2，则式 (5.339) 可化简为

$$u=-\frac{c}{\mu}\frac{\mathrm{d}p}{\mathrm{d}z}\frac{A_\alpha^2}{C^2}=-\frac{c}{\mu}\frac{\mathrm{d}p}{\mathrm{d}z}\frac{\alpha^2}{S^2} \tag{5.340}$$

式中，S 是孔的比表面积，定义为

$$S=\frac{C}{A} \tag{5.341}$$

表观速度 U 可以由式 (5.340) 的延伸得到

$$U=-\frac{c}{\mu}\frac{\mathrm{d}p}{\mathrm{d}z}\frac{\alpha^3}{S^2} \tag{5.342}$$

为了使 S 的表达式推广到适用于各种填充物料，可将 S 重新定义为单位填充体积内的总表面积，可表示为

$$S=S_0(1-\alpha) \tag{5.343}$$

式中，S_0 是单位固体体积内物料暴露在流体中的表面积。则式 (5.342) 成为

$$U=-\frac{c}{\mu S_0^2}\frac{\mathrm{d}p}{\mathrm{d}z}\frac{\alpha^3}{(1-\alpha)^2} \tag{5.344}$$

因此对低流量下的黏性能量损失，可有

$$\frac{\Delta p}{L}\propto\frac{(1-\alpha)^2}{\alpha^3} \tag{5.345}$$

B. 伯克和普卢墨 (Burke and Plummer) 理论

对于高流速时的动能损失，可用伯克和普卢墨理论 [Ergun and Orning, 1949] 描述，该理论假设填充床的总阻力可以看成是单个颗粒阻力的总和。对于充分发展的湍流流动，作用在孤立单个球形颗粒上的曳力是

$$F_{\mathrm{D}}=f\rho d_{\mathrm{p}}^2u^2 \tag{5.346}$$

式中，f 是摩擦因子，是个常数。

现在我们考察一个充满等直径为 d_{p} 的球体颗粒的填充床。单位填充体积的颗粒数为

$$n=\frac{6}{\pi d_{\mathrm{p}}^3}(1-\alpha) \tag{5.347}$$

假设式 (5.346) 所描述的曳力作用在每个颗粒上。则曳力的功率就等于空隙内速度与作用在颗粒上的力的乘积，即

$$P=nf\rho d_{\mathrm{p}}^2u^2u=6\frac{f}{\pi}\frac{\rho}{d_{\mathrm{p}}}u^3(1-\alpha) \tag{5.348}$$

式中，P 是填充堆积床单位体积功率。另一方面，功率 P 也可和压力梯度和表观速度有下列关系

$$P=\frac{\Delta p}{L}U \tag{5.349}$$

结合式 (5.348) 和式 (5.349) 可得出

$$\frac{\Delta p}{L}=6\frac{f}{\pi}\frac{\rho U^2}{d_{\mathrm{p}}}\frac{(1-\alpha)^2}{\alpha^3} \tag{5.350}$$

对于球体颗粒，其比表面积 S_0 可用其直径 d_{p} 表示，即

$$S_0=\frac{6}{d_{\mathrm{p}}} \tag{5.351}$$

从式 (5.350) 和式 (5.351) 可得出

$$\frac{\Delta p}{L}=\frac{f}{\pi}S_0\rho U^2\frac{(1-\alpha)}{\alpha^3} \tag{5.352}$$

式 (5.352) 也可写成

$$\frac{\Delta p}{L} \propto \frac{(1-\alpha)}{\alpha^3} \tag{5.353}$$

将式 (5.345) 和式 (5.353) 代入式 (5.324) 即可得到

$$\frac{\Delta p}{L} = a''\mu U \frac{(1-\alpha)^2}{\alpha^3} + b''\rho U^2 \frac{(1-\alpha)}{\alpha^3} \tag{5.354}$$

5.6.3.4 颗粒的大小、形状和比表面积的影响

就黏滞能损失而言，根据科兹尼方程，压力降与固体物料比表面积 S_0 的平方成正比。对动能损失而言，从伯克和普卢墨方程看，压力降正比于 S_0。S_0 通过式 (5.351) 与球形颗粒的直径 d_p 相关。对于非球形颗粒，可使用动力学直径 (参见 §1.2) 来表示颗粒直径。这样压力降的一般表达式就可写为

$$\frac{\Delta p}{L} = k_1 \frac{(1-\alpha)^2}{\alpha^3}\frac{\mu U}{d_\mathrm{p}^2} + k_2 \frac{(1-\alpha)}{\alpha^3}\frac{\rho U^2}{d_\mathrm{p}} \tag{5.355}$$

式中，k_1 和 k_2 是通用常数，可通过实验确定。式 (5.355) 可以重新排列成线性的形式

$$y = k_1 + k_2 x \tag{5.356}$$

式中

$$y = \frac{\Delta p}{L}\frac{\alpha^3 d_\mathrm{p}^2}{(1-\alpha)^2 \mu U}, \quad x = \frac{\rho U d_\mathrm{p}}{\mu (1-\alpha)} \tag{5.357}$$

根据实验数据在 y/x 对 x 的对数坐标上可确定式 (5.356) 中的 k_1 和 k_2。图 5.15 所给出的结果指出，k_1 和 k_2 分别为 150 和 1.75。因此欧根方程表达式为 [Ergun, 1952]

$$\frac{\Delta p}{L} = 150 \frac{(1-\alpha)^2}{\alpha^3}\frac{\mu U}{d_\mathrm{p}^2} + 1.75 \frac{(1-\alpha)}{\alpha^3}\frac{\rho U^2}{d_\mathrm{p}} \tag{5.358}$$

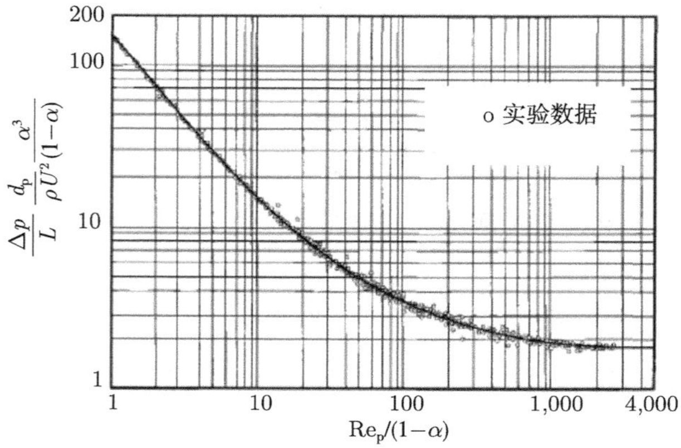

图 5.15　固定床层的压力损失 [Ergun，1952]

5.7 量纲分析及相似性

量纲分析是一种分析方法，它可将控制给定物理现象的许多实验变量缩减成数目较少的无量纲变量。譬如一个随 k 个独立变量而变化的函数，能够缩减成 $(k-m)$ 个无量纲参数之间的关系，这里的 m 是量纲独立的参数个数。

由量纲分析得到的无量纲参数群可以用作各种设计和运行情况的相似或放大规律的基础。用量纲分析获得无量纲变量的通常方法有两种：一种是白金汉 (Buckingham) π 定理，另一种是控制方程及相应边界条件的无量纲化。根据这些无因次变量，完全独立的无因次参数能够用于放大实验，这些放大关系的正确与否取决于控制方程和相关边界条件选择的合适与否。

5.7.1 稀疏悬浮体气力输送系统的放大关系

对稀疏悬浮体气力输送系统的放大是无量纲化应用的一个代表实例。以下的例子是朱超 [Chao, 1982] 研究成果的简要介绍。

在稀疏悬浮系统固体颗粒的气力输送中，颗粒的附加质量力、巴塞特力、扩散力和静电荷力都可忽略不计。这样气体介质中固体小颗粒的动力学方程就可用下式表示

$$\frac{\mathrm{d}\boldsymbol{U}_\mathrm{p}}{\mathrm{d}t}=\frac{1}{\tau_\mathrm{rp}}(\boldsymbol{U}-\boldsymbol{U}_\mathrm{p})+\boldsymbol{g} \tag{5.359}$$

如果用 $\boldsymbol{r}_\mathrm{p}$ 表示颗粒的位移向量，则有

$$\boldsymbol{U}_\mathrm{p}=\frac{\mathrm{d}\boldsymbol{r}_\mathrm{p}}{\mathrm{d}t} \tag{5.360}$$

引入参考长度 l、参考速度 V，可定义下列无量纲量

$$\boldsymbol{r}_\mathrm{p}^*=\frac{\boldsymbol{r}_\mathrm{p}}{l},\quad t^*=\frac{Vt}{l},\quad \boldsymbol{U}^*=\frac{\boldsymbol{U}}{V},\quad \boldsymbol{U}_\mathrm{p}^*=\frac{\boldsymbol{U}_\mathrm{p}}{V} \tag{5.361}$$

这样，式 (5.359) 就可变成

$$\frac{\mathrm{d}\boldsymbol{U}_\mathrm{p}^*}{\mathrm{d}t^*}=\frac{1}{\mathrm{St}}(\boldsymbol{U}^*-\boldsymbol{U}_\mathrm{p}^*)+\frac{1}{\mathrm{Fr}}\boldsymbol{e}_\mathrm{g} \tag{5.362}$$

式中，$\boldsymbol{e}_\mathrm{g}$ 是重力加速度方向的单位向量；St 是斯托克斯 (Stokes) 数；Fr 是弗劳德 (Froude) 数。St 和 Fr 的定义是

$$\mathrm{St}=\frac{V\tau_\mathrm{rp}}{l},\quad \mathrm{Fr}=\frac{V^2}{lg} \tag{5.363}$$

无量纲变量斯托克斯数在分析中并不常常是有用的，因为式中的颗粒弛豫时间与颗粒雷诺数有关的通常形式是

$$\frac{1}{\tau_\mathrm{rp}}=\frac{18\mu}{d_\mathrm{p}^2\rho_\mathrm{p}}C \tag{5.364}$$

式中，C 是非斯托克斯修正系数，与颗粒雷诺数有关。在斯托克斯区，C=1，颗粒雷诺数可表示为

$$\mathrm{Re_p} = \frac{\rho d_\mathrm{p}}{\mu}|\boldsymbol{U} - \boldsymbol{U}_\mathrm{p}| = \mathrm{Re}_\mathrm{p}^*|\boldsymbol{U}^* - \boldsymbol{U}_\mathrm{p}^*| \tag{5.365}$$

式中，Re_p^* 是拟颗粒雷诺数，其形式是

$$\mathrm{Re}_\mathrm{p}^* = \frac{\rho V d_\mathrm{p}}{\mu} \tag{5.366}$$

从先前的式 (5.363) 和式 (5.364) 的讨论中看到，斯托克斯数 St 的相似性要求除 Re_p^* 外，还要求另一个无量纲参数 Ψ 的相似

$$\Psi = \frac{\rho_\mathrm{p} V d_\mathrm{p}^2}{18\mu l} \tag{5.367}$$

式中，Ψ 称为惯性参数。这样，对于运动学相似的边界条件的几何相似系统，基于该模型，只要 Re_p^*、Ψ 和 Fr 相同，就可获得动力学相似。

5.7.2　流化床的放大关系

对流化床中稠密气固悬浮系统放大关系的推导，有的学者曾经试图用控制离散相和空隙气体力学的基本变量作为依据 [Horio *et al.*, 1986]。但是流化床的放大关系可以更普遍地用无量纲化方法建立 [Fitzgerald and Crane, 1980; Glicksman, 1984; 1988]，本书将对该方法加以讨论。该方法的控制方程中，假设颗粒间的力，譬如碰撞力、静电力都可以忽略不计。另外，流化床内气固悬浮系统可看成没有相变的定常层流流动。下面的推导就按哥利克斯曼 (Glicksman) 使用的方法进行。同时也对低雷诺数的极限情况加以考虑。

气相和颗粒相各自的质量守恒方程分别是

$$\nabla \cdot (\alpha \boldsymbol{U}) = 0 \tag{5.368}$$

$$\nabla \cdot [(1-\alpha)\boldsymbol{U}_\mathrm{p})] = 0] \tag{5.369}$$

气体的运动方程可写成

$$\boldsymbol{U} \cdot \nabla \boldsymbol{U} + g + \frac{\nabla p}{\alpha\rho} + \frac{\beta}{\alpha\rho}(\boldsymbol{U} - \boldsymbol{U}_\mathrm{p}) = 0 \tag{5.370}$$

式中，$\beta(\boldsymbol{U} - \boldsymbol{U}_\mathrm{p})$ 代表气体和颗粒之间的曳力。类似地，颗粒的运动方程可写成

$$\boldsymbol{U}_\mathrm{p} \cdot \nabla \boldsymbol{U}_\mathrm{p} + \boldsymbol{g} - \frac{\beta}{(1-\alpha)\rho_\mathrm{p}}(\boldsymbol{U} - \boldsymbol{U}_\mathrm{p}) = 0 \tag{5.371}$$

系统的相关边界条件如下:

(1) 颗粒在壁面处，例如，固体床层边壁处的速度是

$$\boldsymbol{U}_{\mathrm{pN}}=0 \tag{5.372}$$

式中，U_{pN} 是颗粒速度在表面法向上的分量。

(2) 当一个屏障或固定床用作分配器时，床层底部和膨胀床表面上方的最高点的气体速度是

$$\boldsymbol{U}=U\boldsymbol{e}_{\mathrm{x}} \tag{5.373}$$

式中，U 是表观气体速度，$\boldsymbol{e}_{\mathrm{x}}$ 是沿轴向上的单位向量，在床层的壁面处有

$$\boldsymbol{U}=0 \tag{5.374}$$

$$\frac{\partial p}{\partial n}=0 \tag{5.375}$$

(3) 对于一个均匀分配器，床层底表面处压力分布为

$$p=p_{\mathrm{f}}+\frac{\beta U_{\mathrm{mf}}L_{\mathrm{mf}}}{\alpha_{\mathrm{mf}}} \tag{5.376}$$

式中，p_{f} 是悬浮层的压力；U_{mf} 是最小流化速度；L_{mf} 是最小流化状态下的特征长度；α_{mf} 是最小流化状态下的床层空隙率；沿膨胀床层上方顶面的压力为

$$p=p_{\mathrm{f}} \tag{5.377}$$

引入下列无量纲量

$$\nabla^*=l\nabla,\quad \boldsymbol{U}^*=\frac{\boldsymbol{U}}{U},\quad \boldsymbol{U}_{\mathrm{p}}^*=\frac{\boldsymbol{U}_{\mathrm{p}}}{U},\quad D^*=\frac{D}{l},\quad p^*=\frac{p}{\rho U^2} \tag{5.378}$$

则相应的式 (5.368)~ 式 (5.371) 可变成

$$\nabla^*\cdot(\alpha\boldsymbol{U}^*)=0 \tag{5.379}$$

$$\nabla^*\cdot\left[(1-\alpha)\boldsymbol{U}_{\mathrm{p}}^*\right]=0 \tag{5.380}$$

$$\boldsymbol{U}^*\cdot\nabla^*\boldsymbol{U}^*+\frac{\boldsymbol{g}l}{U^2}+\frac{1}{\alpha}\nabla^*(p^*)+\frac{1}{\alpha}\frac{\beta l}{\rho U}\left(\boldsymbol{U}^*-\boldsymbol{U}_{\mathrm{p}}^*\right)=0 \tag{5.381}$$

$$\boldsymbol{U}_{\mathrm{p}}^*\cdot\nabla^*\boldsymbol{U}_{\mathrm{p}}^*+\frac{\boldsymbol{g}l}{U^2}-\frac{1}{(1-\alpha)}\frac{\rho}{\rho_{\mathrm{p}}}\frac{\beta l}{\rho U}\left(\boldsymbol{U}^*-\boldsymbol{U}_{\mathrm{p}}^*\right)=0 \tag{5.382}$$

对应于式 (5.372)~ 式 (5.377) 的无量纲边界条件可表示为

$$\boldsymbol{U}_{\mathrm{pN}}^*=0 \tag{5.383}$$

$$\boldsymbol{U}^* = 1 \tag{5.384}$$

$$\boldsymbol{U}^* = 0 \tag{5.385}$$

$$\frac{\partial p^*}{\partial n^*} = 0 \tag{5.386}$$

式 (5.376) 所示的压力分布的边界条件可重新整理为

$$p - p_{\mathrm{f}} = \frac{\beta U_{\mathrm{mf}} L_{\mathrm{mf}}}{\alpha_{\mathrm{mf}}} = \rho_{\mathrm{p}} g \alpha_{\mathrm{p}} l \tag{5.387}$$

式 (5.377) 和式 (5.387) 除以 ρU^2 作无量纲化处理，可得到

$$\frac{p - p_{\mathrm{f}}}{\rho U^2} = \frac{\beta U_{\mathrm{mf}} L_{\mathrm{mf}}}{\rho U^2 \alpha_{\mathrm{mf}}} = \frac{\rho_{\mathrm{p}}}{\rho}\left(\frac{gl}{U^2}\right)\alpha_{\mathrm{p}} \tag{5.388}$$

$$p^* = \frac{p_{\mathrm{f}}}{\rho U^2} \tag{5.389}$$

从式 (5.379)~式 (5.389)，无量纲参数可分别定义为

$$\frac{\beta l}{\rho U}, \quad \frac{gl}{U^2}, \quad \frac{D}{l}, \quad \frac{\rho}{\rho_{\mathrm{p}}}, \quad \frac{p_{\mathrm{f}}}{\rho U^2} \tag{5.390}$$

当气体速度与音速相比很小时，或者当压力对热力学特性的影响不明显时，无量纲压力项数 $\frac{\rho_{\mathrm{f}}}{\rho U^2}$ 可以忽略不计。注意，U^*、α 和 α_{p} 都是对两个相似的流化床的相同的无量纲因变量。

还应注意，系数 β 不是一个独立的参数，它与床层的性质有关。在流化床中，颗粒间排列紧密。假设欧根方程可用于计算床层的压力降，由式 (5.358) 我们可得到

$$\frac{\Delta p}{l} = \beta|\boldsymbol{U} - \boldsymbol{U}_{\mathrm{p}}| = 150\frac{(1-\alpha)^2}{\alpha^2}\frac{\mu|\boldsymbol{U} - \boldsymbol{U}_{\mathrm{p}}|}{d_{\mathrm{p}}^2} + 1.75\frac{(1-\alpha)}{\alpha}\frac{\rho(\boldsymbol{U} - \boldsymbol{U}_{\mathrm{p}})^2}{d_{\mathrm{p}}} \tag{5.391}$$

对式 (5.391) 进行重新整理得到

$$\frac{\beta l}{\rho U} = 150\frac{(1-\alpha)^2}{\alpha^2}\frac{\mu l}{\rho U d_{\mathrm{p}}^2} + 1.75\frac{(1-\alpha)}{\alpha}\frac{|\boldsymbol{U} - \boldsymbol{U}_{\mathrm{p}}|}{d_{\mathrm{p}} U} l \tag{5.392}$$

式 (5.392) 中右端第二项表示流体的惯性，第一项则是黏性对压力降的作用。在低雷诺数时，欧根方程可通过忽略惯性影响加以简化，这时式 (5.392) 可表示为

$$\frac{\beta l}{\rho U} = 150\frac{(1-\alpha)^2}{\alpha^2}\left(\frac{\mu}{\rho U d_{\mathrm{p}}}\right)\left(\frac{l}{d_{\mathrm{p}}}\right) \tag{5.393}$$

式 (5.393) 指出，在低雷诺数时，$\dfrac{\beta l}{\rho U}$ 仅是 $\dfrac{\rho U d_{\mathrm{p}}}{\mu}$ 和 $\dfrac{d_{\mathrm{p}}}{l}$ 有关的函数，在这样的极限情况下，独立的无量纲放大参数可定义为

$$\frac{\rho \boldsymbol{U} d_{\mathrm{p}}}{\mu},\quad \frac{gl}{U^2},\quad \frac{d_{\mathrm{p}}}{l},\quad \frac{D}{l},\quad \frac{\rho}{\rho_{\mathrm{p}}} \tag{5.394}$$

对各类流体–颗粒系统的放大关系的进一步讨论可参见格里克斯曼等的论文 [Glicksman *et al.*, 1994]。

例 5.4 请设计一个几何相似的实验室尺度的流化床冷态模型，以模拟大型流化床燃烧室流体动力学参数，说明冷态模型的操作条件。燃烧室的形状是横截面为正方形的柱状结构，横截面边长为 1m，燃烧室的高为 6m；流化床燃烧室的操作温度为 1150K，气体表观速度为 1.01m/s; 床层高为 1.6m。模拟用的颗粒密度为 2630kg/m^3，颗粒直径为 677μm，冷态模型的操作温度为 300K。气体的物理性质为

在 1 个大气压，300K 时，ρ_{c}=1.16kg/m^3，$\mu_{\mathrm{c}} = 1.846 \times 10^{-5}$kg/m·s;

在 1 个大气压，1150K 时，$\rho_{\mathrm{h}} = 0.3075$kg/m^3，$\mu_{\mathrm{h}} = 4.565 \times 10^{-5}$kg/m·s。

解 式 (5.378)~ 式 (5.394) 的相似性分析指出，在低雷诺数时 (此处，Re=4.61)，冷态模型与原型间相匹配的无量纲数群为

$$\frac{\rho U d_{\mathrm{p}}}{\mu},\quad \frac{gl}{U^2},\quad \frac{d_{\mathrm{p}}}{l},\quad \frac{D}{l},\quad \frac{\rho}{\rho_{\mathrm{p}}} \tag{E5.21}$$

由于温度仅对气体性质有影响，所以热态模型的设计可以从雷诺数的匹配开始

$$\left.\frac{U d_{\mathrm{p}} \rho}{\mu}\right|_{\mathrm{c}} = \left.\frac{U d_{\mathrm{p}} \rho}{\mu}\right|_{\mathrm{h}} \tag{E5.22}$$

相似条件要求

$$\frac{U_{\mathrm{c}} d_{\mathrm{pc}}}{U_{\mathrm{h}} d_{\mathrm{ph}}} = \frac{\rho_{\mathrm{h}} \mu_{\mathrm{c}}}{\rho_{\mathrm{c}} \mu_{\mathrm{h}}} = 0.1072 \tag{E5.23}$$

式中，下角标 “c” 和 “h” 分别代表冷态和热态模型。按照弗劳德数 $\mathrm{Fr} = \dfrac{U^2}{gl}$ 相等的要求，表观气体速度的放大因子为

$$\frac{l_{\mathrm{c}}}{l_{\mathrm{h}}} = \left(\frac{U_{\mathrm{c}}}{U_{\mathrm{h}}}\right)^2 \tag{E5.24}$$

几何相似条件要求

$$\frac{d_{\mathrm{pc}}}{l_{\mathrm{c}}} = \frac{d_{\mathrm{ph}}}{l_{\mathrm{h}}} \tag{E5.25}$$

同时求解式 (E5.23) 和式 (E5.25)，得到 $U_{\mathrm{c}}/U_{\mathrm{h}}$=0.4750 和 $d_{\mathrm{pc}}/d_{\mathrm{ph}} = l_{\mathrm{c}}/l_{\mathrm{h}}$=0.2257。

D/l 相似要求

$$\frac{D_{\mathrm{c}}}{D_{\mathrm{h}}} = \frac{l_{\mathrm{c}}}{l_{\mathrm{h}}} = 0.2257 \tag{E5.26}$$

类似的，还可得到

$$\frac{\rho_{\rm pc}}{\rho_{\rm ph}} = \frac{\rho_{\rm c}}{\rho_{\rm h}} - 3.77 \tag{E5.27}$$

按以上所计算的放大因子，冷态和热态模型的操作条件见表 E5.2。

表 E5.2　流化床冷态模型和热态模型的操作条件

操作条件	冷态模型	原型 (热态模型)
温度/K	300	1150
表观气体速度/(m/s)	0.48	1.01
床层高度/m	0.24	1.06
颗粒密度/(kg/m^3)	9921	2630
颗粒大小/mm	0.153	0.667
床层宽度 (或长度)/m	0.2257	1.0

符 号 表

A	横截面积
$A_{\rm c}$	最大接触面积
$A_{\rm k}$	k 相的交界面面积
a	颗粒半径
Ba	博格诺尔德 (Bagnold) 数
C	增加的碰撞率
C	周长
C	气体比热容
C_1	k-ε 模型经验常数
C_2	k-ε 模型经验常数
$C_{\rm ek}$	由式 (5.162) 所定义的经验常数
$C_{\rm p}$	颗粒的比热容
C_μ	k-ε 模型经验常数
c	颗粒比热
c	科兹尼 (Kozeny) 常数
D	扩散系数
D	立柱或管道直径
D	稠密相输运定理的算子
$D_{\rm k}$	k 相的涡扩散系数
$D_{\rm Tk}$	k 相的涡热扩散系数
$\boldsymbol{D}$	碰撞剪应力张量
$d_{\rm p}$	颗粒直径
E	单位质量总能量
E	式 (5.87) 所定义的经验常数
e	恢复系数
e	定向单位向量
e	单位质量内能
$\boldsymbol{F}_{\rm Ak}$	由于 k 相的压力和黏性应力而引起的通过单位体积交界面的动量传递向量
$F_{\rm \Gamma k}$	由于 k 相的质量产生而引起的通过单位体积交界面的动量传递向量
Fo	傅里叶 (Fourier) 数
Fr	弗劳德 (Froude) 数
f	成对分布函数
f	摩擦因子
$f^{(1)}$	单颗粒速度分布函数
$f^{(2)}$	完整的成对分布函数
$\boldsymbol{f}$	施加到颗粒单位质量上的体积力向量
G	单边自频谱密度函数
$G_{\rm k}$	k 相的生成量
g	外形成对相关函数
g	能级的降级
g	重力加速度
g_0	径向分布函数
$g_{\rm i}$	能级 $\varepsilon_{\rm i}$ 的降级

g_{r}	径向重力加速度
g_{z}	轴向重力加速度
g_{ϕ}	周向重力加速度
h	普朗克 (Planck) 常数
h	垂直坐标
$\boldsymbol{I}$	单位张量
J	质量流量
J	雅克比 (Jacobi) 行列式
J_{E}	热辐射引起的单位体积热生成率
J_{e}	单位体积热生成率
$\boldsymbol{J}$	某物理量的流通向量
$\boldsymbol{J}_{\mathrm{q}}$	热流向量
K	热导率 (导热系数)
$K_{\mathrm{k}}^{\mathrm{T}}$	k 相的湍流热导率
k	玻尔兹曼 (Boltzmann) 常数
k	碰撞热导率
k	量子数
k	比渗透率
k	流体相的湍流动能
k_{p}	颗粒的湍流动能
$\boldsymbol{k}$	碰撞向量
L	床层长度
L	几何量纲
L_{mf}	最小流化状态下的特征长度
l	颗粒间距离
l	参考长度
l_{e}	湍流涡旋特征长度
l_{m}	混合长度
m	颗粒质量
m^*	式 (2.128) 定义的相对质量
N	颗粒数
N_{p}	颗粒数流量
n	单位横截面积上的毛细管数
n	某系统内颗粒总数
n	形状分布函数
n	颗粒个数密度
n	边界上法向坐标
n_{i}	具有能量 ε_{i} 的颗粒数
P	概率
P	单位体积填充床功率
$\boldsymbol{P}$	总压力张量
$\boldsymbol{P}$	位置矢量
$\boldsymbol{P}_{\mathrm{c}}$	颗粒的碰撞应力张量
$\boldsymbol{P}_{\mathrm{k}}$	颗粒的动能应力张量
$\boldsymbol{P}_{\mathrm{p}}$	颗粒的总应力张量
p	压力
p_{f}	悬浮层压力
p_{m}	平均压力
Q	体积流量
Q_{Ak}	通过交界面的热传递量
$Q_{\Gamma\mathrm{k}}$	相变生成质量引起的内能传递量
q	颗粒的能流
$\boldsymbol{q}_{\mathrm{c}}$	碰撞热流向量
$\boldsymbol{q}_{\mathrm{k}}$	动能热流向量
$\boldsymbol{q}_{\mathrm{p}}$	脉动能的总热流矢量
R	拉格朗日 (Lagrange) 关联系数
R	平均体积半径
$R_{\min}$	平均体积最小半径
Re	雷诺 (Reynold) 数
Re_{p}	颗粒雷诺数
r	半径
r	极坐标下的 r 空间坐标
S	比表面积
S_0	固体单位体积内暴露在液体内的表面积
St	斯托克斯 (Stokes) 数
s	任意曲线路径
s	距离
T	绝对温度
T	平均持续时间
T_{c}	粉粒温度
$\boldsymbol{T}$	总应力张量
t	时间
t_{c}	接触持续时间
U	气体表观速度
U	气体速度分量
U_1	颗粒 1 速度
U_2	颗粒 2 速度

U_{i}　i 方向气体速度分量
U_{j}　j 方向气体速度分量
U_{mf}　最小流化速度
U_{n}　壁面法向的气体速度分量
U_{p}　颗粒速度分量
U_{pi}　颗粒速度在 i 方向上的分量
U_{pj}　颗粒速度在 j 方向上的分量
U_{r}　法向冲击速度
U_{r}'　碰撞后的法向反射速度
U_{s}　交界面位移速率
U_{t}　切向冲击速度
U_{t}'　碰撞后切向反射速度
$\boldsymbol{U}$　流体速度矢量
$\boldsymbol{U}^*$　无量纲气体速度矢量
$\boldsymbol{U}_{\mathrm{k}}$　k 相速度矢量
U_{k}'　k 相脉动速度矢量
$\boldsymbol{U}_{\mathrm{p}}$　颗粒速度矢量
U_{p}^*　无量纲颗粒速度矢量
u　空隙气体速度
u　气体瞬时速度轴向分量
u'　气体脉动速度轴向分量
u_{i}'　气体脉动速度 i 方向分量
u_{j}'　气体脉动速度 j 方向分量
u_{p}　颗粒瞬时速度轴向分量
u_{p}'　颗粒的脉动速度轴向分量
u_{pi}'　颗粒的脉动速度 i 方向分量
$\boldsymbol{u}$　颗粒的相对速度向量
V　气体速度分量
V　颗粒体积
V　式 (5.361) 所定义的参考速度
v　颗粒瞬时速度
v'　气体脉动速度径向分量
v_{p}　颗粒瞬时速度径向分量
$\boldsymbol{v}$　颗粒瞬时速度向量
W　气体速度分量
W　可排列数
W_{BE}　玻色–爱因斯坦 (Bose-Einstein) 统计中一定的颗粒 n_{i} 可能出现的排列总数
$W_{\mathrm{i,BE}}$　玻色–爱因斯坦统计中任意的颗粒 n_{i} 在第 i 能级上可能出现的排列总数
W_{MB}　修正的麦克斯韦–玻尔兹曼统计中一定的颗粒 n_{i} 可能出现的排列总数
w'　气体脉动速度切向分量
w_{p}　颗粒瞬时速度切向分量
x　笛卡儿坐标
Y　屈服强度
y　笛卡儿坐标
y　壁面法向距离
z　笛卡儿坐标
z　柱坐标
z　分配函数

希腊字母

α　气相体积分数
α_{p}　颗粒相体积分数
Γ_{k}　k 相单位体积内质量生成率
γ　单位体积内碰撞耗散率
γ　剪切应变
γ'　式 (5.176) 定义的标量
δ　毛细管直径
δ　计算 α_{p} 的相对偏差
δ_{ij}　克罗内克 (Kronecker) 函数
δ_{w}　距壁面的距离
ε　正应变
ε　湍流动能耗散率
ε　量子能量
ε　壁灰度系数
ε　颗粒的平均能量
ε_{i}　i 能级的量子能
ε_{p}　颗粒湍流动能的产生或耗散率
ζ　随机数
θ　圆柱坐标
θ　球面坐标
θ　接触角
$\boldsymbol{\theta}$　碰撞输运贡献的向量
κ　冯卡曼 (Von Karman) 常数
λ　式 (5.255) 定义的参数

μ	动力黏度
μ	式 (5.43) 定义的输运系数
μ_{eff}	有效黏度
μ_{T}	湍流黏度
μ'	流体黏度的脉动量
μ'	流体的变形黏度
μ_{ek}	k 相的有效黏度
ν	运动黏度
ρ	流体密度
ρ_{p}	颗粒密度
$\boldsymbol{\sigma}$	流体相的总应力张量
σ_{ek}	密度和温度脉动引起的与能量输运相关的经验常数
σ_{k}	k-ε 模型中的经验常数
σ_{ε}	k-ε 模型中的经验常数
$\boldsymbol{\tau}$	剪应力张量
τ	剪应力
τ_{e}	涡旋存在时间
τ_{f}	流体运动特征时间
τ_{i}	相互作用持续时间
τ_{R}	颗粒经过涡旋的时间
τ_{rp}	颗粒运动弛豫时间
τ_{S}	斯托克斯弛豫时间
Φ	单位体积内的 f 产生率
$\overline{\Phi}$	平均变量
ϕ	耗散函数
ϕ	瞬时变量
ϕ	周向角
χ	碰撞源项
$\boldsymbol{\Psi}$	波动函数
ψ	f 流量
ω	角频率

参 考 文 献

Anderson, T. B. and Jackson, J. (1967). A Fluid Mechanical Description of Fluidized Beds. *I & EC Fund.*, 6, 527.

Bagnold, R. A. (1954). Experiments on a Gravity-Free Dispersion of Large Solid Spheres in a Newtonian Fluid under Shear. *Proc. R. Soc. London,* A225, 49.

Basset, A. B. (1888). *Hydrodynamics.* Cambridge: Deighton, Bell; (1961) New York: Dover.

Baxter, L. L. (1989). *A Statistical-Trajectory Particle Dispersion Model.* Ph.D. Dissertation. Brigham Young University.

Bear, J. (1972). *Dynamics of Fluids in Porous Media.* New York: American Elsevier.

Boussinesq, J. (1877). Theory de L'ecoulement Tourbillant. *Mem. Pres. Par Div. Savants a L'acad. Sci., Paris.* 23, 46.Boussinesq, J. (1903). *Theorie Analytique de la Chaleur,* 2. Paris: Gauthier-Villars.

Burke, S. P. and Plummer, W. B. (1928). Suspension of Macroscopic Particles in a Turbulent Gas Stream. *I & EC,* 20, 1200.

Carnahan, N. F. and Starling, K. E. (1969). Equations of State for Nonattracting Rigid Spheres. *I. Chem. Phys.,* 51, 635.

Celmins, A. (1988). Representation of Two-Phase Flows by Volume Averaging. *Int. J. Multiphase Flow,* 14, 81.

Chao, B. T. (1982). Scaling and Modeling. In *Handbook of Multiphase Systems.* Ed. G.

Hetsroni. New York: Hemisphere; McGraw-Hill.

Chapman, S. and Cowling, T. G. (1970). *The Mathematical Theory ofNonuniform Gases,* 3rd ed. Cambridge: Cambridge University Press.

Crowe, C. T. (1991). The State-of-the-Art in the Development of Numerical Models for Dispersed Two-Phase Flows. *Proceedings of the First International Conference on Multiphase Flows,* Tsukuba. 3, 49.

Crowe, C. T., Sharma, M. P. and Stock, D. E. (1977). Particle-Source-In Cell (PSI CELL) Model for Gas-Droplet Flows. *Trans. ASME, J. Fluids Eng.,* 99, 325.

Culick, F. E. C. (1964). Boltzmann Equation Applied to a Problem of Two-Phase Flow. *Phys. Fluids,* 7, 1898.

Darcy, H. (1856). *Les Fontaines Publiques de la Ville de Dijon.* Paris: Victor Dalmon.

Delhaye, J. M. and Archard, J. L. (1976). *Proceedings of CSNI Specialists* 9 *Meeting,* Toronto. Ed. Bannerjee and Weaver. *AECL,* 1, 5.

Elghobashi, S. E. (1994). Numerical Models for Gas-Particle Flows. *Seventh Workshop on Two-Phase Flow Predictions,* Erlangen.

Ergun, S. (1952). Fluid Flow Through Packed Columns. *Chem. Eng. Prog.,* 48, 89.

Ergun, S. and Orning, A. A. (1949). Fluid Flow Through Randomly Packed Columns and Fluidized Beds. *I & EC,* 41, 1179.

Fitzgerald, T. J. and Crane S. D. (1980). Cold Fluidized Bed Modeling. *Proceedings of the Sixth International Conference on Fluidized Bed Combustion,* Atlanta, Georgia. 3, 815. U.S. DOE.

Gidaspow, D. (1993). Hydrodynamic Modeling of Circulating and Bubbling Fluidized Beds. In *Paniculate Two-Phase Flow.* Ed. M. C. Roco. Boston: Butterworth-Heinemann.

Glicksman, L. R. (1984). Scaling Relationships for Fluidized Beds. *Chem. Eng. Sci.,* 39, 1373.

Glicksman, L. R. (1988). Scaling Relationships for Fluidized Beds. *Chem. Eng. Sci.,* 43, 1419.

Glicksman, L. R., Hyre, M. R. and Farrell, P. A. (1994). Dynamic Similarity in Fluidization. *Int. J. Multiphase Flow,* 20/S, 331.

Hinze, J. O. (1959). *Turbulence.* New York: McGraw-Hill.

Horio, M., Nonaka, A., Sawa, Y. and Muchi, I. (1986). A New Similarity Rule for Fluidized Bed Scale-Up. *AIChE J.,* 32, 1466.

Huang, X. Q. and Zhou, L. X. (1991). Simulation of 3-D Turbulent Recirculating Gas-Particle Flows by an Energy-Equation Model of Particle Turbulence. *FED,* 121, *Gas-Solid Flows, ASME,* 261.

Hunt, M. L. (1989). Comparison of Convective Heat Transfer in Packed Beds and Granular Flows. In *Annual Review of Heat Transfer.* Ed. C. L. Tien. Washington: Hemisphere.

Ishii, M. (1975). *Thermo-Fluid Dynamic Theory of Two-Phase Flow.* Paris: Eyrolles.

Jenkins, J. T. and Savage, S. B. (1983). A Theory for the Rapid Flow of Identical, Smooth, Nearly Elastic, Spherical Particles. *Fluid Mech.*, 130, 187.

Kozeny, J. (1927). Uber kapillare Leitung des Wassers im Boden (Aufstieg, Versickerung und Anwendung auf die Bewässerung). *Ber. Wien. Akad.* 136a, 271.

Launder, B. E. and Spalding, D. B. (1972). *Mathematical Models of Turbulence.* London: Academic Press.

Launder, B. E. and Spalding, D. B. (1974). The Numerical Computation of Turbulent Flows. *Computer Methods in Applied Mechanics and Engineering,* 3, 269.

Lun, C. K. K., Savage, S. B. and Jeffery, D. J. (1984). Kinetic Theories for Granular Flow: Inelastic Particles in Couette Flow and Slightly Inelastic Particles in a General Flow Field. *J. Fluid Mech.*, 140, 223.

Oseen, C. W. (1927). *Hydrodynamik.* Leipzig: Akademische Verlagsgescellschafe.

Patankar, S. V. (1980). *Numerical Heat Transfer and Fluid Flow.* Washington: Hemisphere.

Prandtl, L. (1925). Bericht uber Untersuchung zur ausgebildeten Turbulenz. *ZAMM,* 5, 136.

Reif, F. (1965). *Fundamentals of Statistical and Thermal Physics.* New York: McGraw-Hill.

Reynolds, O. (1900). *Papers on Mechanical and Physical Subjects.* Cambridge: Cambridge University Press.

Savage, S. B. (1979). Gravity Flow of Cohesionless Granular Materials in Chutes and Channels. *J. Fluid Mech.*, 92, 53.

Savage, S. B. (1983). Granular Flows at High Shear Rates. In *Theory of Dispersed Multiphase Flow.* Ed. R. E. Meyer. New York: Academic Press.

Savage, S. B. and Jeffery, D. J. (1981). The Stress Tensor in a Granular Flow at High Shear Rates. *J. Fluid Mech.*, 110, 255.

Savage, S. B. and Sayed, M. (1984). Stresses Developed by Dry Cohesionless Granular Materials Sheared in an Annular Shear Cell. *J. Fluid Mech.*, 142, 391.

Scheidegger, A. E. (1960). *The Physics of Flow Through Porous Media.* Toronto: University of Toronto Press.

Slattery, J. C. (1967a). General Balance Equation for a Phase Interface. *I & EC Fund.*, 6, 108.

Slattery, J. C. (1967b). Flow of Viscoelastic Fluid Through Porous Media. *AIChE J.*, 13, 1066.

Soo, S. L. (1965). Dynamics of Multiphase Flow Systems. *I & EC Fund.*, 4, 426.

Soo, S. L. (1989). *Particulates and Continuum: Multiphase Fluid Dynamics.* New York: Hemisphere.

Sun, J. and Chen, M. M. (1988). A Theoretical Analysis of Heat Transfer due to Particle

Impact. *Int. J. Heat & Mass Transfer,* 31, 969.

Taylor, G. I. (1921). Diffusion by Continuous Movements. *Proc. London Math. Soc.,* 20, 196.

Tchen, C. M. (1947). *Mean Value and Correlation Problems Connected with the Motion of Small Particles in a Turbulent Field.* Ph.D. Thesis. Delft University, Netherlands.

Whitaker, S. (1969). Advances in Theory of Fluid Motion in Porous Media. *I & EC,* 61, 4.

Zeininger, G. and Brennen, C. E. (1985). Interstitial Fluid Effects in Hopper Flows of Granular Materials. *ASME Cavitation and Multiphase Flow Forum,* Albuquerque, N. Mex.

Zhang, J., Nieh, S. and Zhou, L. (1992). A New Version of Algebraic Stress Model for Simulating Strongly Swirling Turbulent Flows. *Numerical Heat Transfer, PartB: Fundamentals,* 22, 49.

Zhou, L. (1993). *Theory and Numerical Modeling of Turbulent Gas-Particle Flows and Combustion.* Boca Raton, Fla.: CRC Press.

习　题

5.1　证明 $\mathrm{d}J/\mathrm{d}t=(\Delta U)J$，其中 J 是雅克比行列式。

5.2　证明麦克斯韦–玻尔兹曼 (Maxwell-Boltzmann) 分布可以用式 (5.24) 表示。建议采用以下步骤:

(1) 用斯特林 (Stirling) 近似公式 ($\ln x!=x\ln x-x$), 证明 $\ln W_{\mathrm{MB}} = n+\sum(n_{\mathrm{i}}\ln g_{\mathrm{i}}-n_{\mathrm{i}}\ln n_{\mathrm{i}})$。

(2) 根据拉格朗日法 (拉格朗日多项式) 和颗粒总数量守恒以及系统总能量守恒，证明麦克斯韦–玻尔兹曼 (Maxwell-Boltzmann) 分布可写成如下形式

$$n_{\mathrm{i}} = \frac{g_{\mathrm{i}}}{Ae^{B\varepsilon_{\mathrm{i}}}}$$

式中，A 和 B 都是待定常数。

(3) 由颗粒总数守恒证明

$$A = \frac{1}{n}\sum g_{\mathrm{i}}e^{-B\varepsilon_{\mathrm{i}}}$$

(4) 注意单颗粒的平均平动能量为

$$\bar{\varepsilon} = \frac{3}{2}kT$$

证明：$B = 1/kT$。

5.3　试按麦克斯韦–玻尔兹曼速度分布，推导式 (5.38)。

5.4　试证明，定常、不可压缩、等温流动的 k-方程可以用式 (5.75) 表示。推导过程建议采用以下步骤:

(1) 从瞬时动量方程中减去时间平均动量方程；

(2) 用 u'_{i} 乘以该方程；

(3) 对所得到的方程取时间平均。

5.5　试证明，定常、不可压、等温流动的 ε-方程可以用式 (5.80) 表示。推导过程建议采用以下步骤：

(1) 将瞬时动量方程对 x_1 求微分；

(2) 将求得的方程乘以 $2v\dfrac{\partial U_{\mathrm{i}}}{\partial x_1}$；

(3) 将所得到的方程取时间平均值；

(4) 将时均动量方程对 x_1 求微分；

(5) 用该方程乘以 $2v\dfrac{\partial \overline{U_{\mathrm{i}}}}{\partial x_1}$；

(6) 从 (3) 中减去 (5)。

5.6　证明通过一个圆管的流动，其速度分布可用式 (5.318) 表示。

5.7　试对一个原型为稀疏固体燃料燃烧室作放大设计，放大比例为 1:10。原型 (P) 操作温度：T_{p}=1150K；压力：p_{p}=10atm；平均气体速度：$V_{\mathrm{p}} = 6\mathrm{m/s}$；模型 (M) 操作温度:$T_{\mathrm{M}}$=300K。燃烧产物的物理性质假设与空气相同，并假设空气服从理想气体状态方程。因此 $\mu_{\mathrm{P}}=4.56\times 10^{-5}\mathrm{kg/m\cdot s}$，$\mu_{\mathrm{M}}=1.85\times10^{-5}\mathrm{kg/m\cdot s}$，试确定冷态模型的固体颗粒的大小，操作压力和空气速度。

5.8　对式 (5.14) 和式 (5.18) 用体积平均定理，确认多相流中 k 相的体积平均动量方程和能量方程可以分别由式 (5.123) 和式 (5.126) 给出。

5.9　考察微重力条件下的等温、定常的层流气固两相管道流动，流动可认为是轴对称的。气相和颗粒相都可处理为拟连续介质，试推导在柱坐标下气相和颗粒相运动的控制方程。

5.10　一个直径为 d_{p} 的高尔夫球以均匀速度 $\boldsymbol{U} = u_0\boldsymbol{e}_{\mathrm{x}}$ 在空气中运动。球的初速度为 $\boldsymbol{U}_{\mathrm{p0}} = u_{\mathrm{p0}}\boldsymbol{e}_{\mathrm{x}} + v_{\mathrm{p0}}\boldsymbol{e}_{\mathrm{y}}$，初角速度为 $\boldsymbol{\Omega}=\Omega_0\boldsymbol{e}_{\mathrm{z}}$. 重力作用在 y-方向。假设球体在运动中角速度是一个常数，试导出描述该球体运动的控制方程。

第6章　气固两相流中的本征现象

6.1　概　　述

在气固两相流动中, 存在一些与之相关的本征现象。这些现象对气固两相流动的应用有广泛的重要意义。这些现象包括磨蚀、磨损、压力波的传播、流动的不稳定性，以及气固湍流变动。

机械磨蚀可引起对输送管壁或者气固系统中任何运动部件的损害，颗粒的磨损产生细颗粒，这有可能改变系统的流动条件，也可能会成为粉尘颗粒排放之源。弄懂这些机械磨蚀和磨损的基本模式，对控制这些现象的行为就显得尤为重要。通过气固两相流的压力波直接与喷管流动有关 (譬如射流燃烧)，其测量技术和声波以及激波有关。所以，了解稀疏气固悬浮流中音速和正激波的传播速度也是重要的。流动的不稳定性，譬如波浪式运动代表气固两相流的一种固有特征。对流动不稳定性的一个分析方法, 即拟连续介质法。对大部分气固两相流，颗粒的运动都是在强湍流气流中，气体的湍流可能受固体颗粒的影响而明显地改变，因此又必须了解颗粒–湍流间的相互作用。

本章将介绍以上指出的各种现象。另外，控制气固混合物物理性质的热力学规律，譬如密度、压力、内能、比热也在本章加以介绍。气固两相流系统的热力学分析需要对纯气体系统的热力学性质作些修正或者修改。本章中将导出气固混合物的状态方程，同时也讨论状态的等熵变化。

6.2　磨蚀和磨损

气固两相流中固体表面，例如，管壁机械磨蚀的特征是颗粒对固体表面的冲击引起固体表面材料的脱落。颗粒和其他颗粒之间或者颗粒与管壁之间的碰撞，都会引起颗粒的破损，这就是已知的颗粒磨损。管壁的磨蚀和颗粒的磨损都是气固两相流系统的设计和操作过程所主要关心的问题。涡轮机叶片以及管道拐弯处被粉尘或粉粒材料的定向冲击引起的磨蚀，机械筛分过程中固体颗粒对筛面的随机冲击，流化床埋管受直接和随机的冲击引起的磨蚀，这些都是工业过程中磨蚀现象的实例。气固两相流引起的表面磨损也存在有利于工业应用之处，譬如磨枪等。

根据机械磨蚀的模式，最常用的管材可以分成四类：①金属，如铜、铝、钢等；②陶瓷和玻璃；③塑料，如聚氯乙烯 (PVC)、丙烯酸 (树脂玻璃)；④橡胶。

6.2.1 塑性磨蚀和脆性磨蚀

当一个颗粒撞击固体表面时，表面损伤的程度和性质与施加的法向压力 F_n、切向切削力 F_t、接触面积 A_c、接触持续时间 t_c、冲击入射角 α_i，颗粒形状以及固体颗粒和被冲击表面的材料有关。机械磨蚀现象的机理可以分为两种基本模式，即塑性模式和脆性模式。

塑性磨蚀是颗粒冲击固体表面时的切向切削力造成的材料表面的脱落。当固体表面受颗粒冲击时，会发生弹性变形和塑性变形。塑性去除时的屈服应力 Y_D 应大于开始时的屈服应力，或者是单向拉伸屈服强度的一半 [Timoshenko and Goodier, 1951]。Y_D 一般地是大于或接近等于塑性变形的压力，是弹性模量的 0.35% [Goldsmith and Lyman, 1960]。

塑性断裂的特征是最大磨蚀发生在较小的入射角时，一般是 20° ~30°。从图 6.1(a) 是单颗粒对固体表面冲击引起的典型的塑性破坏 [Hutchings, 1987]。从图中可看到，圆形颗粒以浅的角度冲击表面而引起的划痕，而由带棱角的颗粒冲击表面引起的是凹痕，且脱落的屑片仍附着在表面上。在这两种情况下，屑片都会在随后的只是数目不多的颗粒冲击下剥离下来。在硬颗粒多次冲击而损伤的表面上，圆形颗粒撞击的结果可形成片状或板状碎片，而带棱角的颗粒的冲击会形成大块碎片。

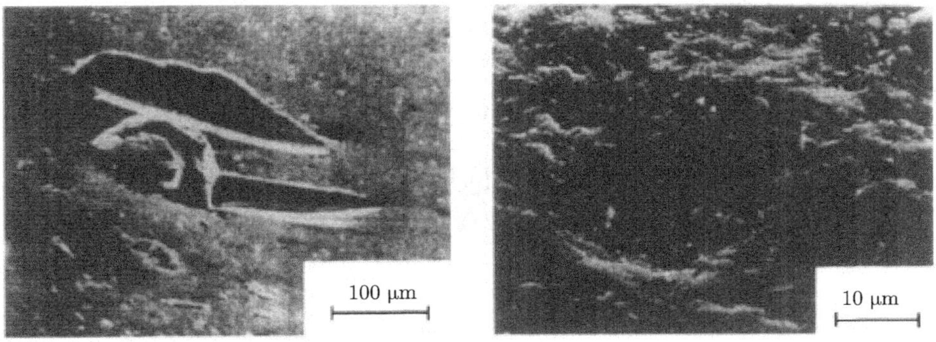

(a) (b)

图 6.1 由单颗粒撞击而引起的表面损伤实例

(a) 在韧性金属–低碳钢表面的磨蚀；(b) 在脆性陶瓷–多晶铝表面的磨蚀 [Hutching，1987]

脆性磨蚀是法向冲击力 F_n 引起的疲劳断裂和脆性断裂形成的固体表面材料的脱落。弹性变形和塑性变形很小的材料，譬如陶瓷和玻璃，受颗粒冲击后会断裂。法向冲击脆性破坏时的屈服应力 Y_B 大约是静态条件下的屈服应力 [Tabor, 1951]，或者破坏应力的三倍，或者是剪切模量的 0.43%。Y_B 也等于单向拉伸屈服强度的 $\dfrac{1-2\nu}{1.86}$ 倍，这里 ν 是泊松 (Poisson) 比。图 6.1(b) 显示出典型的脆性磨蚀，磨损表面的特征是在表面形成若干个独立的小坑，看上去好像从粉粒间裂缝处移除了一些粉粒 [Hutchings, 1987]。

硬质的球体颗粒在低冲击速度下发生碰撞，在碰撞表面上产生裂缝，按照赫兹准静态应力理论，可能会产生锥形的裂缝。在多次冲击的情形下，锥形裂缝就会扩展并和相邻碰撞部分的裂缝相连，导致脆性材料的裂开。一旦发生明显的破坏，断裂机理可能改变，因为颗粒冲击的不再是一个平面。然而由于裂缝的连续不断的形成和交错, 脆性脱落会继续下去。

图 6.2 显示的是塑料磨蚀的一种机理 [Briscoe and Evans, 1987]。开始时，颗粒流的冲刷形成一系列塑性变形的凹槽。接着，颗粒的定向或者随机的冲击推动变形的凹槽，使之从一侧移向另一侧。塑料的疲劳极限最终会使凹槽之间的凸起部分分离形成带状碎片，当损伤的痕迹相互作用时，脆性裂纹也会发生。

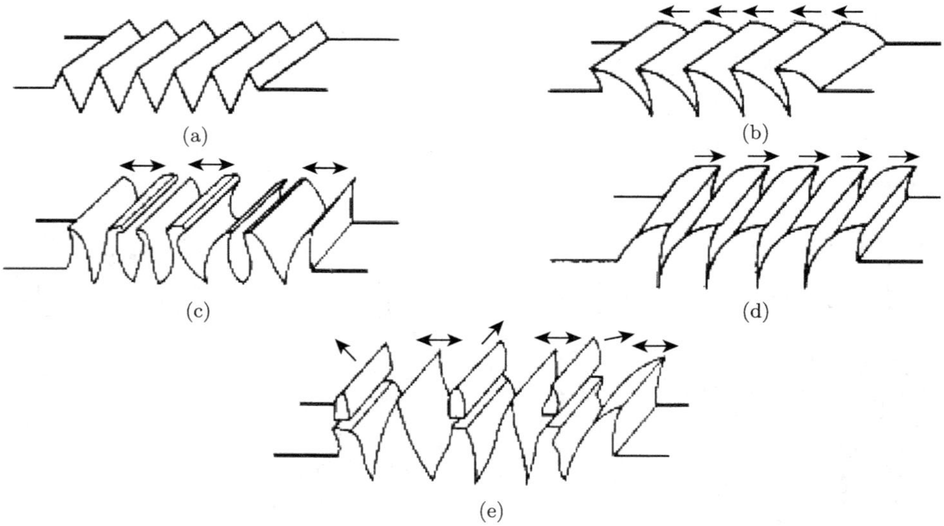

图 6.2　塑料疲劳磨蚀机理示意图

(a) 塑性形变成一系列沟槽；(b) 沟槽形变推向一个方向；(c) 朝相反的方向倾斜；(d) 多次摆动后脊部疲劳破坏；(e) 形成的带状碎片从脊部脱落

橡胶的基本材料属性是其较低的弹性模量, 这就确保其接触变形在很广泛的接触条件下维持为弹性变形。橡胶的磨损既有材料本身疲劳的原因也有因尖锐颗粒冲击的剪切力使之撕裂而引起。

一般情况下，磨蚀由切向力引起的是塑性材料，如金属和塑料要比脆性材料如陶瓷和玻璃趋向于更为突出。在实际中，磨蚀是塑性模式和脆性模式共同作用的结果。弹性状态引起磨蚀的小偏差可由塑性磨蚀和脆性磨蚀的线性组合来计算。

6.2.2 磨蚀磨损的部位

由颗粒的冲击引起的直管处的研磨性磨蚀，与气力输送管道中弯管处的磨损，譬如连接弯头、旋风分离器入口附近的外壁处相比，通常可忽略不计。最大磨蚀发生的角位主要取决于材料的性质。对于塑性材料，其冲击角一般是 20° ~ 45°，小的冲击角是由多棱角颗粒引起。另一方面，对于脆性材料，最大磨蚀是由于法向冲击的脆性断裂而引起，其冲击角接近 90°。图 6.3 显示的是两种磨蚀情况的例子，其中磨蚀颗粒是 100μm 的、具有尖锐棱角的碳化硅颗粒，其冲击速度为 150m/s，塑性材料是铝，脆性材料是氧化铝 [Finnie *et al.*, 1967]。在此例中，磨蚀被定义为单位颗粒质量所磨掉的材料质量。

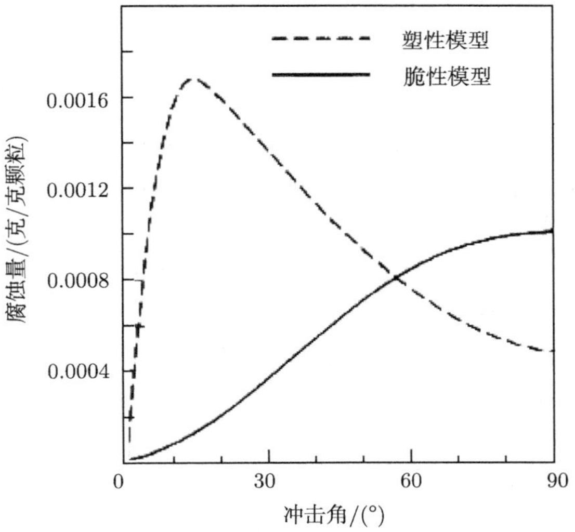

图 6.3 磨蚀量与冲击角的关系 [Finnie *et al.*, 1967]

磨蚀最严重的弯管的拱背处, 其具体磨蚀部位也取决于弯管内部的颗粒流态。一个直角弯头中颗粒的运行轨迹如图 6.4 所示。对于大颗粒或重颗粒，颗粒的惯性对确定这些固体颗粒的运行轨迹起主导作用，流体的曳力对颗粒的运动影响很小。因此，大颗粒在弯管内的运行轨迹几乎是直的，这造成颗粒在管壁上有陡峭的冲击角 (见图 6.4 中的 (a) 线轨迹)；对于较小或较轻的颗粒，则惯性力和流体曳力在颗粒运动中同等重要，因此颗粒的轨迹可能偏转，颗粒与管壁的冲击发生在较浅的角度下，靠近弯头的出口处 (见图 6.4 中 (b) 线轨迹)；若颗粒尺寸更小或重量更轻，则颗粒紧随气流而运动，可能根本不和管壁接触 (见图 6.4 中 (c) 线轨迹)。

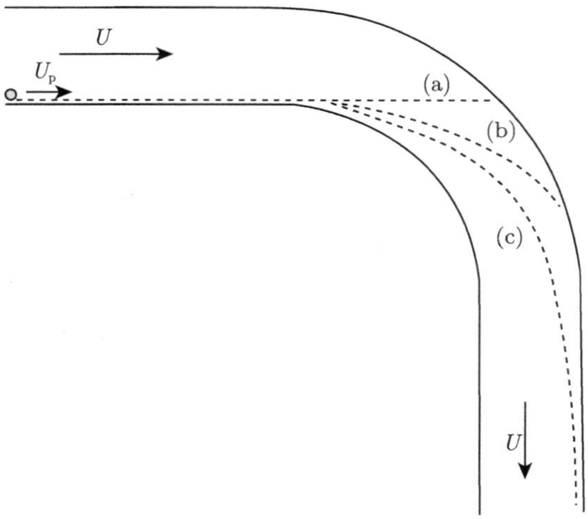

图 6.4　弯管处颗粒的运行轨迹

(a) 重而大的颗粒; (b) 中等尺寸的颗粒;(c) 轻而小的颗粒

如前所述，固体表面的磨蚀与碰撞力、冲击角度，以及固体表面和颗粒的材质有关。尽管目前对研磨磨蚀率不能做出准确的预测，但是与冲击参数和性质相关的磨蚀模式的一些定量估计还是很实用的。下面将基于赫兹的接触理论 [Soo, 1977] 讨论一个简单的磨蚀模型，该模型是对悬浮于气体介质中粉尘或粉粒在中等速度下运动造成的塑性或脆性磨蚀。

当表面材料和弹性状态的偏差很小时，赫兹接触理论可以用来估算其接触力、接触面积以及球形颗粒与平面的接触时间，分别用式 (2.132)、式 (2.133) 和式 (2.136) 来估算。为考虑非弹性碰撞，我们可以引入一个参数 r^*，作为反射速度和入射速度 V 的比值，这样，就可得到

$$F_{\mathrm{n}}t_{\mathrm{c}} = 2.94(5/16)mV(1+r^*) \tag{6.1}$$

$$F_{\mathrm{t}} = fF_{\mathrm{n}} \tag{6.2}$$

式中，f 是摩擦系数。

$$A_{\mathrm{c}}t_{\mathrm{c}} = A_0t_0(\sin\alpha_{\mathrm{i}})^{-\frac{1}{5}} \tag{6.3}$$

式中，α_{i} 是冲击角，并且

$$A_0t_0 = 2.94(15\pi^2/8)2^{-\frac{2}{5}}mV(k_1k_2)^{\frac{1}{2}}(1+r^*)^{\frac{4}{5}}N_{\mathrm{Im}}^{-\frac{1}{5}} \tag{6.4}$$

式中，$k = \dfrac{1-\nu}{\pi E}$；下角标 1 和 2 分别代表成对碰撞的两个颗粒；N_{Im} 是碰撞次数，定义为

$$N_{\mathrm{Im}} = \frac{5\pi^2}{2}\rho_{\mathrm{p}}V^2\sqrt{k_1k_2}\left(\sqrt{\frac{k_1}{k_2}}+\sqrt{\frac{k_2}{k_1}}\right)^4 \tag{6.5}$$

上式将碰撞系统的动力学和材料性质联系起来。

在下列讨论中，气流中颗粒的滑移、分散和升力都忽略不计，而且碰撞的机械效率达到 100%。这样，对于塑性磨蚀，按照塑性磨蚀模式，每次冲击的体积磨损量等于切向力所做的塑性磨损功除以移除材料的单位体积所需要的能量。因此得到

$$w_{\mathrm{D}}=\frac{1}{\varepsilon_{\mathrm{D}}}\left(\frac{F_{\mathrm{t}}}{A_{\mathrm{c}}}-Y_{\mathrm{D}}\right)V\cos\alpha_{\mathrm{i}}A_{\mathrm{c}}t_{\mathrm{c}}=\frac{F_{\mathrm{t}}t_{\mathrm{c}}V}{\varepsilon_{\mathrm{D}}}\cos\alpha_{\mathrm{i}}\left(1-\frac{Y_{\mathrm{D}}A_0t_0}{F_{\mathrm{t}}t_{\mathrm{c}}}(\sin\alpha_{\mathrm{i}})^{-\frac{1}{3}}\right) \tag{6.6}$$

式中，w_{D} 是每冲击一次的磨损量；ε_{D} 是塑性磨蚀模式中移除材料的单位体积所需要的能量。式 (6.6) 的无量纲形式可表示为

$$E_{\mathrm{D}}=\cos\alpha_{\mathrm{i}}\left[1-K_{\mathrm{D}}(\sin\alpha_{\mathrm{i}})^{-\frac{1}{5}}\right]=E_{\mathrm{D}}(\alpha_{\mathrm{i}},K_{\mathrm{D}}) \tag{6.7}$$

式中，E_{D} 是无量纲塑性磨蚀参数，其定义为

$$E_{\mathrm{D}}=\frac{w_{\mathrm{D}}\varepsilon_{\mathrm{D}}}{f F_{\mathrm{n}}t_{\mathrm{c}}V} \tag{6.8}$$

K_{D} 是塑性阻力参数，其定义为

$$K_{\mathrm{D}}=\frac{Y_{\mathrm{D}}}{f}\frac{A_0t_0}{F_{\mathrm{n}}t_{\mathrm{c}}} \tag{6.9}$$

将式 (6.1)、式 (6.3)、式 (6.4) 分别代入式 (6.8) 和式 (6.9) 中，可得到

$$E_{\mathrm{D}}=\frac{w_{\mathrm{D}}\varepsilon_{\mathrm{D}}}{2.94(5/16)(1+r^*)f\,mV^2} \tag{6.10}$$

以及

$$K_{\mathrm{D}}=3\pi\left(2^{\frac{3}{5}}\right)\frac{Y_{\mathrm{D}}}{f}\sqrt{k_1k_2}(1+r^*)^{-\frac{1}{5}}N_{\mathrm{Im}}^{-\frac{1}{5}} \tag{6.11}$$

式 (6.11) 说明，由于 $(1+r^*)^{-\frac{1}{5}}$ 几乎等于 1，所以 K_{D} 仅与材料的性质和冲击速度有关。所以 K_{D} 可以看为一个常数，而函数 E_{D} 通过式 (6.7) 表征不同冲击角时的塑性磨损。因此，E_{D} 的最大值发生在下式给出的冲击角 α_{m} 处

$$K_{\mathrm{D}}=\frac{5(\sin\alpha_{\mathrm{m}})^{\frac{11}{5}}}{4\sin^2\alpha_{\mathrm{m}}+1} \tag{6.12}$$

式 (6.12) 和式 (6.7) 表达的 K_{D} 和 E_{D} 与 α_{m} 的关系见图 6.5，式中 $E_{\mathrm{Dm}}=E_{\mathrm{D}}(\alpha_{\mathrm{m}},K_{\mathrm{D}})$。在不同冲击角 α_{m} 和不同的 K_{D} 对应的 E_{D} 和 E_{Dm} 之比值可见图 6.6。该图指出一定的 K_{D} 时的最大磨蚀角或一定的颗粒流态下最严重的塑性磨蚀部位。

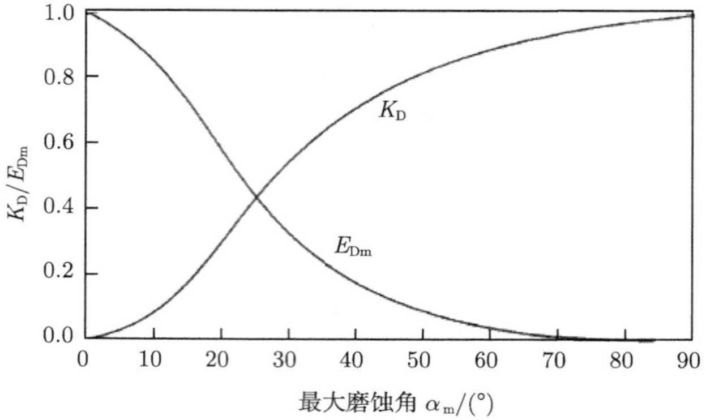

图 6.5　塑性阻力参数和最大磨蚀冲击角的关系 [Soo, 1977]

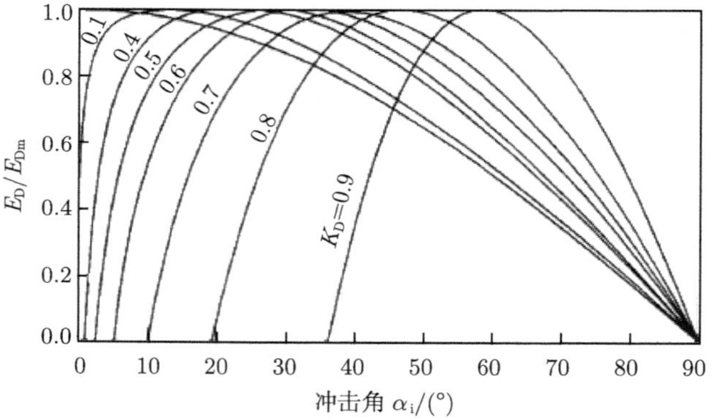

图 6.6　标准化塑性磨蚀能量函数与冲击角及塑性阻力参数的关系 [Soo, 1977]

类似的，对于脆性磨蚀，每冲击一次的单位体积磨损量 w_B 可表示为

$$w_B = \frac{1}{\varepsilon_B}\left(\frac{F_n}{A_c} - Y_B\right) V \sin\alpha_i A_c t_c = \frac{F_n t_c V}{\varepsilon_B}\sin\alpha_i\left(1 - \frac{Y_B A_0 t_0}{F_n t_c}(\sin\alpha_i)^{-\frac{1}{3}}\right) \quad (6.13)$$

式中，ε_B 是脆性磨蚀模式下移除材料的单位体积所需要的能量，将式 (6.13) 写成无量纲形式，脆性磨蚀的无量纲磨蚀参数 E_B 可以表示为

$$E_B = \frac{w_B \varepsilon_B}{F_n t_c V} = \frac{w_B \varepsilon_B}{2.94(5\ /\ 16)(1 + r^*)\, m V^2} \quad (6.14)$$

以及脆性阻力参数 K_B 可以表示为

$$K_B = Y_B \frac{A_0 t_0}{F_n t_c} = 3\pi\left(2^{\frac{3}{5}}\right) Y_B \sqrt{k_1 k_2}\,(1 + r^*)^{-\frac{1}{5}}\, N_{Im}^{-\frac{1}{5}} \quad (6.15)$$

因此有

$$E_{\mathrm{B}}=\sin\alpha_{\mathrm{i}}\left[1-K_{\mathrm{B}}\left(\sin\alpha_{\mathrm{i}}\right)^{-\frac{1}{5}}\right]=E_{\mathrm{B}}(\alpha_{\mathrm{i}},K_{\mathrm{B}}) \tag{6.16}$$

式 (6.16) 说明，最大脆性磨损发生在冲击角为 $\alpha_{\mathrm{i}}=90°$ 处，即法向碰撞处。基于式 (6.16)，E_{B} 作为 K_{B} 的函数可作图 6.7，该图反映了 E_{B} 和 E_{Bm} 的比值随冲击角 α_{i} 的变化关系。该图反映出，在一定的 k_{B} 时，脆性磨蚀造成的磨损程度可以根据给定颗粒流态进行估算。

前面描述的定向冲击引起的塑性和脆性磨蚀模式，代表粉尘颗粒引起表面磨损的理想成分。事实上，表面磨损的大部分情况都是这两种模式的共同作用结果。在气流中颗粒的滑移、散射以及升力都对颗粒的碰撞有着明显的影响。例如，气流边界层运动产生的萨夫曼力可能会引起颗粒的滑移 (几乎触碰) 或升起 (无触碰)，其中气流的偏转运动会对颗粒产生离心力，又增加了颗粒冲击的压应力。

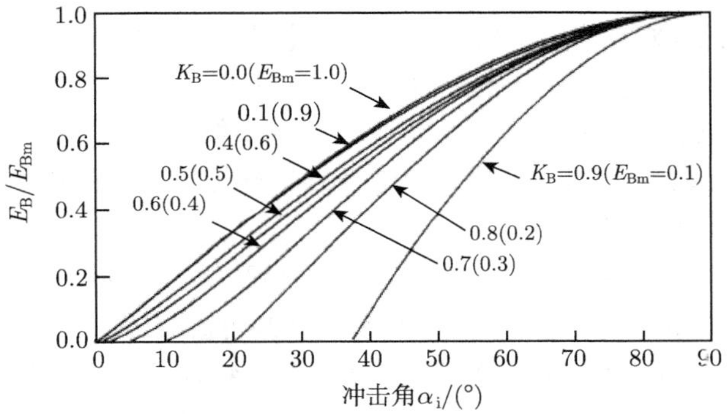

图 6.7 脆性磨蚀能量函数与冲击角及塑性阻力参数的关系 [Sco, 1977]

例 6.1 在涡轮叶片磨蚀的一项研究中，摩擦系数可以表示为 [Soo, 1977]

$$f=f_0\left(\frac{\cos\alpha_{\mathrm{i}}}{\sin\alpha_{\mathrm{i}}}\right)^{\frac{3}{5}} \tag{E6.1}$$

式中，f_0 由下式给出

$$f_0=\left(\frac{1-r^*}{1+r^*}\right)^{\frac{3}{5}} \tag{E6.2}$$

假设磨蚀是纯粹的塑性磨蚀，试导出产生最大磨损的冲击角表达式。

解 根据式 (6.6)，我们有

$$w_{\mathrm{D}}=\frac{f_0F_{\mathrm{n}}t_{\mathrm{c}}V}{\varepsilon_{\mathrm{D}}}\cos\alpha_{\mathrm{i}}\left(\frac{f}{f_0}-\frac{Y_{\mathrm{D}}A_0t_0}{f_0F_{\mathrm{n}}t_{\mathrm{c}}}\left(\sin\alpha_{\mathrm{i}}\right)^{-\frac{1}{5}}\right) \tag{E6.3}$$

令

$$E_{\mathrm{D}}=\frac{w_{\mathrm{D}}\varepsilon_{\mathrm{D}}}{f_0 F_{\mathrm{n}}t_{\mathrm{c}}V} \tag{E6.4}$$

$$K_{\mathrm{D}}=\frac{Y_{\mathrm{D}}}{f_0}\frac{A_0 t_0}{F_{\mathrm{n}}t_{\mathrm{c}}} \tag{E6.5}$$

将式 (E6.1)、式 (E6.4)、式 (E6.5) 代入式 (E6.3)，可得到

$$E_{\mathrm{D}}=\cos\alpha_{\mathrm{i}}\left\{\left(\frac{\cos\alpha_{\mathrm{i}}}{\sin\alpha_{\mathrm{i}}}\right)^{\frac{3}{5}}-K_{\mathrm{D}}\left(\sin\alpha_{\mathrm{i}}\right)^{-\frac{1}{5}}\right\} \tag{E6.6}$$

注意到对于给定 K_{D} 的最大磨蚀角 $\alpha_{\mathrm{m}}, \mathrm{d}E_{\mathrm{D}}/\mathrm{d}\alpha_{\mathrm{i}}=0$，因此最大磨蚀角由下式给出为

$$K_{\mathrm{D}}=\frac{(\cos\alpha_{\mathrm{m}})^{\frac{3}{5}}}{(\sin\alpha_{\mathrm{i}})^{\frac{2}{5}}}\left(\frac{5\sin^2\alpha_{\mathrm{m}}+3}{4\cos^2\alpha_{\mathrm{m}}+1}\right) \tag{E6.7}$$

6.2.3　磨损机理

磨损是指由于碰撞而使固体颗粒破损的过程，磨损进一步可分为碎裂和磨蚀。如果颗粒破损过程中碎片的尺寸与初始颗粒大小有相同的数量级，则这个磨损过程称为碎裂。如果破碎后的颗粒尺寸至少比初始颗粒的尺寸小一个数量级，则这个磨损过程就称为磨蚀。因此，一般说来，碎裂是整体损坏，而磨蚀只是钝化一个颗粒表面的棱角和边缘部分。

颗粒的磨损可以由机械部件的相对运动引起，譬如，叶片在一群颗粒的流动中；颗粒和固体壁面之间或者和其他颗粒之间的碰撞；由于化学反应或相变引起的体积变化，譬如，煤颗粒在煤燃烧过程中的挥发。颗粒因磨损的尺寸变小不仅会改变颗粒的尺寸分布而且会改变固体的流态，甚至会产生细颗粒或超细颗粒，以致给输送、分离或其他处理过程造成困难。

对于颗粒表面的磨蚀，格恩 [Gwyn, 1969] 推荐了一个令人满意的经验公式

$$w=\alpha\varepsilon^{\beta} \tag{6.17}$$

式中，w 是颗粒试样被磨损的质量分数；ε 是施加在颗粒表面的剪应力；α 和 β 是经验常数。式 (6.17) 的理论依据是表面磨蚀模型 [Paramanathan and Bridgwater, 1983]，该模型指出, 参数 β 与材料的性质有关。下面将介绍表面磨蚀模型。

假设磨蚀速率与颗粒半径减少量的任意次方成正比，即

$$\frac{\mathrm{d}a}{\mathrm{d}\varepsilon}=-A(a_{\mathrm{i}}-a)^{-B} \tag{6.18}$$

式中，a_{i} 是颗粒的初始半径；a 是在应变 ε 状态下的半径；A 和 B 是与磨损模式和材料性质相关的常数，且 $B\neq-1$。对式 (6.18) 进行积分，可得到

$$\frac{(a_{\mathrm{i}}-a)^{B+1}}{B+1}=A\varepsilon \tag{6.19}$$

如果颗粒的最初尺寸分布处于筛分法粒级范围内，其大小为 a_1 到 a_2，定义 a_{i1} 为颗粒的初始半径，在应力 ε 的作用下缩小到 a_1，由此得到

$$\frac{(a_{i1}-a_1)^{B+1}}{B+1}=A\varepsilon \tag{6.20}$$

结果由某个尺寸经磨损后到 a_1 时的磨损质量分数可表示为

$$w=\int_{a_1}^{a_{i1}} f_{\rm M}(\alpha_{\rm i})\,{\rm d}a_{\rm i} \tag{6.21}$$

式中，$f_{\rm M}(a_{\rm i})$ 是初始颗粒尺寸的质量密度函数。此外，如果顶筛上物料产生的细粉忽略不计，则对质量密度函数作归一化处理可得

$$\int_{a_1}^{a_2} f_{\rm M}(\alpha_{\rm i})\,{\rm d}a_{\rm i}=1 \tag{6.22}$$

假设颗粒初始尺寸分布是均匀的，则式 (6.22) 给出

$$f_{\rm M}(a_{\rm i})=\frac{1}{a_2-a_1} \tag{6.23}$$

因此有

$$w=\frac{a_{i1}-a_1}{a_2-a_1} \tag{6.24}$$

将式 (6.24) 代入式 (6.20)，得到

$$\ln w=\frac{\ln A+\ln(B+1)}{B+1}-\ln(a_2-a_1)+\frac{1}{B+1}\ln\varepsilon \tag{6.25}$$

将 α 和 β 定义为

$$\ln\alpha=\frac{\ln A+\ln(B+1)}{B+1}-\ln(a_2-a_1),\quad \beta=\frac{1}{B+1} \tag{6.26}$$

则式 (6.25) 可简化为式 (6.17)。

6.3 气固混合物的热力学特性

多相流系统的分析是复杂的，在某种程度上是因为确定各相的动力学响应以及相之间相互作用是困难的。在某些特殊情况下，可以将气固混合物看作拟均匀的单相，其中可以定义气固混合物的一般热力学特性。这种处理可以估算气固两相流动的主体行为。下面分析的依据是路丁格尔 [Rudinger，1980] 的研究工作。

6.3.1　密度、压力及状态方程

假设颗粒可看作是第二类气态组分的分子。因此，颗粒间多次或者相互作用的碰撞，以及颗粒与气体分子之间的相互作用力都可忽略，但是颗粒的有限体积可以考虑在内。后来研究表明，用这样的处理，气固混合物的行为就像范德瓦耳斯气体的行为没有修正分子间相互作用力那样。

用 $\alpha_{\rm p}$ 表示气固混合物中颗粒的体积分数。气相和颗粒相的体积平均密度为

$$\langle\rho\rangle=(1-\alpha_{\rm p})\rho,\quad \langle\rho_{\rm p}\rangle=\alpha_{\rm p}\rho_{\rm p} \tag{6.27}$$

式中，ρ 和 $\rho_{\rm p}$ 分别代表气体和固体颗粒的材料密度。混合物的容积密度是

$$\rho_{\rm m}=\langle\rho\rangle+\langle\rho_{\rm p}\rangle=(1-\alpha_{\rm p})\rho+\alpha_{\rm p}\rho_{\rm p} \tag{6.28}$$

这样，可以方便地用颗粒的质量分数表示颗粒载荷。颗粒载荷与各相的材料密度以及体积分数有关，可定义为

$$\phi=\frac{\langle\rho_{\rm p}\rangle}{\rho_{\rm m}}=\frac{\zeta\alpha_{\rm p}}{1-\alpha_{\rm p}+\zeta\alpha_{\rm p}} \tag{6.29}$$

式中，ζ 是颗粒对气体的材料密度的比值。则式 (6.28) 又可写为

$$\frac{1}{\rho_{\rm m}}=\frac{1-\phi}{\rho}+\frac{\phi}{\rho_{\rm p}} \tag{6.30}$$

由于颗粒被看作第二 “气相”，所以，必须考虑颗粒对混合物压力的贡献。这个 “气体” 的分子质量是

$$w_{\rm p}=\left(\frac{\pi}{6}d_{\rm p}^3\rho_{\rm p}\right)\frac{1}{m_{\rm H}} \tag{6.31}$$

式中，$m_{\rm H}$ 是氢原子的质量，$m_{\rm H}$=1.6×10^{-27}。如果气体分子的重量用 $w_{\rm g}$ 表示，则混合物的分子质量可由下式给出

$$\frac{1}{w_{\rm M}}=\frac{\phi}{w_{\rm p}}+\frac{1-\phi}{w_{\rm g}} \tag{6.32}$$

则气体压力 p 与混合物压力 $p_{\rm M}$ 的比值为

$$\frac{p}{w_{\rm M}}=\frac{(1-\phi)/w_{\rm g}}{\phi/w_{\rm p}+(1-\phi)/w_{\rm g}}=\left(1+\frac{\phi}{1-\phi}\frac{6}{\pi d}\right) \tag{6.33}$$

注意，300K，1 个大气压下气体的材料密度是

$$\rho_0=m_{\rm H}w_{\rm g}L \tag{6.34}$$

式中，L 是洛施密特 (Loschmidt) 数，$L = 2.69\times10^{25}\mathrm{m}^{-3}$。将式 (6.34) 代入式 (6.33) 可得到

$$\frac{p}{p_{\mathrm{M}}}=\left(1+\frac{\phi}{(1-\phi)}\frac{6}{\pi\,d_{\mathrm{p}}^{3}L}\frac{\rho_0}{\rho_{\mathrm{p}}}\right)^{-1} \tag{6.35}$$

如果混合物中颗粒的压力占总压力的分数小于 1%(也就是 $p/p_{\mathrm{M}} > 99.9\%$)，则颗粒的粒径 (用微米测量) 必须满足下列条件

$$d_{\mathrm{m}}=0.0192\left(\frac{\rho_{\mathrm{p}}}{\rho_0}\frac{1-\phi}{\phi}\right)^{-\frac{1}{3}}\ \mu\mathrm{m} \tag{6.36}$$

式中，d_{m} 是颗粒粒径，在常压下，小于该粒径的颗粒在混合物压力中的贡献超过 1%。图 6.8 显示了不同 ρ_{p}/ρ_0 值时 d_{m} 和 ϕ 的关系。注意到，只要颗粒尺寸大于百分之几微米，甚至颗粒密度和质量分数很大时，颗粒对气固混合物压力的贡献也可以忽略。因此，处于实用的目的，气固两相流中气固混合物的压力，可以用单独的气体压力给出。

假设气体服从理想气体定律，则有

$$p=\rho\,R_{\mathrm{M}}T \tag{6.37}$$

式中，R_{M} 是气体常数。对于在热平衡状态下的气固混合物，其状态方程可由式 (6.37) 和式 (6.30) 给出

$$p=\frac{\rho_{\mathrm{m}}(1-\phi)\,R_{\mathrm{M}}T}{1-\phi\,(\rho_{\mathrm{m}}/\rho_{\mathrm{p}})} \tag{6.38}$$

式中，ϕ 是封闭系统中的一个常数，对于气固混合物是一个参数，而不是混合物状态方程中的变量。因此，气固混合物的状态方程与理想气体的状态方程形式不同。

但应当注意到，只有颗粒间碰撞相互作用力可以忽略时，上述结果才有效。显然，高颗粒浓度的情况下，譬如在流化床中，颗粒间相互作用力就不能忽略。一个验证颗粒间相互作用力重要性的简单方法是对给定的气固系统检验颗粒之间的平均间距。假设颗粒排列成一个边长为 l 的立方体，则颗粒在这个立方体内所占的体积分数可确定为

$$\alpha_{\mathrm{p}}=\frac{\pi}{6}\frac{d_{\mathrm{p}}^{3}}{l^{3}} \tag{6.39}$$

譬如，质量分数 $\phi=0.1$，$\zeta=1000$，体积分数 α_{p} 差不多是 10^{-4}。颗粒之间的间距大约是其粒径的 17 倍。这样，在该例子中，我们可以认为颗粒之间的直接相互作用是不明显的。

例 6.2 在一个气固混合物中，颗粒密度是 $2400\mathrm{kg/m^3}$，气体密度是 $1.2\,\mathrm{kg/m^3}$，颗粒的质量分数是 99%，问对应的颗粒体积分数是多少？又如果颗粒的质量分数是 50%，对应的体积分数是多少？

解　按式 (6.29)，颗粒的体积分数可用颗粒对气体的材料密度比值以及颗粒的质量分数表示为

$$\alpha_{\mathrm{p}}=\frac{\phi}{(1-\phi)\,\zeta+\phi} \tag{E6.8}$$

根据给定条件，颗粒对气体的材料密度比值为 ζ=2000。因此对于颗粒质量分数为 99%有

$$\alpha_{\mathrm{p}}=\frac{\phi}{(1-\phi)\,\zeta+\phi}=\frac{0.99}{0.01\times 2000+0.99}=0.047 \tag{E6.9}$$

对于 $\phi=0.50$，颗粒体积分数成为

$$\alpha_{\mathrm{p}}=\frac{\phi}{(1-\phi)\,\zeta+\phi}=\frac{0.5}{0.01\times 2000+0.5}=5\times 10^{-4} \tag{E6.10}$$

这个例子反映出，即使对于很稀疏的气固悬浮体，其颗粒体积分数小到可忽略不计时，不管颗粒的大小如何，颗粒质量分数仍然是显著的。

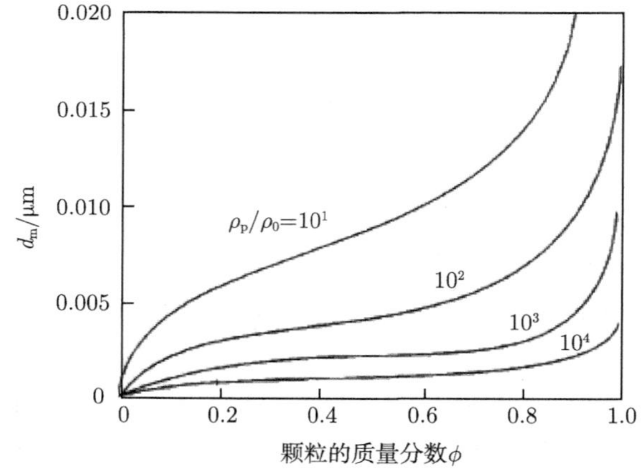

图 6.8　d_{m} 与颗粒质量分数 ϕ 的关系 [Rudinger, 1980]

6.3.2　内能和比热

一个气固混合物单位体积的内能为

$$e_{\mathrm{M}}=(1-\phi)e+\phi\,e_{\mathrm{p}}=(1-\phi)\,c_{\mathrm{V}}T+\phi\,cT_{\mathrm{p}} \tag{6.40}$$

式中，c_{V} 是气体的定容比热；c 是颗粒的比热。所以，气固混合物的定容比热 c_{VM} 可定义为

$$c_{\mathrm{VM}}=(1-\phi)c_{\mathrm{V}}+\phi\,c \tag{6.41}$$

类似的，气固混合物的定压比热可定义为

$$c_{\mathrm{pM}} = (1-\phi)c_{\mathrm{p}} + \phi\, c \tag{6.42}$$

由式 (6.41) 和式 (6.42)，比热的比值可表示为

$$\gamma_{\mathrm{M}} = \frac{c_{\mathrm{pM}}}{c_{\mathrm{VM}}} = \gamma\left(\frac{1-\phi+\delta\phi}{1-\phi+\gamma\delta\phi}\right) \tag{6.43}$$

式中，δ 表示定压下颗粒比热与气体比热的比值，即 $\delta=c/c_{\mathrm{p}}$。按式 (6.43)，在不同的 δ 下，γ_{M} 和 ϕ 的关系见图 6.9。该图表明，大的 ϕ 值或大的 δ 值会使 γ_{M} 趋向于一，这就意味着是一个等温流动。因此，颗粒载荷高或者颗粒比热高的两相流动表现出一个等温流动的特征，因为颗粒比热大明显地抵消了气体膨胀或压缩所导致的温度变化。

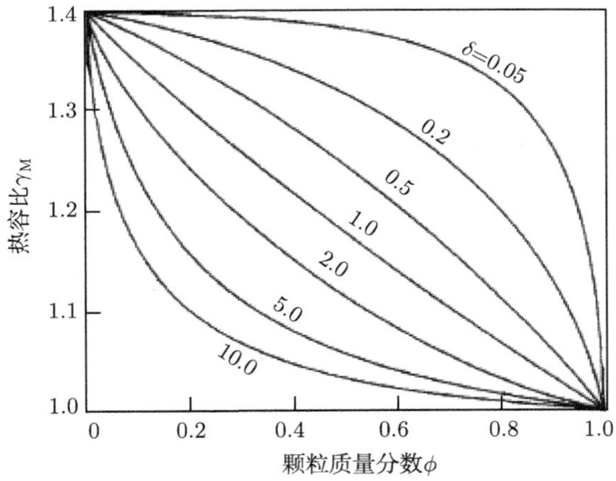

图 6.9 比热与颗粒质量分数的关系 [Rudinger, 1980]

6.3.3 状态的等熵变化

气固混合物的等熵过程状态方程可通过能量守恒关系得到。对气固混合物应用热力学第一定律，可得到

$$\mathrm{d}q = \mathrm{d}e_{\mathrm{M}} - \frac{p}{\rho_{\mathrm{m}}^2}\mathrm{d}\rho_{\mathrm{m}} \tag{6.44}$$

式中，q 是单位质量气固混合物所吸收的热量。因此对于等熵变过程有

$$\mathrm{d}e_{\mathrm{M}} = \frac{p}{\rho_{\mathrm{m}}^2}\mathrm{d}\rho_{\mathrm{m}} \tag{6.45}$$

假设 $T=T_{\mathrm{p}}$，可得到

$$\mathrm{d}e_{\mathrm{M}}=\left[(1-\phi)\,c_{\mathrm{V}}+\phi\,c\right]\mathrm{d}T \tag{6.46}$$

将式 (6.46) 和式 (6.38) 代入式 (6.45) 可得到

$$\frac{(1-\phi)\,c_{\mathrm{V}}+\phi\,c}{(1-\phi)\,R_{\mathrm{M}}}\frac{\mathrm{d}T}{T}=\frac{1}{1-\phi\,\rho_{\mathrm{m}}/\rho_{\mathrm{p}}}\frac{\mathrm{d}\rho_{\mathrm{m}}}{\rho_{\mathrm{m}}} \tag{6.47}$$

理想气体的关系式为

$$R_{\mathrm{M}}=c_{\mathrm{p}}-c_{\mathrm{V}} \tag{6.48}$$

因此有

$$\frac{(1-\phi)\,c_{\mathrm{V}}+\phi\,c}{(1-\phi)\,R_{\mathrm{M}}}=\frac{c_{\mathrm{VM}}}{c_{\mathrm{pM}}-c_{\mathrm{VM}}}=\frac{1}{\gamma_{\mathrm{M}}-1} \tag{6.49}$$

为方便起见，令

$$X=\phi\frac{\rho_{\mathrm{m}}}{\rho_{\mathrm{p}}} \tag{6.50}$$

对于封闭系统，ρ_{p} 和 ϕ 都是常数 (注意在这种情况下，α_{p} 是一个变量而不是常数)。将式 (6.49) 和式 (6.50) 代入式 (6.47) 可得到

$$\frac{1}{\gamma_{\mathrm{M}}-1}\frac{\mathrm{d}T}{T}=\frac{1}{1-X}\frac{\mathrm{d}X}{X} \tag{6.51}$$

该式给出

$$T\left(\frac{X}{1-X}\right)^{-(\gamma_{\mathrm{M}}-1)}=A \tag{6.52}$$

这里 A 是一个常数。利用状态方程, 从式 (6.52) 中消去 T，可得到

$$p\left(\frac{X}{1-X}\right)^{-\gamma_{\mathrm{M}}}=B \tag{6.53}$$

这里 B 是一个常数。式 (6.53) 还可写成另一种形式

$$p\left(\frac{\rho_{\mathrm{m}}}{1-\phi\rho_{\mathrm{m}}/\rho_{\mathrm{p}}}\right)^{-\gamma_{\mathrm{M}}}=C \tag{6.54}$$

这里 C 是个常数。式 (6.54) 考虑了气固混合物等熵过程状态变化中颗粒有限体积的影响。作为该公式应用的例子，就是利用该公式可得到气固混合物中声音的传播速度，将在下一节中介绍。

6.4 通过气固悬浮系统的压力波

通过气固悬浮系统中的压力波，譬如声波、激波和普朗特–迈耶 (Prandtl-Meyer) 膨胀波的传播是主要与动量传递有关的一个现象，尽管能量传递过程几乎总是发生，譬如气固之间的动能耗散和热量传递。压力波传播的典型应用，包括用声学装置测量固体的浓度和流量，以及测量爆震燃烧，例如，火箭推进剂燃烧室或者枪膛中的火药的燃烧。

当压力波通过气固混合系统时，压力波与悬浮系统的相互作用可能是强大的。通常，压力波的传播速度不仅与当地固体浓度以及气固两相的性质有关，而且与压力波频率有关。由于混合物动态响应的差别，通过同样的混合物的不同类型的压力波，其传播就有不同的行为。声音的速度表示小振幅的周期性压力波的传播。激波的速度，有一个一个不连续的压力升高的峰面，紧随着一段延展的松弛带，表示一个陡峭的压力突跃的传播，产生一种流动条件到另一个流动条件的过渡。为简单起见，在下面的讨论中，我们只考察通过气固悬浮系统的平面波情况。

6.4.1 声波

为了获得声波通过气固悬浮系统时颗粒运动和声波速度的控制方程，必须在考虑颗粒的相对振荡的情况下，确定气相和固相间的相互作用力。兰博 [Lamb，1932] 得到在缓慢流动条件下，振荡的固体球与静止状态无限大不可压缩流体之间相互作用力的表达式。将该作用力表达式代入 BBO 方程 (见 §3.4)，则球体颗粒的振荡运动可由修正的方程进行描述。用该方程与气固混合物平面波方程相耦合，便可得到气固悬浮系统中的音速。

首先，考察一个球体在无限大质量的流体中的振荡情况。流体是不可压缩且初始状态是静止的，可以方便地将原点设在中心的平均位置，x 轴为振荡方向。流体的微小运动，忽略惯性作用，并没有外力作用时，可有

$$\nabla \cdot \boldsymbol{U} = 0 \tag{6.55}$$

和

$$\frac{\partial \boldsymbol{U}}{\partial \boldsymbol{t}} = -\frac{1}{\rho} p + v\nabla^2 \boldsymbol{U} \tag{6.56}$$

其中 $\boldsymbol{U}$ 代表流体速度。球体表面的边界条件是

$$\begin{aligned} U &= U_{\mathrm{p}} U_0 e^{\mathrm{i}(\omega\, t+\phi)} \\ V &= V_{\mathrm{p}} = 0 \\ W &= W_{\mathrm{p}} = 0 \end{aligned} \tag{6.57}$$

式中，$U_{\rm p}$ 是球体的速度。通过很长的推导，以上问题的解析解由兰博 [Lamb，1932] 给出。振荡运动作用在球体上的力为

$$F=-\frac{1}{6}\pi\rho d_{\rm p}^3\left(\frac{1}{2}+\frac{9}{4\sqrt{{\rm N}_\omega}}\right)\frac{{\rm d}U}{{\rm d}t}-\frac{3}{8}\pi\rho d_{\rm p}^3\frac{\omega}{\sqrt{{\rm N}_\omega}}\left(1+\frac{1}{\sqrt{{\rm N}_\omega}}\right)\boldsymbol{U} \tag{6.58}$$

${\rm N}_\omega$ 是无量纲参数，表达式为

$${\rm N}_\omega=\frac{\omega d_{\rm p}^2}{8v} \tag{6.59}$$

式 (6.58) 中右端第一项是对球体惯性力的修正，通常被称为虚质量项。应当注意，由于黏性和振荡的影响，被取代的流体质量会有所增加。其增加的最大量为 $\frac{{\rm d}U_{\rm p}}{{\rm d}t}={\rm i}\omega U_{\rm p}$，即颗粒的纯振荡运动。式 (6.58) 中右端第二项是曳力。当振荡周期无限长 (即 $\omega\to0$) 时，式 (6.58) 得到的就是斯托克斯曳力。

现在考察一个颗粒间无碰撞和接触的、定常、稀疏气固悬浮系统。在这种情况下，颗粒的线速度实际上与表观速度是相同的。在振荡流场中球形颗粒的运动为

$$\begin{aligned}\frac{\rho_{\rm p}}{\rho}\frac{{\rm d}\boldsymbol{U}_{\rm p}}{{\rm d}t}=&\left(\frac{1}{2}+\frac{9}{4\sqrt{{\rm N}_\omega}}\right)\frac{{\rm d}(\boldsymbol{U}-\boldsymbol{U}_{\rm p})}{{\rm d}t}-\frac{9}{4}\frac{\omega}{\sqrt{{\rm N}_\omega}}\left(1+\frac{1}{\sqrt{{\rm N}_\omega}}\right)(\boldsymbol{U}-\boldsymbol{U}_{\rm p})\\&-\frac{1}{\rho}\nabla p+\frac{9}{d_{\rm p}}\sqrt{\frac{v}{\pi}}\int_{t_0}^{t}\frac{\frac{\rm d}{{\rm d}\tau}(\boldsymbol{U}-\boldsymbol{U}_{\rm p})}{\sqrt{t-\tau}}{\rm d}\tau\end{aligned} \tag{6.60}$$

这是用式 (6.58) 代替式 (3.101) 中的斯托克斯曳力和虚质量项导出的修正的 BBO 方程。如果我们把压力项近似为

$$-\nabla p\approx\rho\frac{{\rm d}\boldsymbol{U}}{{\rm d}t} \tag{6.61}$$

则式 (6.60) 可变为

$$\begin{aligned}\frac{\rho_{\rm p}}{\rho}\frac{{\rm d}\boldsymbol{U}_{\rm p}}{{\rm d}t}=&\left(\frac{1}{2}+\frac{9}{4\sqrt{{\rm N}_\omega}}\right)\frac{{\rm d}(\boldsymbol{U}-\boldsymbol{U}_{\rm p})}{{\rm d}t}-\frac{9}{4}\frac{\omega}{\sqrt{{\rm N}_\omega}}\left(1+\frac{1}{\sqrt{{\rm N}_\omega}}\right)(\boldsymbol{U}-\boldsymbol{U}_{\rm p})\\&+\frac{{\rm d}\boldsymbol{U}}{{\rm d}t}+\frac{9}{d_{\rm p}}\sqrt{\frac{v}{\pi}}\int_{t_0}^{t}\frac{\frac{\rm d}{{\rm d}\tau}(\boldsymbol{U}-\boldsymbol{U}_{\rm p})}{\sqrt{t-\tau}}{\rm d}\tau\end{aligned} \tag{6.62}$$

现在考察一维振荡的情况。如果忽略颗粒所占体积和散射的影响，气固悬浮系统中固体与气体的质量比为 $m_{\rm p}$，则气固混合物的平面波方程可表示为 [Soo, 1990]

$$\left(\frac{\partial^2U}{\partial t^2}\right)=\frac{\gamma p}{\rho}\left(\frac{\partial^2U}{\partial z^2}\right)-\frac{6m_{\rm p}}{\pi d_{\rm p}^3\rho_{\rm p}}\left(\frac{\partial F}{\partial t}\right) \tag{6.63}$$

式中，F 是作用在颗粒上的总的颗粒—流体相互作用力，包括虚质量力、巴塞特力和曳力。当 $\mathrm{Re_p}$ 处于在斯托克斯流域时，F 可由式 (6.58) 给出。对于谐波振荡，U 和 U_p 可表示为

$$\begin{aligned} U &= U_0 e^{i(\omega t - k z)} e^{-\beta z} \\ U_\mathrm{p} &= U_{\mathrm{p}0} e^{i(\omega t + \phi(z))} \end{aligned} \tag{6.64}$$

式中，β 是衰减系数，这样式 (6.62) 可变为

$$U_\mathrm{p} = B(U - U_\mathrm{p}) - iA(U - U_\mathrm{p}) + \frac{\rho}{\rho_\mathrm{p}} U + C(1-i)(U - U_\mathrm{p}) \tag{6.65}$$

式中，A、B 和 C 分别是

$$A = \frac{9}{4}\frac{\rho}{\rho_\mathrm{p}}\frac{1}{\sqrt{\mathrm{N}_\omega}}\left(1 + \frac{1}{\sqrt{\mathrm{N}_\omega}}\right), \quad B = \frac{\rho}{\rho_\mathrm{p}}\left(\frac{1}{2} + \frac{9}{4}\frac{1}{\sqrt{\mathrm{N}_\omega}}\right), \quad C = \frac{9}{4}\frac{\rho}{\rho_\mathrm{p}}\frac{1}{\sqrt{\mathrm{N}_\omega}} \tag{6.66}$$

式中，A 是摩擦力系数；B 是惯性修正系数；C 是由巴塞特力引起的曳力系数。式 (6.65) 给出

$$\frac{U_\mathrm{p}}{U} = \frac{\eta^2 + (1+\xi)\left[\xi + \dfrac{\rho}{\rho_\mathrm{p}}\right] - i\left[1 - \dfrac{\rho}{\rho_\mathrm{p}}\right]\eta}{(1+\xi)^2 + \eta^2} \tag{6.67}$$

式中，$\xi = B + C$，$\eta = A + C$，混合物的音速可由式 (6.63) 得到，注意到

$$\frac{\partial F}{\partial t} = \frac{\pi}{6} d_\mathrm{p}^3 \rho_\mathrm{p}\left(\frac{\partial^2 U_\mathrm{p}}{\partial t^2} - \frac{\rho}{\rho_\mathrm{p}}\frac{\partial^2 U}{\partial t^2}\right) \tag{6.68}$$

将式 (6.68) 代入式 (6.63)，可得到

$$\left(\frac{\partial^2 U}{\partial t^2}\right) = \frac{\gamma p}{\rho}\left(\frac{\partial^2 U}{\partial z^2}\right) - m_\mathrm{p}\left(\frac{\partial^2 U_\mathrm{p}}{\partial t^2} - \frac{\rho}{\rho_\mathrm{p}}\frac{\partial^2 U}{\partial t^2}\right) \tag{6.69}$$

将式 (6.67) 中的实数部分代入式 (6.69)，可得到

$$\frac{\partial^2 U_\mathrm{p}}{\partial t^2}\left[1 + m_\mathrm{p} D - \frac{\rho}{\rho_\mathrm{p}} m_\mathrm{p}\right] = \frac{\gamma p}{\rho}\left(\frac{\partial^2 U_\mathrm{p}}{\partial z^2}\right) \tag{6.70}$$

式中 D 是式 (6.67) 中的实数部分，其表达式为

$$D = \frac{\eta^2 + (1+\xi)\left(\xi + \dfrac{\rho}{\rho_\mathrm{p}}\right)}{(1+\xi)^2 + \eta^2} \tag{6.71}$$

因此气固混合物的音速为

$$\frac{a_{\mathrm{m}}^2}{a_{\mathrm{g}}^2}=\left[1+m_{\mathrm{p}}\left(1-\frac{\rho}{\rho_{\mathrm{p}}}\right)\frac{(1+\xi)\,\xi+\eta^2}{(1+\xi)^2+\eta^2}\right]^{-1} \tag{6.72}$$

式中，a_{m} 就是在气固混合物中的音速；a_{g} 是纯气体中的音速，a_{g} 为

$$a_{\mathrm{g}}^2=\frac{\gamma p}{\rho} \tag{6.73}$$

进一步将式 (6.67) 和式 (6.64) 中的 U 代入式 (6.69)，对于 $\dfrac{\beta a_{\mathrm{g}}}{\omega}<1$，可以得到 $\dfrac{\beta a_{\mathrm{g}}}{\omega}$ 的一个表达式

$$\frac{\beta a_{\mathrm{g}}}{\omega}=\frac{m_{\mathrm{p}}}{2}\frac{a_{\mathrm{m}}}{a_{\mathrm{g}}}\left(1-\frac{\rho}{\rho_{\mathrm{p}}}\right)\frac{\eta}{(1+\xi)^2+\eta^2} \tag{6.74}$$

图 6.10 示出的是在气体–氧化镁混合物中音速随参数 N_{ω} 的变化趋势，该混合物的固气质量比为 $m_{\mathrm{p}}=0.3$，固气密度比 (ρ_{p}/ρ) 为 ζ=100 和 ζ=1000 [Soo, 1960]。图 6.10 是忽略热传递的影响时，音速随无量纲参数 N_{ω} 的变化情况。在相同的实验条件下，$\beta a_{\mathrm{g}}/\omega$ 和 N_{ω} 的关系见图 6.11 [Soo，1960]。注意该模型只对颗粒间接触可忽略的稀悬浮系统有效。对于高固体浓度的情况，譬如在流化床或填充床，其中颗粒间接触对声音传播可能有明显的影响，音速可能会比纯气相的更高。

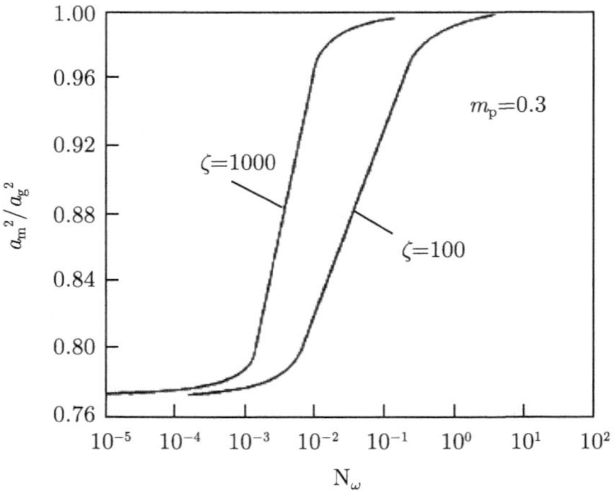

图 6.10 在气体氧化镁混合体系中声波的弥散趋势 [Soo，1960]

另一种估计 a_{m} 的方法是路丁格尔 [Rudinger，1980] 提出的，基于混合物的假热力学性质的方法。气固混合物的等熵变化方程由式 (6.53) 给出。注意，对于一个

封闭系统，颗粒材料的密度和质量分数都可视为常数。这样，气固混合物的音速可以用单相流体情况来表示

$$a_{\mathrm{m}}^2 = \left(\frac{\partial p}{\partial \rho_{\mathrm{m}}}\right)_{\mathrm{S}} \tag{6.75}$$

代入式 (6.53) 可得到

$$a_{\mathrm{m}}^2 = \frac{\phi}{\rho_{\mathrm{p}}}\left(\frac{\partial p}{\partial X}\right)_{\mathrm{S}} = \gamma_{\mathrm{M}} p \frac{\phi}{\rho_{\mathrm{p}}} \frac{1}{X(1-X)} \tag{6.76}$$

下角标 "s" 表示熵。根据式 (6.28) 和式 (6.50)，可得到混合物的音速

$$\frac{a_{\mathrm{m}}^2}{a_{\mathrm{g}}^2} = \frac{1-\phi}{1-\alpha_{\mathrm{p}}}\left(\frac{1-\phi+\delta\phi}{1-\phi+\gamma\delta\phi}\right) \tag{6.77}$$

注意，由式 (6.72) 和式 (6.77) 得到的 $a_{\mathrm{m}} < a_{\mathrm{g}}$ 是在稀疏悬浮系统的情况下。

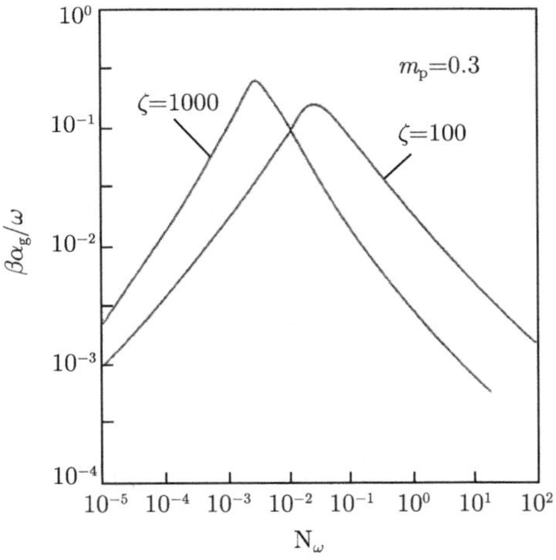

图 6.11 在气体氧化镁混合体系中单位波长声波的传递衰减量变化图 [Soo，1960]

例 6.3 在一个气固悬浮系统，音速与声波的频率有关。请导出在下列两种极端条件下音速的表达式：(1) 极低频率 ($\omega \to 0$)；(2) 极高频率 ($\omega \to \infty$)。用其结果估计颗粒与气体的质量比为 m_{p}=1，密度比为 ζ=2000 时，通过气固系统的音速。

解 式 (6.72) 给出气固悬浮系统音速的一般形式，其中参数 ξ 和参数 η 的表达式分别为

$$\xi = \frac{1}{2}\frac{\rho}{\rho_{\mathrm{p}}} + 2C, \quad \eta = C\left(2 + \frac{4}{9}\frac{\rho_{\mathrm{p}}}{\rho}C\right) \tag{E6.11}$$

式中，C 可根据式 (6.66) 和式 (6.59) 得到

$$C = \frac{9}{4}\frac{\rho}{\rho_{\mathrm{p}}}\sqrt{\frac{8v}{\omega d_{\mathrm{p}}^2}} \tag{E6.12}$$

对于极低频率声波 ($\omega \to 0$)，则 $C \to \infty$，因此，式 (E6.11) 变成

$$\xi \approx 2C, \quad \eta \approx \frac{4}{9}\frac{\rho_{\mathrm{p}}}{\rho}C^2 \tag{E6.13}$$

将式 (E6.13) 代入式 (6.72) 可得到

$$\frac{a_{\mathrm{m}}^2}{a_{\mathrm{g}}^2} = \left[1 + m_{\mathrm{p}}\left(1 - \frac{\rho}{\rho_{\mathrm{p}}}\right)\right]^{-1} \tag{E6.14}$$

对于极高频率声波 ($\omega \to \infty$)，则 $C \to 0$，因此，式 (E6.11) 变成

$$\xi = \frac{1}{2}\frac{\rho}{\rho_{\mathrm{p}}}, \quad \eta = 0 \tag{E6.15}$$

将式 (E6.15) 代入式 (6.72) 可得到

$$\frac{a_{\mathrm{m}}^2}{a_{\mathrm{g}}^2} = \left[1 + \frac{m_{\mathrm{p}}}{2\rho_{\mathrm{p}}/\rho + 1}\left(1 - \frac{\rho}{\rho_{\mathrm{p}}}\right)\right]^{-1} \tag{E6.16}$$

对于 $m_{\mathrm{p}} = 1$，$\zeta = \rho_{\mathrm{p}}/\rho = 2000$ 的气固悬浮系统，由式 (E6.14) 和式 (E6.16) 则分别得到极低频率声波的音速为

$$\frac{a_{\mathrm{m}}}{a_{\mathrm{g}}} = \left[1 + m_{\mathrm{p}}\left(1 - \frac{\rho}{\rho_{\mathrm{p}}}\right)\right]^{-\frac{1}{2}} = \left[1 + 1 \times \left(1 - \frac{1}{2000}\right)\right]^{-\frac{1}{2}} = 0.71 \tag{E6.17}$$

和极高频率声波的音速为

$$\frac{a_{\mathrm{m}}}{a_{\mathrm{g}}} = \left[1 + \frac{m_{\mathrm{p}}}{2\rho_{\mathrm{p}}/\rho + 1}\left(1 - \frac{\rho}{\rho_{\mathrm{p}}}\right)\right]^{-\frac{1}{2}} = \left[1 + \frac{1}{2 \times 2000 + 1}\left(1 - \frac{1}{2000}\right)\right]^{-\frac{1}{2}} = 1.00 \tag{E6.18}$$

这个实例说明，在一个稀疏悬浮系统中，对非常低频率的扰动，颗粒可随周围气体的运动而变化。在这种情况下，音速就是众所周知的平衡音速，可用式 (6.14) 来估算。另一方面，对稀悬浮系统中的极高频率扰动，颗粒不随周围气体的运动而变化，这种情况下的音速就众所周知的冻结音速，它几乎与纯气体的音速有相同的数值。

6.4.2 正激波

现考察高颗粒携带量的气体介质中一维正激波的传播。选择笛卡儿坐标系附着于激波波峰上，这样，激波波峰就成为静止状态。气相和颗粒相的速度、温度和压力通过正激波的变化示意于图 6.12 中。下角标 “1”“2” 和 “∞” 分别表示正激波波峰的前方、紧随后方和远离后方的情况。如图 6.12 所示，在波峰的紧随后方，颗粒和气体之间存在非平衡情况。很明显，由于气体和颗粒之间的动量和热量的有限传递率，颗粒和气体之间达到新的平衡需要有一段弛豫距离。

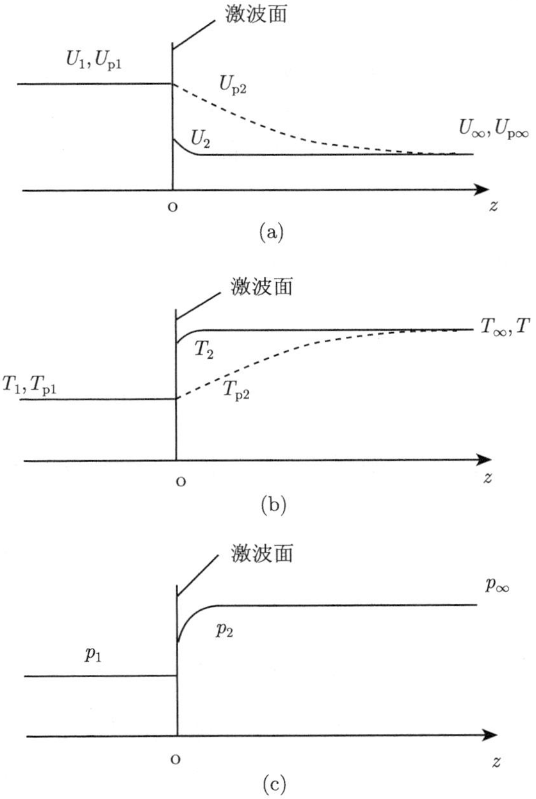

图 6.12 气固悬浮系统中流体穿过一个正激波时各量的变化

(a) 穿过一个正激波的速度变化；(b) 穿过一个正激波的温度变化；(c) 穿过一个正激波的压力变化

颗粒通过激波波峰所需要的时间可近似为 d_p/U。由于 U 与气体中的音速有相同的数量级，所以，颗粒在气体中的飞行时间与颗粒斯托克斯弛豫时间的比值可表示为

$$\frac{\tau_p}{\tau_S} \approx \frac{d_p}{U\tau_S} \approx \frac{d_p}{a_g\tau_S} = \frac{18\mu}{d_p\rho_p\sqrt{\gamma R_M T}} \tag{6.78}$$

式中，τ_{S} 是斯托克斯弛豫时间。用一些有代表性的数值，根据式 (6.78) 的计算，结果显示，即使颗粒小到 0.1μm，颗粒经过激波波峰的时间也大约比斯托克斯弛豫时间小三个数量级 [Rudinger, 1980]。所以，如图 6.12 所示，颗粒经过激波波峰时，速度没有明显的变化。颗粒经过激波波峰的温度变化也是如此。

为了分析气固流动中激波的行为，做出一些如下的假设:

(1) 气体服从理想气体状态方程；

(2) 在激波上游的气体中颗粒分布是均匀的；

(3) 颗粒的布朗运动对系统的压力无影响，这样，混合系统的压力可以用纯气体的压力给出；

(4) 颗粒的热扩散率很高，所以，颗粒内部的温度是均匀的；

(5) 热辐射的影响忽略不计 (应当注意，颗粒群通常是比纯气体更强的辐射物和吸收物，这样，激波下游的热颗粒可通过辐射预热激波上游的冷颗粒。颗粒表面积增加时，这个影响变得更明显)。

(6) 颗粒体积分数远小于 1。

下面的分析是依据卡瑞尔 [Carrier，1958] 所提出的方法。根据质量守恒定律要求

$$J=(1-\alpha_{\mathrm{p}})\,\rho U\approx\rho U=\text{常数} \tag{6.79}$$

$$J_{\mathrm{p}}=\alpha_{\mathrm{p}}\rho_{\mathrm{p}}U_{\mathrm{p}}=\text{常数} \tag{6.80}$$

式中，J 和 J_{p} 分别代表气体和颗粒的质量流量。由气固混合系统的动量守恒得到

$$(\rho U)U+(\alpha_{\mathrm{p}}\rho_{\mathrm{p}}U_{\mathrm{p}})U_{\mathrm{p}}+p=\text{常数} \tag{6.81}$$

能量守恒定律给出

$$\frac{1}{2}(\rho U)U^2+\frac{1}{2}(\alpha_{\mathrm{p}}\rho_{\mathrm{p}}U_{\mathrm{p}})U_{\mathrm{p}}^2+(\rho U)c_{\mathrm{p}}T+(\alpha_{\mathrm{p}}\rho_{\mathrm{p}}U_{\mathrm{p}})cT_{\mathrm{p}}=\text{常数} \tag{6.82}$$

需要注意的是，气相和固相之间的平衡条件是: $U=U_{\mathrm{p}},T=T_{\mathrm{p}}$。将这些条件以及式 (6.29)、式 (6.37) 和式 (6.79) 代入式 (6.81) 和式 (6.82) 可得到

$$\frac{1}{1-\phi}U+\frac{R_{\mathrm{M}}T}{U}=\text{常数} \tag{6.83}$$

$$\frac{1}{1-\phi}U^2+2\left(c_{\mathrm{p}}+\frac{\phi}{1-\phi}c\right)T=\text{常数} \tag{6.84}$$

考虑到式 (6.43)，则式 (6.84) 可变成

$$\frac{1}{1-\phi}U^2+\frac{2\gamma_{\mathrm{M}}}{\gamma_{\mathrm{M}}-1}R_{\mathrm{M}}T=\text{常数} \tag{6.85}$$

现在我们分析两个平衡区域的速度和温度，一个平衡区域是激波之前，一个平衡区域是远离激波之后。在这两个区域用式 (6.83) 和式 (6.85) 可得到式 (6.86) 和式 (6.87)

$$\frac{1}{1-\phi}U_1+\frac{R_{\mathrm{M}}T_1}{U_1}=\frac{1}{1-\phi}U_\infty+\frac{R_{\mathrm{M}}T_\infty}{U_\infty} \tag{6.86}$$

和

$$\frac{1}{1-\phi}U_1^2+\frac{2\gamma_{\mathrm{M}}}{\gamma_{\mathrm{M}}-1}R_{\mathrm{M}}T_1=\frac{1}{1-\phi}U_\infty^2+\frac{2\gamma_{\mathrm{M}}}{\gamma_{\mathrm{M}}-1}R_{\mathrm{M}}T_\infty \tag{6.87}$$

综合式 (6.86) 和式 (6.87) 可得到

$$U_\infty U_1=\frac{2\gamma_{\mathrm{M}}(1-\phi)}{\gamma_{\mathrm{M}}+1}R_{\mathrm{M}}T_1+\frac{\gamma_{\mathrm{M}}-1}{\gamma_{\mathrm{M}}+1}U_1^2 \tag{6.88}$$

这样 U_∞ 可由式 (6.88) 求得。激波后的气体速度也可由式 (6.88) 得到，取 $\phi=0$，可得到

$$U_2U_1=\frac{2\gamma_{\mathrm{M}}}{\gamma_{\mathrm{M}}+1}R_{\mathrm{M}}T_1+\frac{\gamma-1}{\gamma+1}U_1^2 \tag{6.89}$$

比较式 (6.88) 和式 (6.89) 可知：远离激波后方区域和刚过激波后的状态是不同的，而且随颗粒的质量分数和颗粒热容而变化。在过渡区域，其中颗粒速度和温度从激波之前的平衡态到激波后的一个新的平衡态，该变化过程可以根据气固混合物中颗粒相的运动方程和能量方程加以描述。假设 $U_2=U_\infty$，$T_2=T_\infty$，而且只有曳力和对流换热是重要的，则颗粒的运动方程可给出为

$$\frac{\pi}{6}d_{\mathrm{p}}^3\rho_{\mathrm{p}}U_{\mathrm{p}}\frac{\mathrm{d}U_{\mathrm{p}}}{\mathrm{d}z}=-\frac{\pi}{4}d_{\mathrm{p}}^2\frac{C_{\mathrm{D}}}{2}\rho(U_\infty-U_{\mathrm{p}})^2 \tag{6.90}$$

颗粒的能量方程为

$$\frac{\pi}{6}d_{\mathrm{p}}^3\rho_{\mathrm{p}}cU_{\mathrm{p}}\frac{\mathrm{d}T_{\mathrm{p}}}{\mathrm{d}z}=\pi\, d_{\mathrm{p}}K\,\mathrm{Nu}_{\mathrm{p}}(T_\infty-T_{\mathrm{p}})^2 \tag{6.91}$$

式中，Nu_{p} 是颗粒努塞特 (Nusselt) 数；K 是气体的热导率。边界条件为

$$\begin{aligned}&U_{\mathrm{p}}|_{z=0}=U_1; && T_{\mathrm{p}}|_{z=0}=T_1\\&U_{\mathrm{p}}|_{z\to\infty}(=U_{\mathrm{p}\infty})=U_\infty; && T_{\mathrm{p}}|_{z\to\infty}(=T_{\mathrm{p}\infty})=T_\infty\end{aligned} \tag{6.92}$$

颗粒速度和温度的变化率分别与曳力系数 C_{D} 和传热系数有关。在气固两相流中，曳力系数和传热系数都是颗粒雷诺数和固体体积分数的函数。这些关系式主要是用经验或半经验式表示 (参见 §1.2 和 §4.3)。在很稀的悬浮系统中，单颗粒的

曳力系数 C_{D} 和颗粒努塞特数 $\mathrm{Nu_p}$ 可应用到式 (6.90) 和式 (6.91) 中。例如，在一个由空气和 10μm 的玻璃微珠形成的混合系统中，颗粒和气体质量流比为 0.2，马赫数为 1.5，依据前述的方程，曳力系数和传热系数的不同关系表明显著地影响着压力、速度和温度，如图 6.13 所示 [Rudinger, 1969]。颗粒体积分数以及颗粒对气体的流量比值对正激波后平衡速度 U_∞ 的影响，作为激波前方速度 U_1 的函数关系均见图 6.14 [Rudinger, 1965]。可以看到，平衡速度随颗粒对气体质量比的增加而减小，随颗粒体积分数的增加而增加。还要注意到，随着颗粒体积分数的增加，颗粒与颗粒间的碰撞，以及其他类型颗粒间的相互作用就会变得越来越重要，这时，计算中假设颗粒间的相互作用忽略不计就不再适用了。

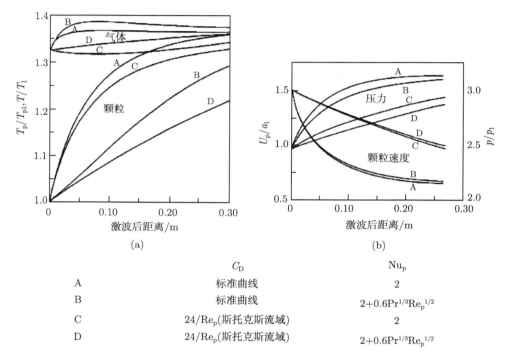

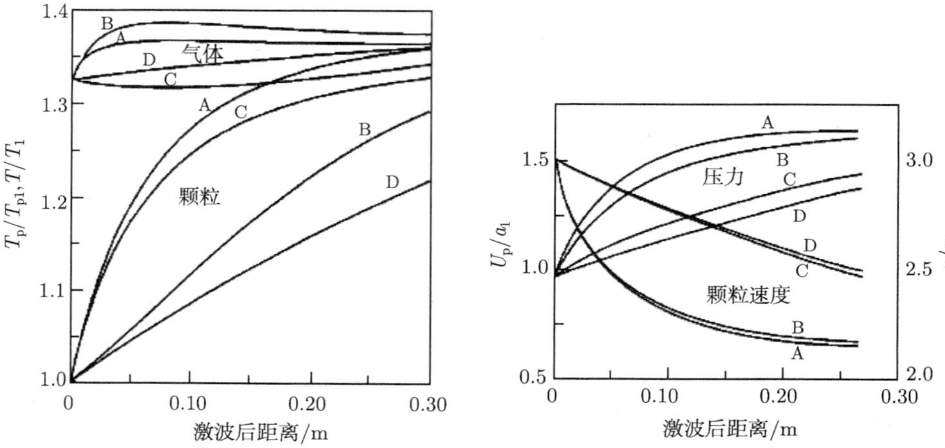

(a)　　(b)

	C_{D}	$\mathrm{Nu_p}$
A	标准曲线	2
B	标准曲线	$2+0.6\mathrm{Pr}^{1/3}\mathrm{Re_p}^{1/2}$
C	$24/\mathrm{Re_p}$(斯托克斯流域)	2
D	$24/\mathrm{Re_p}$(斯托克斯流域)	$2+0.6\mathrm{Pr}^{1/3}\mathrm{Re_p}^{1/2}$

图 6.13　在气固悬浮系统中曳力系数 C_{D} 和努塞特数 $\mathrm{Nu_p}$ 对各相动力学特性的影响 [Rudinger, 1965] (实验条件：玻璃珠 10μm，马赫数 $\mathrm{Ma}=1.5$，$m_{\mathrm{p}}=0.2$)

(a) 温度分布；(b) 压力分布和颗粒速度分布

我们所介绍的无限大空间中稀疏和均匀分布的悬浮系统中的正激波，仅代表正激波传播中最简单的情况。对于正激波通过变截面的一维管道，气相和颗粒相的方程组可以用特征线求解法导出 [Soo, 1990]。文献中报道的应用特征线法的例子，是空气中悬浮 10μm 的玻璃珠，由冲击驱动活塞产生中心膨胀波和激波 [Rudinger and Chang, 1964]。正激波的分析方法也可以推广到斜激波。对于斜激波，激波波峰不垂直于流体运动方向。但是对于大颗粒，由于颗粒惯性的作用，斜激波后方气体和颗粒的速度矢量不再是平行的。因此，激波后的流动就变成了二维流动，这就需要更复杂的数学处理了 [Morgenthaler, 1962; Peddieson, 1975; Chang, 1975]。

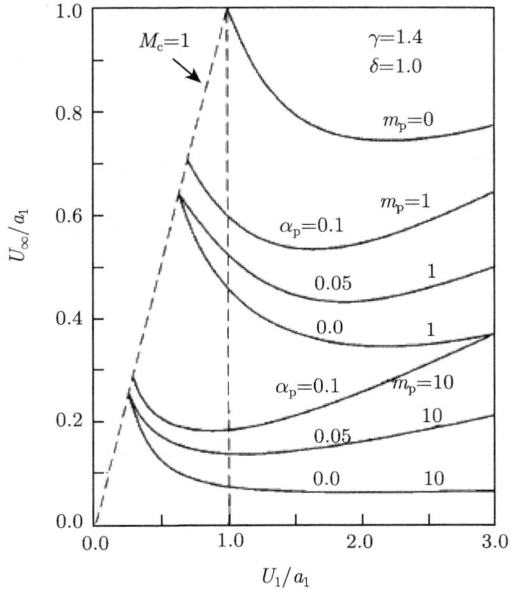

图 6.14 在气固悬浮系统中正激波前颗粒体积分数对平衡速度的影响 [Rudinger, 1965]

6.5 不稳态性

多相流的不稳定性分析通常是根据连续介质假设和各相的运动方程。常见的有两种不同的方法。一种方法是类似于表面波的情况，用运动方程研究波的传播速度。微元表面的脉动可表示为

$$y = y_0 e^{i(kr-Ct)} \tag{6.93}$$

式中，k 是波数；C 是波速。应当注意的是，当 C 的虚部为正时，脉动将呈指数地增长。因此不稳定的判据可以从波速的虚部分析来确定。

另一种方法是当小扰动波引入系统时，研究扰动波的生长率，然后可以导出稳态性的准则。

在气固多相流中，波的传播方法通常用于研究分层管流的稳定性，这类似于自由表面为主的气—液的波动运动。扰动法通常用于研究流化床的稳定性，下面将介绍这两种方法。

6.5.1　分层管流中的波运动

稠密悬浮系统不稳定性的基本描述需要知道各相间的相互作用和波状分层运动的来源 [Zhu, 1991; Zhu *et al.*, 1996]。流动的分层包括沿水平管道底部流动的固体稠密相的波运动，或竖直管道中靠近管壁附近流动的固体稠密层波运动。前者的分析是部分地依据德克雷西 [de Crecy，1986] 对液体—蒸气分层流的理论研究。

6.5.1.1　分层管流的一般考虑

为简化对分层管流波动的分析，做如下假设：

(1) 分层管流由无限薄界面的稀疏流和稠密流组成。

(2) 在任意截面上每个相 (气相和固相) 都是连续的。

(3) 区域内的平均流动是不稳定的而且是一维的。

(4) 管道的横截面积和形状都是不变的，管壁是无渗漏的。

在一个区域 k 中，相 j(可以是气相，也可以是固相) 的瞬时区域平均值可定义为

$$\langle x_{\mathrm{jk}}\rangle=\frac{1}{A_{\mathrm{k}}}\int\limits_{A_{\mathrm{k}}(z,t)}x_{\mathrm{jk}}\mathrm{d}A \tag{6.94}$$

根据德勒哈耶 [Delhaye，1981] 的研究，沿管道轴向瞬时区域平均的连续性方程为

$$\frac{\partial}{\partial t}A_{\mathrm{k}}\langle\rho_{\mathrm{jk}}\rangle+\frac{\partial}{\partial z}A_{\mathrm{k}}\langle\rho_{\mathrm{jk}}W_{\mathrm{jk}}\rangle=-\int\limits_{C(z,t)}\frac{\mathrm{d}m_{\mathrm{jk}}}{\mathrm{d}t}\frac{\mathrm{d}C}{\boldsymbol{n}_{\mathrm{jk}}\cdot\boldsymbol{n}_{\mathrm{kc}}} \tag{6.95}$$

沿管道轴向的动量方程为

$$\begin{aligned}&\frac{\partial}{\partial t}A_{\mathrm{k}}\langle\rho_{\mathrm{jk}}W_{\mathrm{jk}}\rangle+\frac{\partial}{\partial z}A_{\mathrm{k}}\langle\rho_{\mathrm{jk}}W_{\mathrm{jk}}^2\rangle-A_{\mathrm{k}}\langle\rho_{\mathrm{jk}}f_{\mathrm{zj}}\rangle+\frac{\partial}{\partial z}A_{\mathrm{k}}\langle p_{\mathrm{jk}}\rangle-\frac{\partial}{\partial z}A_{\mathrm{k}}\langle\boldsymbol{n}_{\mathrm{z}}\cdot\boldsymbol{n}_{\mathrm{jk}}\cdot\boldsymbol{n}_{\mathrm{z}}\rangle\\&=-\int\limits_{C(z,t)}\frac{\mathrm{d}m_{\mathrm{jk}}}{\mathrm{d}t}W_{\mathrm{jk}}\frac{\mathrm{d}C}{\boldsymbol{n}_{\mathrm{k}}\cdot\boldsymbol{n}_{\mathrm{kc}}}-\int\limits_{C\cup C_{\mathrm{k}}(z,t)}\boldsymbol{n}_{\mathrm{z}}\cdot(\boldsymbol{n}_{\mathrm{k}}\cdot(p_{\mathrm{jk}}I-\tau_{\mathrm{jk}}))\frac{\mathrm{d}C}{\boldsymbol{n}_{\mathrm{k}}\cdot\boldsymbol{n}_{\mathrm{kc}}}\end{aligned} \tag{6.96}$$

式中，A_{k}、A_{i} 、C_{k}、C、$\boldsymbol{n}_{\mathrm{z}}$、$\boldsymbol{n}_{\mathrm{kc}}$ 和 $\boldsymbol{n}_{\mathrm{k}}$ 在图 6.15 中定义。

式 (6.96) 中的积分项可以做简化处理。要注意的是：①$C(z,t)$ 代表界面 A_{i} 和横截面的共同边界；②$C_{\mathrm{k}}(z,t)+C(z,t)$ 是横截面内的封闭曲线，C_{k} 是在管壁上；③$\boldsymbol{n}_{\mathrm{kc}}$ 位于横截面平面内而且朝向 k 区以外，是 C 的法向单位向量。通过交界面的质量传递率可表示为

$$\int\limits_{C(z,t)}\frac{\mathrm{d}m_{\mathrm{jk}}}{\mathrm{d}t}\frac{\mathrm{d}C}{\boldsymbol{n}_{\mathrm{k}}\cdot\boldsymbol{n}_{\mathrm{kc}}}=\sum_{l=1}^{N-1}(\dot{m}_{\mathrm{jkl}}-\dot{m}_{\mathrm{jlk}})C \tag{6.97}$$

式中，$\dot{m}_{\mathrm{jkl}}$ 是 k 区内 j 相到 l 相的质量传递率；$\dot{m}_{\mathrm{jlk}}$ 是 l 相到 j 相的质量传递率。

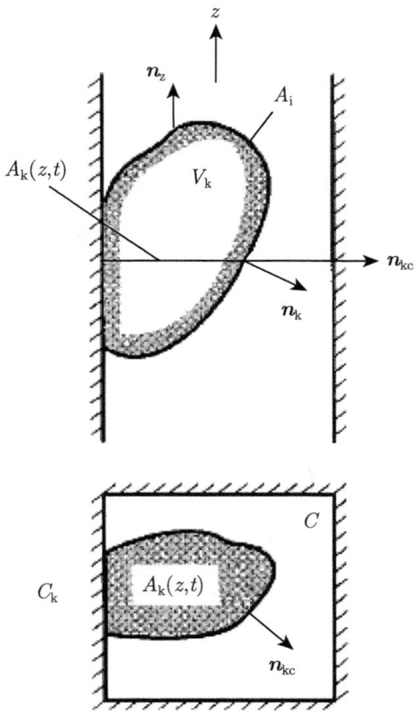

图 6.15　区域平均的一般结构

通过交界面的质量传递引起的动量传递可给出为

$$\int_{C(z,t)} \frac{\mathrm{d}m_{\mathrm{jk}}}{\mathrm{d}t} W_{\mathrm{jk}} \frac{\mathrm{d}C}{\boldsymbol{n}_{\mathrm{k}} \cdot \boldsymbol{n}_{\mathrm{kc}}} = \sum_{l=1}^{N-1} (\dot{m}_{\mathrm{jkl}} W_{\mathrm{jk}} - \dot{m}_{\mathrm{jlk}} W_{\mathrm{lk}}) C \tag{6.98}$$

按第 (4) 个假设，在 C_{k} 上，$\boldsymbol{n}_{\mathrm{k}} \cdot \boldsymbol{n}_{\mathrm{z}} = 0$；因此对压力的积分可写成

$$\int_{C \cup C_{\mathrm{k}}(z,t)} (\boldsymbol{n}_{\mathrm{z}} \cdot \boldsymbol{n}_{\mathrm{k}}) p_{\mathrm{jk}} \frac{\mathrm{d}C}{\boldsymbol{n}_{\mathrm{k}} \cdot \boldsymbol{n}_{\mathrm{kc}}} = p_{\mathrm{jk}} \int_{C_{\mathrm{k}}(z,t)} \boldsymbol{n}_{\mathrm{z}} \cdot \boldsymbol{n}_{\mathrm{k}} \frac{\mathrm{d}C}{\boldsymbol{n}_{\mathrm{k}} \cdot \boldsymbol{n}_{\mathrm{kc}}} \tag{6.99}$$

式中，P_{jki} 是交界面处 k 区内 j 相的压力。高斯定理的极限形式为 [Delhaye, 1981]

$$\int_{C(z,t)} \boldsymbol{n}_{\mathrm{z}} \cdot \boldsymbol{n}_{\mathrm{k}} \frac{\mathrm{d}C}{\boldsymbol{n}_{\mathrm{k}} \cdot \boldsymbol{n}_{\mathrm{kc}}} = -\frac{\partial A_{\mathrm{k}}}{\partial z} \tag{6.100}$$

则式 (6.99) 可以简化为

$$\int\limits_{C\cup C_{\mathrm{k}}(z,t)} (\boldsymbol{n}_{\mathrm{z}}\cdot\boldsymbol{n}_{\mathrm{k}})p_{\mathrm{jk}}\frac{\mathrm{d}C}{\boldsymbol{n}_{\mathrm{k}}\cdot\boldsymbol{n}_{\mathrm{kc}}}=-p_{\mathrm{jki}}\frac{\partial A_{\mathrm{k}}}{\partial z} \tag{6.101}$$

而且还可以将交界面的应力表示为

$$\int\limits_{C(z,t)} \boldsymbol{n}_{\mathrm{z}}\cdot(\boldsymbol{n}_{\mathrm{k}}\cdot\boldsymbol{\tau}_{\mathrm{jk}})\frac{\mathrm{d}C}{\boldsymbol{n}_{\mathrm{k}}\cdot\boldsymbol{n}_{\mathrm{kc}}}=-\varepsilon_{\mathrm{k}}\tau_{\mathrm{jki}}C \tag{6.102}$$

式中，$\boldsymbol{\tau}_{\mathrm{jk}}$ 是 k 区内 j 相的应力张量；τ_{jki} 是 k 区内 j 相交界面应力在管道轴线上的投影。对于一个区域 $\varepsilon_{\mathrm{k}}=1$，对于另一个区域 $\varepsilon_{\mathrm{k}}=-1$，管壁处的壁面剪应力或摩擦力为

$$\int\limits_{C_{\mathrm{k}}(z,t)} \boldsymbol{n}_{\mathrm{z}}\cdot(\boldsymbol{n}_{\mathrm{k}}\cdot\tau_{\mathrm{jk}})\frac{\mathrm{d}C}{\boldsymbol{n}_{\mathrm{k}}\cdot\boldsymbol{n}_{\mathrm{kc}}}=-C_{\mathrm{k}}\chi_{\mathrm{jf}}\tau_{\mathrm{jkw}} \tag{6.103}$$

式中，χ_{jf} 是 j 相摩擦周长的分数；τ_{jkw} 是在 k 区内 j 相的壁面剪应力在管道轴线上的投影。

k 区内 j 相的体积分数 (或面积分数) 为

$$\alpha_{\mathrm{jk}}=\frac{A_{\mathrm{jk}}}{A_{\mathrm{k}}} \tag{6.104}$$

显然有

$$\sum\alpha_{\mathrm{jk}}=1 \tag{6.105}$$

现在可将 k 区内 j 相的固有平均值定义为

$$^{i}\langle x_{\mathrm{jk}}\rangle=\frac{1}{A_{\mathrm{jk}}}\int\limits_{A_{\mathrm{jk}}(z,t)} x_{\mathrm{jk}}\mathrm{d}A \tag{6.106}$$

区域平均和固有平均的关系是

$$\langle x_{\mathrm{jk}}\rangle=\alpha_{\mathrm{jk}}\ {}^{i}\langle x_{\mathrm{jk}}\rangle \tag{6.107}$$

为了进一步简化问题，我们采用类似于式 (5.129) 和式 (5.130) 中固有平均速度和固有速度张量这样的概念。这样，式 (6.95) 和式 (6.96) 就分别变成了

$$\frac{\partial}{\partial t}A_{\mathrm{k}}\alpha_{\mathrm{jk}}\ {}^{i}\langle\rho_{\mathrm{jk}}\rangle+\frac{\partial}{\partial z}A_{\mathrm{k}}\alpha_{\mathrm{jk}}\ {}^{i}\langle\rho_{\mathrm{jk}}\rangle\langle W_{\mathrm{jk}}\rangle=\sum_{l=1}^{N-1}(\dot{m}_{\mathrm{jlk}}-\dot{m}_{\mathrm{jkl}})C \tag{6.108}$$

和

$$\frac{\partial}{\partial t}A_{\mathrm{k}}\alpha_{\mathrm{jk}}\ {}^{i}\langle\rho_{\mathrm{jk}}\rangle\ {}^{i}\langle W_{\mathrm{jk}}\rangle+\frac{\partial}{\partial z}A_{\mathrm{k}}\alpha_{\mathrm{jk}}\ {}^{i}\langle\rho_{\mathrm{jk}}\rangle\ {}^{i}\langle W_{\mathrm{jk}}W_{\mathrm{jk}}\rangle-A_{\mathrm{k}}\alpha_{\mathrm{jk}}\ {}^{i}\langle\rho_{\mathrm{jk}}\rangle\ \langle f_{\mathrm{z}}\rangle$$

$$+\frac{\partial}{\partial z}A_{\mathrm{k}}\alpha_{\mathrm{jk}}\ {}^{i}\langle\rho_{\mathrm{jk}}\rangle-\frac{\partial}{\partial z}A_{\mathrm{k}}\alpha_{\mathrm{jk}}\ {}^{i}\langle\boldsymbol{n}_{\mathrm{z}}\cdot\boldsymbol{\tau}_{\mathrm{jk}}\cdot\boldsymbol{n}_{\mathrm{z}}\rangle$$

$$=\sum_{t=1}^{N-1}(\dot{m}_{\mathrm{jlk}}W_{\mathrm{jl}}-\dot{m}_{\mathrm{jkl}}W_{\mathrm{jk}})C-P_{\mathrm{jki}}\frac{\partial A_{\mathrm{k}}}{\partial z}-\varepsilon_{\mathrm{k}}\tau_{\mathrm{jki}}C-C_{\mathrm{k}}\chi_{\mathrm{jf}}\tau_{\mathrm{jkw}} \tag{6.109}$$

式中的速度张量可作如下近似：${}^{i}\langle W_{\mathrm{jk}}W_{\mathrm{jk}}\rangle\approx{}^{i}\langle W_{\mathrm{jk}}\rangle{}^{i}\langle W_{\mathrm{jk}}\rangle$。

气相 (j 为气体) 的膨胀率在管道轴线上的投影可表示为

$$\frac{\partial}{\partial z}A_{\mathrm{k}}\alpha_{\mathrm{jk}}\ {}^{i}\langle\boldsymbol{n}_{\mathrm{z}}\cdot\boldsymbol{\tau}_{\mathrm{jk}}\cdot\boldsymbol{n}_{\mathrm{z}}\rangle=F_{\mathrm{k}}({}^{i}\langle W_{\mathrm{pk}}\rangle-{}^{i}\langle W_{\mathrm{k}}\rangle) \tag{6.110}$$

式中，$\boldsymbol{\tau}_{\mathrm{k}}$ 是 k 区内的气相应力张量。注意到式 (6.109) 左端最后两项代表有效总应力在管道轴线上的投影，因此对于稠密悬浮区域中固相，我们有

$$\frac{\partial}{\partial z}A_{\mathrm{k}}\alpha_{\mathrm{pk}}\ {}^{i}\langle\boldsymbol{n}_{\mathrm{z}}\cdot\boldsymbol{T}_{\mathrm{pk}}\cdot\boldsymbol{n}_{\mathrm{z}}\rangle=-\frac{\partial}{\partial z}\left(A_{\mathrm{k}}\alpha_{\mathrm{pk}}C_{\mathrm{pp}}\frac{\partial^{i}\langle W_{\mathrm{pk}}\rangle}{\partial z}\right)+F_{\mathrm{pk}}({}^{i}\langle W_{\mathrm{k}}\rangle-{}^{i}\langle W_{\mathrm{pk}}\rangle) \tag{6.111}$$

式中，C_{pp} 是由于相的膨胀引起的动量传递系数。

在接下来的讨论中，我们要去掉符号 ${}^{i}\langle\ \rangle$，所涉及的速度和密度可理解为固有平均值。

6.5.1.2 水平管道中的分层流

图 6.16 是水平管道中的分层流示意图。除了 §6.5.1.1 中的假设外，再对水平管道中的分层流分析做如下假设：①在横截面上的压力分布是由重力引起的；②各相间的质量传递可忽略不计；③稀疏区的颗粒存在可忽略不计，而稠密区的颗粒可看成是处于移动床状态。

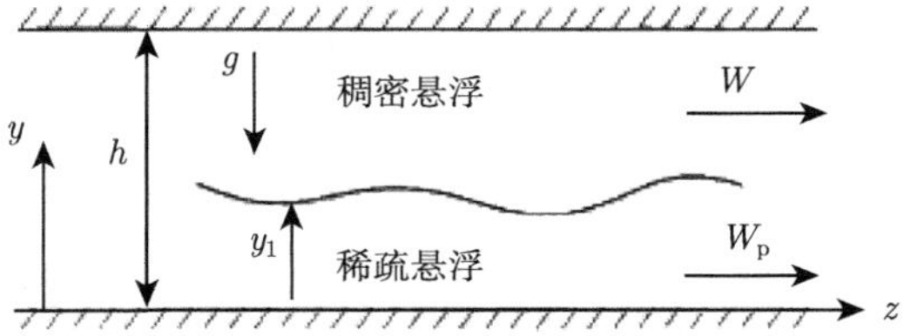

图 6.16 水平直管流中各相间的相互作用

在这一节，我们只讨论横截面为矩形的水平管道中分层流的情况。气相 (j 为气体) 膨胀率在管道轴线上投影很小 (对于低速槽道流是正确的)，亦即

$$\frac{\partial}{\partial z}A_{\mathrm{k}}\alpha_{\mathrm{pk}}\ {}^{i}\langle\boldsymbol{n}_{\mathrm{z}}\cdot\boldsymbol{\tau}_{\mathrm{k}}\cdot\boldsymbol{n}_{\mathrm{z}}\rangle\approx 0 \tag{6.112}$$

在稀疏区 (用下角标 “1” 表示)，$\alpha_1\approx 1$，该区域的横截面积由下式给出

$$\frac{A_1}{A}=1-\frac{y_{\mathrm{i}}}{h} \tag{6.113}$$

式中，A 是管道的横截面积；$y_{\rm i}$ 是交界面的深度；h 是管道的高度。根据假设①，当地压力为

$$p_1 = P_{\rm i} - g\int_{y_{\rm i}}^{y} \rho\,{\rm d}y \tag{6.114}$$

式中，$P_{\rm i}$ 是交界面处的压力，因此可得到区域平均压力

$$\langle p_1\rangle = P_{\rm i} + \frac{1}{h-y_{\rm i}}\int_{y_{\rm i}}^{h}\left(g\int_{y}^{y_{\rm i}}\rho{\rm d}y\right){\rm d}y = P_{\rm i} - \frac{\rho\,g(h-y_{\rm i})}{2} \tag{6.115}$$

这样，由式 (6.108) 和式 (6.109) 可得到

$$\frac{\partial A_1}{\partial t} + \frac{\partial}{\partial z}(A_1W) = 0 \tag{6.116}$$

和

$$\begin{aligned}&\frac{\partial}{\partial t}(A_1W) + \frac{\partial}{\partial z}(A_1W^2) - \frac{g}{2}\frac{\partial}{\partial z}(A_1(h-y_{\rm i})) + \frac{1}{\rho}\frac{\partial}{\partial z}(A_1P_{\rm i})\\ =&\frac{P_{\rm i}}{\rho}\frac{\partial A_1}{\partial z} + \frac{1}{\rho}(\tau_{\rm i}C + C_1\tau_{\rm gw})\end{aligned} \tag{6.117}$$

式中，$\tau_{\rm gw}$ 是稀疏区气相壁面剪应力在管道轴线上的投影。由式 (6.113) 和式 (6.116) 可得到

$$\frac{\partial}{\partial z}(A_1W^2) = -2W\frac{\partial A_1}{\partial t} - W^2\frac{\partial A_1}{\partial z} = \frac{A}{h}\left(2W\frac{\partial y_{\rm i}}{\partial t} + W^2\frac{\partial y_{\rm i}}{\partial z}\right) \tag{6.118}$$

式 (6.117) 可变成

$$\begin{aligned}&\frac{\partial}{\partial t}(A_1W) + \frac{A}{h}\left(2W\frac{\partial y_{\rm i}}{\partial t} + W^2\frac{\partial y_{\rm i}}{\partial z}\right) + Ag\left(1-\frac{y_{\rm i}}{h}\right)\frac{\partial y_{\rm i}}{\partial z}\\ &+\frac{A_1}{\rho}\frac{\partial P_{\rm i}}{\partial z} + \frac{1}{\rho}(\tau_{\rm i}C + C_1\tau_{\rm gw}) = 0\end{aligned} \tag{6.119}$$

在稠密区 (用下角标 “2” 表示)，固体颗粒处于移动床状态。我们再假设气体和颗粒之间运动无滑移，这样，我们可以把气相和固相看成是一个拟单相流，即 α_2=1，则该区横截面积可由下式给出

$$\frac{A_2}{A} = \frac{y_{\rm i}}{h} \tag{6.120}$$

该区混合物的平均压力可表示为

$$\langle p_2\rangle = P_\mathrm{i} + \frac{1}{y_\mathrm{i}}\int_0^{y_\mathrm{i}}\left(g\int_y^{y_\mathrm{i}}\rho_\mathrm{m}\mathrm{d}y\right)\mathrm{d}y = P_\mathrm{i} + \frac{\rho_\mathrm{m} g y_\mathrm{i}}{2} \tag{6.121}$$

由式 (6.108) 和式 (6.109) 可得到混合物的连续性方程和动量方程

$$\frac{\partial A_2}{\partial t} + \frac{\partial}{\partial z}(A_2 W_\mathrm{p}) = 0 \tag{6.122}$$

和

$$\begin{aligned}&\frac{\partial}{\partial t}(A_2 W_\mathrm{p}) - \frac{A}{h}\left(2W_\mathrm{p}\frac{\partial y_\mathrm{i}}{\partial t} + W_\mathrm{p}^2\frac{\partial y_\mathrm{i}}{\partial z}\right) + gA\frac{y_\mathrm{i}}{h}\frac{\partial y_\mathrm{i}}{\partial z}\\&+\frac{A_2}{\rho_\mathrm{m}}\frac{\partial P_\mathrm{i}}{\partial z} + \frac{1}{\rho_\mathrm{m}}(\tau_\mathrm{i} C + C_\mathrm{m}\tau_\mathrm{mw}) = 0\end{aligned} \tag{6.123}$$

式中，τ_mw 是稠密区混合物的壁面剪应力在管道轴线上的投影。

对于内部非稳态波动，假设总质量流为常数是合理的，即

$$\rho A_1 W + \rho_\mathrm{m} A_2 W_\mathrm{p} = \text{常数} \tag{6.124}$$

结合式 (6.119)、式 (6.123) 和式 (6.124)，可以得到交界面上的波动方程

$$C_\mathrm{t}\frac{\partial y_\mathrm{i}}{\partial t} + C_\mathrm{z}\frac{\partial y_\mathrm{i}}{\partial z} = C_\mathrm{c} \tag{6.125}$$

式中，C_t、C_z 和 C_c 分别由下式给出

$$\begin{aligned}C_\mathrm{t} &= \frac{2\left(\rho W - \rho_\mathrm{m} W_\mathrm{p}\right)}{h}\\C_\mathrm{z} &= \frac{\left(\rho W^2 - \rho_\mathrm{m} W_\mathrm{p}^2\right)}{h} + \rho g + \left(\rho_\mathrm{m} - \rho\right)\frac{y_\mathrm{i}}{h}\\C_\mathrm{c} &= -\frac{\partial P_\mathrm{i}}{\partial z} - \frac{\left(C_1\tau_\mathrm{gw} + C_\mathrm{m}\tau_\mathrm{mw}\right)}{A}\end{aligned} \tag{6.126}$$

按照前述的模型，由于 $C_\mathrm{t} \neq 0$，所以总是有不稳定流。可得到交界面上的波动速率

$$U_\mathrm{i} = \frac{C_\mathrm{z}}{C_\mathrm{t}} = \frac{\rho W^2 - \rho_\mathrm{m} W_\mathrm{p}^2 + \rho g h + (\rho_\mathrm{m} - \rho) y_\mathrm{i}}{2(\rho W - \rho_\mathrm{m} W_\mathrm{p})} \tag{6.127}$$

另外，对于稳定的波动，由于 $C_\mathrm{c}=0$，导致压力损失和壁面摩擦力间的平衡

$$-\frac{\partial P_\mathrm{i}}{\partial z} = \frac{\left(C_1\tau_\mathrm{gw} + C_\mathrm{m}\tau_\mathrm{mw}\right)}{A} \tag{6.128}$$

6.5.1.3　竖直管道中的分层流

图 6.17 是竖直管道中分层流示意图。除了在 §6.5.1.1 中的假设外，对竖直管道中的分层流分析中引入如下假设：①流动是轴对称的；②流动包括核心区域的稀疏悬浮流和靠近管壁处的稠密流动；③每个区域内固体浓度分布是均匀的；④气相和固相间没有相变。

利用式 (6.108) 和式 (6.109)，每个区域内每个相的连续性方程和动量方程在下面给出

A. 核心区域的气相

$$\frac{\partial}{\partial t}A_{\mathrm{c}}\alpha_{\mathrm{c}}+\frac{\partial}{\partial z}A_{\mathrm{c}}\alpha_{\mathrm{c}}W_{\mathrm{c}}=(\dot{m}_{\mathrm{wc}}-\dot{m}_{\mathrm{cw}})\frac{C}{\rho} \tag{6.129}$$

和

$$\begin{aligned}&\frac{\partial}{\partial t}A_{\mathrm{c}}\alpha_{\mathrm{c}}W_{\mathrm{c}}+\frac{\partial}{\partial z}A_{\mathrm{c}}\alpha_{\mathrm{c}}W_{\mathrm{c}}^{2}+A_{\mathrm{c}}\alpha_{\mathrm{c}}g+\frac{1}{\rho}\frac{\partial}{\partial z}A_{\mathrm{c}}\alpha_{\mathrm{c}}p_{\mathrm{c}}\\&=\frac{F_{\mathrm{gpc}}}{\rho}(W_{\mathrm{pc}}-W_{\mathrm{c}})+(\dot{m}_{\mathrm{wc}}W_{\mathrm{w}}-\dot{m}_{\mathrm{cw}}W_{\mathrm{c}})\frac{C}{\rho}+\frac{\alpha_{\mathrm{c}}P_{\mathrm{i}}}{\rho}\frac{\partial A_{\mathrm{c}}}{\partial z}-\frac{\tau_{\mathrm{ci}}C}{\rho}\end{aligned} \tag{6.130}$$

式 (6.130) 中等号右端第一项代表气相和颗粒之间的曳力，F_{gpc} 是由于核心区的阻力造成的颗粒向气体的动量传递系数；τ_{ci} 是核心区气相的交界面剪应力在管道轴线上的投影。

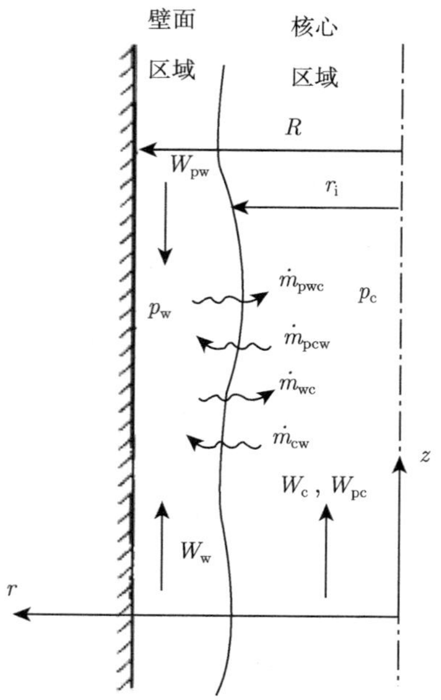

图 6.17　竖直管流中各相间的相互作用

B. 核心区的颗粒相

$$\frac{\partial}{\partial t}A_{\mathrm{c}}\alpha_{\mathrm{pc}}+\frac{\partial}{\partial z}A_{\mathrm{c}}\alpha_{\mathrm{pc}}W_{\mathrm{pc}}=(\dot{m}_{\mathrm{pwc}}-\dot{m}_{\mathrm{pcw}})\frac{C}{\rho_{\mathrm{p}}} \tag{6.131}$$

和

$$\frac{\partial}{\partial t}A_{\mathrm{c}}\alpha_{\mathrm{pc}}W_{\mathrm{pc}}+\frac{\partial}{\partial z}A_{\mathrm{c}}\alpha_{\mathrm{pc}}W_{\mathrm{pc}}^{2}+A_{\mathrm{c}}\alpha_{\mathrm{pc}}g$$
$$=\frac{F_{\mathrm{gpc}}}{\rho_{\mathrm{p}}}(W_{\mathrm{c}}-W_{\mathrm{pc}})+(\dot{m}_{\mathrm{pwc}}W_{\mathrm{pw}}-\dot{m}_{\mathrm{pcw}}W_{\mathrm{pc}})\frac{C}{\rho_{\mathrm{p}}}-\frac{\tau_{\mathrm{pci}}C}{\rho_{\mathrm{p}}} \tag{6.132}$$

式中，τ_{pci} 是核心区颗粒相的交界面剪应力在管道轴线上的投影；F_{pgc} 是核心区曳力的作用由气体向颗粒的动量传递系数。

C. 近壁区的气相

$$\frac{\partial}{\partial t}A_{\mathrm{wc}}\alpha_{\mathrm{c}}+\frac{\partial}{\partial z}A_{\mathrm{c}}\alpha_{\mathrm{c}}W_{\mathrm{c}}=(\dot{m}_{\mathrm{wc}}-\dot{m}_{\mathrm{cw}})\frac{C}{\rho} \tag{6.133}$$

和

$$\frac{\partial}{\partial t}A_{\mathrm{w}}\alpha_{\mathrm{w}}W_{\mathrm{w}}+\frac{\partial}{\partial z}A_{\mathrm{w}}\alpha_{\mathrm{w}}W_{\mathrm{w}}^{2}+A_{\mathrm{w}}\alpha_{\mathrm{w}}g+\frac{1}{\rho}\frac{\partial}{\partial z}A_{\mathrm{w}}\alpha_{\mathrm{w}}p_{\mathrm{w}}$$
$$=\frac{F_{\mathrm{gpw}}}{\rho}(W_{\mathrm{pw}}-W_{\mathrm{w}})+(\dot{m}_{\mathrm{cw}}W_{\mathrm{c}}-\dot{m}_{\mathrm{wc}}W_{\mathrm{w}})\frac{C}{\rho}+\frac{\alpha_{\mathrm{w}}P_{\mathrm{i}}}{\rho}\frac{\partial A_{\mathrm{w}}}{\partial z}+\frac{\tau_{\mathrm{wi}}C}{\rho}-\frac{C_{\mathrm{w}}\chi_{\mathrm{wg}}\tau_{\mathrm{w}}}{\rho} \tag{6.134}$$

式中，F_{gpw} 是近壁区曳力的作用由颗粒向气体的动量传递系数；τ_{wi} 是近壁区气相的交界面应力在管道轴线上的投影；τ_{w} 是近壁区气相的壁面剪应力在管道轴线上的投影。

D. 近壁区的颗粒相

$$\frac{\partial}{\partial t}A_{\mathrm{w}}\alpha_{\mathrm{pw}}+\frac{\partial}{\partial z}A_{\mathrm{w}}\alpha_{\mathrm{pw}}W_{\mathrm{pw}}=(\dot{m}_{\mathrm{pcw}}-\dot{m}_{\mathrm{pwc}})\frac{C}{\rho_{\mathrm{p}}} \tag{6.135}$$

和

$$\frac{\partial}{\partial t}A_{\mathrm{w}}\alpha_{\mathrm{pw}}W_{\mathrm{pw}}+\frac{\partial}{\partial z}A_{\mathrm{w}}\alpha_{\mathrm{w}}W_{\mathrm{w}}^{2}+A_{\mathrm{w}}\alpha_{\mathrm{pw}}+\frac{1}{\rho_{\mathrm{p}}}\frac{\partial}{\partial z}\left(A_{\mathrm{w}}\alpha_{\mathrm{pw}}C_{\mathrm{pp}}\frac{\partial W_{\mathrm{pw}}}{\partial z}\right)$$
$$=\frac{F_{\mathrm{pgw}}}{\rho_{\mathrm{p}}}(W_{\mathrm{w}}-W_{\mathrm{pw}})+(\dot{m}_{\mathrm{pcw}}W_{\mathrm{pc}}-\dot{m}_{\mathrm{pwc}}W_{\mathrm{pw}})\frac{C}{\rho_{\mathrm{p}}}+\frac{\tau_{\mathrm{pwi}}C}{\rho_{\mathrm{p}}}-\frac{C_{\mathrm{w}}\chi_{\mathrm{wp}}\tau_{\mathrm{pw}}}{\rho_{\mathrm{p}}} \tag{6.136}$$

在近壁区域，由于曳力的作用，气相向颗粒传递动量，F_{pgw} 是近壁区由气体向颗粒的动量传递系数。τ_{pwi} 是近壁区颗粒相的交界面应力在管道轴线上的投影。τ_{pw}

是近壁区颗粒相的壁面剪应力在管道轴线上的投影。式 (6.136) 左端的最后一项代表由于颗粒间的相互碰撞而引起的颗粒相膨胀率。用前述的在各个区域内各相的连续方程和动量方程，可得到交界面处的方程。对于在核心区域的气相，从式 (6.126) 和式 (6.130) 可得到

$$\frac{\partial A_{\rm c}}{\partial t}+\left(W_{\rm c}+\frac{P_{\rm i}-p_{\rm c}}{W_{\rm c}\rho}\right)\frac{\partial A_{\rm c}}{\partial z}-\left(\frac{1}{W_{\rm c}}\frac{\partial W_{\rm c}}{\partial t}+\frac{g}{W_{\rm c}}+\frac{1}{W_{\rm c}\rho}\frac{\partial p_{\rm c}}{\partial z}\right)A_{\rm c}=2\frac{\dot{Q}}{\alpha_{\rm c}}-\frac{M_{\rm c}}{\alpha_{\rm c}W_{\rm c}} \tag{6.137}$$

式 (6.137) 中 $\dot{Q}$ 可由下式给出

$$\dot{Q}=\frac{(\dot{m}_{\rm wc}-\dot{m}_{\rm cw})C}{\rho} \tag{6.138}$$

$M_{\rm c}$ 由下式给出

$$M_{\rm c}=\frac{F_{\rm gpc}}{\rho}(W_{\rm pc}-W_{\rm c})+(\dot{m}_{\rm wc}W_{\rm w}-\dot{m}_{\rm cw}W_{\rm c})\frac{C}{\rho}+\frac{\tau_{\rm ci}C}{\rho} \tag{6.139}$$

对于核心区域的颗粒相，由式 (6.131) 和式 (6.132) 可得到

$$\frac{\partial A_{\rm c}}{\partial t}+W_{\rm pc}\frac{\partial A_{\rm c}}{\partial z}-\left(\frac{1}{W_{\rm pc}}\frac{\partial W_{\rm pc}}{\partial t}+\frac{g}{W_{\rm pc}}\right)A_{\rm c}=2\frac{\dot{Q}_{\rm p}}{\alpha_{\rm pc}}-\frac{M_{\rm pc}}{\alpha_{\rm pc}W_{\rm pc}} \tag{6.140}$$

式 (6.140) 中 $\dot{Q}_{\rm p}$ 可由下式给出

$$\dot{Q}_{\rm p}=\frac{(\dot{m}_{\rm pwc}-\dot{m}_{\rm pcw})C}{\rho_{\rm p}} \tag{6.141}$$

$M_{\rm pc}$ 由下式给出

$$M_{\rm pc}=\frac{F_{\rm pgc}}{\rho_{\rm p}}(W_{\rm c}-W_{\rm pc})+(\dot{m}_{\rm pwc}W_{\rm pw}-\dot{m}_{\rm pcw}W_{\rm pc})\frac{C}{\rho_{\rm p}}+\frac{\tau_{\rm pci}C}{\rho_{\rm p}} \tag{6.142}$$

在近壁区，$A_{\rm w}=A-A_{\rm c}$，因此对于近壁区的气相，由式 (6.133) 和式 (6.134) 可得到

$$\begin{aligned}&\frac{\partial A_{\rm c}}{\partial t}+\left(W_{\rm w}+\frac{P_{\rm i}-p_{\rm w}}{W_{\rm w}\rho}\right)\frac{\partial A_{\rm c}}{\partial z}-\left(\frac{1}{W_{\rm w}}\frac{\partial W_{\rm w}}{\partial t}+\frac{g}{W_{\rm w}}+\frac{1}{W_{\rm w}\rho}\frac{\partial p_{\rm w}}{\partial z}\right)A_{\rm c}\\&=2\frac{Q}{\alpha_{\rm w}}-\frac{M_{\rm w}}{\alpha_{\rm w}W_{\rm w}}-\left(\frac{1}{W_{\rm w}}\frac{\partial W_{\rm w}}{\partial t}+\frac{g}{W_{\rm w}}+\frac{1}{W_{\rm w}\rho}\frac{\partial p_{\rm w}}{\partial z}\right)A\end{aligned} \tag{6.143}$$

式 (6.145) 中 $M_{\rm w}$ 为

$$M_{\rm w}=\frac{F_{\rm gpw}}{\rho}(W_{\rm pw}-W_{\rm w})+(\dot{m}_{\rm cw}W_{\rm c}-\dot{m}_{\rm wc}W_{\rm w})\frac{C}{\rho}+\frac{\tau_{\rm wi}C}{\rho}-\frac{C_{\rm w}\chi_{\rm wg}\tau_{\rm w}}{\rho} \tag{6.144}$$

对于近壁区的颗粒相，由式 (6.135) 和式 (6.136) 可得到

$$\frac{\partial A_c}{\partial t}+\left(W_{pw}-\frac{C_{pp}}{\rho_p W_{pw}}\frac{\partial W_{pw}}{\partial z}\right)\frac{\partial A_c}{\partial z}-\left(\frac{1}{W_{pw}}\frac{\partial W_{pw}}{\partial t}+\frac{g}{W_{pw}}+\frac{C_{pp}}{\rho_p W_{pw}}\frac{\partial^2 W_{pw}}{\partial z^2}\right)A_c$$
$$=2\frac{\dot{Q}_p}{\alpha_{pw}}+\frac{M_{pw}}{\alpha_{pw}W_{pw}}-\left(\frac{1}{W_{pw}}\frac{\partial W_{pw}}{\partial t}+\frac{g}{W_{pw}}+\frac{C_{pp}}{\rho_p W_{pw}}\frac{\partial^2 W_{pw}}{\partial z^2}\right)A \tag{6.145}$$

式 (6.145) 中 M_{pw} 为

$$M_{pw}=\frac{F_{pgw}}{\rho_p}(W_w-W_{pw})+(\dot{m}_{pcw}W_{pc}-\dot{m}_{pwc}W_{pw})\frac{C}{\rho_p}+\frac{\tau_{pwi}C}{\rho_p}-\frac{C_w\chi_{wp}\tau_{pw}}{\rho_p} \tag{6.146}$$

注意式 (6.137)、式 (6.140)、式 (6.143) 和式 (6.145)，都是对于相同的交界面面积，所以它们具有相同的表达式

$$\frac{\partial A_c}{\partial t}+F_1\frac{\partial A_c}{\partial z}+F_2A_c=F_3 \tag{6.147}$$

因此交界面方程是一个波动方程，反映出流动是不稳定的波动。此外，因为这四个方程的每一项对应的系数应该是相等的，所以，在各个相中存在以下几个数量关系:

(1) 核心区各相间的滑移速度

$$W_c-W_{pc}=\frac{p_c-P_i}{W_c\rho} \tag{6.148}$$

(2) 近壁区各相间的滑移速度

$$W_w-W_{pw}=-\frac{C_{pp}}{\rho_p W_{pw}}\frac{\partial W_{pw}}{\partial z}+\frac{p_w-P_{wi}}{\rho W_w} \tag{6.149}$$

(3) W_{pw} 和 W_{pc} 的关系

$$\frac{C_{pp}}{\rho_p W_{pw}}\frac{\partial W_{pw}}{\partial z}=W_{pw}-W_{pc} \tag{6.150}$$

(4) W_c 和 W_{pc} 的关系

$$\frac{1}{W_{pc}}\frac{\partial W_{pc}}{\partial t}-\frac{1}{W_c}\frac{\partial W_c}{\partial t}+\left(\frac{1}{W_{pc}}-\frac{1}{W_c}\right)g=\frac{1}{\rho W_c}\frac{\partial p_c}{\partial z} \tag{6.151}$$

(5) W_w 和 W_{pw} 的关系

$$\frac{1}{W_{pw}}\frac{\partial W_{pw}}{\partial t}-\frac{1}{W_w}\frac{\partial W_w}{\partial t}+\left(\frac{1}{W_{pw}}-\frac{1}{W_w}\right)g=\frac{1}{\rho W_w}\frac{\partial p_w}{\partial z}-\frac{C_{pp}}{\rho_p W_{pw}}\frac{\partial^2 W_{pw}}{\partial z^2} \tag{6.152}$$

(6) W_{pw} 和 W_{pc} 的关系

$$\frac{1}{W_{\rm pw}}\frac{\partial W_{\rm pw}}{\partial t}-\frac{1}{W_{\rm pc}}\frac{\partial W_{\rm pc}}{\partial t}+\left(\frac{1}{W_{\rm pw}}-\frac{1}{W_{\rm pc}}\right)g+\frac{C_{\rm pp}}{\rho_{\rm p}W_{\rm pw}}\frac{\partial^2 W_{\rm pw}}{\partial z^2}=0 \tag{6.153}$$

(7) 核心区动量传递和质量传递间的关系

$$2\frac{\dot{Q}}{\alpha_{\rm c}}-\frac{M_{\rm c}}{\alpha_{\rm c}W_{\rm c}}=2\frac{\dot{Q}_{\rm p}}{\alpha_{\rm pc}}-\frac{M_{\rm pc}}{\alpha_{\rm pc}W_{\rm pc}} \tag{6.154}$$

(8) 近壁区动量传递和质量传递间的关系

$$2\frac{\dot{Q}}{\alpha_{\rm w}}+\frac{M_{\rm w}}{\alpha_{\rm w}W_{\rm w}}=2\frac{\dot{Q}_{\rm p}}{\alpha_{\rm w}}+\frac{M_{\rm pw}}{\alpha_{\rm pw}W_{\rm pw}} \tag{6.155}$$

(9) 两个区域间颗粒相动量传递和质量传递间的关系

$$\begin{aligned}2\dot{Q}_{\rm p}\left(1-\frac{\alpha_{\rm pc}}{\alpha_{\rm pw}}\right)W_{\rm pc}=&\,M_{\rm pc}+M_{\rm pw}\frac{\alpha_{\rm pc}}{\alpha_{\rm pw}}\frac{W_{\rm pc}}{W_{\rm pw}}\\&-\alpha_{\rm pc}\frac{W_{\rm pc}}{W_{\rm pw}}\left(\frac{\partial W_{\rm pw}}{\partial t}+g+\frac{C_{\rm pp}}{\rho_{\rm p}}\frac{\partial^2\alpha_{\rm pw}}{\partial z^2}\right)A\end{aligned} \tag{6.156}$$

重要的是要注意这 9 个关系式对问题的封闭是必不可少的。这里总共有 14 个未知数，分别是 $W_{\rm w}$、$W_{\rm c}$、$W_{\rm pc}$、$W_{\rm pw}$、$\dot{m}_{\rm cw}$、$\dot{m}_{\rm wc}$、$\dot{m}_{\rm pcw}$、$\dot{m}_{\rm pwc}$、$p_{\rm c}$、$p_{\rm w}$、$P_{\rm i}$、$A_{\rm c}$、$\alpha_{\rm pc}$ 和 $\alpha_{\rm pw}$。8 个独立的方程代表 4 对连续性方程和动量方程 (式 (6.129)~ 式 (6.136))，是最初建立的。将动量方程转换成波动方程，并令这些波动方程系数相等，导出 14 个独立的方程，分别是 4 个连续性方程、1 个波动方程、9 个关系式，因此方程组封闭。

6.5.2 连续波和动力波

§6.4 指出，气固两相流中由于流动中的扰动产生的波动，能在气固介质中传播。这个波的传播可造成各相局部体积分数的连续变化，它也可能使局部含气率或固体携带量发生一种不连续的阶梯性 (急剧) 的变化，这就是激波。波或激波因干扰源的不同会有许多不同的形式 [Wallis, 1969]。基本上波可分为连续波和动力波。虽然气固两相流中波动现象在性质上是二维或三维的，但为简单起见，在下面的讨论中只考察一维波动。

6.5.2.1 连续波

当气固两相流中的扰动形成局部固体携带量或含气率变化，以一定速度通过容器传播时，会产生连续波。换句话说，稳态含气率或固体携带量会传播到另一个状态，如图 6.18 所示，而传播过程中不会引起任何惯性或动量的动态影响 [Wallis, 1969]。

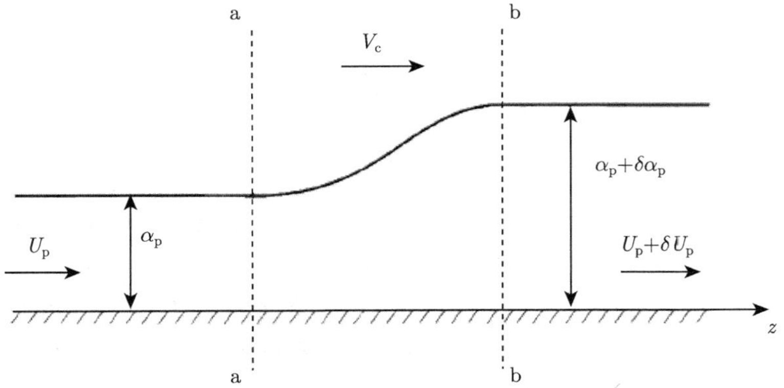

图 6.18 由于体积分数的变化而产生的连续波 [Wallis, 1969]

现在考察在一个横截面积不变的管道中不可压缩的气固两相流动。用 U、$U_{\rm p}$ 和 $U_{\rm m}$ 分别代表气体、固体和气固混合体系的表观速度，这三者的关系可表示为

$$U_{\rm m}=U+U_{\rm p} \tag{6.157}$$

求连续波速度可以考察通过 a-a 面和 b-b 面包围的控制体的固体携带量变化，如图 6.18 所示。图中显示，速度为 $V_{\rm c}$ 的波从固体携带量为 $\alpha_{\rm p}$ 的 a-a 面传播到固体携带量为 $\alpha_{\rm p}+\Delta\alpha_{\rm p}$ 的 b-b 面。接近移动波峰的固体流速应该等于离开该波峰的固体流速，即

$$U_{\rm p}-\alpha_{\rm p}V_{\rm c}=U_{\rm p}+\delta U_{\rm p}-V_{\rm c}(\alpha_{\rm p}+\delta\alpha_{\rm p}) \tag{6.158}$$

由此得到

$$V_{\rm c}=\frac{\partial U_{\rm p}}{\partial \alpha_{\rm p}} \tag{6.159}$$

$U_{\rm p}$ 也可表示为

$$U_{\rm p}=u_{\rm p}\alpha_{\rm p} \tag{6.160}$$

式中，$u_{\rm p}$ 是颗粒速度，由式 (6.159) 和式 (6.160) 可得到

$$V_{\rm c}=u_{\rm p}+\alpha_{\rm p}\frac{\partial u_{\rm p}}{\partial \alpha_{\rm p}} \tag{6.161}$$

在一个非平衡系统的小扰动的微元体内，固体的非稳态质量平衡由下式给出

$$\frac{\partial \alpha_{\rm p}}{\partial t}+\frac{\partial(\alpha_{\rm p}u_{\rm p})}{\partial z}=0 \tag{6.162}$$

由式 (6.162) 可导出

$$\frac{\left(\dfrac{\partial \alpha}{\partial t}\right)}{\left(\dfrac{\partial \alpha}{\partial z}\right)}+\alpha_{\rm p}\frac{\left(\dfrac{\partial u_{\rm p}}{\partial z}\right)}{\left(\dfrac{\partial \alpha_{\rm p}}{\partial z}\right)}+u_{\rm p}=0 \tag{6.163}$$

比较式 (6.161) 和式 (6.163) 可得到

$$V_c = -\frac{\left(\dfrac{\partial \alpha}{\partial t}\right)_z}{\left(\dfrac{\partial \alpha}{\partial z}\right)_t} \tag{6.164}$$

式 (6.164) 表示连续波速度是含气率随时间的变化与含气率随距离的变化的比值。这里提供了 V_c 的另一个定义 [Rietema, 1991]。

定义滑移速度 V_s 为 $u_p - u$, 此处 $u = U/\alpha$，在平衡条件下，通过系统的 U_m 是常数，说明 $(\alpha u + \alpha_p u_p)$ 或 $(u_p - \alpha V_s)$ 是常数。则式 (6.161) 可表示为

$$V_c = u_p + \alpha_p \frac{\partial(\alpha V_s)}{\partial \alpha_p} \tag{6.165}$$

对于一批固体物料的操作，$u_p = 0$，则式 (6.165) 可以简化为

$$V_c = (1-\alpha)\frac{\partial U}{\partial \alpha} \tag{6.166}$$

现在看一个颗粒流态化系统 (参见 §9.3.2)，对于 $\alpha < 0.7$ 可应用卡曼相关量 [Carman, 1937]，则有

$$\frac{U}{U_{pt}} = \frac{1}{10}\frac{\alpha^3}{(1-\alpha)} \tag{6.167}$$

对于该系统，由式 (6.166) 和式 (6.167) 可得到

$$V_c = U\frac{(3-2\alpha)}{\alpha} \tag{6.168}$$

6.5.2.2　*动力波*

瓦利斯 [Wallis，1969] 将单相流动力波定义为：只要有浓度梯度作用于流动介质产生净力, 就会发生动力波。对于两相流，即气固两相流，流动介质就是指气相，浓度是指固体携带量。因此，为了分析动力波，可以考察从气相和固相的动量扰动和质量平衡方程得到的波动方程。接下来在 §6.5.2.2 和 §6.5.2.3 中的分析是仿照雷特玛 [Rietema, 1991] 的分析。

气相和固相的质量平衡给出

$$\frac{\partial \alpha}{\partial t} + \frac{\partial(\alpha u)}{\partial z} = 0 \tag{6.169}$$

和

$$\frac{\partial(1-\alpha)}{\partial t} + \frac{\partial}{\partial z}[(1-\alpha)u_p] = 0 \tag{6.170}$$

用简化的双流体模型，气相的动量平衡可表示为

$$\alpha\frac{\partial p}{\partial z} + \alpha\rho g + F_i = 0 \tag{6.171}$$

式中，p 代表气固混合系统的压力；F_{i} 是气相和固相间的相互作用力，气相中的惯性项可以忽略不计。将拟稳态条件应用于式 (6.171)，同时考虑因气体密度较小和气体速度变化不大，可假设动力加速度是可忽略的。则固相的动量平衡可表示为

$$(1-\alpha)\rho_{\mathrm{p}}\frac{\partial u_{\mathrm{p}}}{\partial t}+(1-\alpha)\rho_{\mathrm{p}}u_{\mathrm{p}}\frac{\partial u_{\mathrm{p}}}{\partial z}+(1-\alpha)\frac{\partial p}{\partial z}+\frac{\partial \sigma_{\mathrm{z}}}{\partial z}+(1-\alpha)\rho_{\mathrm{p}}g-F_{\mathrm{i}}=0 \quad (6.172)$$

式中，σ_{z} 是由于颗粒与颗粒间的相互作用而引起的颗粒正应力，与在 z 方向上的正应力 σ_{z} 相比，颗粒剪应力 τ_{xz} 和 τ_{yz} 的变化是可忽略的。另外，颗粒相弹性模量可定义为

$$E=-\frac{\dfrac{\partial \sigma_{\mathrm{z}}}{\partial z}}{\dfrac{\partial \alpha}{\partial z}} \quad (6.173)$$

结合式 (6.171)、式 (6.172) 和式 (6.173) 可得到

$$(1-\alpha)\rho_{\mathrm{p}}\left[\frac{\partial u_{\mathrm{p}}}{\partial t}+u_{\mathrm{p}}\frac{\partial u_{\mathrm{p}}}{\partial z}\right]-E\frac{\partial \alpha}{\partial z}+(1-\alpha)(\rho_{\mathrm{p}}-\rho)g-\frac{F_{\mathrm{i}}}{\alpha}=0 \quad (6.174)$$

因此，可得到三个独立的方程式 (6.169)、式 (6.170) 和式 (6.174)，以及三个因变量 α、u 和 u_{p}。

为了获得动力波速的表达式，可考察一个扰动施加在稳态流动上产生了 α、u 和 u_{p}，如式 (6.175)、式 (6.176) 和式 (6.177) 所示

$$\alpha=\alpha^0+\alpha' \quad (6.175)$$

$$u=u^0+u' \quad (6.176)$$

$$u_{\mathrm{p}}=u_{\mathrm{p}}^0+u_{\mathrm{p}}' \quad (6.177)$$

式中，“0” 表示稳定状态的值，撇号表示扰动值。F_{i}/α 的扰动可由下式给出

$$\frac{F_{\mathrm{i}}}{\alpha}=\left(\frac{F_{\mathrm{i}}}{\alpha}\right)^0+\frac{\partial\left(\dfrac{F_{\mathrm{i}}}{\alpha}\right)}{\partial \alpha}\alpha'+\frac{\partial\left(\dfrac{F_{\mathrm{i}}}{\alpha}\right)}{\partial u}u'+\frac{\partial\left(\dfrac{F_{\mathrm{i}}}{\alpha}\right)}{\partial u_{\mathrm{p}}}u_{\mathrm{p}}' \quad (6.178)$$

现考察一个颗粒流态化系统，其中 $u_{\mathrm{p}}^0=0$，在 $\alpha<0.7$ 的条件下，对于下面所给出 F_{i}，可应用卡曼相关性 [Carman, 1937]

$$F_{\mathrm{i}}=\frac{180\mu(1-\alpha)^2}{d_{\mathrm{p}}^2\alpha}(u-u_{\mathrm{p}}) \quad (6.179)$$

这样由式 (6.169)、式 (6.170)、式 (6.174) 和式 (6.178) 可导出

$$\frac{\partial^2\alpha'}{\partial t^2}-\frac{E}{\rho_{\mathrm{p}}}\frac{\partial^2\alpha'}{\partial z^2}+\frac{180\mu}{d_{\mathrm{p}}^2\rho_{\mathrm{p}}}\frac{(1-\alpha^0)}{(\alpha^0)^3}\left[(3-2\alpha^0)u^0\frac{\partial \alpha'}{\partial z}+\frac{\partial \alpha'}{\partial t}\right]=0 \quad (6.180)$$

式中，前两项建立了基本的波动方程，所描述的动力波传播速度可表示为

$$V_{\mathrm{d}}=\sqrt{\frac{E}{\rho_{\mathrm{p}}}} \tag{6.181}$$

式 (6.180) 中第三项的系数 $(3-2\alpha^0)u^0$ 是由式 (6.168) 所给出的连续性波速度。这样式 (6.180) 又可写成

$$\frac{\partial^2\alpha'}{\partial t^2}-V_{\mathrm{d}}^2\frac{\partial^2\alpha'}{\partial z^2}+C\left(V_{\mathrm{c}}\frac{\partial\alpha'}{\partial z}+\frac{\partial\alpha'}{\partial t}\right)=0 \tag{6.182}$$

式 (6.182) 中 C 由下式给出

$$C=\frac{180\mu(1-\alpha^0)}{d_{\mathrm{p}}^2\rho_{\mathrm{p}}(\alpha^0)^3} \tag{6.183}$$

6.5.2.3　间歇式流化床的不稳定性分析

对式 (6.182) 中的 α' 做不稳定分析，可得到稳定性准则，说明流化床中鼓泡的形成条件。在这个分析中，可认为鼓泡一旦形成流化床就不稳定了。因此，不稳定性分析可得出床层的最小鼓泡条件 (参见 §9.4)。

首先，我们将空隙率扰动 α' 用傅里叶 (Fourier) 级数表示为

$$\alpha'=\exp[at+i\omega_{\mathrm{h}}(t-z/U_{\mathrm{h}}) \tag{6.184}$$

式中，e^{at} 是扰动振幅，$a>0$ 说明扰动将产生一个不稳定床，而 $a<0$ 则说明扰动将衰减，形成稳定床。U_{h} 是扰动传播速度，ω_{h} 是其频率，将式 (6.184) 代入式 (6.182)，可得到

$$(a+\mathrm{i}\omega_{\mathrm{h}})^2-V_{\mathrm{d}}^2\left(\frac{\mathrm{i}\omega_{\mathrm{h}}}{U_{\mathrm{h}}}\right)^2+C\left(-i\omega_{\mathrm{h}}\frac{V_{\mathrm{c}}}{U_{\mathrm{h}}}+a+i\omega_{\mathrm{h}}\right)=0 \tag{6.185}$$

由式 (6.185) 可导出实数部分为

$$\omega_{\mathrm{h}}^2=\frac{C^2}{4}\left(\frac{V_{\mathrm{c}}^2-U_{\mathrm{h}}^2}{U_{\mathrm{h}}^2-V_{\mathrm{d}}^2}\right) \tag{6.186}$$

式 (6.185) 中的虚数部分有

$$a=\frac{C}{2}\left(\frac{V_{\mathrm{c}}}{U_{\mathrm{h}}}-1\right) \tag{6.187}$$

由于扰动的增大，实数部分必须是正值，所以有

$$V_{\mathrm{c}}>U_{\mathrm{h}} \tag{6.188}$$

由式 (6.186) 可知，$\omega_{\mathrm{h}}^0>0$，所以有

$$V_{\mathrm{c}}^2 > U_{\mathrm{h}}^2 > V_{\mathrm{d}}^2 \tag{6.189a}$$

或者

$$V_{\mathrm{c}}^2 < U_{\mathrm{h}}^2 < V_{\mathrm{d}}^2 \tag{6.189b}$$

式 (6.188) 和式 (6.189) 给出床层不稳定的准则，即鼓泡形成的准则为

$$V_{\mathrm{c}} > V_{\mathrm{d}} \tag{6.190}$$

同样，扰动衰减的条件是 $a < 0$，则有

$$V_{\mathrm{c}} < U_{\mathrm{h}} \tag{6.191}$$

式 (6.189) 和式 (6.191) 给出床层稳定的准则，即床层没有鼓泡形成的准则

$$V_{\mathrm{c}} < V_{\mathrm{d}} \tag{6.192}$$

因此，可以得到鼓泡形成最小速度或者最小鼓泡点的条件为

$$V_{\mathrm{c}} = V_{\mathrm{d}} \tag{6.193}$$

6.6 颗粒和湍流间的相互作用

当颗粒进入到湍流流动时，会受气体湍流脉动的作用而弥散。颗粒的加入会增强或削弱气体湍流度，从而影响平均流场的行为 (譬如管流中的阻力减小)。在很稀的气固流中 (如 $\alpha \ll 10^{-5}$)，研究湍流引起的颗粒弥散可以假设颗粒的存在对湍流没有影响 (即单向耦合)。当颗粒浓度高 (如 $\alpha > 10^{-5}$) 时，颗粒转换成湍流的动量损失或增益就不能再忽略 (即双向耦合)，颗粒对湍流的变动就应该加以考虑。

均匀的稀疏携带颗粒的流动中最早的一个湍流变动模型是欣泽 [Hinze，1972] 模型，该模型中使用颗粒 "漩涡捕集" 的假设。根据这个模型，颗粒湍流动能 k_{p} 可用当地气体湍流动能 k 来确定，其关系为

$$\frac{k}{k_{\mathrm{p}}} = 1 + \frac{\tau_{\mathrm{S}}}{\tau_{\mathrm{e}}} \tag{6.194}$$

式中，τ_{S} 是式 (3.39) 所定义的斯托克斯弛豫时间，τ_{e} 是式 (5.253) 所定义的涡旋存在时间。另一方面，颗粒对气体湍流的影响可写为

$$\frac{k}{k_0} = \left(1 + \frac{\alpha_{\mathrm{p}}\rho_{\mathrm{p}}}{\rho}\right)^{-1} \tag{6.195}$$

式中，k_0 是没有颗粒时的当地气体湍流动能。式 (6.194) 表明，k_{p} 总是小于 k，而且在同样的湍流流动中，粒径越大，k_{p} 值越小。另一方面，按照式 (6.195) 的描述，颗粒应该总是削弱气体湍流度。但是，许多实验结果，尤其是大颗粒的实验结果，

并不支持这样的结论 [Tsuji and Morikawa, 1982; Lee and Durst, 1982; Tsuji *et al.*, 1984; Zhou and Huang, 1990]。在实际应用中，颗粒并非总是被漩涡所捕集，而湍流变动调节是多颗粒湍流相互作用的结果。因此，欣泽模型对描述一般的颗粒湍流相互作用似乎过于简单。

戈尔和克洛 [Gore and Crowe，1989] 根据大量稀疏悬浮系统管流和射流的湍流变动实验结果，提出了颗粒直径与湍流特征积分尺度比值的临界值

$$\left(\frac{d_{\mathrm{p}}}{l_{\mathrm{e}}}\right)_{\mathrm{cr}} \approx 0.1 \tag{6.196}$$

式中，l_{e} 为欧拉积分长度尺度。当式 (6.196) 得到的比值大于临界值时，湍流强度就会得到增强，当这个比值小于临界值时，湍流就会得到抑制。这个准测说明小颗粒使湍流衰减，而大颗粒会使湍流增强。

大颗粒的存在增强湍流的一个主要机制是尾涡脱落，即颗粒尾部的漩涡脱落。当 $\mathrm{Re}_{\mathrm{p}} < 110$ 时，不存在尾涡脱落；当 $\mathrm{Re}_{\mathrm{p}} > 400$ 时，尾涡脱落发生；当 $400 < \mathrm{Re}_{\mathrm{p}} < 1000$ 时，尾涡脱落发生的频率为 [Achenbach, 1974]

$$\mathrm{St} = \frac{f\,d_{\mathrm{p}}}{|U - U_{\mathrm{p}}|} = 0.2 \tag{6.197}$$

式中，St 是施特鲁哈尔 (Strouhal) 数；f 是尾涡脱落频率，对于典型的大颗粒 ($500< d_{\mathrm{p}} <5000\mu\mathrm{m}$)，对应的尾涡脱落频率处于观察到对湍流强度有明显影响的颗粒范围内。基于这样的观察，赫兹洛尼 [Hetsroni，1989] 提出 $\mathrm{Re}_{\mathrm{p}} > 400$ 的大颗粒产生尾涡脱落，导致湍流的增强，即尾涡脱落引起能量从平均速度传递到脉动速度。

一般而言，在气固悬浮流动中，至少有下列 6 种非相互独立的机制对湍流变动起作用

(1) 颗粒引起的湍流动能耗散；

(2) 颗粒的存在引起的表观黏度的增加；

(3) 尾涡脱落或者说颗粒后部存在尾涡；

(4) 气体携带颗粒质量的运动；

(5) 颗粒之间速度梯度的增大；

(6) 湍流引起颗粒浓度的优先聚集，即湍流使颗粒有选择性地集中在特殊结构内，导致湍流结构的快速衰减并触发新的非稳定态 [Squires and Eaton, 1990]。

在当前阶段，包括上述所有机制的完整地模拟是不可能的，这是因为湍流间相互作用复杂的耦合关系，也缺乏湍流产生来源的知识。但是，考虑一些湍流变动的主要机制的简单机理性模型却是可能的。下面介绍是袁和麦凯莱兹 [Yuan and Michaelides，1992] 所研究的机理性模型。该模型包括稀疏气固两相流的两个主要

湍流变动机制，即①颗粒的加速，由涡旋的动能耗散引起的湍流削弱；②颗粒尾涡或漩涡脱落引起的湍流增强。

考察一个颗粒以速度 u_{p} 进入一个速度为 u 的涡旋中，与之相互作用的周期 τ_{i} 可用式 (5.251) 估计。假设模型中的速度为标量，颗粒与气体之间的相互作用力仅为曳力 F_{D}，气体所做的功率等于 $F_{\mathrm{D}}u$，颗粒动能的变化量等于 $F_{\mathrm{D}}u_{\mathrm{p}}$，则能量耗散率可表示为

$$\varepsilon = F_{\mathrm{D}}(u-u_{\mathrm{p}}) = \frac{\pi}{8}C_{\mathrm{D}}d_{\mathrm{p}}^2\rho(u-u_{\mathrm{p}})^2|u-u_{\mathrm{p}}| \tag{6.198}$$

为了简化计算，曳力系数可由下式给出

$$C_{\mathrm{D}} = \frac{24C}{\mathrm{Re}_{\mathrm{p}}} \tag{6.199}$$

式中的 C 是颗粒雷诺数 Re_{p} 的函数，在颗粒与气体相互作用时间内原则上可认为是一个常数。

在颗粒和涡旋相互作用期间，颗粒运动方程可表示为

$$\frac{\pi}{6}d_{\mathrm{p}}^2\rho_{\mathrm{p}}\frac{\mathrm{d}u_{\mathrm{p}}}{\mathrm{d}t} = C_{\mathrm{D}}\frac{\pi}{8}d_{\mathrm{p}}^2\rho(u-u_{\mathrm{p}})|u-u_{\mathrm{p}}| \tag{6.200}$$

和式 (6.199) 相结合，式 (6.200) 给出 τ_{i} 时间内的颗粒速度的近似值为

$$u_{\mathrm{p}} = u_{\mathrm{p0}} + (u-u_{\mathrm{p0}})\left[1-\exp\left(-\frac{Ct}{\tau_{\mathrm{S}}}\right)\right], \quad t \leqslant \tau_{\mathrm{i}} \tag{6.201}$$

涡旋引起的总能量耗散等于颗粒与涡旋相互作用期间内涡旋对颗粒所做的总功，可以用式 (6.198) 对时间积分而得到

$$\Delta E_{\mathrm{d}} = \frac{\pi}{12}d_{\mathrm{p}}^3\rho_{\mathrm{p}}(u-u_{\mathrm{p0}})^2\left[1-\exp\left(-\frac{2C\tau_{\mathrm{i}}}{\tau_{\mathrm{s}}}\right)\right] \approx \frac{\pi}{12}d_{\mathrm{p}}^3\rho_{\mathrm{p}}V_{\mathrm{s}}^2\left[1-\exp\left(-\frac{2C\tau_{\mathrm{i}}}{\tau_{\mathrm{s}}}\right)\right] \tag{6.202}$$

在此模型中，颗粒引起的速度扰动来自颗粒后方的尾涡 ($\mathrm{Re}_{\mathrm{p}} > 20$) 以及漩涡脱落 ($\mathrm{Re}_{\mathrm{p}} > 400$)。因此，湍流产生相关的动能变化与两个速度平方的差值，以及速度扰动起源的体积成正比。如果进一步假设颗粒的尾涡是一个直径为 d_{p} 的半椭圆 (与颗粒的直径相同)，尾涡长度为 l_{w}，这样由于颗粒尾涡或漩涡脱落产生的气体总能量为

$$\Delta E_{\mathrm{d}} = \frac{\pi}{12}d_{\mathrm{p}}^2 l_{\mathrm{w}}\rho(u^2-u_{\mathrm{p0}}^2)^2 \approx \frac{\pi}{12}d_{\mathrm{p}}^2 l_{\mathrm{w}}\rho V_{\mathrm{s}}(2u-V_{\mathrm{s}}) \tag{6.203}$$

综合式 (6.202) 和式 (6.203) 可得到总的湍流变动量

$$\Delta E_{\mathrm{t}} = \Delta E_{\mathrm{p}} - \Delta E_{\mathrm{d}} = \frac{\pi}{12}d_{\mathrm{p}}^2 l_{\mathrm{w}}\rho V_{\mathrm{s}}(2u-V_{\mathrm{s}}) - \frac{\pi}{12}d_{\mathrm{p}}^3\rho_{\mathrm{p}}V_{\mathrm{s}}^2\left[1-\exp\left(-\frac{2C\tau_{\mathrm{i}}}{\tau_{\mathrm{s}}}\right)\right] \tag{6.204}$$

对于非常小的颗粒，由于 $\tau_{\mathrm{i}} \gg \tau_{\mathrm{s}}$，颗粒速度接近于气体速度，颗粒尾涡消失；对于细颗粒，式 (6.204) 的渐近展开可得到

$$\Delta E_{\mathrm{t}} = \frac{\pi}{12} d_{\mathrm{p}}^3 \rho_{\mathrm{p}} V_{\mathrm{s}}^2 \tag{6.205}$$

对于大颗粒，由于 $\tau_{\mathrm{i}} \ll \tau_{\mathrm{s}}$，在漩涡内，颗粒速度在颗粒–涡旋相互作用时间内没有明显的变化，则产生项起主导作用。所以大颗粒的 ΔE_{t} 渐近值等于 ΔE_{p}。式 (6.202) 的渐近展开值显示：细颗粒将引起湍流的减弱，且与颗粒直径的三次方成正比。而大颗粒将引起湍流的增强，且与颗粒直径的平方成正比。这样的结论与戈尔和克劳 [Gore and Crowe, 1989] 所汇编的数据是一致的。

尽管在离散型多相流中颗粒和湍流的相互作用是重要的，但对这个现象仍然缺乏了解，部分原因是获得完整的实验数据来证实湍流产生的来源是困难的。数值模拟的计算流体力学为解决这个问题提供了新的途径，例如，直接数值模拟 (direct numerical simulation, DNS)[McLaughlin, 1994], 大涡模拟 (large-eddy simulation, LES) 和离散涡模拟 (discrete-vortex simulation, DVS)。在离散型多相流中，这些数值模拟可以对多相流中颗粒和湍流相互作用的物理机制的认识提供有意义的帮助。

符 号 表

A	式 (6.52) 定义的常数
A	摩擦力系数
A_{c}	接触面积
A_{c}	核心区的横截面积
A_{i}	交界面面积
A_{k}	k 相的横截面积
A_{w}	近壁区的横截面积
a	颗粒半径
a_1	激波前方纯气体中的声速
a_{g}	纯气体中的声速
a_{m}	气固混合系统中的声速
B	式 (6.53) 所定义的常数
B	惯性修正系数
C	交界面与横截面平面的公用边界
C	波动方程系数
C	式 (6.54) 和式 (6.183) 所定义的常数
C	巴塞特 (Basset) 力引起的曳力系数
C_{D}	曳力系数
C_{k}	在 k 区的管壁与横截面平面的公用边界
C_{pp}	相膨胀引起的动量传递系数
c	颗粒的比热
c_{p}	气体定压比热
c_{pM}	混合体系的定压比热
c_{V}	气体定容比热
c_{VM}	混合系统的定容比热
D	式 (6.71) 定义的参数
d_{m}	颗粒直径, 在常压下, 低于该直径颗粒对混合物压力的贡献超过 1%
d_{p}	颗粒直径
E	颗粒相的弹性模量
E_{B}	式 (6.14) 定义的脆性磨蚀参数

E_{Bm}　$\alpha_{\mathrm{i}}=\alpha_{\mathrm{m}}$ 时的脆性磨蚀参数
E_{D}　式 (6.8) 定义的塑性磨蚀参数
E_{Dm}　$\alpha_{\mathrm{i}}=\alpha_{\mathrm{m}}$ 时的塑性磨蚀参数
e_{M}　混合物单位体积的内能
F　力
F_{D}　曳力 (阻力)
F_{gpc}　核心区颗粒到气体的动量传递系数
F_{gpw}　近壁区颗粒到气体的动量传递系数
F_{i}　气体和颗粒间的相互作用力
F_{k}　颗粒到气体的动量传递系数
F_{n}　法向碰撞力
F_{pgc}　核心区气体到颗粒的动量传递系数
F_{pgw}　近壁区气体到颗粒的动量传递系数
F_{pk}　气体到颗粒的动量传递系数
F_{t}　切向切削力
f　摩擦系数
f　单位质量力
f　尾涡脱落频率
f_{M}　质量密度函数
h　管道的高度
$\boldsymbol{I}$　单位张量
J　气体的质量流量
J_{p}　颗粒的质量流量
K　热导率
K_{B}　式 (6.15) 定义的脆性阻力参数
K_{D}　式 (6.9) 定义的塑性阻力参数
k　定义为 $(1-\nu)/\pi E$ 的参数
k　波数
k　气体湍流动能
k_0　无颗粒的纯气体湍流动能
k_{p}　颗粒的湍流动能
L　洛施密特 (Loschmidt) 数
l　颗粒间距
l_{e}　欧拉 (Euler) 积分长度尺度
l_{w}　尾涡长度
M_{c}　式 (6.139) 定义的参数
M_{e}　平衡激波马赫 (Mach) 数
M_{pc}　式 (6.142) 定义的参数
M_{pw}　式 (6.146) 定义的参数
M_{w}　式 (6.144) 定义的参数
$\dot{m}_{\mathrm{cw}}$　核心区到近壁区的气体传质速率
m_{H}　氢原子质量
m_{jk}　k 区 j 相的质量
$\dot{m}_{\mathrm{jkl}}$　k 区 j 相到 l 相的传质率
$\dot{m}_{\mathrm{jlk}}$　k 区 l 相到 j 相的传质率
m_{p}　颗粒与气体的质量比
$\dot{m}_{\mathrm{pcw}}$　核心区到管壁区的颗粒传质率
$\dot{m}_{\mathrm{pwc}}$　管壁区到核心区的颗粒传质率
$\dot{m}_{\mathrm{wc}}$　管壁区到核心区的气体传质率
$\mathrm{N_{Im}}$　式 (6.5) 定义的碰撞数
N_{ω}　式 (6.59) 定义的参数
$\mathrm{Nu_p}$　颗粒努塞特 (Nusselt) 数
P_{i}　交界面压力
P_{jki}　交界面处 k 区 j 相压力
p　气体压力
p_1　激波前方压力
p_1　稀疏区的区域平均压力
p_2　稠密区的区域平均压力
p_{c}　核心区气体压力
p_{jk}　k 区 j 相压力
p_{M}　混合体系压力
p_{w}　管壁区气体压力
$\dot{Q}$　式 (6.138) 定义的参数
q　气固混合体系单位质量吸收的热量
R_{M}　气体常数
$\mathrm{Re_p}$　基于颗粒直径和相对速度定义的颗粒雷诺数
r　径向坐标
r^*　反射速度与入射速度的比值
St　施特鲁哈尔 (Strouhal) 数
T　气体绝对温度
T_1　激波前方流体温度
T_{p}　颗粒的绝对温度
T_{p1}　激波前方颗粒温度
t　时间
t_{c}　接触持续时间

U　气体表观速度
U　气体速度分量
U_1　激波前方气体速度分量
U_2　紧邻激波后方的气体速度分量
U_∞　远离激波后方的气体速度分量
$U_{p\infty}$　远离激波后方的颗粒速度分量
$\boldsymbol{U}$　流体速度矢量
U_h　扰动速度
U_m　气固混合体系表观速度
U_p　颗粒表观速度
U_p　颗粒速度分量
$\boldsymbol{U}_p$　颗粒速度矢量
U_{pt}　颗粒终端速度
u　流体线速度
u_1　激波前方流体速度
u_p　颗粒速度
V　颗粒碰撞前的飞来速度
V　气体速度分量
V_c　连续波速度
V_d　动态波速度
V_k　k 相所占的体积
V_p　颗粒速度分量
V_s　滑移速度
W　气体速度分量
W_c　核心区气体轴向速度
W_{jk}　k 区 j 相轴向速度
W_k　k 区气相轴向速度
W_{lk}　k 区 l 相轴向速度
W_p　颗粒轴向速度
W_{pc}　核心区颗粒轴向速度
W_{pk}　k 区颗粒轴向速度
W_{pw}　管壁区颗粒轴向速度
W_w　管壁区气体轴向速度
w　样品颗粒磨损的质量分数
w_B　单位碰撞次数的脆性磨损体积
w_D　单位碰撞次数的塑性磨损体积
w_g　气体分子重量
w_M　气固混合体系分子质量
w_p　“颗粒气体”的分子质量
X　式 (6.50) 定义的参数
Y_B　脆性移除屈服应力
Y_D　塑性移除屈服应力
y_i　交界面深度
z　轴向坐标

希腊字母

α　气相体积分数
α　式 (6.17) 定义的经验常数
α'　空隙率的扰动
α_c　核心区气相体积分数
α_i　冲击角
α_{jk}　k 区 j 相体积分数
α_m　最大磨蚀冲击角
α_p　颗粒相体积分数
α_{pc}　核心区颗粒相体积分数
α_{pw}　管壁区颗粒相体积分数
α_w　管壁区气相体积分数
β　衰减系数
γ　气体的比热比值
γ_M　气固混合体系的热容比
ΔE_d　颗粒和涡旋相互作用期内涡旋的总能量耗散
ΔE_p　颗粒尾涡或漩涡脱落产生的气体总能量
ΔE_t　颗粒和涡旋相互作用期内总的湍流变动量
δ　颗粒与气体的定压比热比值
ε　颗粒表面剪应力
ε　湍流动能耗散率
ε_B　脆性模态下移除单位体积物料所需要的能
ε_D　塑性模态下移除单位体积物料所需要的能
ε_k　k 区的“双区模型”中标志参数
ζ　颗粒与气体的密度比

η 式 (6.67) 定义的参数
ξ 式 (6.67) 定义的参数
μ 气体的动力黏度
ν 气体的运动黏度
ν 泊松 (Poisson) 比
ρ 流体密度
ρ_{jk} k 区 j 相密度
ρ_m 气固混合物密度
ρ_p 颗粒密度
σ 法向应力
σ_z 颗粒法向应力
τ_{ci} 核心区气相交界面应力在管道轴线上的投影
τ_e 涡旋存在时间
τ_{gw} 稀疏区气相壁面剪应力在管道轴线上的投影
τ_i 颗粒和涡旋相互作用时间
τ_{jki} k 区 j 相交界面剪应力在管道轴线上的投影
τ_{jkw} k 区 j 相壁面剪应力在管道轴线上的投影
τ_{mw} 稠密区混合物壁面剪应力在管道轴线上的投影
τ_p 飞行时间
τ_{pci} 核心区颗粒交界面应力在管道轴线上的投影
τ_{pw} 颗粒壁面剪应力右管道轴线上的投影
τ_{pwi} 管壁区颗粒交界面应力在管道轴线上的投影
τ_S 斯托克斯 (Stokes) 弛豫时间
τ_w 气相壁面剪应力在管道轴线上的投影
τ_{wi} 管壁区气相交界面应力在管道轴线上的投影
τ_{jk} k 区 j 相应力张量
τ_k k 区气相应力张量
ϕ 颗粒的质量分数
χ_{if} j 相摩擦周长分数
ω 角频率
ω_h 扰动频率

参 考 文 献

Achenbach, E. (1974). Vortex Shedding from Spheres. *Fluid Mech.*, 62, 209.

Briscoe, B. J. and Evans, P. D. (1987). The Wear of Polymers by Particle Flows. In *Tribology in Paniculate Technology.* Ed. Briscoe and Adams. Philadelphia: Adam Hilger.

Carman, P. C. (1937). Fluid Flow through Granular Beds. *Trans. Instn. Chem. Engrs.*, 15, 150.

Carrier, G. F. (1958). Shock Waves in a Dusty Gas. *Fluid Mech.*, 4, 376.

Chang, S. S.-H. (1975). Nonequilibrium Phenomena in Dusty Supersonic Flow Past Blunt Bodies of Revolution. *Phys. Fluids*, 18, 446.

de Crecy, F. (1986). Modeling of Stratified Two-Phase Flow in Pipes, Pumps, and Other Devices. *Int. J. Multiphase Flow*, 12, 307.

Delhaye, J. M. (1981). Basic Equations for Two-Phase Flow Modeling. In *Two-Phase Flow and Heat Transfer in the Power and Process Industries.* Ed. Bergles, Collier, Delhaye, Hewitt and Mayinger. Washington: Hemisphere.

Finnie, I., Wolak, J. and Kabil, Y. (1967). Erosion of Metals by Solid Particles. *Mater.*

Sci., 2, 682.

Goldsmith, W. and Lyman, P. T. (1960). The Penetration of Hard Steel Sphere into Plane Metal Surface. *Trans. ASME, J. Appl. Mech.,* 27, 717.

Gore, J. P. and Crowe, C. T. (1989). Effect of Particle Size on Modulating Turbulent Intensity. *Int. J. Multiphase Flow,* 15, 279.

Gwyn, J. E. (1969). On the Particle Size Distribution Function and the Attrition of Cracking Catalysts. *AIChE J.*, 15, 35.

Hetsroni, G. (1989). Particle-Turbulence Interaction. *Int. J. Multiphase Flow,* 15, 735.

Hinze, J. O. (1972). Turbulent Fluid and Particle Interaction. *Prog. Heat Mass Transfer,* 6, 433.

Hutchings, I. M. (1987). Surface Impact Damage. In *Tribology in Paniculate Technology.* Ed. Briscoe and Adams. Philadelphia: Adam Hilger.

Lamb, H. (1932). *Hydrodynamics,* 6th ed. Cambridge: Cambridge University Press.

Lee, S. L. and Durst, F. (1982). On the Motion of Particles in Turbulent Duct Flows. *Int. J. Multiphase Flow,* 8, 125.

McLaughlin, J. B. (1994). Numerical Computation of Particle-Turbulence Interaction. *Int. J. Multiphase Flow,* 20/S, 211.

Morgenthaler, J. H. (1962). Analysis of Two-Phase Flow in Supersonic Exhausts. In *Detonation and Two-Phase Flow.* Ed. Penner and Williams. New York: Academic Press.

Paramanathan, B. K. and Bridgwater, J. (1983). Attrition of Solids-II. *Chem. Eng. Sci.,* 38, 207.

Peddieson, J. (1975). Gas-Particle Flow Past Bodies with Attached Shock Waves. *AIAA J.,* 13, 939.

Rietema, K. (1991). *The Dynamics of Fine Powders.* London: Elsevier Applied Science.

Rudinger, G. (1965). Some Effects of Finite Particle Volume on Dynamics of Gas-Particle Mixture. *AIAA* J., 3, 1217.

Rudinger, G. (1969). Relaxation in Gas-Particle Flow. In *Nonequilibrium Flows.* Ed. P. P. Wegener. New York: Marcel Dekker.

Rudinger, G. (1980). *Fundamentals of Gas-Particle Flow.* New York: Elsevier Scientific.

Rudinger, G. and Chang, A. (1964). Analysis of Nonsteady Two-Phase Flow. *Phys. Fluids,* 7, 1747.

Soo, S. L. (1960). Effect of Transport Process on Attenuation and Dispersion in Aerosols. *J. Acoustical Society of America,* 32, 943.

Soo, S. L. (1977). A Note on Erosion by Moving Dust Particles. *Powder Tech.,* 17, 259.

Soo, S. L. (1990). *Multiphase Fluid Dynamics.* Beijing: Science Press; Brookfield, USA: Gower Technical.

Squires, K. D. and Eaton, J. K. (1990). Particle Response and Turbulence Modification in

Isotropic Turbulence. *Phys. Fluids,* A2, 1191.

Tabor, D. (1951). *The Hardness of Metals.* Oxford: Oxford University Press.

Timoshenko, S. and Goodier, J. E. (1951). *The Theory of Elasticity,* 2nd ed. New York: McGraw-Hill.

Tsuji, Y. and Morikawa, Y. (1982). LDV Measurements of an Air-Solid Two-Phase Flow in a Horizontal Pipe. *J. Fluid Mech.,* 120, 385.

Tsuji, Y., Morikawa, Y. and Shiomi, H. (1984). LDV Measurements of an Air-Solid Two-Phase Flow in a Vertical Pipe. *J. Fluid Mech.,* 139, 385.

Walk's, G. B. (1969). *One-Dimensional Two-Phase Flow.* New York: McGraw-Hill.

Yuan, Z. and Michaelides, E. E. (1992). Turbulence Modulation in Particulate Flows — a Theoretical Approach. *Int. J. Multiphase Flow,* 18, 779.

Zhou, L. X. and Huang, X. Q. (1990). Predictions of Confined Turbulent Gas-Particle Jets by an Energy Equation Model of Particle Turbulence. *Science in China,* 33, 52.

Zhu, C. (1991). *Dynamic Behavior of Unsteady Turbulent Motion in Pipe Flows of Dense Gas-Solid Suspensions.* Ph.D. Dissertation. University of Illinois at Urbana-Champaign.

Zhu, C., Soo, S. L. and Fan, L.-S. (1996). Wave Motions in Stratified Gas-Solid Pipe Flows. *Proceedings of ASME Fluids Engineering Division Summer Meeting,* San Diego, California. 1, 565. ASME.

习　题

6.1　在流化床中的固体颗粒因随机碰撞而引起表面磨蚀。假设随机碰撞的强度为 $\langle u'^2\rangle$，试分析确定：(1) 在完全塑性磨蚀时，参数 E_{D} 和 K_{D} 的关系；(2) 在完全脆性磨蚀时，参数 E_{B} 和 K_{B} 的关系。

6.2　对于常见的磨蚀，一般都包括塑性磨蚀和脆性磨蚀两种模型。这样，磨蚀的总量可用这两个模型计算的材料被磨损失重量的和表示。如果塑性磨蚀因子为 $\zeta(\alpha_{\mathrm{i}}) = A\sin\alpha_{\mathrm{i}}$，脆性磨蚀因子为 $\eta(\alpha_{\mathrm{i}}) = B\cos\alpha_{\mathrm{i}}$，其中 A 和 B 都是试验常数。那么总磨蚀为多少？试导出用 E_{D}、K_{D}、A 和 B 表示的最大磨蚀角。

6.3　在初始压力为 1 个大气压的含尘气体封闭系统内。颗粒粒径为 10μm，系统内的颗粒浓度为 2000kg/m^3，颗粒对气体的相对比热是 50，颗粒对气体的固气比为 10，假设系统经历了一个等熵压缩过程，最终压力为 20 个大气压，试计算压缩后颗粒的体积分数和颗粒间的平均距离。

6.4　试根据式 (6.74) 证明声波在一个稀相悬浮系统的传播中，其衰减参数的渐近值可用下列两式表示，当 N_ω 很小时

$$\frac{\beta\alpha_{\mathrm{g}}}{\omega} = \frac{2}{9}\frac{m_{\mathrm{p}}}{\sqrt{1+m_{\mathrm{p}}}}\frac{\rho_{\mathrm{p}}}{\rho}\mathrm{N}_\omega$$

当 N_ω 很大时

$$\frac{\beta\alpha_{\mathrm{g}}}{\omega} = \frac{9}{4}m_{\mathrm{p}}\frac{\rho}{\rho_{\mathrm{p}}}\frac{1}{\sqrt{\mathrm{N}_\omega}}$$

假设 $\dfrac{\rho_p}{\rho} \gg 1$，$m_p\dfrac{\rho}{\rho_p} \ll 1$。

6.5　在常态环境的气体中，声波以 1000Hz 的频率穿过含尘的气体。假设$m_p = 0.5$, $d_p = 5\mu m$, $\dfrac{\rho_p}{\rho} = 1500$, $\delta = 10$, $v = 1.5 \times 10^{-5}\ m^2/s$, $\gamma = 1.4$。(1) 应用式 (6.72) 计算声音的传播速度，其结果接近冻结声速或者平衡声速么？(2) 应用式 (6.77) 计算声音的传播速度，并比较两个结果的差异。

6.6　对于批量固体流化床，试证明可用式 (6.169)、式 (6.170) 和式 (6.174) 通过式 (6.179) 可导出式 (6.180)。

6.7　假设气固颗粒流化床的膨胀特性可以用 Richardson-Zaki 所给出的方程描述

$$\frac{U}{U_{pt}} = \alpha^n$$

式中，n 是 Richardson-Zaki 所给出的气固系统修正指数。请用弹性模量 E 来表示最小冒泡点时气体和颗粒的性质以及床层孔隙率。

6.8　密度为 $\rho_p = 500\,kg/m^3$ 的塑料球体在常态环境条件的气体中下落，当基于终端沉降速度计算的颗粒雷诺数为 500~1000 时，颗粒尾流脱落频率的变化范围如何？对于这样的颗粒，雷诺数所对应的颗粒尺寸范围为多少？

附录　标量、向量和张量的符号意义

表 A1～ 表 A5 将书中出现的主要标量、向量和张量的符号意义做出具体的解释。表 A1 给出的是向量和二阶张量的基本定义。表 A2 给出的是向量和二阶张量的数字计算；表 A3～表 A5 是标量、向量和张量在笛卡儿坐标、柱面坐标以及球面坐标中的微分式。注意表中相同下角标的乘积符合，如 $a_\mathrm{i}b_\mathrm{i}$ 表示爱因斯坦 (Einstein) 求和约定数，δ_ij 表示克罗内克函数。黑体字表示向量和张量。

表 A1　向量和二阶张量的基本定义

矢量

$\boldsymbol{a} = a_1\boldsymbol{e}_1 + a_2\boldsymbol{e}_2 + a_3\boldsymbol{e}_3 = a_\mathrm{i}\boldsymbol{e}_\mathrm{i}$

二阶张量

$$\boldsymbol{\tau} = \begin{pmatrix} \tau_{11} & \tau_{12} & \tau_{13} \\ \tau_{21} & \tau_{22} & \tau_{23} \\ \tau_{31} & \tau_{32} & \tau_{33} \end{pmatrix} = \tau_\mathrm{ij}\boldsymbol{e}_\mathrm{i}\boldsymbol{e}_\mathrm{j}$$

单位张量

$$\boldsymbol{I} = \begin{pmatrix} 1 & 0 & 0 \\ 0 & 1 & 0 \\ 0 & 0 & 1 \end{pmatrix} = \delta_\mathrm{ij}\boldsymbol{e}_\mathrm{i}\boldsymbol{e}_\mathrm{j} = \boldsymbol{e}_\mathrm{i}\boldsymbol{e}_\mathrm{i}$$

迹线

$\mathrm{tr}\ \boldsymbol{\tau} = \tau_{11} + \tau_{22} + \tau_{33} = \tau_\mathrm{ii}$

表 A2　向量和二阶张量的数字计算

两个向量的标积

$\boldsymbol{a}\cdot\boldsymbol{b} = a_1b_1 + a_2b_2 + a_3b_3 = a_\mathrm{i}b_\mathrm{i}$

两个向量的叉积

$$\boldsymbol{a}\times\boldsymbol{b} = \begin{vmatrix} \boldsymbol{e}_1 & \boldsymbol{e}_2 & \boldsymbol{e}_3 \\ a_1 & a_2 & a_3 \\ b_1 & b_2 & b_3 \end{vmatrix} = (a_2b_3 - a_3b_2)\boldsymbol{e}_1 + (a_3b_1 - a_1b_3)\boldsymbol{e}_2 + (a_1b_2 - a_2b_1)\boldsymbol{e}_3$$

两个向量的并矢积

$$\boldsymbol{ab} = a_1b_1\boldsymbol{e}_1\boldsymbol{e}_1 + a_1b_2\boldsymbol{e}_1\boldsymbol{e}_2 + a_1b_3\boldsymbol{e}_1\boldsymbol{e}_3 + a_2b_1\boldsymbol{e}_2\boldsymbol{e}_1 + a_2b_2\boldsymbol{e}_2\boldsymbol{e}_2 + a_2b_3\boldsymbol{e}_2\boldsymbol{e}_3 + a_3b_1\boldsymbol{e}_3\boldsymbol{e}_1 + a_3b_2\boldsymbol{e}_3\boldsymbol{e}_2 + a_3b_3\boldsymbol{e}_3\boldsymbol{e}_3 = a_\mathrm{i}b_\mathrm{j}\boldsymbol{e}_\mathrm{i}\boldsymbol{e}_\mathrm{j}$$

两个张量的标积

$$\boldsymbol{\tau}:\boldsymbol{\sigma} = \tau_{11}\sigma_{11} + \tau_{12}\sigma_{21} + \tau_{13}\sigma_{31} + \tau_{21}\sigma_{12} + \tau_{22}\sigma_{22} + \tau_{23}\sigma_{32} + \tau_{31}\sigma_{13} + \tau_{32}\sigma_{23} + \tau_{33}\sigma_{33} = \tau_\mathrm{ij}\sigma_\mathrm{ji}$$

一个向量与一个张量的矢积

$$\boldsymbol{a}\cdot\boldsymbol{\tau} = (a_1\tau_{11} + a_2\tau_{21} + a_3\tau_{31})\boldsymbol{e}_1 + (a_1\tau_{12} + a_2\tau_{22} + a_3\tau_{32})\boldsymbol{e}_2 + (a_1\tau_{13} + a_2\tau_{23} + a_3\tau_{33})\boldsymbol{e}_3 = a_\mathrm{j}\tau_\mathrm{ji}\boldsymbol{e}_\mathrm{i}$$

一个张量与一个向量的矢积

$$\boldsymbol{\tau}\cdot\boldsymbol{a} = (\tau_{11}a_1 + \tau_{12}a_2 + \tau_{13}a_3)\boldsymbol{e}_1 + (\tau_{21}a_1 + \tau_{22}a_2 + \tau_{23}a_3)\boldsymbol{e}_2 + (\tau_{31}a_1 + \tau_{32}a_2 + \tau_{33}a_3)\boldsymbol{e}_1 = \tau_\mathrm{ij}a_\mathrm{j}\boldsymbol{e}_\mathrm{i}$$

表 A3　笛卡儿坐标系下的微分 (x, y, z)

标量的梯度

$$\nabla s = \frac{\partial s}{\partial x}\boldsymbol{e}_{\mathrm{x}} + \frac{\partial s}{\partial y}\boldsymbol{e}_{\mathrm{y}} + \frac{\partial s}{\partial z}\boldsymbol{e}_{\mathrm{z}}$$

向量的散度

$$\nabla \cdot \boldsymbol{a} = \frac{\partial a_{\mathrm{x}}}{\partial x} + \frac{\partial a_{\mathrm{y}}}{\partial y} + \frac{\partial a_{\mathrm{z}}}{\partial z}$$

标量的拉普拉斯算子

$$\nabla^2 s = \frac{\partial^2 s}{\partial x^2} + \frac{\partial^2 s}{\partial y^2} + \frac{\partial^2 s}{\partial z^2}$$

向量的拉普拉斯算子

$$\nabla^2 \boldsymbol{a} = \left(\frac{\partial^2 a_{\mathrm{x}}}{\partial x^2} + \frac{\partial^2 a_{\mathrm{x}}}{\partial y^2} + \frac{\partial^2 a_{\mathrm{x}}}{\partial z^2}\right)\boldsymbol{e}_{\mathrm{x}} + \left(\frac{\partial^2 a_{\mathrm{y}}}{\partial x^2} + \frac{\partial^2 a_{\mathrm{y}}}{\partial y^2} + \frac{\partial^2 a_{\mathrm{y}}}{\partial z^2}\right)\boldsymbol{e}_{\mathrm{y}} + \left(\frac{\partial^2 a_{\mathrm{z}}}{\partial x^2} + \frac{\partial^2 a_{\mathrm{z}}}{\partial y^2} + \frac{\partial^2 a_{\mathrm{z}}}{\partial z^2}\right)\boldsymbol{e}_{\mathrm{z}}$$

张量的散度

$$\nabla \boldsymbol{\tau} = \left(\frac{\partial \tau_{\mathrm{xx}}}{\partial x} + \frac{\partial \tau_{\mathrm{yx}}}{\partial y} + \frac{\partial \tau_{\mathrm{zx}}}{\partial z}\right)\boldsymbol{e}_{\mathrm{x}} + \left(\frac{\partial \tau_{\mathrm{xy}}}{\partial x} + \frac{\partial \tau_{\mathrm{yy}}}{\partial y} + \frac{\partial \tau_{\mathrm{zy}}}{\partial z}\right)\boldsymbol{e}_{\mathrm{y}} + \left(\frac{\partial \tau_{\mathrm{xz}}}{\partial x} + \frac{\partial \tau_{\mathrm{yz}}}{\partial y} + \frac{\partial \tau_{\mathrm{zz}}}{\partial z}\right)\boldsymbol{e}_{\mathrm{z}}$$

向量的梯度

$$\begin{aligned}\nabla \boldsymbol{a} = {} & \frac{\partial a_{\mathrm{x}}}{\partial x}\boldsymbol{e}_{\mathrm{x}}\boldsymbol{e}_{\mathrm{x}} + \frac{\partial a_{\mathrm{y}}}{\partial x}\boldsymbol{e}_{\mathrm{x}}\boldsymbol{e}_{\mathrm{y}} + \frac{\partial a_{\mathrm{z}}}{\partial x}\boldsymbol{e}_{\mathrm{x}}\boldsymbol{e}_{\mathrm{z}} + \frac{\partial a_{\mathrm{x}}}{\partial y}\boldsymbol{e}_{\mathrm{y}}\boldsymbol{e}_{\mathrm{x}} + \frac{\partial a_{\mathrm{y}}}{\partial y}\boldsymbol{e}_{\mathrm{y}}\boldsymbol{e}_{\mathrm{y}} + \frac{\partial a_{\mathrm{z}}}{\partial y}\boldsymbol{e}_{\mathrm{y}}\boldsymbol{e}_{\mathrm{z}} \\ & + \frac{\partial a_{\mathrm{x}}}{\partial z}\boldsymbol{e}_{\mathrm{z}}\boldsymbol{e}_{\mathrm{x}} + \frac{\partial a_{\mathrm{y}}}{\partial z}\boldsymbol{e}_{\mathrm{z}}\boldsymbol{e}_{\mathrm{y}} + \frac{\partial a_{\mathrm{z}}}{\partial z}\boldsymbol{e}_{\mathrm{z}}\boldsymbol{e}_{\mathrm{z}}\end{aligned}$$

沿气体流动方向的物质导数

$$\frac{\mathrm{D}s}{\mathrm{D}t} = \frac{\partial s}{\partial t} + U \cdot \nabla s, \quad \frac{\mathrm{D}a}{\mathrm{D}t} = \frac{\partial a}{\partial t} + U \cdot \nabla a$$

沿颗粒流动方向的物质导数

$$\frac{\mathrm{D}s}{\mathrm{D}t} = \frac{\partial s}{\partial t} + U_{\mathrm{p}} \cdot \nabla s, \quad \frac{\mathrm{D}a}{\mathrm{D}t} = \frac{\partial a}{\partial t} + U_{\mathrm{p}} \cdot \nabla a$$

表 A4　柱面坐标系下的微分 (r, θ, z)

$$\nabla s = \frac{\partial s}{\partial r}\boldsymbol{e}_{\mathrm{r}} + \frac{1}{r}\frac{\partial s}{\partial \theta}\boldsymbol{e}_{\theta} + \frac{\partial s}{\partial z}\boldsymbol{e}_{\mathrm{z}}$$

$$\nabla \cdot \boldsymbol{a} = \frac{1}{r}\frac{\partial}{\partial r}\left(r a_{\mathrm{r}}\right) + \frac{1}{r}\frac{\partial a_{\theta}}{\partial \theta} + \frac{\partial a_{\mathrm{z}}}{\partial z}$$

$$\nabla^2 s = \frac{1}{r}\frac{\partial}{\partial r}\left(r\frac{\partial s}{\partial r}\right) + \frac{1}{r^2}\frac{\partial^2 s}{\partial \theta^2} + \frac{\partial^2 s}{\partial z^2}$$

$$\begin{aligned}\nabla^2 \boldsymbol{a} = {} & \left[\frac{\partial}{\partial r}\left(\frac{1}{r}\frac{\partial}{\partial r}(r a_{\mathrm{r}})\right) + \frac{1}{r^2}\frac{\partial^2 a_{\mathrm{r}}}{\partial \theta^2} + \frac{\partial^2 a_{\mathrm{r}}}{\partial z^2} - \frac{2}{r^2}\frac{\partial a_{\theta}}{\partial \theta}\right]\boldsymbol{e}_{\mathrm{r}} \\ & + \left[\frac{\partial}{\partial r}\left(\frac{1}{r}\frac{\partial}{\partial r}(r a_{\theta})\right) + \frac{1}{r^2}\frac{\partial^2 a_{\theta}}{\partial \theta^2} + \frac{\partial^2 a_{\theta}}{\partial z^2} + \frac{2}{r^2}\frac{\partial a_{\mathrm{r}}}{\partial \theta}\right]\boldsymbol{e}_{\theta} \\ & + \left[\frac{\partial}{\partial r}\left(\frac{1}{r}\frac{\partial}{\partial r}(r a_{\mathrm{z}})\right) + \frac{1}{r^2}\frac{\partial^2 a_{\mathrm{z}}}{\partial \theta^2} + \frac{\partial^2 a_{\mathrm{z}}}{\partial z^2}\right]\boldsymbol{e}_{\mathrm{z}}\end{aligned}$$

续表

$$\nabla\cdot\tau=\left[\frac{1}{r}\frac{\partial}{\partial r}(r\tau_{\mathrm{rr}})+\frac{1}{r}\frac{\partial\tau_{\theta\mathrm{r}}}{\partial\theta}+\frac{\partial\tau_{\mathrm{zr}}}{\partial z}-\frac{\tau_{\theta\theta}}{r}\right]\boldsymbol{e}_{\mathrm{r}}$$
$$+\left[\frac{1}{r^2}\frac{\partial}{\partial r}(r\tau_{\mathrm{r}\theta})+\frac{1}{r}\frac{\partial\tau_{\theta\theta}}{\partial\theta}+\frac{\partial\tau_{\mathrm{z}\theta}}{\partial z}+\frac{\tau_{\theta\mathrm{r}}-\tau_{\mathrm{r}\theta}}{r}\right]\boldsymbol{e}_{\theta}$$
$$+\left[\frac{1}{r}\frac{\partial}{\partial r}(r\tau_{\mathrm{rz}})+\frac{1}{r}\frac{\partial\tau_{\theta\mathrm{z}}}{\partial\theta}+\frac{\partial\tau_{\mathrm{zz}}}{\partial z}\right]\boldsymbol{e}_{\mathrm{z}}$$

$$\nabla\boldsymbol{a}=\frac{\partial a_{\mathrm{r}}}{\partial r}\boldsymbol{e}_{\mathrm{r}}\boldsymbol{e}_{\mathrm{r}}+\frac{\partial a_{\theta}}{\partial r}\boldsymbol{e}_{\mathrm{r}}\boldsymbol{e}_{\theta}+\frac{\partial a_{\mathrm{z}}}{\partial r}\boldsymbol{e}_{\mathrm{r}}\boldsymbol{e}_{\mathrm{z}}$$
$$+\left(\frac{1}{r}\frac{\partial a_{\mathrm{r}}}{\partial\theta}-\frac{a_{\theta}}{r}\right)\boldsymbol{e}_{\theta}\boldsymbol{e}_{\mathrm{r}}+\left(\frac{1}{r}\frac{\partial a_{\theta}}{\partial\theta}+\frac{a_{\mathrm{r}}}{r}\right)\boldsymbol{e}_{\theta}\boldsymbol{e}_{\theta}+\frac{1}{r}\frac{\partial a_{\mathrm{z}}}{\partial\theta}\boldsymbol{e}_{\theta}\boldsymbol{e}_{\mathrm{z}}$$
$$+\frac{\partial a_{\mathrm{r}}}{\partial z}\boldsymbol{e}_{\mathrm{z}}\boldsymbol{e}_{\mathrm{r}}+\frac{\partial a_{\theta}}{\partial z}\boldsymbol{e}_{\mathrm{z}}\boldsymbol{e}_{\theta}+\frac{\partial a_{\mathrm{z}}}{\partial z}\boldsymbol{e}_{\mathrm{z}}\boldsymbol{e}_{\mathrm{z}}$$

表 A5　球面坐标系下的微分（$\boldsymbol{R},\boldsymbol{\theta},\boldsymbol{\varphi}$）

$$\nabla s=\frac{\partial s}{\partial R}\boldsymbol{e}_{\mathrm{R}}+\frac{1}{R}\frac{\partial s}{\partial\theta}\boldsymbol{e}_{\theta}+\frac{1}{R\sin\theta}\frac{\partial s}{\partial\varphi}\boldsymbol{e}_{\varphi}$$

$$\nabla\cdot\boldsymbol{a}=\frac{1}{R^2}\frac{\partial}{\partial R}(R^2a_{\mathrm{R}})+\frac{1}{R\sin\theta}\frac{\partial}{\partial\theta}(a_{\theta}\sin\theta)+\frac{1}{R\sin\theta}\frac{\partial a_{\varphi}}{\partial\varphi}$$

$$\nabla^2s=\frac{1}{R^2}\frac{\partial}{\partial R}\left(R^2\frac{\partial s}{\partial R}\right)+\frac{1}{R^2\sin\theta}\frac{\partial}{\partial\theta}\left(\sin\theta\frac{\partial s}{\partial\theta}\right)+\frac{1}{R^2\sin^2\theta}\frac{\partial^2s}{\partial\varphi^2}$$

$$\nabla^2a=\left[\frac{\partial}{\partial R}\left(\frac{1}{R^2}\frac{\partial}{\partial R}(R^2a_{\mathrm{R}})\right)+\frac{1}{R^2\sin\theta}\frac{\partial_{\mathrm{r}}}{\partial\theta}\left(\sin\theta\frac{\partial a_{\mathrm{R}}}{\partial\theta}\right)+\frac{1}{R^2\sin\theta}\frac{\partial^2a_{\mathrm{R}}}{\partial\varphi^2}-\frac{2}{R^2\sin\theta}\frac{\partial}{\partial\theta}(a_{\theta}\sin\theta)\right.$$
$$\left.-\frac{2}{R^2\sin\theta}\frac{\partial}{\partial\theta}(a_{\theta}\sin\theta)-\frac{2}{R^2\sin\theta}\frac{\partial a_{\varphi}}{\partial\varphi}\right]\boldsymbol{e}_{\mathrm{R}}$$
$$+\left[\frac{1}{R^2}\frac{\partial}{\partial R}\left(R^2\frac{\partial a_{\theta}}{\partial R}\right)+\frac{1}{R^2}\frac{\partial}{\partial\theta}\left(\frac{1}{\sin\theta}\frac{\partial}{\partial\theta}(a_{\theta}\sin\theta)\right)\frac{1}{R^2\sin^2\theta}\frac{\partial^2a_{\theta}}{\partial\varphi^2}+\frac{2}{R^2}\frac{\partial a_{\mathrm{R}}}{\partial\theta}-\frac{2}{R^2}\frac{\cot\theta}{\sin\theta}\frac{\partial a_{\varphi}}{\partial\varphi}\right]\boldsymbol{e}_{\theta}$$
$$+\left[\frac{1}{R^2}\frac{\partial}{\partial R}\left(R^2\frac{\partial a_{\varphi}}{\partial R}\right)+\frac{1}{R^2}\frac{\partial}{\partial\theta}\left(\frac{1}{\sin\theta}\frac{\partial}{\partial\theta}(a_{\varphi}\sin\theta)\right)\frac{1}{R^2\sin^2\theta}\frac{\partial^2a_{\varphi}}{\partial\varphi^2}+\frac{2}{R^2}\frac{\partial a_{\mathrm{R}}}{\partial\varphi}-\frac{2}{R^2}\frac{\cot\theta}{\sin\theta}\frac{\partial a_{\theta}}{\partial\varphi}\right]\boldsymbol{e}_{\varphi}$$

$$\nabla\cdot\tau=\left[\frac{1}{R}\frac{\partial}{\partial R}(R^2\tau_{\mathrm{RR}})+\frac{1}{R\sin\theta}\frac{\partial}{\partial\theta}(\tau_{\theta\mathrm{R}}\sin\theta)+\frac{1}{R\sin\theta}\frac{\partial\tau_{\varphi\mathrm{R}}}{\partial\varphi}-\frac{\tau_{\theta\theta}+\tau_{\varphi\varphi}}{\mathrm{R}}\right]\epsilon_{\mathrm{R}}$$
$$+\left[\frac{1}{R^3}\frac{\partial}{\partial R}(R\tau_{\mathrm{R}\theta})+\frac{1}{R\sin\theta}\frac{\partial}{\partial\theta}(\tau_{\theta\theta}\sin\theta)+\frac{1}{R\sin\theta}\frac{\partial\tau_{\varphi\theta}}{\partial\varphi}+\frac{\tau_{\theta\mathrm{R}}-\tau_{\mathrm{R}\theta}-\tau_{\varphi\varphi}\cot\theta}{R}\right]\boldsymbol{e}_{\theta}$$
$$+\left[\frac{1}{R^3}\frac{\partial}{\partial R}(R\tau_{\mathrm{R}\varphi})+\frac{1}{R\sin\theta}\frac{\partial}{\partial\theta}(\tau_{\theta\varphi}\sin\theta)+\frac{1}{R\sin\theta}\frac{\partial\tau_{\varphi\varphi}}{\partial\varphi}+\frac{\tau_{\varphi\mathrm{R}}-\tau_{\mathrm{R}\varphi}-\tau_{\varphi\theta}\cot\theta}{R}\right]\boldsymbol{e}_{\varphi}$$

$$\nabla\boldsymbol{a}=\frac{\partial a_{\mathrm{R}}}{\partial R}\boldsymbol{e}_{\mathrm{R}}\boldsymbol{e}_{\mathrm{R}}+\frac{\partial a_{\theta}}{\partial R}\boldsymbol{e}_{\mathrm{R}}\boldsymbol{e}_{\theta}+\frac{\partial a_{\varphi}}{\partial R}\boldsymbol{e}_{\mathrm{R}}\boldsymbol{e}_{\varphi}+\left(\frac{1}{R}\frac{\partial a_{\mathrm{R}}}{\partial\theta}-\frac{a_{\theta}}{R}\right)\boldsymbol{e}_{\theta}\boldsymbol{e}_{\mathrm{R}}+\left(\frac{1}{R}\frac{\partial a_{\theta}}{\partial\theta}+\frac{a_{\mathrm{R}}}{R}\right)\boldsymbol{e}_{\theta}\boldsymbol{e}_{\theta}$$
$$+\frac{1}{R}\frac{\partial a_{\varphi}}{\partial\theta}\boldsymbol{e}_{\theta}\boldsymbol{e}_{\varphi}+\left(\frac{1}{R\sin\theta}\frac{\partial a_{\mathrm{R}}}{\partial\varphi}-\frac{a_{\varphi}}{R}\right)\boldsymbol{e}_{\varphi}\boldsymbol{e}_{\mathrm{R}}+\left(\frac{1}{R\sin\theta}\frac{\partial a_{\theta}}{\partial\varphi}-\frac{a_{\varphi}}{R}\cot\theta\right)\boldsymbol{e}_{\varphi}\boldsymbol{e}_{\theta}$$
$$+\left(\frac{1}{R\sin\theta}\frac{\partial a_{\varphi}}{\partial\varphi}+\frac{a_{\mathrm{R}}}{R}+\frac{a_{\theta}}{R}\cot\theta\right)\boldsymbol{e}_{\varphi}\boldsymbol{e}_{\varphi}$$

名 词 索 引

A

abrasion 磨蚀
　definition and effects of 定义及影响 6(250、251)
　in particle flows 颗粒流中的冲击磨蚀 6(244)
absorption 吸收
　cross section for 横截面吸收 4(141)
acceleration 加速度
　of particles 颗粒运动加速度 3(84、85、89、90)
acceleration number 加速度数 3(105)
acicular particles 针状颗粒 1(2)
acoustic waves 声波 6(242、257–262)
activated carbon 活性炭 1(21、26)
adsorption 吸附
　chemical 化学吸附 1(21)
　physical 物理吸附 1(21)
agglomeration 聚集
　of particles 固体颗粒的聚集 5(188)
Allen's equation 艾伦方程 1(5)
alloys 合金
　as ferromagnetic materials 铁磁性材料合金 1(35)
　as poor electric conductors 非导体合金 1(29)
　yield strength of 屈服强度 1(27)
alumina 矾土
　properties of 矾土的性质 1(27、34)
aluminum 铝
　thermal properties of 铝的导热性能 1(31)
aluminum alloys 铝合金
　properties of 铝合金的性质 1(26、27)
American Society for Testing and Materials 美国材料试验协会
　See ASTM 参见 ASTM 1(3、7)
Amontons's law of sliding friction 阿蒙东滑动摩擦定律 2(60、66、73)
angle of repose 休止角
　See flow properties of powders 参见粉体流动特性
angular momentum 角动量
　conservation of 角动量的守恒 2(45)
arc discharge 弧光放电
　from particle charges 颗粒的弧光放电 3(84)
argon 氩
　use in gas adsorption 应用于气体吸附 1(10)
arithmetic mean diameter 算数平均径
　of paniculate systems 用于颗粒系统的计算 1(20)
ASTM Standard sieves ASTM 标准筛 1(3、7、8)
attrition 磨损
　See also abrasion; fragmentation 参见磨蚀、粉碎
　mechanisms of 磨损机理 6(250、251)
　in particle collisions 颗粒碰撞中的磨损 2(43)，5(188、189)
averages 平均值 5(180–187)
　ensemble average 系统平均值 5(209)
　intrinsic average 本征平均值

5(180、181)
minimum control volume of phase verage 相均值的最小控制体积 5(181–185)
phase average 相均值 5(180、181)
averaging theorems 平均定理 5(181–187)

B

Babinet's principle 巴比内原理 4(145)
Bagnold number 巴格诺尔德数 5(208)
barium titanate 钛酸钡
permittivity of 介电常数 1(34)
Basset, Boussinesq, and Oseen (BBO) equation BBO 方程 3(104、105), 5(196), 6(259、260)
Basset coefficient 巴塞特力修正系数 3(105、106、121)
Basset force 巴塞特力 3(85–91、105、121、126), 5(196、204、229), 6(261)
carried mass and 巴塞特力的夹带量 3(89–91)
Beer-Lambert law 比尔–朗伯定律 1(10)
Beryllia 铍
thermal properties of 导热特性 1(31)
Biot number 毕奥数 4(129、130、157)
blackbody 黑体
definition of 定义 1(30)
monochromatic-emissive power of 单色辐射功率 4(141)
Boltzmann constant 玻尔兹曼常数 3(112、114、116、122)
boron 硼
elastic properties of 弹性 1(26)
boron nitride 氮化硼
thermal properties of 热力学特性 1(31)
Bose-Einstein statistics 玻色–爱因斯坦统计 5(168、236)
Bourger-Beer relation 博格–比尔关系式 4(149)
Boussinesq formulation 布西内斯克公式 5(174、192、195)
brass 黄铜
yield strength of 屈服强度 1(27)
breakage 碎裂
of particles 颗粒碎裂 2(42、76)
brittle erosion 脆性磨蚀 6(245–247、250、251)
brittle fracture 脆性破裂
of particles 颗粒的脆性破裂 1(1、28)
bronze 紫铜
yield strength of 屈服强度 1(27)
Brunauer-Emmett-Teller (BET) isotherm BET 等温线 1(23、24)
Brunauer-Emmett-Teller (BET) method BET 法
method, for surface area analysis 比表面积分析 1(10、23)
Buckingham pi theorem 白金汉 π 定理 5(229)
buoyancy force 浮力 3(90、104)
Burke and Plummer's theory 伯克–普卢默理论 5(164、224、227、228)

C

calcium hydroxide 氢氧化钙
specific surface area of 比表面积 1(23、24)
capillaric model 毛细管模型 5(222–224)
carbide (sintered) 碳合金(烧结的)
properties of 性质 1(27、31)
Carman correlation 卡曼相关性 6(280、281)
carried mass 裹挟量
Basset force and 巴塞特力 3(89–91、105)
carried mass coefficient 裹挟质量系数 3(105)
cascade impactor 串级冲击法
particle sizing using, 应用于颗粒测量 1(13)

cement clinker 水泥熟料
 mass distribution of 质量分布 1(18)
center of compression 压缩中心 2(50–52)
centrifugal sedimentation 离心沉降
 particle sizing by 颗粒测量 1(7、9)
ceramics 陶瓷
 as elastic-brittle particles 弹–脆性材料 1(25)
 pipe walls of 陶瓷管壁 6(242、243)
 yield strength of 陶瓷的屈服强度 1(27)
charge generation 电荷产生 3(112–123)
 corona charging 电晕荷电 3(112、114、115)
 diffusion charging 扩散荷电 3(112–114)
 field charging 场荷电 3(112、113)
 by ion collection 离子聚集荷电 3(112–116)
 in ionized gases 气体离子化荷电 3(114、115)
 saturation charge 饱和电荷 3(113)
 by surface contact 表面接触荷电 3(109–112)
 by thermionic emission 热辐射荷电 3(116)
charge transfer 电荷转移 3(109–121)
 basic mechanism of 基本机理 3(111)
 by collision 碰撞转移 3(116–121)
 momentum transfer and 动量传递 3(84–127)
 by single impact 单碰撞 3(116、117)
charge transfer coefficient 电荷转移系数 3(116)
coal 煤
 as elastic-brittle solids 弹–脆性固体 1(26)
 Rosin-Rammler distribution R-R 分布 1(17、18)
coal combustion 煤燃烧
 heat transfer in 热量传递(传热) 4(128)
 particle changes in 颗粒变化 6(250)
 particle tracking in 颗粒轨迹 5(164)
 Sauter's diameter applied to 索特径应用 1(4)
cobalt 钴
 as ferromagnetic material 铁磁材料 1(36)
coefficient of diffusion 扩散系数 5(195)
coefficient of kinetic friction 动摩擦系数 2(7、60、72、80)，6(246、249)
coefficient of restitution 恢复系数 2(42–45、77–80)
coefficient of self-diffusion 自扩散系数 5(171)
coefficient of thermal expansion 热膨胀系数
 of particles 固体颗粒 1(29、31)
coefficient of viscosity 黏度系数 5(171)
collinear impact 共线碰撞
 of spheres 球体颗粒 2(43、44)
collision 碰撞
 charge transfer by 电荷转移 3(116–121)
 due to wake attraction 尾流吸引 3(90–92、126)
 of elastic spheres 弹性球体 2(46、68–75)、4(131–136)
 frequency of 碰撞频率 2(42)，5(170、171)
 heat conduction in 热传导中的碰撞 4(131–136)
 of inelastic spheres 非弹性球体 2(75–80)，6(246)
interparticle kinetic theory modeling of 动力学理论建模中颗粒间 5(162、164、195)
interparticle particle viscosity due to 由于黏性引起颗粒间的碰撞 5(200–202)
 kinetic theory applied to 动力学理论应用 5(208)
 speed of 碰撞速度 6(247)
collisional deformation 碰撞形变

of spheres 球体颗粒 2(45)
collisional force 碰撞力 2(45、68)，3(84、101、102)，5(201)
erosion from 引起的磨蚀 6(246)
collisional heat transfer coefficient 碰撞热传递系数 4(134、136)
collisional pair distribution function 对碰撞分布函数 5(213–215)
collision mechanics 碰撞机理
of solids 固体颗粒 2(42–83)
conservation of angular momentum 角动量守恒 2(49)，6(264)
contact 接触
axisymmetric 轴对称接触 2(48)
elastic 弹性接触 2(46)
frictional 摩擦球接触 2(60–68、76)
frictionless 无摩擦接触 2(55–60)
inelastic 非弹性接触 2(45、75–80)
nonsliding 无滑移接触 2(63–65)
normal 正面接触 2(55–60)
oblique 斜接触 2(42、60)
plastic 塑性形变 2(75、76)
quasi-static 准静态 2(48)
torsionless 无扭曲 2(48)
contact potential 接触电势 3(112)
contact theories 接触理论
collisional mechanics and 碰撞机理 2(42)
continuity equation 连续性方程 5(167、173、177、188、189、193)
continuity waves 连续波
generation of 连续波的产生 6(278–280)
Continuum modeling 连续性模型
See also Eulerian continuum approach 参见欧拉连续法
of multiphase flows 多相流 5(162、180–202)
convection 对流
heat transfer by 热传递过程 4(128、136–140)
mass transfer by 质量传递 4(153–155)
copper 铜
as isotropic material 各向同性材料 1(25)
thermal properties of 热力学特性 1(29、31)
copper alloys 铜合金
elastic properties of 弹性 1(26)
copper ball 铜球
restitution coefficient of 恢复系数 2(79、80)
corona charging 电晕荷电 3(112、114、115)
Coulomb force 库仑力 3(116)
Coulomb's law 库仑定律 3(101)
Coulter principle 库尔特原理
particle sizing using 颗粒测量 1(13)
cracking mechanism 裂纹机理 6(244)
crack initiation and growth 裂纹的产生及其扩展 1(28)
crystalline particles 结晶颗粒 1(2)

D

Darcy's law 达西定律 5(162、164、221–224)
DeBroucker's mean diameter 迪布鲁克平均径 1(21)
Debye shielding distance 德拜屏蔽距离 3(114)
deformation 形变
elastic 弹性形变 2(68–75)
of particle 颗粒的形变 1(1、21、24–28)，2(42)
plastic，*See* plastic deformation 参见塑性形变
dendritic particles 树枝状颗粒 1(2)
dense-phase transport modeling 密相输送定理 5(209–212)

density　密度
　of gas-solid mixtures　气–固混合系统　6(242、252–254)
density functions　密度函数　1(14、15)
deterministic trajectory method　定轨道法
　for multiphase flow　多相流　5(163、202、204–206)
detonation combustion　爆震燃烧
　acoustic waves from　由声波引起　6(257)
diamagnetic solids　抗磁性固体　1(34–36)
dielectric materials　介电材料
　electrical properties of　导电特性　1，3(34、102)
diffraction　衍射
　effect on thermal radiation　热辐射的影响　4(141)
　effects on scattering　散射的影响　4(148)
　from large spheres　来自大球体的衍射　4(145、146)
diffusion　扩散
　heat transfer by *See* thermal diffusivity　热量传递，参见热扩散
　mass transfer by　质量传递　4(153–155)
diffusion charging　扩散荷电　3(112–114)
dimensional analysis　量纲分析
　similarity and　相似性　5(229–234)
direct numerical simulation (DNS)　直接数值模拟　5(172)
discrete-vortex simulation (DVS)　离散涡流模拟　5(172)
dispersion forces　分散力　1(22)
displacement　位移
　from boundary point forces　边界层上点力引起　2(54)
　radial displacement　径向位移　2(54)
　vertical displacement　垂直位移　2(54)
displacement-strain relationships　位移–应变关系　2(48、54)
Doppler effect　多普勒效应　1(12)
drag coefficient　曳力系数　1(4、5、37)，3(85、91、105、121)，6(259、265、266、285)
drag force　曳(阻)力　3(84、85、92)，5(188)，6(245、258、259、265、266、274–278)
ductile erosion　塑性磨蚀　6(243–245、247)
ductile fracture　塑性破坏
　of particles　固体颗粒　1(1、28)
dust explosion　粉尘爆炸
　from particle charges　颗粒荷电　3(84)
dynamic diameter　动力学粒径
　of particles　颗粒　1(4–6、10)
dynamic waves　动力波　6(282–284)

E

efficiency factors　效率因子
　for absorption　吸(收)附　4(141)
　for extinction　消光　4(141、142)
　for scattering　散射　4(141、142、148)
Einstein summation　爱因斯坦求和　5(173、218)
elastic-brittle particles　弹–脆性颗粒　1(26)
elastic collision　弹性碰撞　2(42)
elastic constants　弹性常数　1(26)
elastic contact theory　弹性接触理论
　of solids　固体颗粒　2(46)
elastic deformation　弹性变形　2(68、72)，6(243)
　of particle　固体颗粒　1(1、26、27)
elasticity　弹性　2(46)
　restoration of　弹性恢复　2(77)
elastic-plastic impact model　弹塑性冲击模型　2(77、78、80)
elastomeric deformation　弹性变形　1(24、25)
elastoplastic particles　弹塑性颗粒　1(26、37)
electrical conductivity　导电性
　of particles　颗粒的导电性　1(31–33)

electric force 电场力 3(98、102)
electric porcelain 电瓷
  yield strength of 屈服强度 1(27)
electron microscopy 电子显微镜
  of particles 颗粒 1(3、7)
electrophoresis 电泳 3(106)
electrostatic ball probe theory 静电球形探针理论 3(108、116、118–121)
electrostatic forces 静电力 1(22)，2(42)
electrostatic precipitation and precipitators 静电沉积和静电除尘器 3(102)
energy equation 能量方程 5(167、168、192、205、206、212、213)，5(265)
entrainment 卷吸
  of fluid 流体 3(94)
ϵ-equation ϵ-方程 5(176、199)
equation of equilibrium 平衡方程 2(46–48)
equation of motion 运动方程 3(103、105–108)
equation of state 状态方程
  for gas-solid mixtures 气固混合体系 6(242、251–254)
equilibrium speed of sound 平衡声速
  in gas-solid mixtures 气固混合体系 6(262)
equivalent diameters 当量径
  of no-spherical particles 非球体颗粒 1(3–6)
Ergun equation 欧根方程 5(162、223–228、232)
  application to suspensions 应用于悬浮系统 5(165)
  flow-rate effects 流速的影响 5(164、165)
  fluid-property effects on 流体性质影响 5(224)
  particle-property effects on 颗粒性质影响 5(228)
  voidage of packing effects on 填充层空隙率的影响 5(224–228)
Erosion，*See also* flow properties of powders 磨蚀，参见粉体的流动特性
  abrasive 磨料 6(244、250、251)
  brittle 脆性磨蚀 6(243–245)
  ductile 塑性磨蚀 6(243–245)
  locations of 磨蚀的部位 6(247–250)
  particle properties affecting 颗粒性质的影响 1(1)
  of wall surfaces 壁面磨蚀 2(42)，5(242–251)
Eulerian continuum approach 欧拉连续分析法 5(162、163、180、181、204)
Eulerian integral length scale 欧拉积分长度尺度 6(284)

F

fatigue 疲劳
  of particles 固体颗粒 1(28)
fatigue cracking 疲劳断裂 6(243)
Feret's diameter 弗雷特径 1(3)
Fermi-Dirac distribution function 费米–狄拉克分布函数 3(111)
Fermi energy level 费米能级 3(109、111、112)
ferrimagnetic and ferroelectric materials 铁磁材料和铁电材料 1(34、35)
fibrous particles 纤维颗粒 1(2)
Fick's equation 菲克方程 4(154、155)
field charging 场荷电 3(112、113)
field forces 场力 3(102–104)
See also electric force; gravitational force; magnetic force 参见电场力\重力\电磁力
flaky particles 片状颗粒 1(2)
flow ability of powders 粉体流动性
  particle shape effects on 颗粒形状的影响 1(1)
fluid element 流动单元体
  of continuum 连续模型 5(162)

fluidized beds　流化床
　Ergun equation applied to　欧根方程应用　5(162)
　heat transfer in　热量传　4(134)
　particle interaction in　颗粒间的相互作用　6(253)
　particle properties affecting　颗粒性质的影响　1(1)
　speed of sound in　声速　6(260、261)
　stability of　稳定性　6(267)
flux equation　流量方程　4(155)
Fourier equation　傅里叶方程　4(154)
Fourier number　傅里叶数　4(129、130、132–134、140、157)，5(234)
Fourier's law　傅里叶定律　5(168)
fracture　破裂
　of particles　固体颗粒　1(1、21、28)
fragmentation　碎片
　definition and effects of　定义及影响　6(250、251)
Fraunhofer diffraction　夫琅禾费衍射
　particle sizing by　颗粒测量　1(7、10–13、15)
Freundlich isotherm　弗罗因德利希等温线　1(22)
frictional force　摩擦力　2(60)
Froessling equation　弗勒斯灵方程　4(155)
Froude number　弗劳德数　5(229、233、234)
frozen speed of sound　冻结音速
　in gas-solid mixtures　气固混合体系内　6(262)

G

gas adsorption　气体吸附
　use in particle sizing　颗粒测量　1(7、10)
Gaussian distribution　高斯分布　1(15–17)，5(207、208)
Gaussian quadrature formula　高斯正交公式
　scattering integral approximation by　散射积分近似法　4(150、151)
Gauss's law　高斯定律　3(109、110、113)
Gauss theorem　高斯定理　5(166、186)，6(269)
glass beads　玻璃珠
　elastic displacement in　弹性位移　2(58–60)
glass-ceramics　玻璃–陶瓷
　elastic properties of　弹性　1(26)
glass powder　玻璃粉体
　mass distribution of　质量分布　1(18)
glasses　玻璃
　index of refraction　折射率　1(36)
　thermal properties of　热力学性质　1(31)
gliding　滑移
　of particles　颗粒滑动　6(247、249)
gradient-related forces　梯度相关力　3(92、94)
　See also pressure gradient force radiometric force; Saffman force　参见：压力、梯度力、辐射力、萨夫曼力
grain inertia flows　颗粒惯性流
　kinetic theory modeling of　动力学理论建模　5(208)
granular materials　颗粒物料
　flow of　流动　5(218)
granular particles　粒状颗粒　1(2)
granular temperature　颗粒温度　5(220)
graphite　石墨
　properties　性质　1(26、27、31)
　in suspension coolants, heat transfer by　悬浮散热器，热量传递　4(128)
Grashof number　格拉斯霍夫数　4(156、157)
gravitational force　重力　3(89、98、102、105、106)
gravitational sedimentation　重力沉降
　particle sizing by　颗粒测量　1(7、9、10)

H

Hagen-Poiseuille equation　哈根–泊肃叶方程　5(221–224)
Hamaker's constant　哈梅克常数　3(99–101、

121、126)
heat conduction 热传导 1(1)
See also thermal diffusivity 参见热扩散
heat loss 热损失
by colliding spheres 球体碰撞产生 2(42、77)，3(119)
heat transfer 热传递 4(128–161)
in collisions 碰撞中 4(131–136)
by convection 对流中 4(128、136–140)
mass transfer compared to 与质量传递的比较 4(128、155、156)
of single spheres 单个球体颗粒 4(129–131)
heat transfer coefficient(s) 热传递系数 4(134–136、146)
Hertzian contact theory 赫兹接触理论 2(42、46、55–60、66、68、71、73、75、76)，4(131)，6(244、246)
Hinze's model 欣泽模型 6(283)
Hinze-Tchen model 欣泽–陈模型 5(163、195–199)
Hooke's law 胡克定律 1(25)，2(47、54)
See also elasticity 参见弹性
hydrodynamics 流体力学
fundamental equations for 基本方程 5(212、213)
hydrogenation 氢化
heat transfer in 热传递 4(128)

I

impact 冲击
See also collision 参见碰撞
collinear 共线撞击 2(43、44)
damage due to 冲击损害 6(243)
directional 定向冲击 6(242、249)
duration of 持续时间 2(42、68)
dynamic 动力 2(42)
of elastic bodies 弹性体 2(42、68)
force of 冲击力 2(42)
of particles 颗粒撞击 6(242、243、245)
planar 共面撞击 2(44)
random 随机撞击 6(242)
single, charge transfer by 单颗粒撞击，电荷转移 3(117、118)
stereomechanical 刚体机械 2(42–45)
velocity of 撞击速度 2(44、69、76、78)
impact angle 冲击角 6(245–249)
impact number 碰击数 6(246)
impulse 冲量
definition of 定义 2(42)
impulse-momentum law 冲量–动量定律 2(42)
incident radiation 入射辐射
on dielectric spheres 球形电解质 4(143、144)
index of refraction 折射率 1(11、12、36)
inelastic collision 非弹性碰撞 2(42)
inelastic contact 非弹性接触
of solids 固体颗粒 2(45)
instability analysis 不稳定分析 6(242、267–286)
of batch-solid fluidization system 指批量系统 6(282、283)
internal energy 内能
of gas-solid mixtures 气固混合系统 6(242、254、255)
Invar 殷钢
thermal properties of 热力学性质 1(31)
ion collection 离子聚集
charging by 荷电 3(112)
irregular particles 不规则颗粒 1(2)
isentropic change of state 等熵变化状态
in gas-solid mixtures 气固混合系统 6(255、256)

J

Jacobian determinant 雅可比行列式 5(165、235)

K

Kelvin effect 开尔文效应 1(41)
k-ε-k_p model k-ε-k_p模型 5(163、194、199)
k-ε model k-ε模型
for turbulent flow 湍流流动 5(163、172、174–177、179、199)
k-equation k-方程 5(176、179、199)
kinetic energy 动能
loss due to collisions 由于碰撞而损失 2(42、44、73、77)，5(257)
kinetic theory 动力学理论
transport coefficients and 输送系数 5(168–172、194、198)
kinetic theory modeling 动力学理论模型
collisional flux of fluctuation energy 碰撞流 5(217、220)
collisional pair distribution function, 对碰撞分布函数 5(213–215)
collisional stress tensor 碰撞应力张量 5(216、218、219、235)
for collision-dominated dense suspensions 以碰撞为主的浓相悬浮 5(208–221)
constitutive relations 本构关系 5(216–221)
dense-phase transport modeling 浓相输送模型 5(209、212)
energy dissipation rate 能量耗散速度 5(218、220)
hydrodynamic equations 流体力学方程 5(212、213)
for interparticle collisions 颗粒间的碰撞过程 5(162、164)
Kirchoff 's law 基尔霍夫定律 1(30)
Knudsen diffusion 克努森扩散 4(154)
Kozeny theory 科兹尼理论 5(164、224–227)
Kronecker delta 克罗内克符号 5(167、236)
krypton 氪
use in gas adsorption 气体吸附 1(10)
Kutta-Joukowsky lift formula 库塔–茹可夫斯基升举公式 3(98)

L

Lagrangian correlation coefficient 拉格朗日关联系数 5(195、198、235)
Lagrangian trajectory model 拉格朗日轨道模型 3(104)，5(162–165、203–208)
deterministic trajectory method 定轨道法 5(163)
stochastic trajectory method 随机轨道法 5(163)
laminar flow 层流
description of 描述 5(163)
laminar transport coefficients 层流输送系数 5(171、177)
Langevin model 朗之万模型 5(208)
Langmuir isotherm 朗缪尔等温曲线 1(22、23)
large-eddy simulation (LES) 大涡流模拟 5(172)、6(288)
laser Doppler phase shift 激光多普勒相移法
particle sizing by 粒度测量 1(12、13)
Lifshitz-van der Waals constant 利弗西兹–范德华常数 3(100、122)
lift force 升力 3(92、94、97、98)
lifting 升起
of particles 固体颗粒 6(249)
light wavelength 光波波长 1(37)
log-normal distribution 对数正态分布 1(15、17、18)
London’s constant 伦敦常数 3(99、123)
Lorentz constant 洛伦兹常数 1(30、38)
Lorentz force 洛伦兹力 3(103、121)
Lorenz-Mie theory 洛伦兹–米氏理论 1(11)
Loschmidt number 洛施密特数 6(253)
Love’s stress function 拉乌应力函数 2(48、81)

M

macro-pores 大孔 1(10)

magnetic force 磁力 3(98、102、106)
magnetic properties 磁学特性
of solids 固体颗粒 1(3、34–36)
magnetofluidized beds 磁流化床 3(102)
Magnus effect 马格纳斯效应 3(94)
Magnus force 马格纳斯升力 3(84、94–98、106、121)，5(189)
Martin's diameter 马丁径 1(3、37)
mass transfer 质量传递 4(153–156)
by diffusion and convection 扩散和对流引发 4(153–155)
heat transfer compared to 与热量传递的对比 4(128、155–156)
mass transfer coefficient 质量传递系数 4(156)
material densities 材料密度 1(36)
Maxwell-Boltzmann velocity distribution 麦克斯韦–玻尔兹曼速度分布 5(163、168–170、209、213、215)
transport coefficients based on 输送系数 5(172)
Meso-pores 中大孔 1(10)
metals 金属
electrical properties of 电学特性 1(31–34)
yield strength of 屈服强度 1(26)
mica 云母
properties of 性质 1(26)
micropores 微孔 1(10)
microscopy 显微镜
in particle sizing 粒度测量 1(7、8–9)
microslip contact 微滑移接触
tangential displacement from 切向位移 2(64)
Mie scattering theory米氏散射理论 1(10、11、13)，4(141–146)
Mindlin's theory for frictional contact 摩擦接触米德林理论 2(42、46、60、71)
mixing length model 混合长度模型
for turbulent flows 湍流流动 5(163、165、172、174–175)
modular particles 模状颗粒 1(2)
分子扩散系数 4(155)
momentum equation 动量方程 5(167、173、177、192、204、205、212)，6(268)
monochromatic emissivity 单色辐射
of particles 固体颗粒 1(31、37)
Monte Carlo method 蒙特卡罗算法 4(150)，5(163、204、208)
moon dust 月球尘埃
Rosin-Rammler distribution of R-R 分布 1(17–19)

N

Navier-Stokes equations 约维–斯托克斯方程 3(86、94、105、106、108)，5(163、196)
time-averaged 时间平均 5(172、173–174)
Newton's equation for drag coefficient 牛顿曳力系数方程 1(5)，3(85)
Newton's law of acceleration 牛顿定律的加速度 1(32)，5(200)
nickel 镍
as ferromagnetic material 铁磁材料 1(34)
nonspherical particles 非球体颗粒
equivalent diameters 当量直径 1(3–6)
Nusselt number 努塞特数 4(130、131、137、140、155、157)，6(265)
nylon 尼龙
properties of 特性 1(26、27、34)

O

oblique 斜面
sliding contact 滑动接触 2(60–63)
optical microscopy 光学显微镜
in particle sizing 颗粒测量 1(3、7–9)
optical properties 光学特性

of solids 固体颗粒 1(1、36、37)
oscillation 振荡
of spherical particles 球体颗粒 6(257–259)
Oseen approximation 奥森近似法 3(95、96)
Oseen drag 奥森曳力 3(94、97)
packed beds, *See also* fixed beds 堆积床层，参见固定床
equations for flows through 流体通过床层方程 5(221–228)

P

paramagnetic solids 顺磁性固体 1(34–36)
particle(s) 颗粒
acceleration of 加速度 3(84、85、89、90)
agglomeration of 聚集 2(42)
attrition of 磨损 2(42)
density 密度 1(36)
diameter of 直径 6(253)
eddy interaction with 漩涡与颗粒间的相互作用 6(285)
electrification of 带电 2(42)
fluid interactions of 流体的相互作用 3(84–98)
forces controlling motions of 控制运动力 3(84)
interactions of 相互作用 3(84)，6(268)
interparticle forces affecting 颗粒间力的影响 3(98–104)
motion of single 单颗粒的运动 3(84、104–108)
number density 个数密度 1(14–16、18、38)，5(171、182、201、204、209)
rotation of 旋转 3(84、94)
shape effect 形状影响 1(1)
size and properties of 大小和性质 1(1–41)
sizing methods for 测量方法 1(7–14)
trajectories of 轨迹 3(106–108)
turbulent kinetic energy of 湍流动能 6(283)
viscosity from interparticle collisions 颗粒间碰撞黏度 5(200–202)
wall collisions of 与器壁的碰撞 2(73–75、79)、3(84)、5(203)
particle clouds 颗粒云/弥散颗粒
thermal radiation with 热辐射 4(128、148–153)
particle Reynolds number 颗粒雷诺数 3(85、122)，4(147、158)，5(235)，6(265)
particle terminal velocity 颗粒终端沉降速度 1(4–5)
particle-turbulence interaction 湍流颗粒相互作用 6(242)
Peclet number 佩克莱数 5(179)
permittivity 介电常数
of particles 颗粒 3(33、34、103)
perturbation method 扰动法
for fluidized-bed instability studies 流化床不稳定性研究 6(267)
phase average 相均值 5(180、181)
Phase Doppler Particle Analyzer (PDPA) 相位多普勒颗粒分析仪 1(12)
phonons 声子
heat conduction by 热传导 1(29)
photophoresis 光泳 3(93、106)
physical adsorption 物理吸附
of particles 固体颗粒 1(1、21、22)
piezoelectric materials 压电材料
properties and uses of 特性和应用 1(34)
pipes 管流
stratified, wave motion in 分层，波动 6(268–278)
pipe walls 管壁
erosion of 磨损 6(242–251)
materials used in 应用材料 6(242–251)

planar impact 共面碰撞
of spheres 球体颗粒 2(44、45)
Planck intensity function 普朗克强度函数 4(149)
Planck's formula 普朗克公式 1(31)
plastic deformation 塑性形变 3(119)
onset of 发生 2(75、76)
of particles 固体颗粒 1(1、25–27), 2(42、45、75、76)
plastics 塑料
fatigue wear of 疲劳磨损 6(244)
pipe walls of 管壁 6(242、243)
Plexiglas 有机玻璃
index of refraction 折射率 1(36)
Poisson contraction 泊松收缩 1(25)
Poisson distribution 泊松分布 5(170)
Poisson equation 泊松方程 3(112)
Poisson's ratio泊松比 1(25、26、39), 2(47、59、76、81), 6(243、289)
poly dispersed particle systems 多分散颗粒系统
density functions affecting 密度函数 1(1)
polyethylene 聚乙烯
elastic properties of 弹性 1(26), 2(73、74)
permittivity of 介电常数 1(34)
thermal properties of 热力学性质 1(31)
polymerization 聚合
heat transfer in 热量传递 4(128)
polymers 聚合物
in triboelectric series 摩擦起电 3(110、111)
yield strength of 屈服强度 1(27)
polystyrene 聚苯乙烯
plastic deformation of 塑性变形 1(25)
yield strength of 屈服强度 1(27)
polyvinyl chloride 聚氯乙烯
permittivity of 介电常数 1(34)
porcelain 瓷
permittivity of 介电常数 1(34)
pores 孔
size classification of 大小分级 1(10)
powder(s) 粉体
See also Coulomb powders 参见库仑粉体
flowability of. *See* flowability of powders 流动性，参见粉体流动性
sieve classification of 筛分分级 1(7)
Prandtl number 普朗特数 4(136、137、155), 5(179)
pressure 压力
of gas-solid mixtures 气固混合体系 6(242、252–254)
pressure diffusion 压力扩散 4(153)
pressure distribution 压力分布 2(55)
in frictionless contact 无摩擦接触 2(57、66)
pressure gradient 压力梯度
force due to 作用力引起 3(93、104)
pressure waves,
See also acoustic waves; shock waves 压力波，参见声波、激波
through gas-solid mixtures 通过气固混合体系 6(242、257–267)
projected area diameter 等投影面积径 1(3)
pseudocontinuum model 拟连续模型 4(139、140、148), 5(184)
instability analysis using 应用于不稳定分析 6(242)
PVC-acrylic alloy PVC-丙烯合金
yield strength of 屈服强度 1(27)

R

radiant heating 辐射换热
of particles 固体颗粒 4(146–148)
radiation 辐射
gas absorption of 气体吸附 4(128)

radiation transport equation　辐射传递方程　4(149、150)
radiometric force　辐射力　3(93、94)
rare earth elements　稀土元素
　as ferromagnetic materials　铁磁材料　1(34)
Rayleigh number　瑞利数　4(156、157)
Rayleigh scattering　瑞利散射　1(11)，4(141、142)
reflection　反射
　from diffuse spheres　来自慢散射球面　4(144)
　effect on thermal radiation　热辐射的影响　4(141、148)
　from specularly reflecting spheres　来自镜面发射球面　4(143、144)
refraction　折射
　effect on thermal radiation　热辐射的影响　4(141、148)
relaxation time　弛豫时间
　of particle　固体颗粒　5(205、229)
　Stokes relaxation time　斯托克斯弛豫时间　3(90、107、123)，5(197、237)，6(264、283)
retardation effects　延迟效应　3(99、100)
Reynolds decomposition concept　雷诺分解
　application to turbulent flow analysis　应用于湍流分析　5(172、173、191)
Reynolds number　雷诺数　1(4)，3(85、92、94、97、98、104)，4(158)，5(179、229、230、233)
　heat transfer　热量传递　4(128、137)
Reynolds stress　雷诺应力　5(172–175、192、193)
Richardson-Dushman equation　理查森德–达荷曼方程　3(116)
Rosin-Rammler distribution　R-R 分布　1(17–19、38)
rubber　橡胶
　abrasive wear of　磨料磨损　6(246)
　thermal properties of　热力学性质　1(31)

S

Saffman force　萨夫曼力　3(84、92–94、105、121、122、127)，5(188)，6(249)
saturation charge　饱和电荷　3(113)
Sauter's diameter　索特粒径　1(3、4、10、20、21)
scaling relationships　缩放关系
　for fluidized beds　流化床　5(230–234)
　for pneumatic transport　气力输送　5(229–230)
scanning electron microscopy (SEM)　扫描电子显微镜
　for particle sizing　颗粒测量　1(7–9)
scattering　散射
　cross section for　横截面　4(141)
　diffraction effects on　衍射效应　4(148)
　efficiency factor for　效率因子　4(141、142)
　geometric scattering　几何散射　4(141)
　independent vs. dependent scattering　独立散射与散射　4(148–149)
　from large spheres　大球面　4(143–146)
　Mie scattering theory　米氏散射理论　4(141–146)
　by multiple particles　多颗粒散射　4(148)
　by particle clouds　颗粒云散射/弥散颗粒　4(153)
　of particles　颗粒散射　6(247、249)
　radiative transport by　辐射传输　4(141)
　Rayleigh scattering　瑞利散射　1(11)，4(141)
　by single particles　单颗粒散射　4(141–146)
scattering integral　散射积分
　approximation of　近似　4(150、151)
Schmidt number　施密特数　4(155、159)
Schrödinger's wave equation　薛定谔波动

方程 5(163、169)
Sedigraph particle analyzer 沉降曲线颗粒分析 1(5)
sedimentation 沉降
particle sizing by 颗粒分析 1(9、10)
shape coefficients 形状系数 1(1)
shape factors 形状因子 1(1)
shear strain 剪切应变 2(47)
shear stress 剪切应力 2(47、50)
Sherwood number 舍伍德数 4(155、159)
shock waves 激波
force generated by 产生的力 3(93、106)、6(242)
propagation of 传播 3(106)，6(263–267)
sieve standards 筛标准 1(3)
sieving 筛分
for particle sizing 颗粒测量 1(7、8、15)
silica glass 硅(石英)玻璃
elastic properties of 硅玻璃弹性 1(26、58)
silver 银
as electric conductor 作为导电体 1(29)
similarity相似性
dimensional analysis and 量纲分析 5(229–234)
single-phase flows 单相流
modeling of 建模 5(165–179)
skeletal density 骨架密度 1(36)
slip velocity 滑移速度 6(277、280)
between phases 各相间
soda-lime glass 钠钙玻璃
thermal properties of 热力学特性 1(31)
specific heat 比热
of gas-solid mixtures 气固混合体系 6(242、254、255)
of particles 固体颗粒 1(28、29)
ratio of 比率 6(254)
speed of sound 声速 6(242、259–262)
equilibrium speed of sound 平衡声速 6(262)
frozen 冻结 6(262)
in gas-solid mixtures 在气固混合体系中 6(242、259–262)
sphere(s) 球体 1(2)
elastic 弹性 2(66–75)，3(102、131–136)
frictional 摩擦 2(42、44、46、57、60、71–75)
frictionless 无摩擦 2(55、60)
motion of 运动 3(84)
oscillation of 振荡 6(257、258)
perfect elastic spheres 完全弹性球体 2(44、45)
! perfect inelastic spheres 完全非弹性球体 2(44)
rotation of 旋转 3(97–98)
static friction coefficient 静摩擦系数 2(60、64、80)
steel 钢
elastic properties of 弹性 1(27)
thermal properties of 热力学特性 1(31)
yield strength of 屈服强度 1(27)
steel ball 钢球
restitution coefficient of 恢复系数 2(79)
Stefan-Boltzmann constant 斯特藩–玻尔兹曼常数 4(158)
Stefan-Boltzmann's law 斯特藩–玻尔兹曼定律 1(30、39、41)，4(141)
Stefan flow 斯特藩流 4(156、158)
Stefan-Maxwell equation 斯特藩–麦克斯韦方程 4(154)
stereomechanical impact 刚体间的相互作用 2(42–45)
stochastic trajectory method 随机轨道法
for multiphase flow 多相流 5(163、204、206–208)
Stokes drag force 斯托克斯曳力 3(85、90、92、94、97、105、106、122)，6(258)

Stokes expansion　斯托克斯展开式　3(95、96)
Stokes flows　斯托克斯流　1(5)，3(85、86、91、105)，4(137、138)，6(259)
Stokes number　斯托克斯数　5(229)
Stokes relaxation time　斯托克斯弛豫时间　3(90、107、123)，5(197、237)，6(263、264、283)
Stokes stream function　斯托克斯流函数　3(94)
straight capillaric model　直管毛细管模型　5(222–224)
strain(s)　应变
　deformation caused by　形变的原因　1(24–25), 2(42、45)
　normal　垂直应变　2(47)
　shear　剪切应变　2(47)
stratified flows　分层流
　in horizontal pipes　水平管道内　6(271–273)
　wave motions in　波动中　6(268–278)
stream function　流函数　3(87、88–89)
　for linear motion of spheres球体的线运动　3(86–89)
stress(es)　应力
　from boundary point forces　点力的边界层　2(52–54)
　collisional　碰撞　3(101、102)
　deformation caused by　变形引起　1(24、25、42、45)
　general relations of　一般关系　2(46–48)
　normal　垂直应力　2(51)
　shear　剪切应力　2(47、562)
　yield　应力屈服应力　2(75、76)
Strouhal number　斯特鲁哈尔数
　Wake shedding frequency and　尾流脱落频率　6(284)
surface abrasion model　表面摩擦模型　6(250)
surface area　表面积
　determination in particles　颗粒的测定　1(10)
surface diameter　面积径
　of particles　单颗粒　1(2)
surface mean diameter　面积平均径
　of particulate systems　颗粒系统　1(20)

T

tangential displacements　切向位移　2(60–66)
tangential tractions　切向摩擦力
　in nonsliding contact　无滑移接触　2(63–65)
　in sliding contact　滑移接触　2(60–63)
Taylor expansion　泰勒展开式　3(119)，5(171)
tensile strength　拉伸强度
　of particles　固体颗粒　1(26、27)
thermal conductivity　导热系数　1(30)
thermal convection　对流换热
　heat transfer by　热量传递　4(128)
　in a pseudocontinuum flow　在拟连续流中　4(139–141)
　of spheres　球体　4(137)
thermal diffusivity　热扩散系数　4(132、155、157)
thermal properties　热力学性质
　of particles　固体颗粒　1(1、10、22、28–31)
thermal radiation　热辐射
　heat transfer by　引起热量传递　4(128、141–153)
　of particle clouds　颗粒云、弥散颗粒　4(128、148–153)
　of particles　固体颗粒　1(1、10、30、31)
　in pseudocontinuum flows　在假连续流中　4(128)
　through isothermal and diffuse scattering media　通过等温线和慢散射介质　4(152–153)
thermionic emission　热离子发射
　charging by　荷电　3(116)

thermionic work function 热离子功函数 3(112)
thermodynamic properties 热力学性质
equation of state 状态方程 6(242、252–254)
of gas-solid mixtures 气固混合体系 6(242、252、256)
specific heat 比热 6(254、255)
specific heat ratio 比热率 6(254)
speed of sound 声速 6(242、59–263)
Thermophoresis effect 热泳效应 3(93、94、106)
time-averaging 时间平均
application to turbulent flow analysis 应用于湍流分析 5(172)
of Navier-Stokes 纳维–斯托克斯方程 5(172–174)
torsion 扭矩
of elastic spheres in contact 弹性球体接触 2(66–68、72)
traction 摩擦力
distribution of 分布 2(65、66)
trajectory modeling of multiphase flows 多相流轨道模型 5(203–208)
See also Lagrangian trajectory model 参见拉格朗日轨道模型
deterministic trajectory model 定轨道模型 5(163、204、204–206)
stochastic trajectory model 随机轨道模型 5(163、206–208)
transmission 传输
effect on thermal radiation 热辐射效应 4(141–147)
transmission electron microscopy (TEM) 透射式电子显微镜
For particle sizing 颗粒测量 1(7–9)
transport coefficients 传递系数
based on axwell-Boltzmann distribution 麦克斯韦–玻尔兹曼分布 5(172)
for diffusivity 扩散系数 5(171)
for eddy diffusivity 涡流扩散系数 5(192)
kinetic theory and 动力学理论 5(168–172)
for particle viscosity 颗粒黏度 5(171)
for single-phase flows 单相流 5(165)
for thermal conduct.vity 热传导系数 5(172)
turbulence models and 湍流模型 5(194–202)
for turbulent viscosity 湍流黏度系数 5(175)
for viscosity 黏度系数 5(171)
transport theorem 输送定理 5(165、166)
continuity equation in 连续性方程 5(167、173、177、193)
energy equation in 能量方程 5(167、168、194、205–206、212、213)
momentum equation in 动量方程 5(167、173、177、193、205、212)，6(271)
Tresca criterion 特雷斯卡准则 2(75、76)
Triboelectric charging 摩擦起电 3(109)
Triboelectric 摩擦起电系列 3(109–111)
tungsten 钨
elastic properties of 弹性 1(26)
turbulence 湍流
modulation of 变动量 6(284、285)
particle interaction with 颗粒间的相互作用 6(283–286)
turbulent dissipation rate 湍流消散速度
transport equation of 传递方程 5(175、176)
turbulent flow modeling 湍流模型 5(172–177)
Hinze-Tchen model 欣泽–陈模型 5(163、195)
k-ε-k_p model k-ε-k_p 模型 5(163、194、199)
k-ε model k-ε 模型 5(163、172、174–176)

mixing length model　混合长度模型　5(163、172、174、175)
transport coefficients and　传送系数　5(194、202)
turbulent kinetic energy　湍流动能
equation for dissipation rate of　消散速度方程　5(177)
equation of　湍流动能方程　5(177)
of particles　固体颗粒　6(283)
transport equation of　传递方程　5(175、176)
turbulent viscosity　湍流黏度　5(179)
Tyler Standard sieves　泰勒标准筛　1(3、7、8)

V

van der Waals adsorption　范德华吸附　1(21、22)
van der Waals forces　范德华力　3(84、98–101、106、121、126)，5(188)
macroscopic approach to　宏观近似　3(100、101)
microscopic approach to　微观近似　3(99、100)
viscoelastic deformation　黏塑性变形　1(24)
viscosity　黏度
coefficient of　系数　5(171)
effective, definition of　作用、定义　5(177)
Volta potential　伏特电势　3(112)
volume averaging　体积平均　5(163、180、181)
volume-averaging theorems　体积平均定理　5(185–188)
volume diameter　体积径
of particles　单颗粒　1(3、4)
volume fraction　体积分数
of particles　固体颗粒　6(266、267、270)
volume mean diameter　体积平均径
of particulate systems　颗粒系统　1(20)
volume-time-averaged equations　体积 – 时间平均方程　5(191–194、204)
Von Karman, sconstant　冯・卡门常数　5(178、236)
Von Mises criterion　冯・米泽斯准则　2(75)
vortex shedding涡旋脱落　6(284、285)

W

wake　尾流　6(284)
shedding of　尾流脱落
wake attraction　尾流吸力
particle collision due to　由颗粒碰撞引起　3(90–92、126)
walls　器壁
particle collisions with　颗粒与器壁的碰撞　2(73–75、79)、3(84)
wave equation　波方程　6(277)
waves　波
See also pressure waves　参见压力波
continuity waves　连续波　6(278–280)
dynamic waves　动力学波　6(280–282)
motion of　波动　6(268–278)
speed of　波速　6(279、280)
wave equation　波方程　6(277)
Wiedemann-Franz law　维德曼 – 弗兰兹定律　1(30)
Wien’s displacement law　维恩位移定律　1(31)
wood　木材
elastic properties of　弹性　1(26)

Y

yield strength　屈服强度
of particles　固体颗粒　1(26、27)
yield stress　屈服应力　6(243)
Young’s modulus　杨氏弹性模量　1(26、27、37)，2(47、59、80)